KB133182

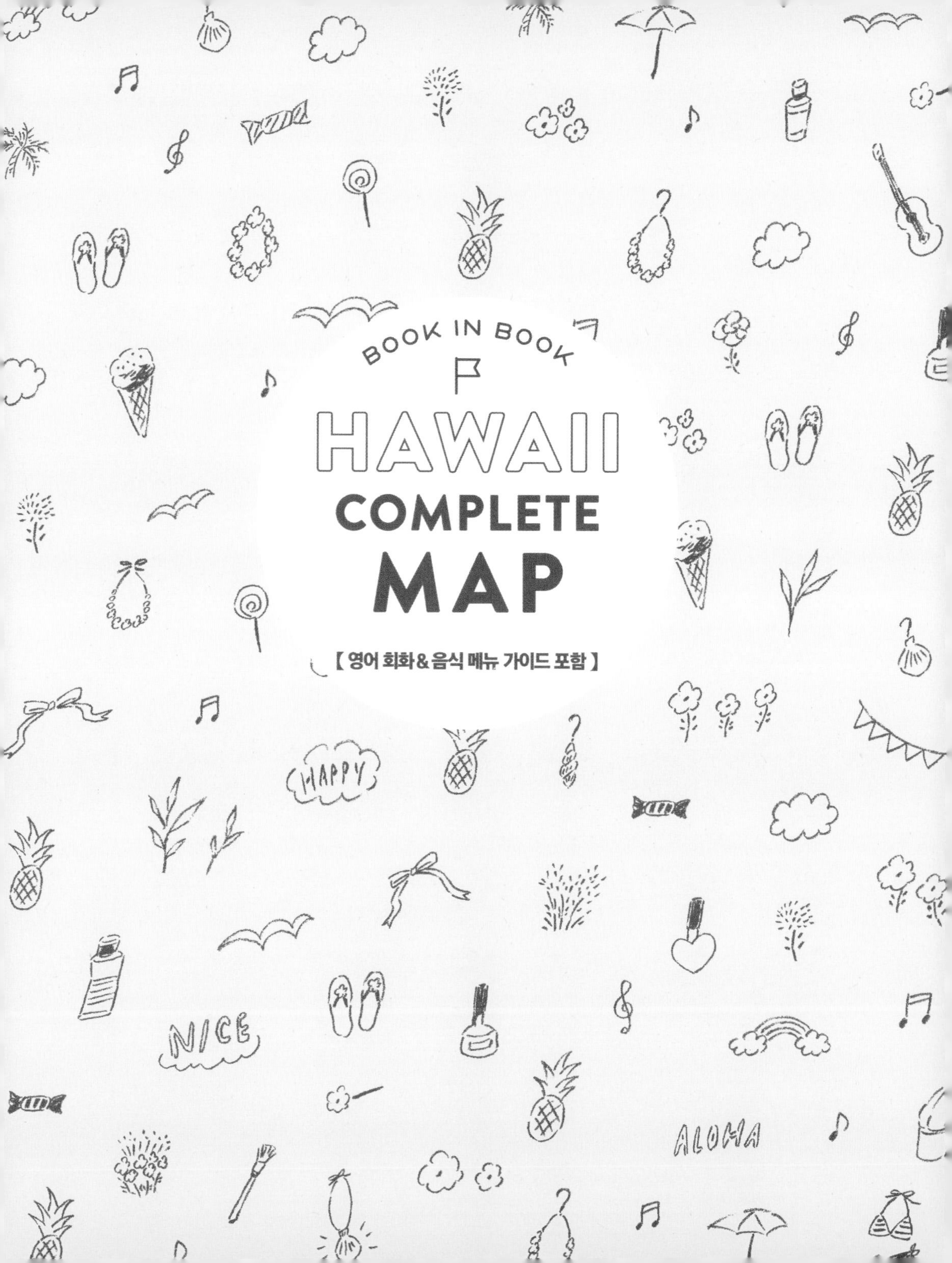
BOOK IN BOOK
HAWAII
COMPLETE
MAP
【 영어 회화 & 음식 메뉴 가이드 포함 】
HAPPY
NICE
ALOHA

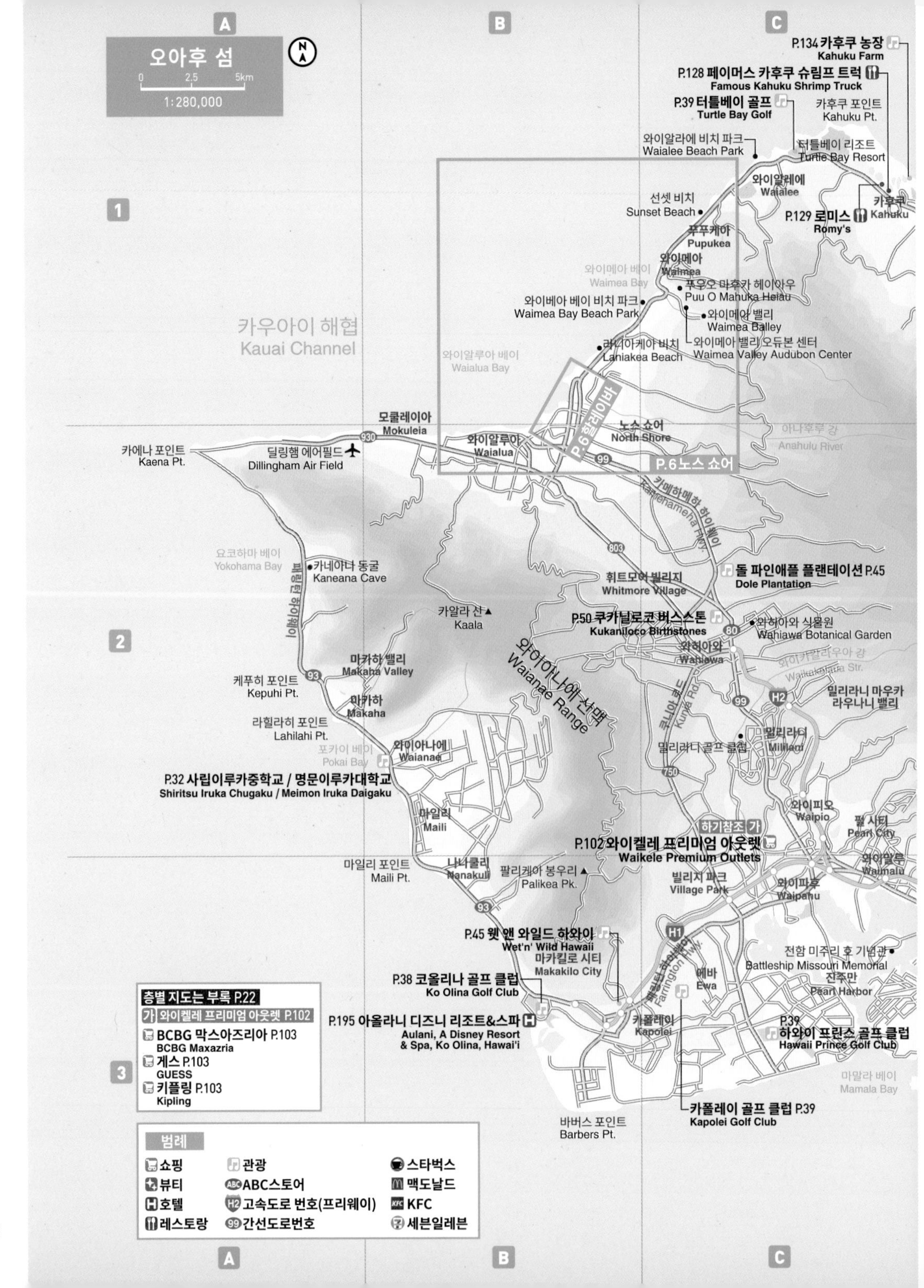
오아후 섬
0 2.5 5km
1:280,000
카후쿠 농장 Kahuku Farm P.134
페이머스 카후쿠 슈림프 트럭 Famous Kahuku Shrimp Truck P.128
터틀베이 골프 Turtle Bay Golf P.39
카후쿠 포인트 Kahuku Pt.
와이알라에 비치 파크 Waialee Beach Park
터틀베이 리조트 Turtle Bay Resort
와이알레에 Waialee
선셋 비치 Sunset Beach
카후쿠 Kahuku
로미스 Romy's P.129
푸푸케아 Pupukea
와이메아 Waimea
와이메아 베이 Waimea Bay
푸우오 마후카 헤이아우 Puu O Mahuka Heiau
와이메아 베이 비치 파크 Waimea Bay Beach Park
와이메아 밸리 Waimea Balley
카우아이 해협 Kauai Channel
라니아케아 비치 Laniakea Beach
와이메아 밸리 오듀본 센터 Waimea Valley Audubon Center
와이알루아 베이 Waialua Bay
P.6 할레이바
모쿨레이아 Mokuleia
노스 쇼어 North Shore
아나후루 강 Anahulu River
카에나 포인트 Kaena Pt.
딜링햄 에어필드 Dillingham Air Field
와이알루아 Waialua
P.6 노스 쇼어
카메하메하 하이웨이 Kamehameha Hwy.
요코하마 베이 Yokohama Bay
카네아나 동굴 Kaneana Cave
파링턴 하이웨이
돌 파인애플 플랜테이션 Dole Plantation P.45
휘트모어 빌리지 Whitmore Village
카알라 산 Kaala
쿠카닐로코 버스스톤 Kukaniloco Birthstones P.50
와히아와 식물원 Wahiawa Botanical Garden
와히아와 Wahiawa
와이아나에 산맥 Waianae Range
마카하 밸리 Makaha Valley
와이카칼라우아 강 Waikakalaua Str.
케푸히 포인트 Kepuhi Pt.
밀리라니 마우카 라우나니 밸리
마카하 Makaha
쿠니아 로드 Kunia Rd.
라힐라히 포인트 Lahilahi Pt.
밀리라니 Mililani
밀리라니 골프 클럽
포카이 베이 Pokai Bay
와이아나에 Waianae
사립이루카중학교 / 명문이루카대학교 Shiritsu Iruka Chugaku / Meimon Iruka Daigaku P.32
와이피오 Waipio
펄 시티 Pearl City
마일리 Maili
하기참조 가
와이켈레 프리미엄 아웃렛 Waikele Premium Outlets P.102
와이말루 Waimalu
마일리 포인트 Maili Pt.
나나쿨리 Nanakuli
팔리케아 봉우리 Palikea Pk.
빌리지 파크 Village Park
와이파후 Waipahu
웻 앤 와일드 하와이 Wet'n' Wild Hawaii P.45
마카킬로 시티 Makakilo City
전함 미주리 호 기념관 Battleship Missouri Memorial
진주만 Pearl Harbor
코올리나 골프 클럽 Ko Olina Golf Club P.38
에바 Ewa
Farrington Hwy.
아울라니 디즈니 리조트&스파 Aulani, A Disney Resort & Spa, Ko Olina, Hawai'i P.195
카폴레이 Kapolei
하와이 프린스 골프 클럽 Hawaii Prince Golf Club P.39
마말라 베이 Mamala Bay
층별 지도는 부록 P.22
가 와이켈레 프리미엄 아웃렛 P.102
BCBG 막스아즈리아 BCBG Maxazria P.103
게스 GUESS P.103
키플링 Kipling P.103
카폴레이 골프 클럽 Kapolei Golf Club P.39
바버스 포인트 Barbers Pt.
범례
쇼핑
관광
스타벅스
뷰티
ABC스토어
맥도날드
호텔
고속도로 번호(프리웨이)
KFC
레스토랑
간선도로번호
세븐일레븐

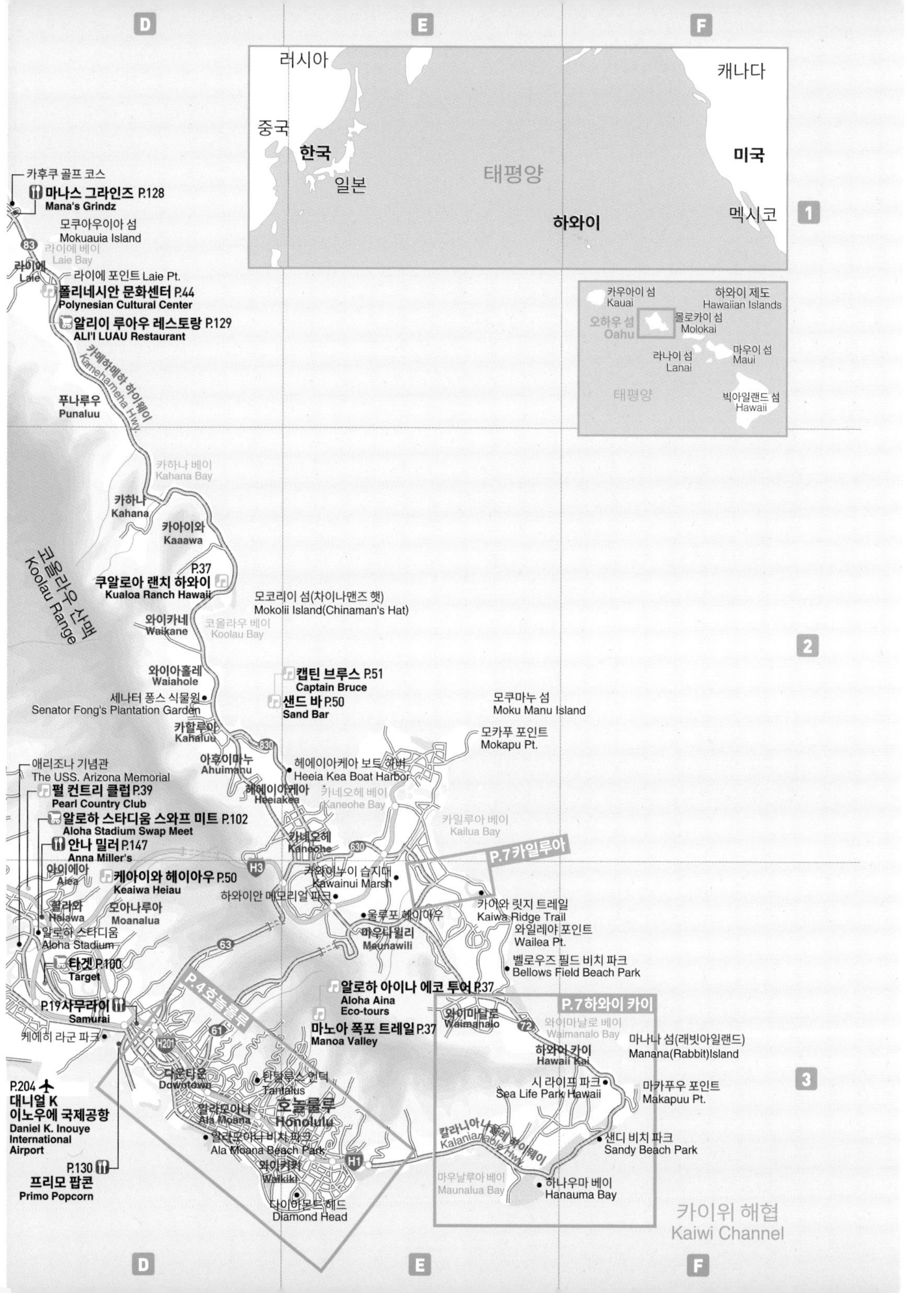

D
E
F
러시아
캐나다
중국
한국
미국
일본
태평양
하와이
멕시코
1
카우아이 섬
Kauai
하와이 제도
Hawaiian Islands
오하우 섬
Oahu
몰로카이 섬
Molokai
라나이 섬
Lanai
마우이 섬
Maui
태평양
빅아일랜드 섬
Hawaii
카후쿠 골프 코스
마나스 그라인즈 P.128
Mana's Grindz
모쿠아우이아 섬
Mokuauia Island
라이에 베이
Laie Bay
라이에
Laie
라이에 포인트 Laie Pt.
폴리네시안 문화센터 P.44
Polynesian Cultural Center
알리이 루아우 레스토랑 P.129
ALI'I LUAU Restaurant
카메하메하 하이웨이
Kamehameha Hwy.
푸나루우
Punaluu
카하나 베이
Kahana Bay
카하나
Kahana
카아이와
Kaaawa
코올라우 산맥
Koolau Range
P.37
쿠알로아 랜치 하와이
Kualoa Ranch Hawaii
모코리이 섬(차이나맨즈 햇)
Mokolii Island(Chinaman's Hat)
와이카네
Waikane
코올라우 베이
Koolau Bay
2
와이아홀레
Waiahole
캡틴 브루스 P.51
Captain Bruce
세나터 퐁스 식물원
Senator Fong's Plantation Garden
샌드 바 P.50
Sand Bar
모쿠마누 섬
Moku Manu Island
카할루우
Kahaluu
모카푸 포인트
Mokapu Pt.
애리조나 기념관
The USS. Arizona Memorial
아후이마누
Ahuimanu
헤에이아케아 보트 하버
Heeia Kea Boat Harbor
펄 컨트리 클럽 P.39
Pearl Country Club
헤에이아케아
Heeiakea
카네오헤 베이
Kaneohe Bay
알로하 스타디움 스와프 미트 P.102
Aloha Stadium Swap Meet
카일루아 베이
Kailua Bay
안나 밀러 P.147
Anna Miller's
카네오헤
Kaneohe
P.7 카일루아
아이에아
Aiea
케아이와 헤이아우 P.50
Keaiwa Heiau
카와이누이 습지대
Kawainui Marsh
하와이안 메모리얼 파크
할라와
Halawa
모아나루아
Moanalua
울루포 헤이아우
카이와 릿지 트레일
Kaiwa Ridge Trail
알로하 스타디움
Aloha Stadium
마우나윌리
Maunawili
와일레아 포인트
Wailea Pt.
타겟 P.100
Target
벨로우즈 필드 비치 파크
Bellows Field Beach Park
P.4 호놀룰루
알로하 아이나 에코 투어 P.37
Aloha Aina
Eco-tours
P.19 사무라이
Samurai
P.7 하와이 카이
와이마날로
Waimanalo
마노아 폭포 트레일 P.37
Manoa Valley
와이마날로 베이
Waimanalo Bay
케에히 라군 파크
마나나 섬(래빗아일랜드)
Manana(Rabbit)Island
하와이 카이
Hawaii Kai
다운타운
Downtown
탄탈루스 언덕
Tantalus
P.204
대니얼 K 이노우에 국제공항
Daniel K. Inouye International Airport
시 라이프 파크
Sea Life Park Hawaii
마카푸우 포인트
Makapuu Pt.
3
알라모아나
Ala Moana
호놀룰루
Honolulu
칼라니아나올레 하이웨이
Kalanianaole Hwy.
알라모아나 비치 파크
Ala Moana Beach Park
샌디 비치 파크
Sandy Beach Park
P.130
와이키키
Waikiki
프리모 팝콘
Primo Popcorn
마우날루아 베이
Maunalua Bay
하나우마 베이
Hanauma Bay
다이아몬드 헤드
Diamond Head
카이위 해협
Kaiwi Channel

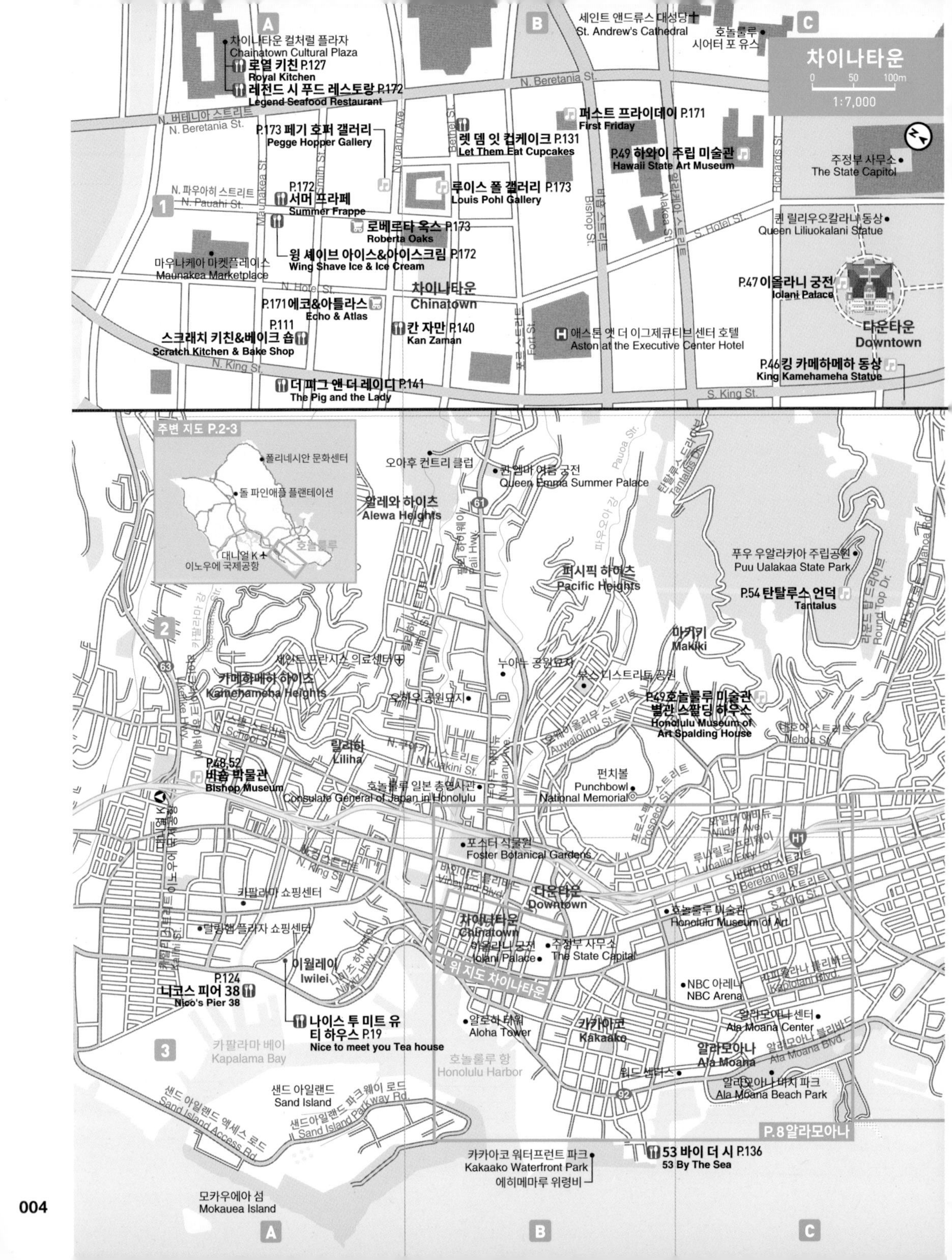

차이나타운
1:7,000
차이나타운 컬처럴 플라자
Chainatown Cultural Plaza
로열 키친 P.127
Royal Kitchen
레전드 시 푸드 레스토랑 P.172
Legend Seafood Restaurant
세인트 앤드류스 대성당
St. Andrew's Cathedral
호놀룰루 시어터 포 유스
N. Beretania St.
P.173 페기 호퍼 갤러리
Pegge Hopper Gallery
렛 뎀 잇 컵케이크 P.131
Let Them Eat Cupcakes
퍼스트 프라이데이 P.171
First Friday
P.49 하와이 주립 미술관
Hawaii State Art Museum
주정부 사무소
The State Capitol
P.172 서머 프라페
Summer Frappe
루이스 폴 갤러리 P.173
Louis Pohl Gallery
N. 파우아히 스트리트
N. Pauahi St.
로베르타 옥스 P.173
Roberta Oaks
윙 셰이브 아이스&아이스크림 P.172
Wing Shave Ice & Ice Cream
퀸 릴리우오칼라니 동상
Queen Liliuokalani Statue
마우나케아 마켓플레이스
Maunakea Marketplace
N. Hotel St.
S. Hotel St.
차이나타운
Chinatown
P.47 이올라니 궁전
Iolani Palace
P.171 에코&아틀라스
Echo & Atlas
P.111 스크래치 키친&베이크 숍
Scratch Kitchen & Bake Shop
칸 자만 P.140
Kan Zaman
애스톤 앳 더 이그제큐티브 센터 호텔
Aston at the Executive Center Hotel
다운타운
Downtown
P.46 킹 카메하메하 동상
King Kamehameha Statue
N. King St.
S. King St.
더 피그 앤 더 레이디 P.141
The Pig and the Lady
주변 지도 P.2-3
폴리네시안 문화센터
돌 파인애플 플랜테이션
호놀룰루
대니얼 K. 이노우에 국제공항
오아후 컨트리 클럽
퀸 엠마 여름 궁전
Queen Emma Summer Palace
알레와 하이츠
Alewa Heights
퍼시픽 하이츠
Pacific Heights
푸우 우알라카아 주립공원
Puu Ualakaa State Park
P.54 탄탈루스 언덕
Tantalus
마키키
Makiki
세인트 프란시스 의료센터
카메하메하 하이츠
Kamehameha Heights
누아누 공원묘지
오아후 공원묘지
P.49 호놀룰루 미술관 별관 스팔딩 하우스
Honolulu Museum of Art Spalding House
릴리하
Liliha
P.48,52 비숍 박물관
Bishop Museum
호놀룰루 일본 총영사관
Consulate General of Japan in Honolulu
펀치볼
Punchbowl National Memorial
포스터 식물원
Foster Botanical Gardens
다운타운
Downtown
호놀룰루 미술관
Honolulu Museum of Art
카팔라마 쇼핑센터
딜링햄 플라자 쇼핑센터
차이나타운
Chinatown
이올라니 궁전
Iolani Palace
주정부 사무소
The State Capital
이윌레이
Iwilei
위 지도 차이나타운
NBC 아레나
NBC Arena
P.124 니코스 피어 38
Nico's Pier 38
나이스 투 미트 유 티 하우스 P.19
Nice to meet you Tea house
알로하 타워
Aloha Tower
카카아코
Kakaako
알라모아나 센터
Ala Moana Center
알라모아나
Ala Moana
카팔라마 베이
Kapalama Bay
호놀룰루 항
Honolulu Harbor
워드 센터스
알라모아나 비치 파크
Ala Moana Beach Park
샌드 아일랜드
Sand Island
샌드 아일랜드 액세스 로드
Sand Island Access Rd.
샌드 아일랜드 파크웨이 로드
Sand Island Parkway Rd.
P.8 알라모아나
카카아코 워터프런트 파크
Kakaako Waterfront Park
에히메마루 위령비
53 바이 더 시 P.136
53 By The Sea
모카우에아 섬
Mokauea Island

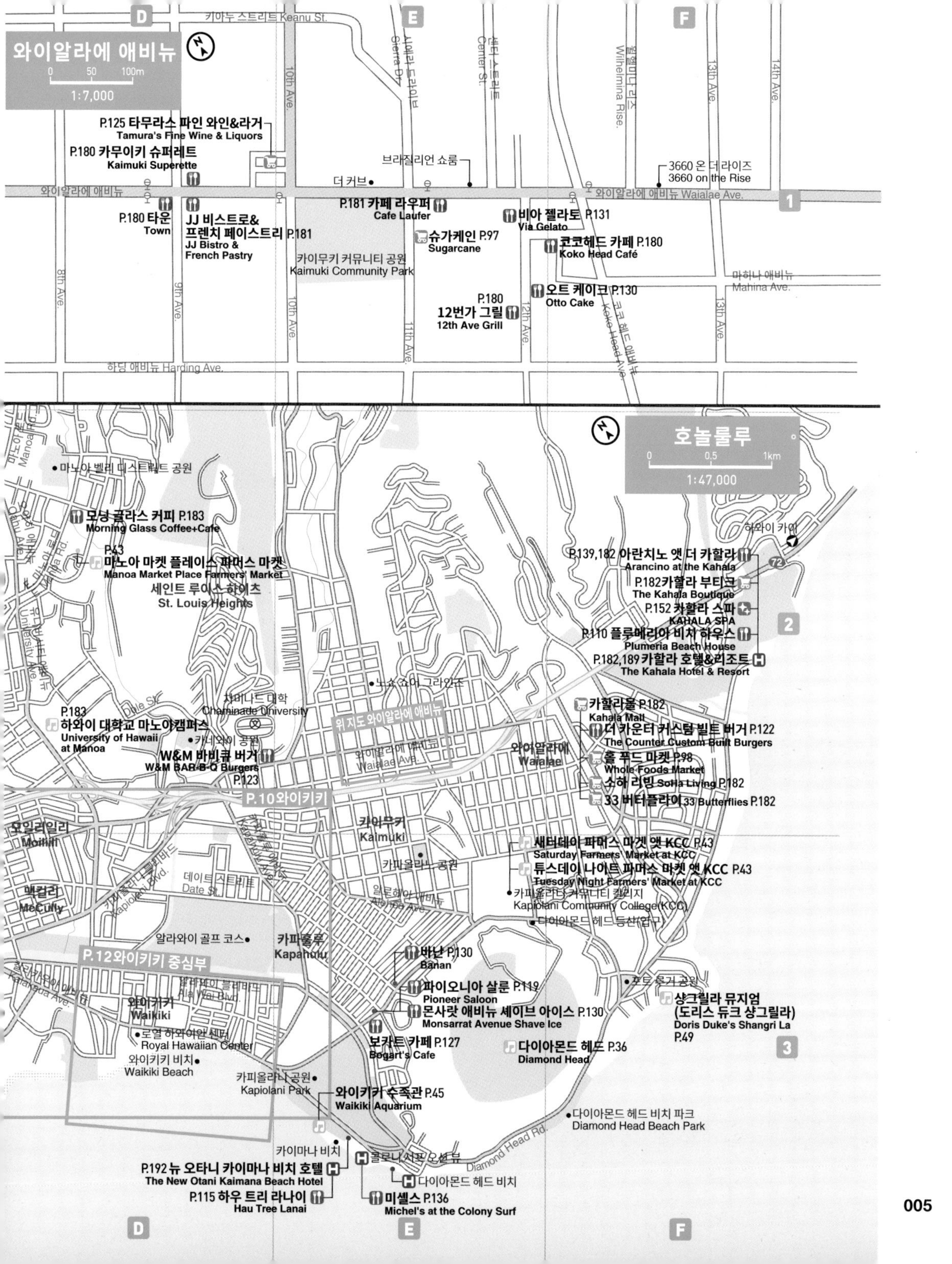
와이알라에 애비뉴
1:7,000
P.125 타무라스 파인 와인&라거
Tamura's Fine Wine & Liquors
P.180 카무이키 슈퍼레트
Kaimuki Superette
P.180 타운
Town
JJ 비스트로&
프렌치 페이스트리 P.181
JJ Bistro &
French Pastry
P.181 카페 라우퍼
Cafe Laufer
카이무키 커뮤니티 공원
Kaimuki Community Park
슈가케인 P.97
Sugarcane
비아 젤라토 P.131
Via Gelato
코코헤드 카페 P.180
Koko Head Café
오트 케이크 P.130
Otto Cake
P.180
12번가 그릴
12th Ave Grill
브라질리언 쇼룸
더 커브
3660 온 더 라이즈
3660 on the Rise
와이알라에 애비뉴 Waialae Ave.
마히나 애비뉴
Mahina Ave.
하딩 애비뉴 Harding Ave.
카아누 스트리트 Keanu St.
호놀룰루
1:47,000
마노아 벨리 디스트릭트 공원
모닝 글라스 커피 P.183
Morning Glass Coffee+Cafe
P.43
마노아 마켓 플레이스 파머스 마켓
Manoa Market Place Farmers' Market
세인트 루이스 하이츠
St. Louis Heights
P.183
하와이 대학교 마노아캠퍼스
University of Hawaii
at Manoa
샤미나드 대학
Chaminade University
카네와이 공원
W&M 바비큐 버거
W&M BAR-B-Q Burgers
P.123
위 지도 와이알라에 애비뉴
P.10 와이키키
모일리일리
Moiliili
맥컬리
McCully
카이무키
Kaimuki
카피올라니 공원
데이트 스트리트
Date St.
알라와이 골프 코스
카파훌루
Kapahulu
P.12 와이키키 중심부
와이키키
Waikiki
로열 하와이안 센터
Royal Hawaiian Center
와이키키 비치
Waikiki Beach
카피올라니 공원
Kapiolani Park
와이알라에
Waialae
하와이 카이
P.139,182 아란치노 앳 더 카할라
Arancino at the Kahala
P.182 카할라 부티크
The Kahala Boutique
P.152 카할라 스파
KAHALA SPA
P.110 플루메리아 비치 하우스
Plumeria Beach House
P.182,189 카할라 호텔&리조트
The Kahala Hotel & Resort
카할라몰 P.182
Kahala Mall
더 카운터 커스텀 빌트 버거 P.122
The Counter Custom Built Burgers
홀 푸드 마켓 P.98
Whole Foods Market
소하 리빙 SoHa Living P.182
33 버터플라이 33 Butterflies P.182
새터데이 파머스 마켓 앳 KCC P.43
Saturday Farmers' Market at KCC
튜스데이 나이트 파머스 마켓 앳 KCC P.43
Tuesday Night Farmers' Market at KCC
카피올라니 커뮤니티 칼리지
Kapiolani Community College(KCC)
다이아몬드 헤드 등산(입구)
바난 P.130
Banan
파이오니아 살룬 P.119
Pioneer Saloon
몬사랏 애비뉴 셰이브 아이스 P.130
Monsarrat Avenue Shave Ice
보가트 카페 P.127
Bogart's Cafe
다이아몬드 헤드 P.36
Diamond Head
포트 루거 공원
샹그릴라 뮤지엄
(도리스 듀크 샹그릴라)
Doris Duke's Shangri La
P.49
와이키키 수족관 P.45
Waikiki Aquarium
다이아몬드 헤드 비치 파크
Diamond Head Beach Park
카이마나 비치
P.192 뉴 오타니 카이마나 비치 호텔
The New Otani Kaimana Beach Hotel
P.115 하우 트리 라나이
Hau Tree Lanai
콜로니 서프 오션 뷰
다이아몬드 헤드 비치
미셸스 P.136
Michel's at the Colony Surf

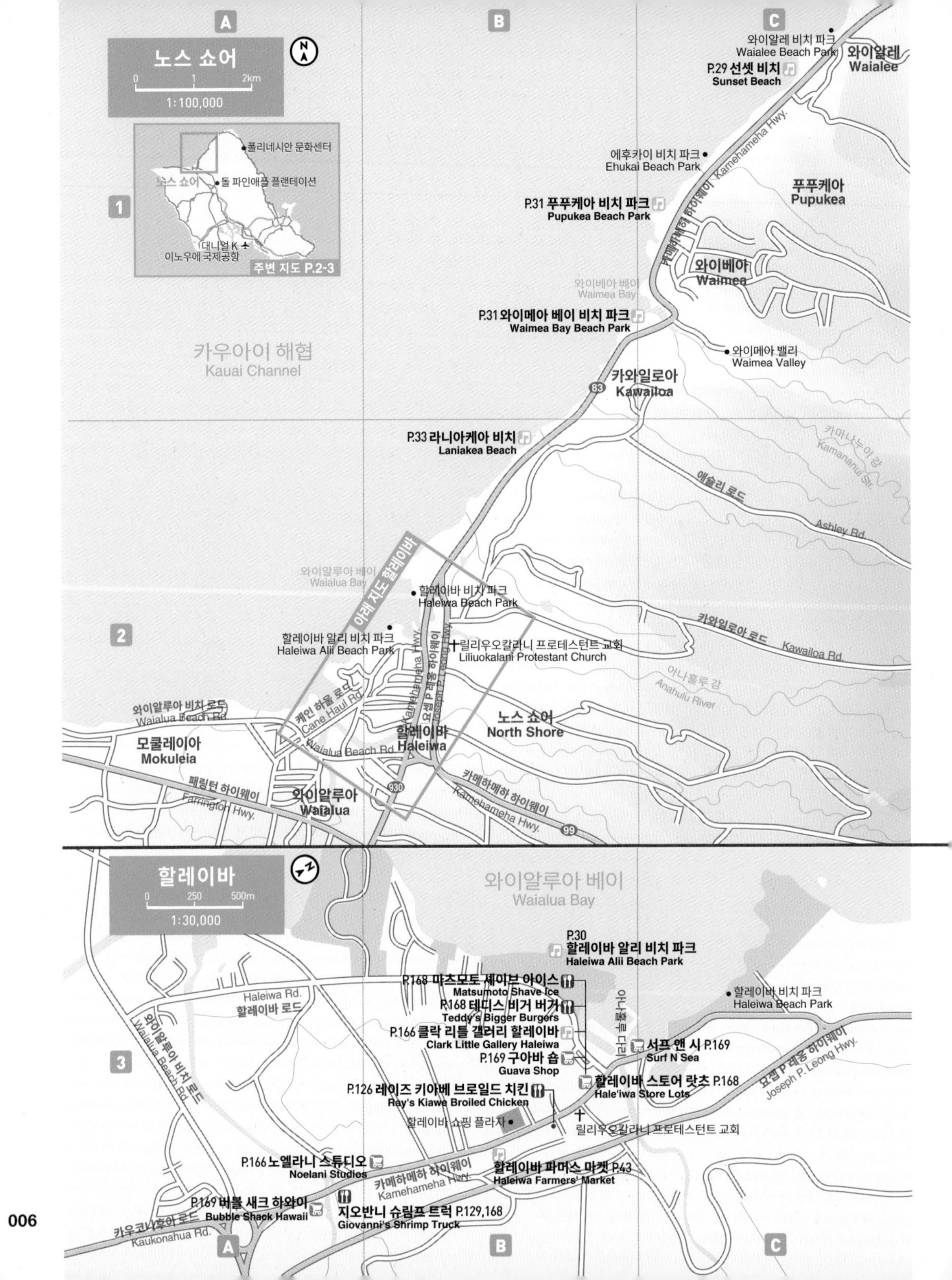
노스 쇼어
0 1 2km
1:100,000
폴리네시안 문화센터
노스 쇼어
돌 파인애플 플랜테이션
대니얼 K
이노우에 국제공항
주변 지도 P.2-3
와이알레 비치 파크
Waialee Beach Park
와이알레
Waialee
P.29 선셋 비치
Sunset Beach
Kamehameha Hwy.
에후카이 비치 파크
Ehukai Beach Park
카메하메하 하이웨이
푸푸케아
Pupukea
P.31 푸푸케아 비치 파크
Pupukea Beach Park
와이메아
Waimea
와이메아 베이
Waimea Bay
P.31 와이메아 베이 비치 파크
Waimea Bay Beach Park
와이메아 밸리
Waimea Valley
카우아이 해협
Kauai Channel
카와일로아
Kawailoa
83
P.33 라니아케아 비치
Laniakea Beach
카마나누이 강
Kamananui Str.
애슐리 로드
Ashley Rd.
아래 지도 할레이바
와이알루아 베이
Waialua Bay
할레이바 비치 파크
Haleiwa Beach Park
할레이바 알리 비치 파크
Haleiwa Alii Beach Park
릴리우오칼라니 프로테스탄트 교회
Liliuokalani Protestant Church
카와일로아 로드
Kawailoa Rd.
아나훌루 강
Anahulu River
와이알루아 비치 로드
Waialua Beach Rd.
케인 하울 로드
Cane Haul Rd.
요셉 P 레옹 하이웨이
Joseph P. Leong Hwy.
Kamehameha Hwy.
노스 쇼어
North Shore
할레이바
Haleiwa
모쿨레이아
Mokuleia
Waialua Beach Rd.
페링턴 하이웨이
Farrington Hwy.
와이알루아
Waialua
930
카메하메하 하이웨이
Kamehameha Hwy.
99
할레이바
0 250 500m
1:30,000
와이알루아 베이
Waialua Bay
P.30
할레이바 알리 비치 파크
Haleiwa Alii Beach Park
P.168 마츠모토 셰이브 아이스
Matsumoto Shave Ice
P.168 테디스 비거 버거
Teddy's Bigger Burgers
P.166 클락 리틀 갤러리 할레이바
Clark Little Gallery Haleiwa
P.169 구아바 숍
Guava Shop
Haleiwa Rd.
할레이바 로드
와이알루아 비치 로드
Waialua Beach Rd.
아나훌루 다리
할레이바 비치 파크
Haleiwa Beach Park
서프 앤 시 P.169
Surf N Sea
할레이바 스토어 랏츠 P.168
Hale'iwa Store Lots
요셉 P 레옹 하이웨이
Joseph P. Leong Hwy.
P.126 레이즈 키아베 브로일드 치킨
Ray's Kiawe Broiled Chicken
할레이바 쇼핑 플라자
릴리우오칼라니 프로테스탄트 교회
P.166 노엘라니 스튜디오
Noelani Studios
카메하메하 하이웨이
Kamehameha Hwy.
할레이바 파머스 마켓 P.43
Haleiwa Farmers' Market
P.169 버블 섀크 하와이
Bubble Shack Hawaii
지오반니 슈림프 트럭 P.129,168
Giovanni's Shrimp Truck
카우코나후아 로드
Kaukonahua Rd.
A B C
1 2 3

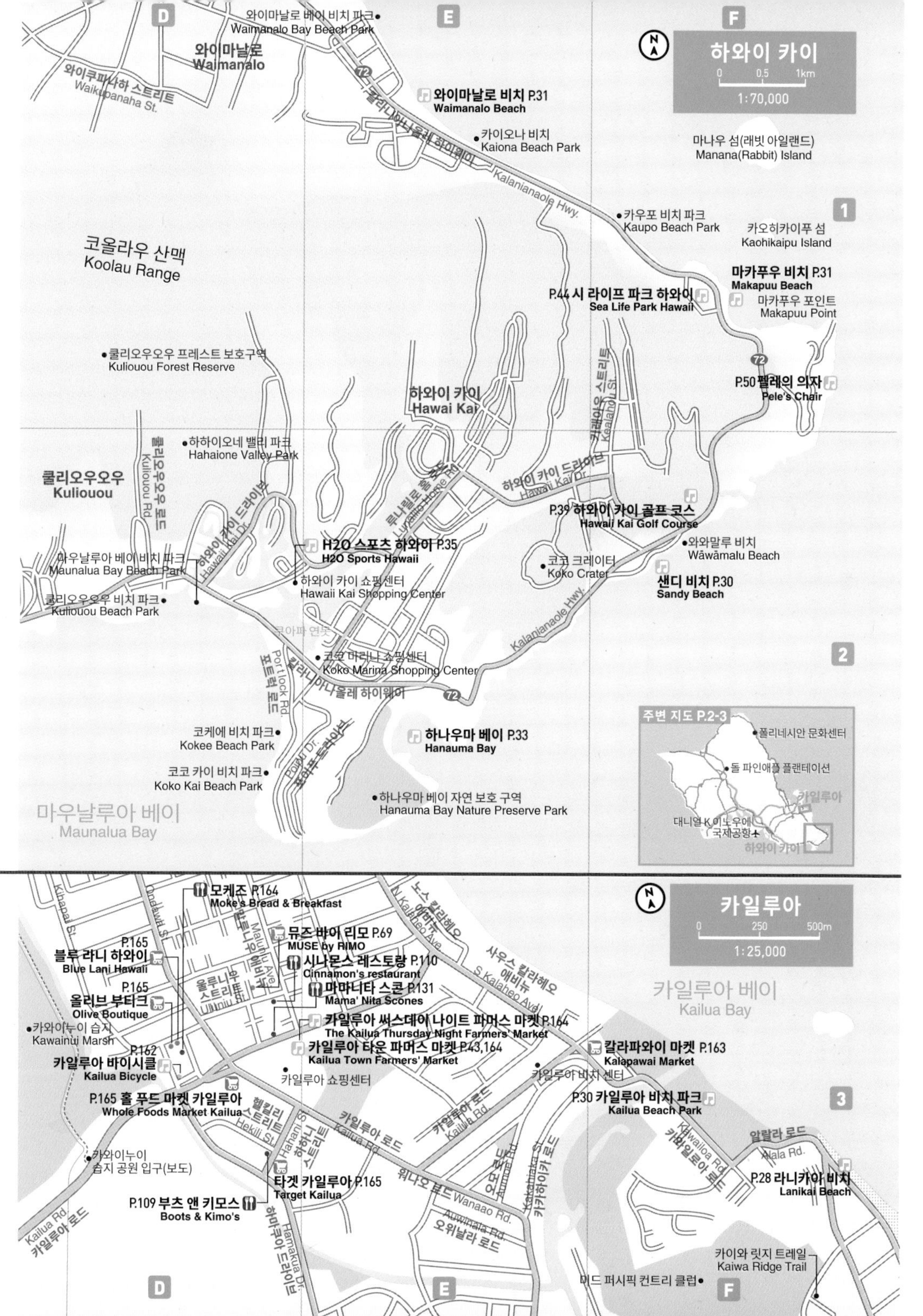
하와이 카이
1:70,000
와이마날로 비치 P.31
Waimanalo Beach
카이오나 비치
Kaiona Beach Park
마나우 섬(래빗 아일랜드)
Manana(Rabbit) Island
카우포 비치 파크
Kaupo Beach Park
카오히카이푸 섬
Kaohikaipu Island
마카푸우 비치 P.31
Makapuu Beach
마카푸우 포인트
Makapuu Point
P.44 시 라이프 파크 하와이
Sea Life Park Hawaii
P.50 펠레의 의자
Pele's Chair
코올라우 산맥
Koolau Range
쿨리오우오우 프레스트 보호구역
Kuliouou Forest Reserve
하와이 카이
Hawai Kai
하하이오네 밸리 파크
Hahaione Valley Park
쿨리오우오우
Kuliouou
P.39 하와이 카이 골프 코스
Hawaii Kai Golf Course
H2O 스포츠 하와이 P.35
H2O Sports Hawaii
와와말루 비치
Wāwāmalu Beach
코코 크레이터
Koko Crater
샌디 비치 P.30
Sandy Beach
마우날루아 베이 비치 파크
Maunalua Bay Beach Park
하와이 카이 쇼핑센터
Hawaii Kai Shopping Center
쿨리오우오우 비치 파크
Kuliouou Beach Park
코코 마리나 쇼핑센터
Koko Marina Shopping Center
코케에 비치 파크
Kokee Beach Park
하나우마 베이 P.33
Hanauma Bay
코코 카이 비치 파크
Koko Kai Beach Park
하나우마 베이 자연 보호 구역
Hanauma Bay Nature Preserve Park
마우날루아 베이
Maunalua Bay
주변 지도 P.2-3
폴리네시안 문화센터
돌 파인애플 플랜테이션
카일루아
대니얼 K. 이노우에 국제공항
하와이 카이
카일루아
1:25,000
모케즈 P.164
Moke's Bread & Breakfast
뮤즈 바이 리모 P.69
MUSE by RIMO
P.165 블루 라니 하와이
Blue Lani Hawaii
시나몬스 레스토랑 P.110
Cinnamon's restaurant
P.165 올리브 부티크
Olive Boutique
마마니타 스콘 P.131
Mama' Nita Scones
카와이누이 습지
Kawainui Marsh
카일루아 써스데이 나이트 파머스 마켓 P.164
The Kailua Thursday Night Farmers' Market
카일루아 베이
Kailua Bay
P.162 카일루아 바이시클
Kailua Bicycle
카일루아 타운 파머스 마켓 P.43,164
Kailua Town Farmers' Market
칼라파와이 마켓 P.163
Kalapawai Market
카일루아 쇼핑센터
카일루아 비치 센터
P.165 홀 푸드 마켓 카일루아
Whole Foods Market Kailua
P.30 카일루아 비치 파크
Kailua Beach Park
카와이누이 습지 공원 입구(보도)
타겟 카일루아 P.165
Target Kailua
P.28 라니카이 비치
Lanikai Beach
P.109 부츠 앤 키모스
Boots & Kimo's
카이와 릿지 트레일
Kaiwa Ridge Trail
미드 퍼시픽 컨트리 클럽

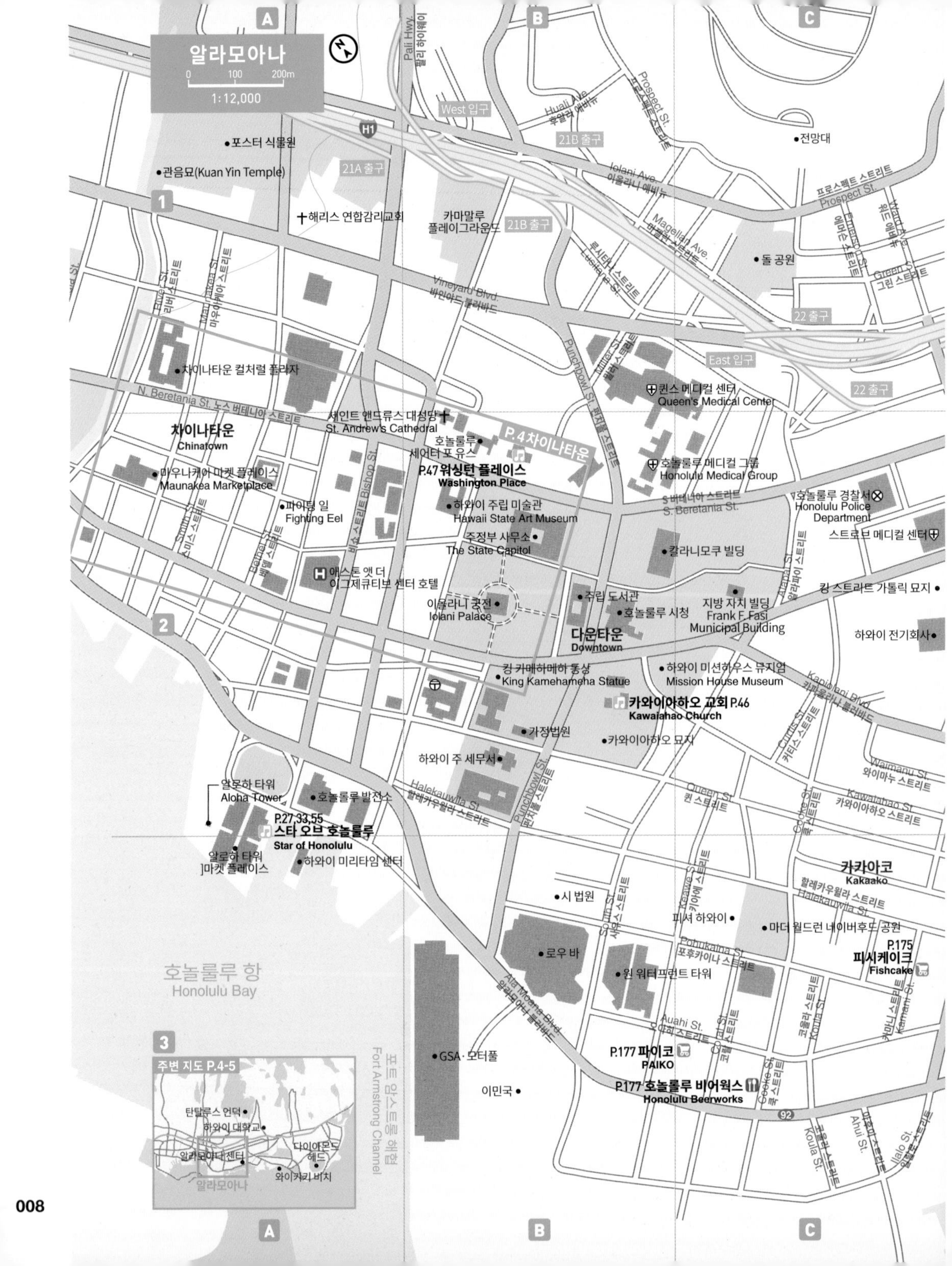

알라모아나
0 100 200m
1:12,000
포스터 식물원
관음묘(Kuan Yin Temple)
해리스 연합감리교회
카마말루 플레이그라운드
21A 출구
21B 출구
22 출구
West 입구
East 입구
전망대
돌 공원
차이나타운 컬처럴 플라자
N. Beretania St. 노스 베레타니아 스트리트
세인트 앤드류스 대성당
St. Andrew's Cathedral
차이나타운
Chinatown
마우나케아 마켓 플레이스
Maunakea Marketplace
파이팅 일
Fighting Eel
호놀룰루 세어터 포 유스
P.4 차이나타운
P.47 워싱턴 플레이스
Washington Place
하와이 주립 미술관
Hawaii State Art Museum
주정부 사무소
The State Capitol
애스톤 앳 더 이그제큐티브 센터 호텔
이올라니 궁전
Iolani Palace
주립 도서관
호놀룰루 시청
지방 자치 빌딩
Frank F. Fasi Municipal Building
다운타운
Downtown
퀸스 메디컬 센터
Queen's Medical Center
호놀룰루 메디컬 그룹
Honolulu Medical Group
S. 베레타니아 스트리트
S. Beretania St.
호놀룰루 경찰서
Honolulu Police Department
스트로브 메디컬 센터
칼라니모쿠 빌딩
킹 스트리트 가톨릭 묘지
하와이 전기회사
킹 카메하메하 동상
King Kamehameha Statue
하와이 미션하우스 뮤지엄
Mission House Museum
카와이아하오 교회 P.46
Kawaiahao Church
가정법원
카와이아하오 묘지
하와이 주 세무서
알로하 타워
Aloha Tower
호놀룰루 발전소
P.27,33,55
스타 오브 호놀룰루
Star of Honolulu
알로하 타워 마켓 플레이스
하와이 미리타임 센터
카카아코
Kakaako
시 법원
피셔 하와이
마더 월드런 네이버후드 공원
P.175
피시케이크
Fishcake
로우 바
원 워터프런트 타워
P.177 파이코
PAIKO
P.177 호놀룰루 비어웍스
Honolulu Beerworks
GSA · 모터풀
이민국
호놀룰루 항
Honolulu Bay
포트 암스트롱 해협
Fort Armstrong Channel
주변 지도 P.4-5
탄탈루스 언덕
하와이 대학교
알라모아나 센터
다이아몬드 헤드
와이키키 비치
알라모아나
Pali Hwy. 팔리 하이웨이
Huali Ave. 후알리 애비뉴
Prospect St. 프로스펙트 스트리트
Iolani Ave. 이올라니 애비뉴
Magellan Ave. 마젤란 애비뉴
Lusitana St. 루시타나 스트리트
Vineyard Blvd. 바인야드 블러바드
Emerson St. 에머슨 스트리트
Ward Ave. 워드 애비뉴
Green St. 그린 스트리트
River St. 리버 스트리트
Maunakea St. 마우나케아 스트리트
Smith St. 스미스 스트리트
Bethel St. 베델 스트리트
Bishop St. 비숍 스트리트
Punchbowl St. 펀치볼 스트리트
Miller St. 밀러 스트리트
Alapai St. 알라파이 스트리트
Kapiolani Blvd. 카피올라니 블러바드
Curtis St. 커티스 스트리트
Waimanu St. 와이마누 스트리트
Queen St. 퀸 스트리트
Kawaiahao St. 카와이아하오 스트리트
Cooke St. 쿡 스트리트
Halekauwila St. 할레카우윌라 스트리트
South St. 사우스 스트리트
Keawe St. 키아웨 스트리트
Pohukaina St. 포후카이나 스트리트
Auahi St. 아우아히 스트리트
Coral St. 코랄 스트리트
Koula St. 코울라 스트리트
Kamani St. 카마니 스트리트
Ala Moana Blvd. 알라모아나 블러바드
Ahui St.
Ilalo St. 일라로 스트리트
H1
92
A B C
1 2 3

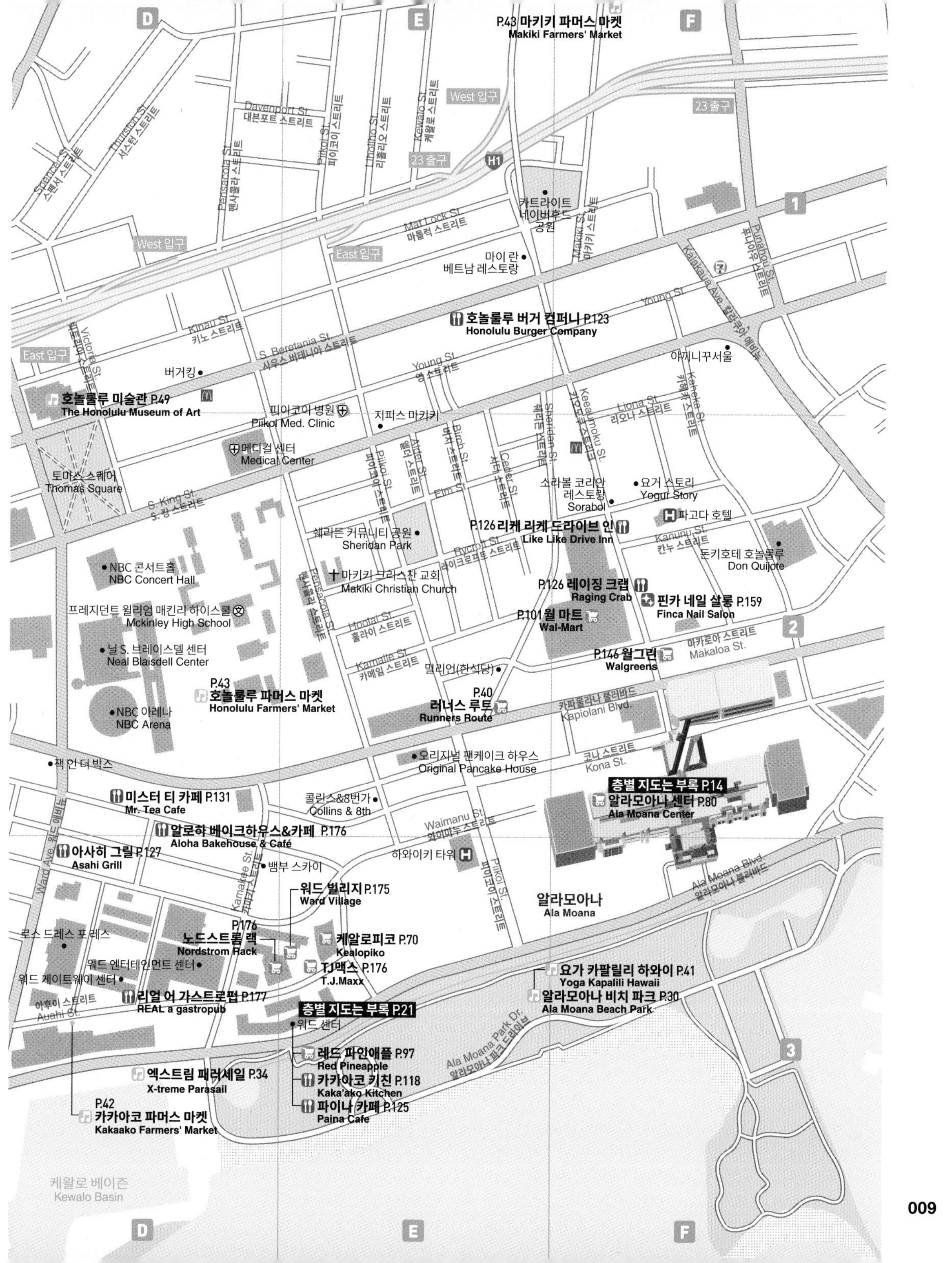

D
E
F
P.43 마키키 파머스 마켓
Makiki Farmers' Market
West 입구
23 출구
Davenport St.
대븐포트 스트리트
Thurston St.
서스턴 스트리트
Spencer St.
스펜서 스트리트
Pensacola St.
펜사콜라 스트리트
Piikoi St.
피이코이 스트리트
Lunalilo St.
리훌리오 스트리트
Kewalo St.
케왈로 스트리트
H1
카트라이트 네이버후드 공원
1
Mat Lock St.
마틀럭 스트리트
East 입구
마이 란 베트남 레스토랑
Makiki St.
마키키 스트리트
Kalakaua Ave. 칼라카우아 애비뉴
Punahou St.
푸나호우 스트리트
Young St.
호놀룰루 버거 컴퍼니 P.123
Honolulu Burger Company
Kinau St.
키나우 스트리트
Victoria St.
빅토리아 스트리트
East 입구
S. Beretania St.
사우스 베레타니아 스트리트
버거킹
Young St.
영 스트리트
아끼니꾸서울
호놀룰루 미술관 P.49
The Honolulu Museum of Art
피이코이 병원
Piikoi Med. Clinic
지피스 마키키
Keeaumoku St.
키아우모쿠 스트리트
Liona St.
리오나 스트리트
Kaheka St.
카헤카 스트리트
Sheridan St.
셰리단 스트리트
메디컬 센터
Medical Center
Piikoi St.
피이코이 스트리트
Alder St.
알더 스트리트
Birch St.
버치 스트리트
Cedar St.
시더 스트리트
Elm St.
토마스 스퀘어
Thomas Square
소라볼 코리안 레스토랑
Sorabol
요거 스토리
Yogur Story
S. King St.
S. 킹 스트리트
파고다 호텔
셰리든 커뮤니티 공원
Sheridan Park
P.126 리케 리케 드라이브 인
Like Like Drive Inn
Rycroft St.
라이크로프트 스트리트
Kanunu St.
칸누 스트리트
돈키호테 호놀룰루
Don Quijote
NBC 콘서트홀
NBC Concert Hall
마키키 크리스찬 교회
Makiki Christian Church
P.126 레이징 크랩
Raging Crab
핀카 네일 살롱 P.159
Finca Nail Salon
프레지던트 윌리엄 매킨리 하이스쿨
Mckinley High School
Pensacola St.
펜사콜라 스트리트
P.101 월 마트
Wal-Mart
2
Hoolai St.
훌라이 스트리트
마카로아 스트리트
Makaloa St.
닐 S. 브레이스델 센터
Neal Blaisdell Center
P.146 월그린
Walgreens
Kamaile St.
카메일 스트리트
멜린언(한식당)
P.43
호놀룰루 파머스 마켓
Honolulu Farmers' Market
P.40
러너스 루트
Runners Route
카피올라니 블러바드
Kapiolani Blvd.
NBC 아레나
NBC Arena
책 인 더 박스
오리지널 팬케이크 하우스
Original Pancake House
코나 스트리트
Kona St.
층별 지도는 부록 P.14
알라모아나 센터 P.80
Ala Moana Center
미스터 티 카페 P.131
Mr. Tea Cafe
콜린스&8번가
Collins & 8th
알로하 베이크하우스&카페 P.176
Aloha Bakehouse & Café
Waimanu St.
와이마누 스트리트
Ward Ave. 워드 애비뉴
아사히 그릴 P.127
Asahi Grill
하와이키 타워
Kamakee St.
카마키 스트리트
뱀부 스카이
Piikoi St.
피이코이 스트리트
Ala Moana Blvd.
알라모아나 블러바드
워드 빌리지 P.175
Ward Village
알라모아나
Ala Moana
P.176
노드스트롬 랙
Nordstrom Rack
로스 드레스 포 레스
케알로피코 P.70
Kealopiko
워드 엔터테인먼트 센터
TJ맥스 P.176
T.J.Maxx
요가 카팔릴리 하와이 P.41
Yoga Kapalili Hawaii
워드 게이트웨이 센터
아후이 스트리트
Auahi St.
리얼 어 가스트로펍 P.177
REAL a gastropub
알라모아나 비치 파크 P.30
Ala Moana Beach Park
층별 지도는 부록 P.21
워드 센터
Ala Moana Park Dr.
알라모아나 파크 드라이브
레드 파인애플 P.97
Red Pineapple
3
엑스트림 패러세일 P.34
X-treme Parasail
카카아코 키친 P.118
Kaka'ako Kitchen
P.42
카카아코 파머스 마켓
Kakaako Farmers' Market
파이나 카페 P.125
Paina Cafe
케왈로 베이즌
Kewalo Basin

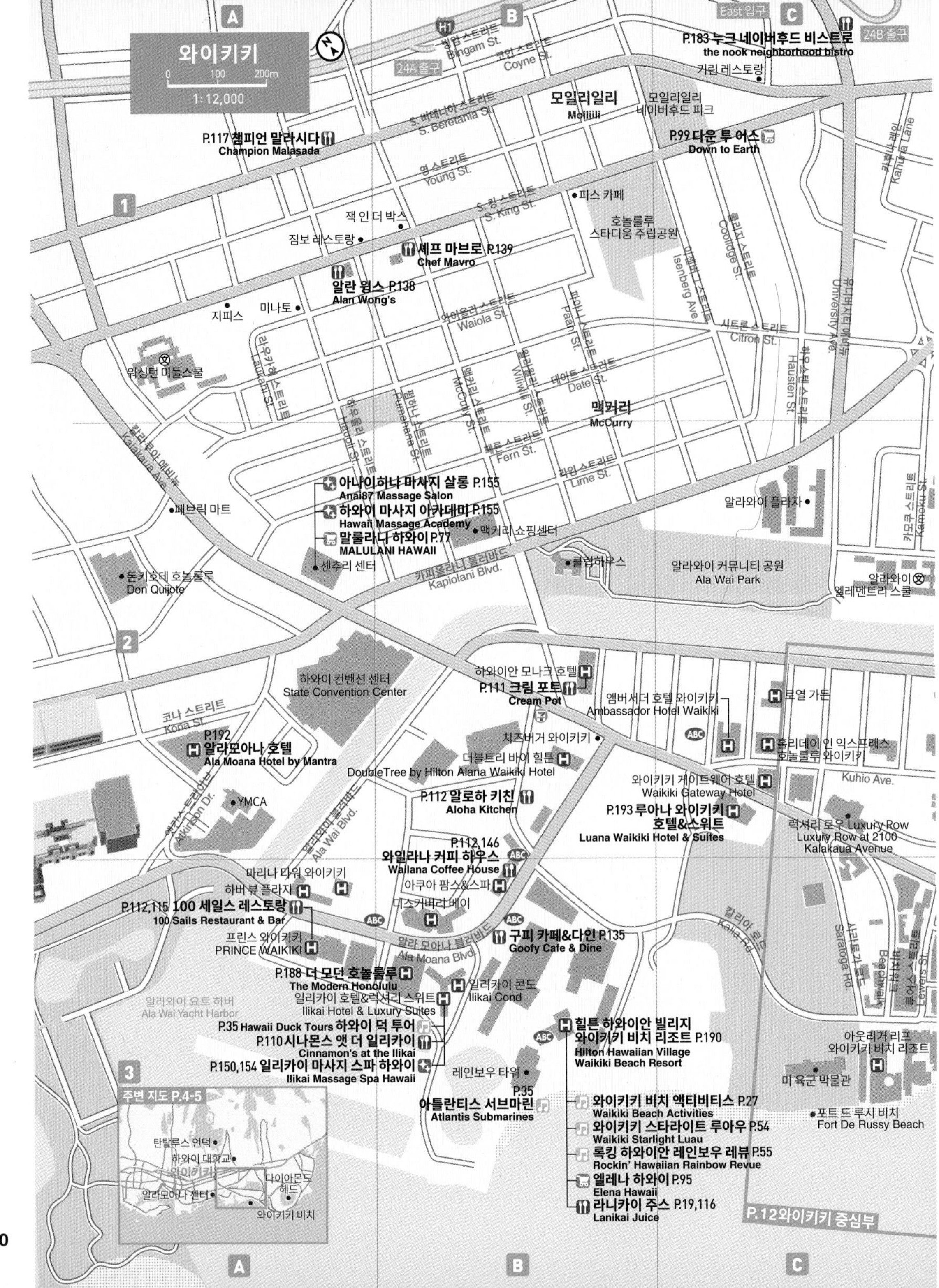
와이키키
0 100 200m
1:12,000
East 입구
24A 출구
24B 출구
P.183 누크 네이버후드 비스트로
the nook neighborhood bistro
거린 레스토랑
모일리일리
Moiliili
모일리일리 네이버후드 피크
P.117 챔피언 말라사다
Champion Malasada
P.99 다운 투 어스
Down to Earth
피스 카페
잭 인 더 박스
짐보 레스토랑
세프 마브로 P.139
Chef Mavro
호놀룰루 스타디움 주립공원
알란 웡스 P.138
Alan Wong's
지피스
미나토
워싱턴 미들스쿨
맥커리
McCurry
아나이히나 마사지 살롱 P.155
Anai87 Massage Salon
하와이 마사지 아카데미 P.155
Hawaii Massage Academy
말룰라니 하와이 P.77
MALULANI HAWAII
맥커리 쇼핑센터
센추리 센터
패브릭 마트
돈키호테 호놀룰루
Don Quijote
클럽하우스
알라와이 플라자
알라와이 커뮤니티 공원
Ala Wai Park
알라와이 엘레멘트리 스쿨
하와이 컨벤션 센터
State Convention Center
하와이안 모나크 호텔
P.111 크림 포트
Cream Pot
앰버서더 호텔 와이키키
Ambassador Hotel Waikiki
로열 가든
치즈버거 와이키키
더블트리 바이 힐튼
DoubleTree by Hilton Alana Waikiki Hotel
홀리데이 인 익스프레스 호놀룰루 와이키키
P.192 알라모아나 호텔
Ala Moana Hotel by Mantra
YMCA
와이키키 게이트웨이 호텔
Waikiki Gateway Hotel
P.112 알로하 키친
Aloha Kitchen
P.193 루아나 와이키키 호텔&스위트
Luana Waikiki Hotel & Suites
럭셔리 로우 Luxury Row
Luxury Row at 2100 Kalakaua Avenue
P.112,146 와일라나 커피 하우스
Wailana Coffee House
마리나 타워 와이키키
하버뷰 플라자
아쿠아 팜스&스파
디스커버리 베이
P.112,115 100 세일스 레스토랑
100 Sails Restaurant & Bar
프린스 와이키키
PRINCE WAIKIKI
구피 카페&다인 P.135
Goofy Cafe & Dine
P.188 더 모던 호놀룰루
The Modern Honolulu
일리카이 콘도
Ilikai Cond
일리카이 호텔&럭셔리 스위트
Ilikai Hotel & Luxury Suites
알라와이 요트 하버
Ala Wai Yacht Harbor
P.35 Hawaii Duck Tours 하와이 덕 투어
P.110 시나몬스 앳 더 일리카이
Cinnamon's at the Ilikai
P.150,154 일리카이 마사지 스파 하와이
Ilikai Massage Spa Hawaii
힐튼 하와이안 빌리지 와이키키 비치 리조트 P.190
Hilton Hawaiian Village Waikiki Beach Resort
레인보우 타워
P.35 아틀란티스 서브마린
Atlantis Submarines
와이키키 비치 액티비티스 P.27
Waikiki Beach Activities
와이키키 스타라이트 루아우 P.54
Waikiki Starlight Luau
록킹 하와이안 레인보우 레뷰 P.55
Rockin' Hawaiian Rainbow Revue
엘레나 하와이 P.95
Elena Hawaii
라니카이 주스 P.19,116
Lanikai Juice
아웃리거 리프 와이키키 비치 리조트
미 육군 박물관
포트 드 루시 비치
Fort De Russy Beach
P.12 와이키키 중심부
주변 지도 P.4-5
탄탈루스 언덕
하와이 대학교
와이키키
다이아몬드 헤드
알라모아나 센터
와이키키 비치
빙엄 스트리트 Bingam St.
코인 스트리트 Coyne St.
S. 베레타니아 스트리트 S. Beretania St.
영 스트리트 Young St.
S. 킹 스트리트 S. King St.
와이올라 스트리트 Waiola St.
시트론 스트리트 Citron St.
데이트 스트리트 Date St.
펀 스트리트 Fern St.
라임 스트리트 Lime St.
카피올라니 블러바드 Kapiolani Blvd.
칼라카우아 애비뉴 Kalakaua Ave.
코나 스트리트 Kona St.
알라와이 블러바드 Ala Wai Blvd.
알라 모아나 블러바드 Ala Moana Blvd.
칼리아 로드 Kalia Rd.
Kuhio Ave.
University Ave.
Kanuna Lane
Kamoku St.
Hausten St.
Coolidge St.
Isenberg Ave.
Paani St.
Laukahi St.
Hauoli St.
Pumehana St.
McCully St.
Wiliwili St.
Atkinson Dr.
Saratoga Rd.
Beachwalk
Lewers St.
A B C 1 2 3

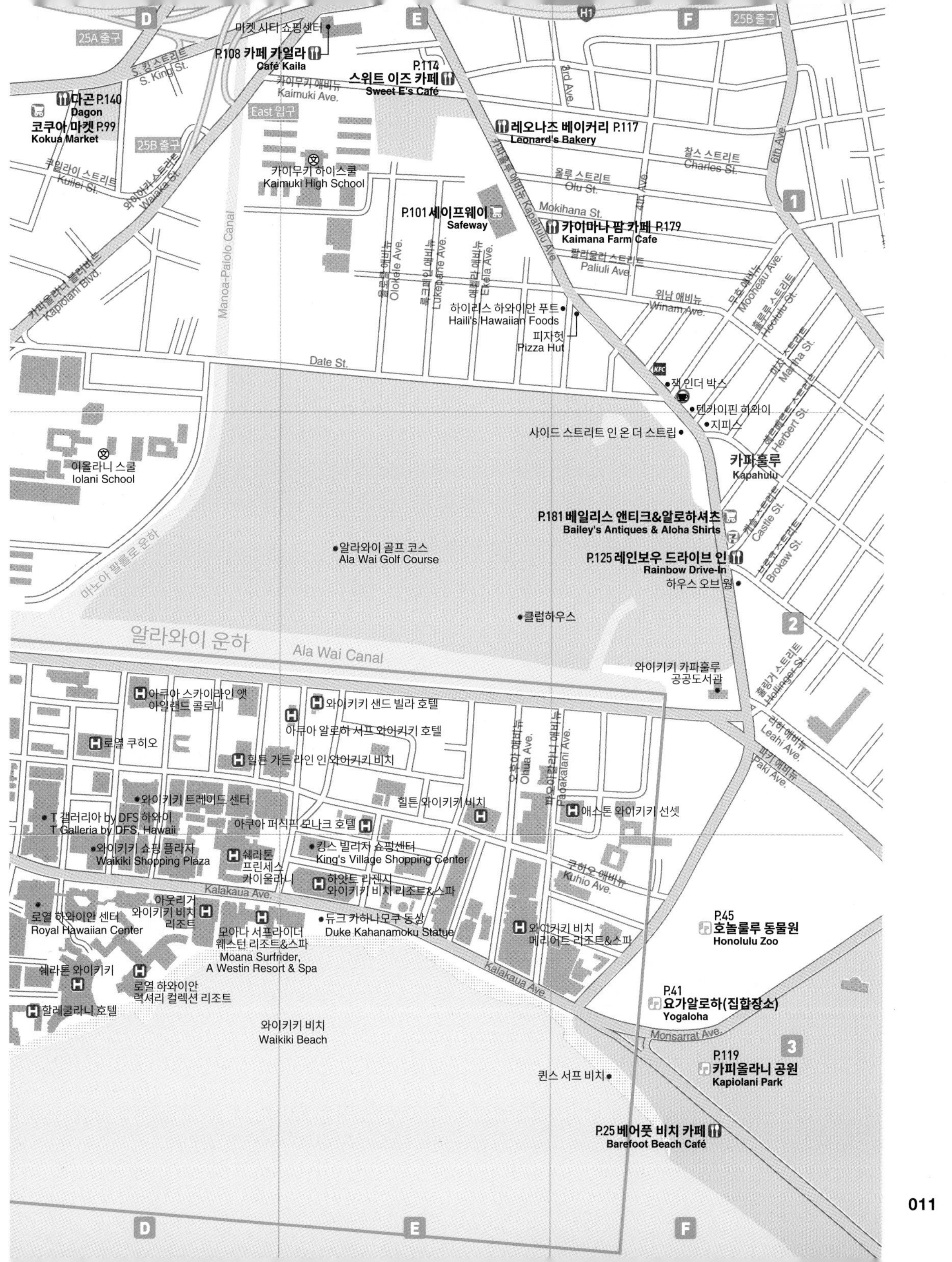
마켓 시티 쇼핑센터
P.108 카페 카일라
Café Kaila
P.114 스위트 이즈 카페
Sweet E's Café
카이무키 애비뉴
Kaimuki Ave.
S. 킹 스트리트
S. King St.
25A 출구
25B 출구
East 입구
다곤 P.140
Dagon
코쿠아 마켓 P.99
Kokua Market
쿠일라이 스트리트
Kuilei St.
와이아카 스트리트
Waiaka St.
카이무키 하이스쿨
Kaimuki High School
레오나즈 베이커리 P.117
Leonard's Bakery
3rd Ave.
6th Ave.
찰스 스트리트
Charles St.
올루 스트리트
Olu St.
Mokihana St.
4th Ave.
P.101 세이프웨이
Safeway
카이마나 팜 카페 P.179
Kaimana Farm Cafe
팔리울리 스트리트
Paliuli St.
카파훌루 애비뉴
Kapahulu Ave.
Olokele Ave.
Lukepane Ave.
Ekela Ave.
위남 애비뉴
Winam Ave.
하이리스 하와이안 푸드
Haili's Hawaiian Foods
피자헛
Pizza Hut
카피올라니 불러바드
Kapiolani Blvd.
Manoa-Palolo Canal
Date St.
무헤아우 애비뉴
Mooheau Ave.
훌루 스트리트
Hoolulu St.
마사 스트리트
Martha St.
허버트 스트리트
Herbert St.
잭 인 더 박스
텐카이핀 하와이
지피스
사이드 스트리트 인 온 더 스트립
카파훌루
Kapahulu
이올라니 스쿨
Iolani School
P.181 베일리스 앤티크&알로하셔츠
Bailey's Antiques & Aloha Shirts
캐슬 스트리트
Castle St.
브로카우 스트리트
Brokaw St.
P.125 레인보우 드라이브 인
Rainbow Drive-In
하우스 오브 웡
알라와이 골프 코스
Ala Wai Golf Course
마노아 팔롤로 운하
클럽하우스
알라와이 운하
Ala Wai Canal
와이키키 카파훌루 공공도서관
홀링거 스트리트
Hollinger St.
리하 애비뉴
Leahi Ave.
파키 애비뉴
Paki Ave.
아쿠아 스카이라인 앳 아일랜드 콜로니
와이키키 샌드 빌라 호텔
아쿠아 알로하 서프 와이키키 호텔
로열 쿠히오
힐튼 가든 라인 인 와이키키 비치
오루아 애비뉴
Olaua Ave.
Paoakalani Ave.
와이키키 트레이드 센터
힐튼 와이키키 비치
애스톤 와이키키 선셋
T 갤러리아 by DFS 하와이
T Galleria by DFS, Hawaii
아쿠아 퍼시픽 모나크 호텔
와이키키 쇼핑 플라자
Waikiki Shopping Plaza
쉐라톤 프린세스 카이울라니
킹스 빌리지 쇼핑센터
King's Village Shopping Center
하얏트 리젠시 와이키키 비치 리조트&스파
쿠히오 애비뉴
Kuhio Ave.
Kalakaua Ave.
로열 하와이안 센터
Royal Hawaiian Center
아웃리거 와이키키 비치 리조트
모아나 서프라이더 웨스턴 리조트&스파
Moana Surfrider, A Westin Resort & Spa
듀크 카하나모쿠 동상
Duke Kahanamoku Statue
와이키키 비치 메리어트 리조트&스파
P.45 호놀룰루 동물원
Honolulu Zoo
쉐라톤 와이키키
로열 하와이안 럭셔리 컬렉션 리조트
할레쿨라니 호텔
와이키키 비치
Waikiki Beach
Kalakaua Ave.
P.41 요가알로하(집합장소)
Yogaloha
Monsarrat Ave.
P.119 카피올라니 공원
Kapiolani Park
퀸스 서프 비치
P.25 베어풋 비치 카페
Barefoot Beach Café
D
E
F
1
2
3
H1

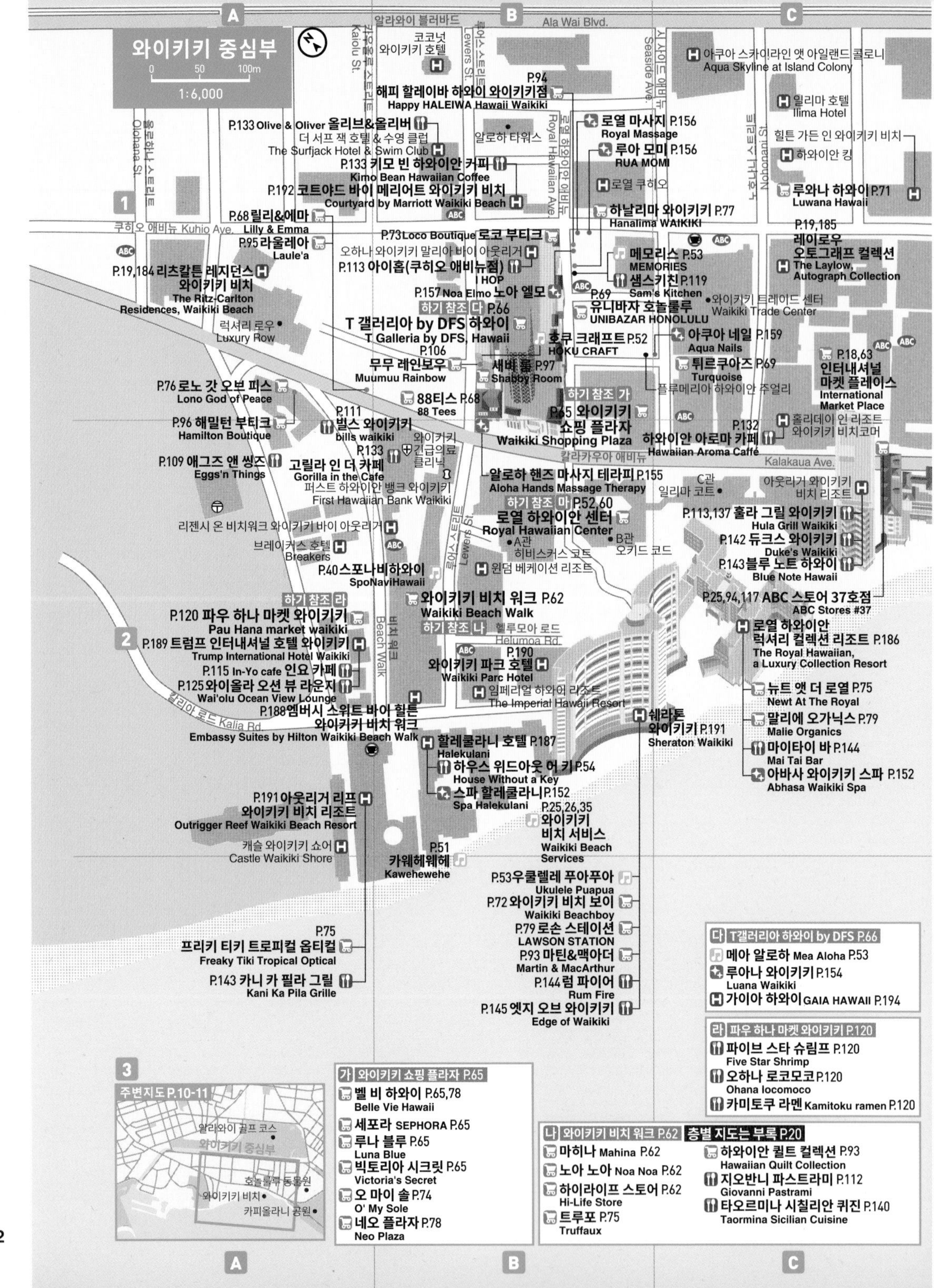

와이키키 중심부
1:6,000
알라와이 블러바드
Ala Wai Blvd.
코코넛 와이키키 호텔
P.94 해피 할레이바 하와이 와이키키점
Happy HALEIWA Hawaii Waikiki
P.133 Olive & Oliver 올리브&올리버
더 서프 잭 호텔 & 수영 클럽
The Surfjack Hotel & Swim Club
P.133 키모 빈 하와이안 커피
Kimo Bean Hawaiian Coffee
P.192 코트야드 바이 메리어트 와이키키 비치
Courtyard by Marriott Waikiki Beach
알로하 타워스
로열 마사지 P.156
Royal Massage
루아 모미 P.156
RUA MOMI
로열 쿠히오
하날리마 와이키키 P.77
Hanalima WAIKIKI
아쿠아 스카이라인 앳 아일랜드 콜로니
Aqua Skyline at Island Colony
일리마 호텔
Ilima Hotel
힐튼 가든 인 와이키키 비치
하와이안 킹
루와나 하와이 P.71
Luwana Hawaii
P.68 릴리&에마
Lilly & Emma
쿠히오 애비뉴 Kuhio Ave.
P.95 라울레아
Laule'a
P.73 Loco Boutique 로코 부티크
오하나 와이키키 말리아 바이 아웃리거
P.113 아이홉(쿠히오 애비뉴점)
I HOP
P.157 Noa Elmo 노아 엘모
하기 참조 다 P.66
T 갤러리아 by DFS 하와이
T Galleria by DFS, Hawaii
P.19,184 리츠칼튼 레지던스 와이키키 비치
The Ritz-Carlton Residences, Waikiki Beach
럭셔리 로우
Luxury Row
메모리스 P.53
MEMORIES
샘스키친 P.119
Sam's Kitchen
P.69 유니바자 호놀룰루
UNIBAZAR HONOLULU
와이키키 트레이드 센터
Waikiki Trade Center
P.19,185 레이로우 오토그래프 컬렉션
The Laylow, Autograph Collection
호쿠 크래프트 P.52
HOKU CRAFT
아쿠아 네일 P.159
Aqua Nails
티르쿠아즈 P.69
Turquoise
플루메리아 하와이안 주얼리
P.18,63 인터내셔널 마켓 플레이스
International Market Place
P.106 무무 레인보우
Muumuu Rainbow
새비 룸 P.97
Shabby Room
P.76 로노 갓 오브 피스
Lono God of Peace
88티스 P.68
88 Tees
하기 참조 가
P.65 와이키키 쇼핑 플라자
Waikiki Shopping Plaza
P.96 해밀턴 부티크
Hamilton Boutique
P.111 빌스 와이키키
bills waikiki
와이키키 긴급의료 클리닉
P.132 하와이안 아로마 카페
Hawaiian Aroma Caffè
홀리데이 인 리조트 와이키키 비치코머
칼라카우아 애비뉴
Kalakaua Ave.
P.109 애그즈 앤 씽즈
Eggs'n Things
P.133 고릴라 인 더 카페
Gorilla in the Cafe
퍼스트 하와이안 뱅크 와이키키
First Hawaiian Bank Waikiki
알로하 핸즈 마사지 테라피 P.155
Aloha Hands Massage Therapy
C관 일리마 코트
아웃리거 와이키키 비치 리조트
하기 참조 마 P.52,60
로열 하와이안 센터
Royal Hawaiian Center
A관 히비스커스 코트
B관 오키드 코드
P.113,137 훌라 그릴 와이키키
Hula Grill Waikiki
P.142 듀크스 와이키키
Duke's Waikiki
P.143 블루 노트 하와이
Blue Note Hawaii
리젠시 온 비치워크 와이키키 바이 아웃리거
브레이커스 호텔
Breakers
P.40 스포나비하와이
SpoNaviHawaii
윈덤 베케이션 리조트
P.25,94,117 ABC 스토어 37호점
ABC Stores #37
하기 참조 라
P.120 파우 하나 마켓 와이키키
Pau Hana market waikiki
와이키키 비치 워크 P.62
Waikiki Beach Walk
하기 참조 나
헬루모아 로드
Helumoa Rd.
로열 하와이안 럭셔리 컬렉션 리조트 P.186
The Royal Hawaiian, a Luxury Collection Resort
P.189 트럼프 인터내셔널 호텔 와이키키
Trump International Hotel Waikiki
P.115 In-Yo cafe 인요 카페
P.125 와이올라 오션 뷰 라운지
Wai'olu Ocean View Lounge
P.190 와이키키 파크 호텔
Waikiki Parc Hotel
임페리얼 하와이 리조트
The Imperial Hawaii Resort
뉴트 앳 더 로열 P.75
Newt At The Royal
말리에 오가닉스 P.79
Malie Organics
칼리아 로드 Kalia Rd.
P.188 엠버시 스위트 바이 힐튼 와이키키 비치 워크
Embassy Suites by Hilton Waikiki Beach Walk
쉐라톤 와이키키 P.191
Sheraton Waikiki
할레쿨라니 호텔 P.187
Halekulani
하우스 위드아웃 어 키 P.54
House Without a Key
스파 할레쿨라니 P.152
Spa Halekulani
마이타이 바 P.144
Mai Tai Bar
아바사 와이키키 스파 P.152
Abhasa Waikiki Spa
P.191 아웃리거 리프 와이키키 비치 리조트
Outrigger Reef Waikiki Beach Resort
P.25,26,35 와이키키 비치 서비스
Waikiki Beach Services
캐슬 와이키키 쇼어
Castle Waikiki Shore
P.51 카웨헤웨헤
Kawehewehe
P.53 우쿨렐레 푸아푸아
Ukulele Puapua
P.72 와이키키 비치 보이
Waikiki Beachboy
P.79 로손 스테이션
LAWSON STATION
P.93 마틴&맥아더
Martin & MacArthur
P.144 럼 파이어
Rum Fire
P.145 엣지 오브 와이키키
Edge of Waikiki
P.75 프리키 티키 트로피컬 옵티컬
Freaky Tiki Tropical Optical
P.143 카니 카 필라 그릴
Kani Ka Pila Grille
다 T갤러리아 하와이 by DFS P.66
메아 알로하 Mea Aloha P.53
루아나 와이키키 P.154
Luana Waikiki
가이아 하와이 GAIA HAWAII P.194
라 파우 하나 마켓 와이키키 P.120
파이브 스타 슈림프 P.120
Five Star Shrimp
오하나 로코모코 P.120
Ohana locomoco
카미토쿠 라멘 Kamitoku ramen P.120
주변지도 P.10-11
알라와이 골프 코스
와이키키 중심부
호놀룰루 동물원
와이키키 비치
카피올라니 공원
가 와이키키 쇼핑 플라자 P.65
벨 비 하와이 P.65,78
Belle Vie Hawaii
세포라 SEPHORA P.65
루나 블루 P.65
Luna Blue
빅토리아 시크릿 P.65
Victoria's Secret
오 마이 솔 P.74
O' My Sole
네오 플라자 P.78
Neo Plaza
나 와이키키 비치 워크 P.62
층별 지도는 부록 P.20
마히나 Mahina P.62
노아 노아 Noa Noa P.62
하이라이프 스토어 P.62
Hi-Life Store
트루포 P.75
Truffaux
하와이안 퀼트 컬렉션 P.93
Hawaiian Quilt Collection
지오반니 파스트라미 P.112
Giovanni Pastrami
타오르미나 시칠리안 퀴진 P.140
Taormina Sicilian Cuisine

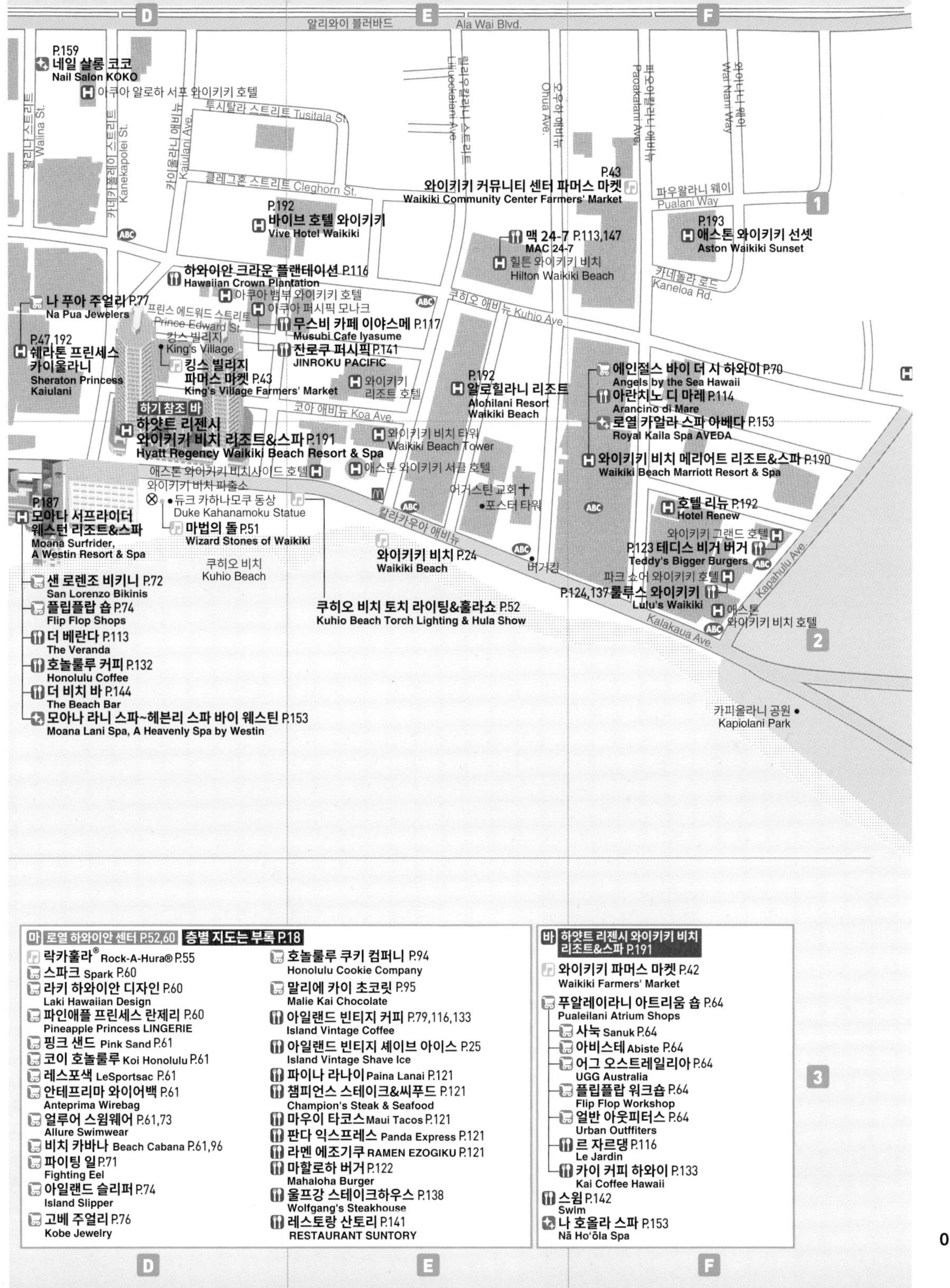

알리와이 블러바드 Ala Wai Blvd.
P.159
네일 살롱 코코
Nail Salon KOKO
아쿠아 알로하 서프 와이키키 호텔
투시탈라 스트리트 Tusitala St.
클레그혼 스트리트 Cleghorn St.
와이키키 커뮤니티 센터 파머스 마켓 P.43
Waikiki Community Center Farmers' Market
파우왈라니 웨이
Pualani Way
P.192
바이브 호텔 와이키키
Vive Hotel Waikiki
맥 24-7 P.113,147
MAC 24-7
힐튼 와이키키 비치
Hilton Waikiki Beach
P.193
애스톤 와이키키 선셋
Aston Waikiki Sunset
카네올라 로드
Kaneloa Rd.
하와이안 크라운 플랜테이션 P.116
Hawaiian Crown Plantation
아쿠아 뱀부 와이키키 호텔
아쿠아 퍼시픽 모나크
나 푸아 주얼리 P.77
Na Pua Jewelers
프린스 에드워드 스트리트
Prince Edward St.
무스비 카페 이야스메 P.117
Musubi Cafe Iyasume
쿠히오 애비뉴 Kuhio Ave.
킹스 빌리지
King's Village
진로쿠 퍼시픽 P.141
JINROKU PACIFIC
P.47,192
쉐라톤 프린세스 카이울라니
Sheraton Princess Kaiulani
킹스 빌리지 파머스 마켓 P.43
King's Village Farmers' Market
와이키키 리조트 호텔
P.192
알로힐라니 리조트
Alohilani Resort Waikiki Beach
에인절스 바이 더 시 하와이 P.70
Angels by the Sea Hawaii
아란치노 디 마레 P.114
Arancino di Mare
로열 카일라 스파 아베다 P.153
Royal Kaila Spa AVEDA
하기 참조 바
하얏트 리젠시 와이키키 비치 리조트&스파 P.191
Hyatt Regency Waikiki Beach Resort & Spa
코아 애비뉴 Koa Ave.
와이키키 비치 타워
Waikiki Beach Tower
와이키키 비치 메리어트 리조트&스파 P.190
Waikiki Beach Marriott Resort & Spa
애스톤 와이키키 비치사이드 호텔
애스톤 와이키키 서클 호텔
와이키키 비치 파출소
어거스틴 교회
포스터 타워
P.187
모아나 서프라이더 웨스턴 리조트&스파
Moana Surfrider, A Westin Resort & Spa
듀크 카하나모쿠 동상
Duke Kahanamoku Statue
마법의 돌 P.51
Wizard Stones of Waikiki
칼라카우아 애비뉴
호텔 리뉴 P.192
Hotel Renew
와이키키 그랜드 호텔
P.123 테디스 비거 버거
Teddy's Bigger Burgers
쿠히오 비치
Kuhio Beach
와이키키 비치 P.24
Waikiki Beach
버거킹
파크 쇼어 와이키키 호텔
P.124,137 룰루스 와이키키
Lulu's Waikiki
애스톤 와이키키 비치 호텔
Kapahulu Ave.
Kalakaua Ave.
샌 로렌조 비키니 P.72
San Lorenzo Bikinis
플립플랍 숍 P.74
Flip Flop Shops
쿠히오 비치 토치 라이팅&훌라쇼 P.52
Kuhio Beach Torch Lighting & Hula Show
더 베란다 P.113
The Veranda
호놀룰루 커피 P.132
Honolulu Coffee
더 비치 바 P.144
The Beach Bar
모아나 라니 스파~헤븐리 스파 바이 웨스틴 P.153
Moana Lani Spa, A Heavenly Spa by Westin
카피올라니 공원
Kapiolani Park
마 로열 하와이안 센터 P.52,60 층별 지도는 부록 P.18
락카훌라® Rock-A-Hura® P.55
스파크 Spark P.60
라키 하와이안 디자인 P.60
Laki Hawaiian Design
파인애플 프린세스 란제리 P.60
Pineapple Princess LINGERIE
핑크 샌드 Pink Sand P.61
코이 호놀룰루 Koi Honolulu P.61
레스포색 LeSportsac P.61
안테프리마 와이어백 P.61
Anteprima Wirebag
얼루어 스윔웨어 P.61,73
Allure Swimwear
비치 카바나 Beach Cabana P.61,96
파이팅 일 P.71
Fighting Eel
아일랜드 슬리퍼 P.74
Island Slipper
고베 주얼리 P.76
Kobe Jewelry
호놀룰루 쿠키 컴퍼니 P.94
Honolulu Cookie Company
말리에 카이 초코릿 P.95
Malie Kai Chocolate
아일랜드 빈티지 커피 P.79,116,133
Island Vintage Coffee
아일랜드 빈티지 셰이브 아이스 P.25
Island Vintage Shave Ice
파이나 라나이 Paina Lanai P.121
챔피언스 스테이크&씨푸드 P.121
Champion's Steak & Seafood
마우이 타코스 Maui Tacos P.121
판다 익스프레스 Panda Express P.121
라멘 에조기쿠 RAMEN EZOGIKU P.121
마할로하 버거 P.122
Mahaloha Burger
울프강 스테이크하우스 P.138
Wolfgang's Steakhouse
레스토랑 산토리 P.141
RESTAURANT SUNTORY
바 하얏트 리젠시 와이키키 비치 리조트&스파 P.191
와이키키 파머스 마켓 P.42
Waikiki Farmers' Market
푸알레이라니 아트리움 숍 P.64
Pualeilani Atrium Shops
사눅 Sanuk P.64
아비스테 Abiste P.64
어그 오스트레일리아 P.64
UGG Australia
플립플랍 워크숍 P.64
Flip Flop Workshop
얼반 아웃피터스 P.64
Urban Outfiters
르 자르댕 P.116
Le Jardin
카이 커피 하와이 P.133
Kai Coffee Hawaii
스윔 P.142
Swim
나 호올라 스파 P.153
Nā Ho'ōla Spa

FLOOR MAP1

알라모아나 센터 Ala Moana Center 본문 P.80

*2018년 11월 현재 지도

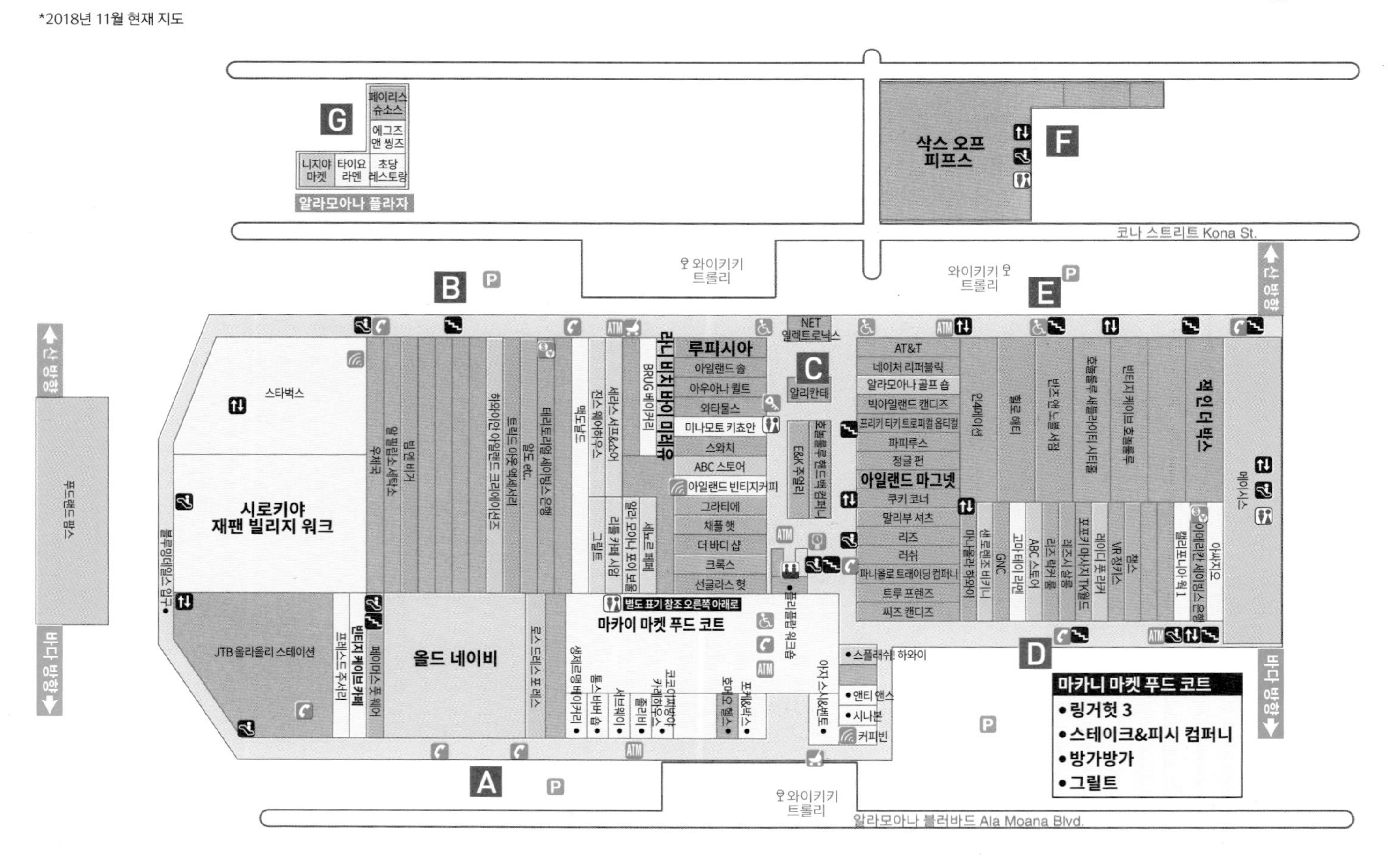

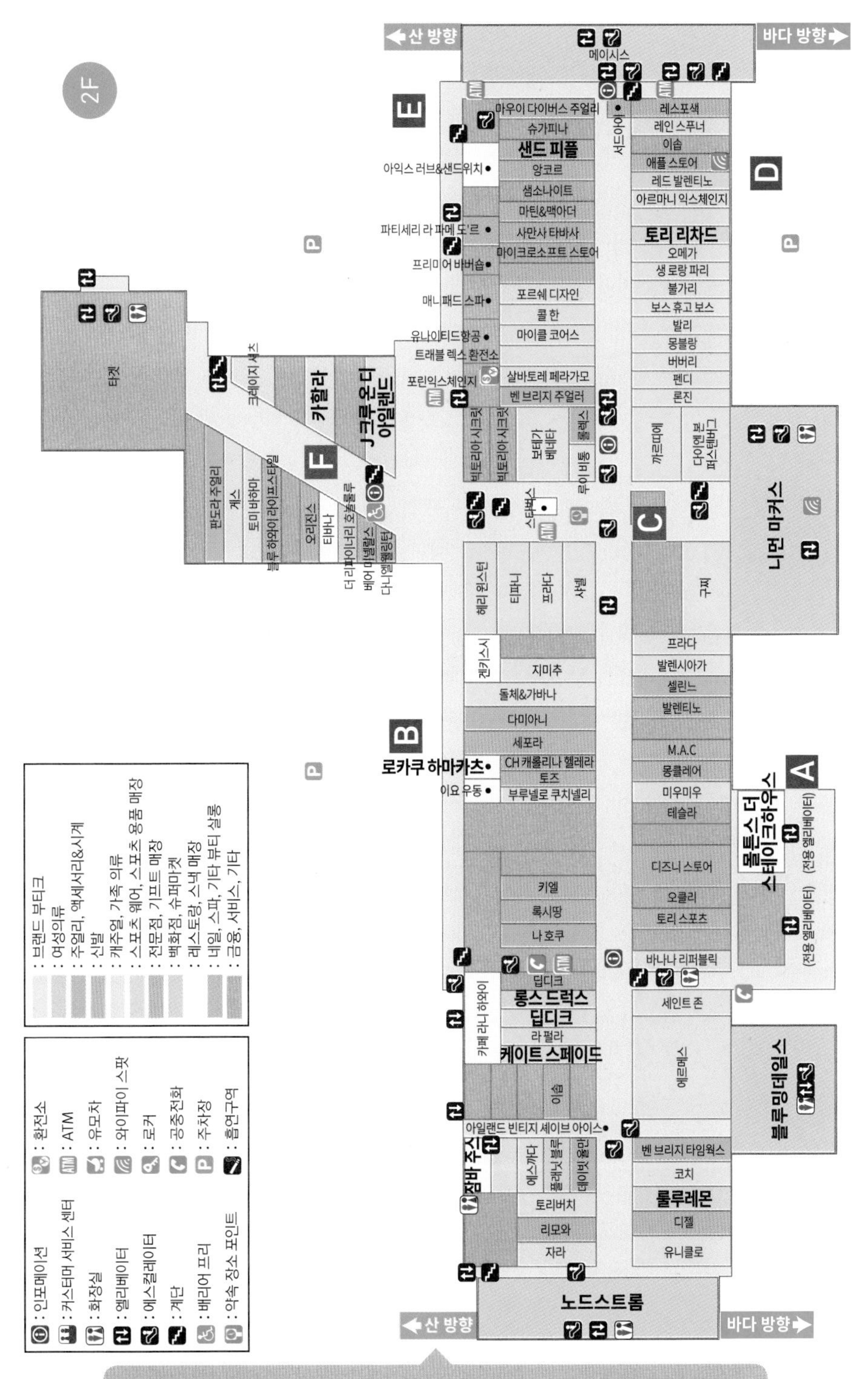

알라모아나 센터 주차장은 언제나 혼잡하다. 그러나 3층 노드스트롬 쪽 야외 주차장은 비교적 주차하기 쉽다.

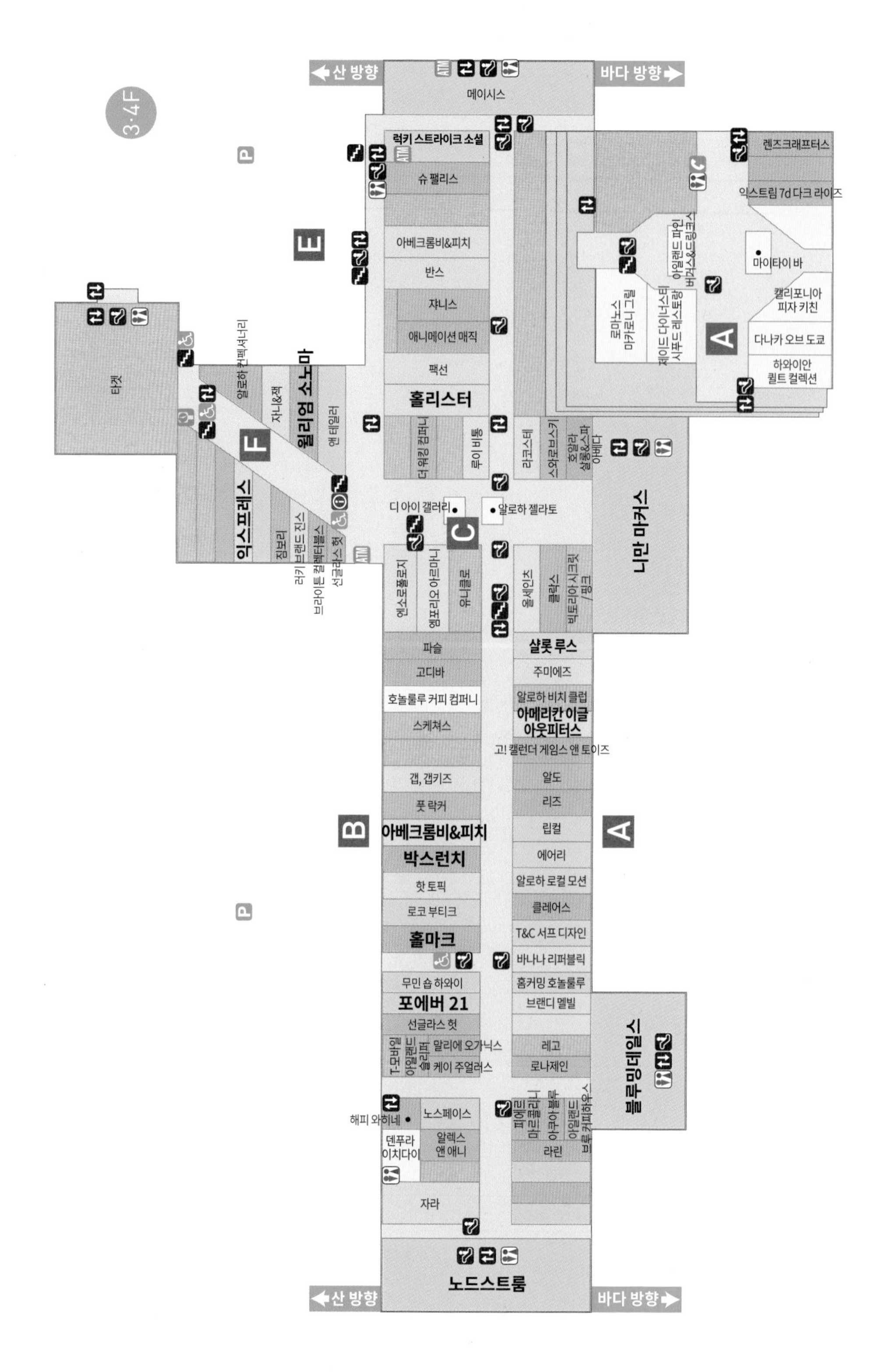

3·4F
산 방향
바다 방향
메이시스
럭키 스트라이크 소셜
슈 팰리스
아베크롬비&피치
반스
쟈니스
애니메이션 매직
팩선
홀리스터
렌즈크래프터스
익스트림 7d 다크 라이즈
마이타이 바
캘리포니아 피자 키친
다나카 오브 도쿄
하와이안 퀼트 컬렉션
로마노스 마카로니 그릴
아일랜드 파인 비치스&킹스
체이드 다이너스티 시푸드 레스토랑
타겟
알로하 컨펙셔너리
쟈니&잭
윌리엄 소노마
엔 테일러
익스프레스
짐보리
라키 브랜드 진스
브라이튼 컬렉터블스
선글라스 헛
디 아이 갤러리
알로하 젤라토
라코스테
스와로브스키
호알라 살롱&스파
아베다
나만 마커스
엘소로폴로지
엠포리오 아르마니
유니클로
올세인츠
클락스
빅토리아 시크릿 / 핑크
파슬
고디바
호놀룰루 커피 컴퍼니
스케쳐스
갭, 갭키즈
풋 락커
아베크롬비&피치
박스런치
핫 토픽
로코 부티크
홀마크
무민 숍 하와이
포에버 21
선글라스 헛
T-모바일
아일랜드 슬리퍼
말리에 오가닉스
케이 주얼러스
샬롯 루스
주미에즈
알로하 비치 클럽
아메리칸 이글 아웃피터스
고! 캘린더 게임스 앤 토이즈
알도
리즈
립컬
에어리
알로하 로컬 모션
클레어스
T&C 서프 디자인
바나나 리퍼블릭
홈커밍 호놀룰루
브랜디 멜빌
레고
로나제인
블루밍데일스
해피 와히네
노스페이스
덴푸라 이치다이
알렉스 앤 애니
자라
파이렐리
마르코니
아쿠아 블루
아일랜드 브루 커피하우스
라린
노드스트롬

BRAND LIST

LADIES' WEAR / MEN'S WEAR / BAG & ACCESORY / SHOES

브랜드명	로열 하와이안 센타 >>>P.60	알라모아나 센터 >>>P.80	T 갤러리 하와이 by DFS >>>P.66	럭셔리 로우	와이켈레 프리미엄 아웃렛 >>>P.102
에르메스	LADIES' WEAR, MEN'S WEAR, BAG & ACCESORY, SHOES	LADIES' WEAR, MEN'S WEAR, BAG & ACCESORY, SHOES	BAG & ACCESORY		
까르띠에	LADIES' WEAR, BAG & ACCESORY	BAG & ACCESORY	BAG & ACCESORY		
구찌		LADIES' WEAR, MEN'S WEAR, BAG & ACCESORY, SHOES	BAG & ACCESORY	LADIES' WEAR, MEN'S WEAR, BAG & ACCESORY, SHOES	
케이트 스페이드	LADIES' WEAR, MEN'S WEAR, BAG & ACCESORY, SHOES	LADIES' WEAR, BAG & ACCESORY, SHOES	LADIES' WEAR, BAG & ACCESORY		LADIES' WEAR, BAG & ACCESORY, SHOES
코치		LADIES' WEAR, BAG & ACCESORY, SHOES	BAG & ACCESORY	LADIES' WEAR, MEN'S WEAR, BAG & ACCESORY, SHOES	LADIES' WEAR, MEN'S WEAR, BAG & ACCESORY
살바토레 페라가모	LADIES' WEAR, MEN'S WEAR, BAG & ACCESORY, SHOES	LADIES' WEAR, MEN'S WEAR, BAG & ACCESORY, SHOES	BAG & ACCESORY, SHOES		
생 로랑 파리		LADIES' WEAR, MEN'S WEAR, BAG & ACCESORY, SHOES		LADIES' WEAR, MEN'S WEAR, BAG & ACCESORY, SHOES	
지미추	BAG & ACCESORY, SHOES	BAG & ACCESORY, SHOES			
샤넬		LADIES' WEAR, BAG & ACCESORY, SHOES	BAG & ACCESORY, SHOES	LADIES' WEAR, BAG & ACCESORY, SHOES	
셀린느		LADIES' WEAR, BAG & ACCESORY, SHOES	BAG & ACCESORY		
디올			LADIES' WEAR, MEN'S WEAR, BAG & ACCESORY		
티파니		BAG & ACCESORY		BAG & ACCESORY	
토즈		LADIES' WEAR, MEN'S WEAR, BAG & ACCESORY, SHOES			
토리버치	LADIES' WEAR, BAG & ACCESORY, SHOES	LADIES' WEAR, BAG & ACCESORY, SHOES	BAG & ACCESORY, SHOES		LADIES' WEAR, BAG & ACCESORY, SHOES
버버리		LADIES' WEAR, MEN'S WEAR, BAG & ACCESORY, SHOES	LADIES' WEAR, MEN'S WEAR, BAG & ACCESORY		
발렌시아가		LADIES' WEAR, MEN'S WEAR, BAG & ACCESORY, SHOES	BAG & ACCESORY		
펜디	LADIES' WEAR, MEN'S WEAR, BAG & ACCESORY, SHOES	LADIES' WEAR, BAG & ACCESORY, SHOES	BAG & ACCESORY		
폴리폴리		BAG & ACCESORY	BAG & ACCESORY		
프라다		LADIES' WEAR, MEN'S WEAR, BAG & ACCESORY, SHOES	BAG & ACCESORY		
불가리		LADIES' WEAR, MEN'S WEAR, BAG & ACCESORY	MEN'S WEAR, BAG & ACCESORY		
보테가 베네타		LADIES' WEAR, MEN'S WEAR, BAG & ACCESORY		LADIES' WEAR, MEN'S WEAR, BAG & ACCESORY, SHOES	
마이클 코어스		LADIES' WEAR, BAG & ACCESORY, SHOES	BAG & ACCESORY, SHOES		BAG & ACCESORY
마크제이콥스			LADIES' WEAR, MEN'S WEAR, BAG & ACCESORY, SHOES		
미우미우		LADIES' WEAR, BAG & ACCESORY, SHOES		LADIES' WEAR, BAG & ACCESORY, SHOES	
랄프로렌			LADIES' WEAR, MEN'S WEAR, BAG & ACCESORY		LADIES' WEAR
루이 비통		LADIES' WEAR, MEN'S WEAR, BAG & ACCESORY, SHOES			

FLOOR MAP2

로열 하와이안 센터 Royal Hawaiian Center 본문 P.60

*2018년 11월 현재 지도

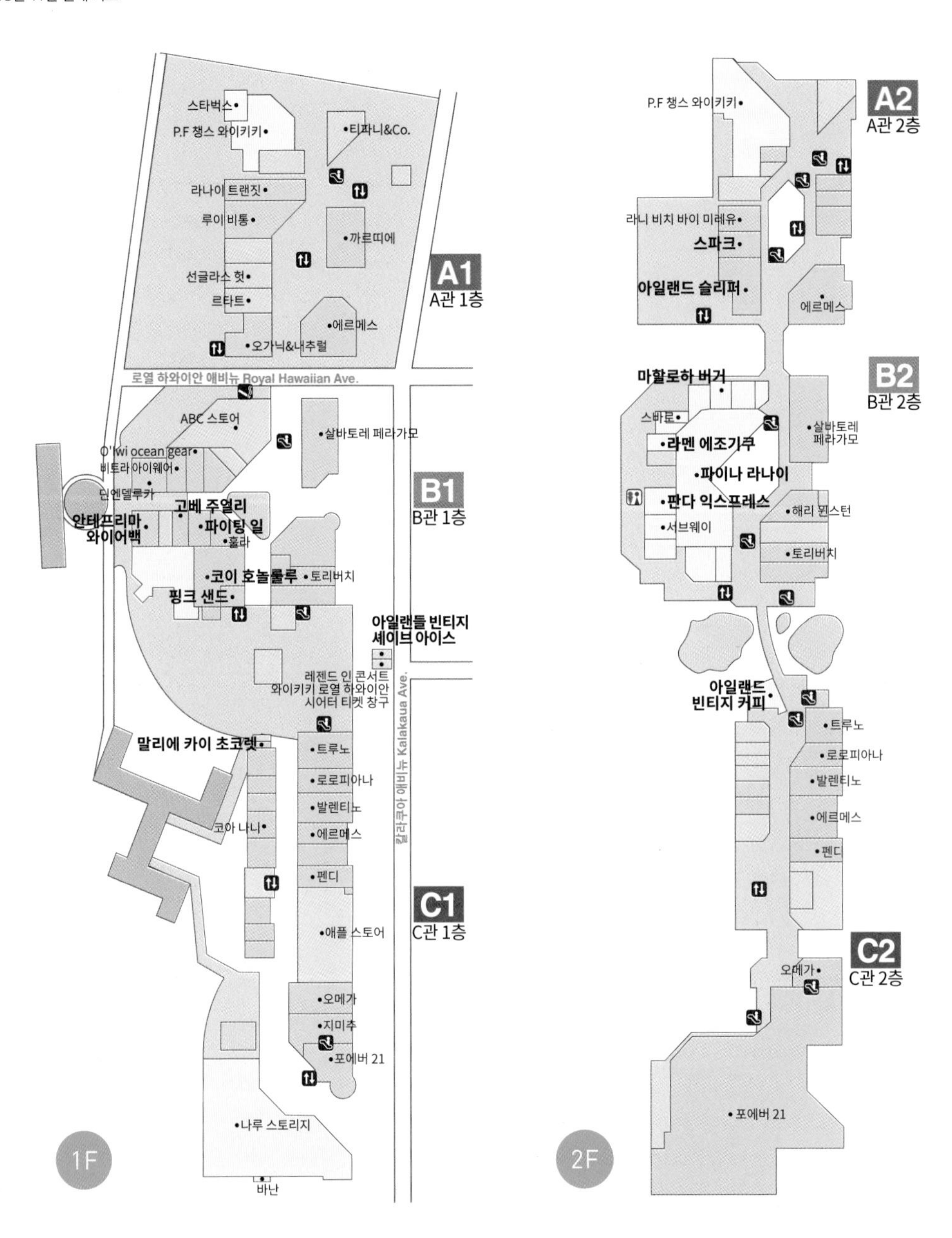

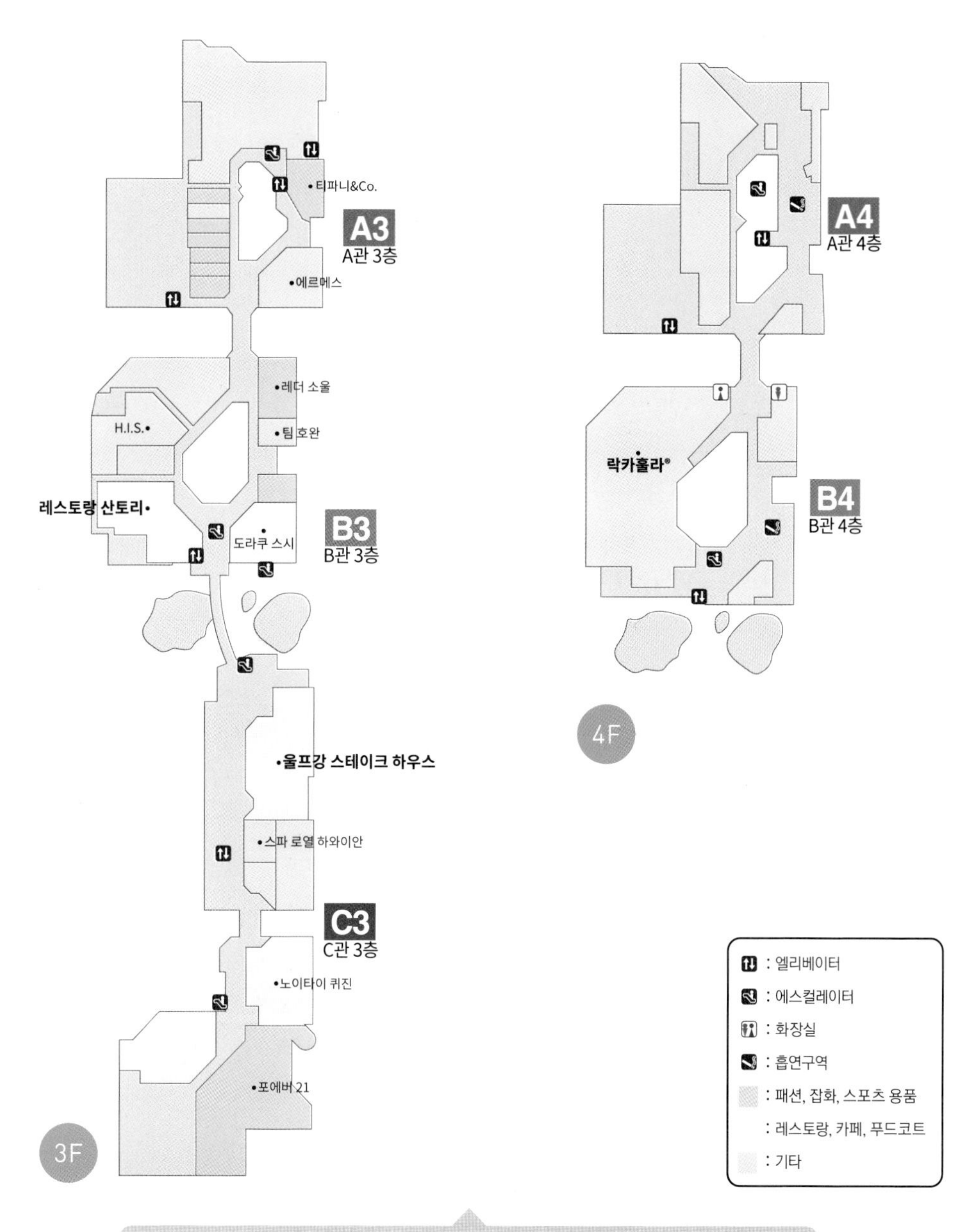

로열 하와이안 센터 2층에는 B관과 C관을 연결하는 통로가 없다.
이 사실을 모르면 의외로 불편하므로 기억해 두자.

FLOOR MAP3

와이키키 비치 워크 Waikiki Beach Walk 본문 P.62

*2018년 11월 현재 지도

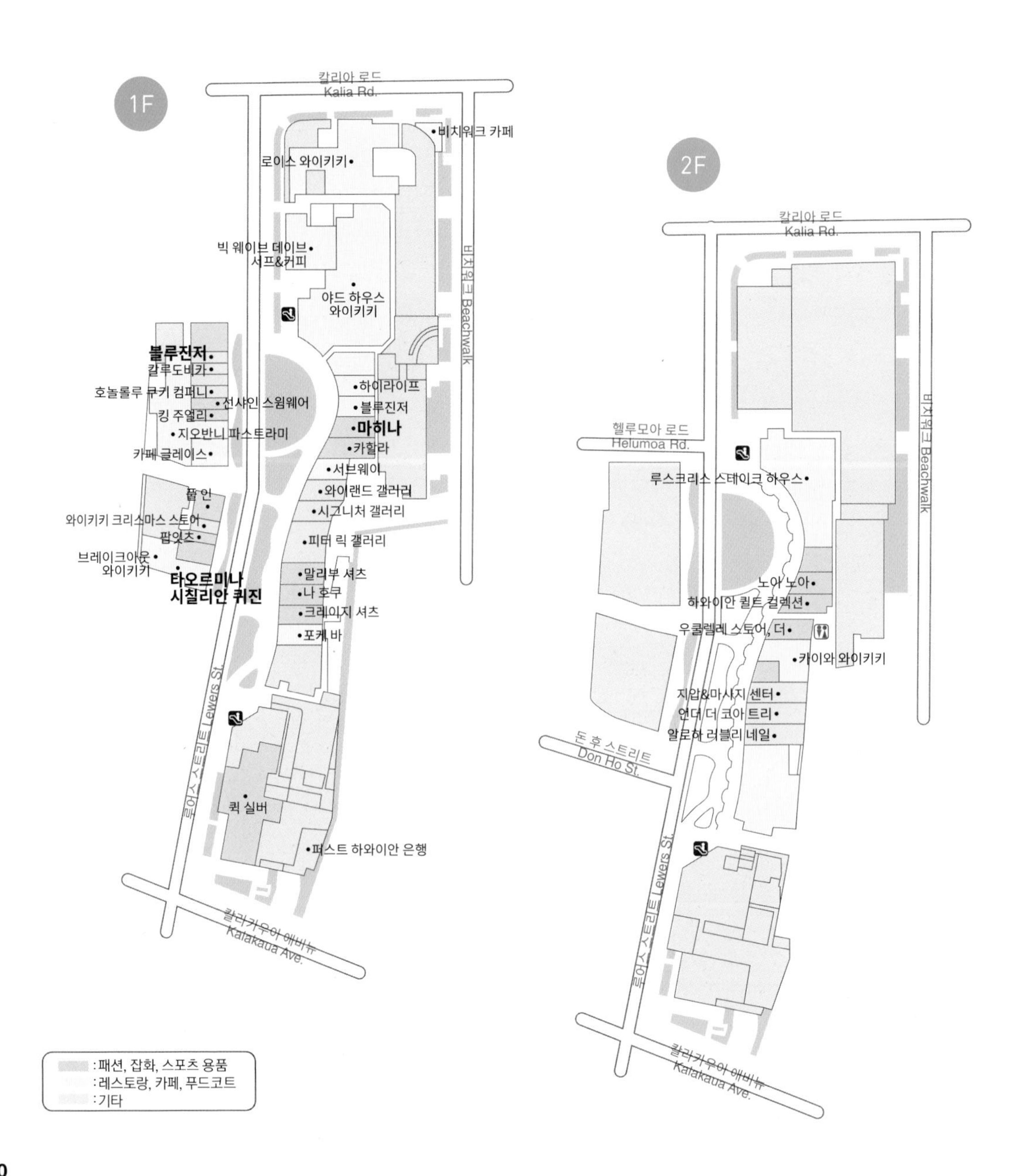

FLOOR MAP4

인터내셔널 마켓 플레이스 International Market Place 본문 P.63

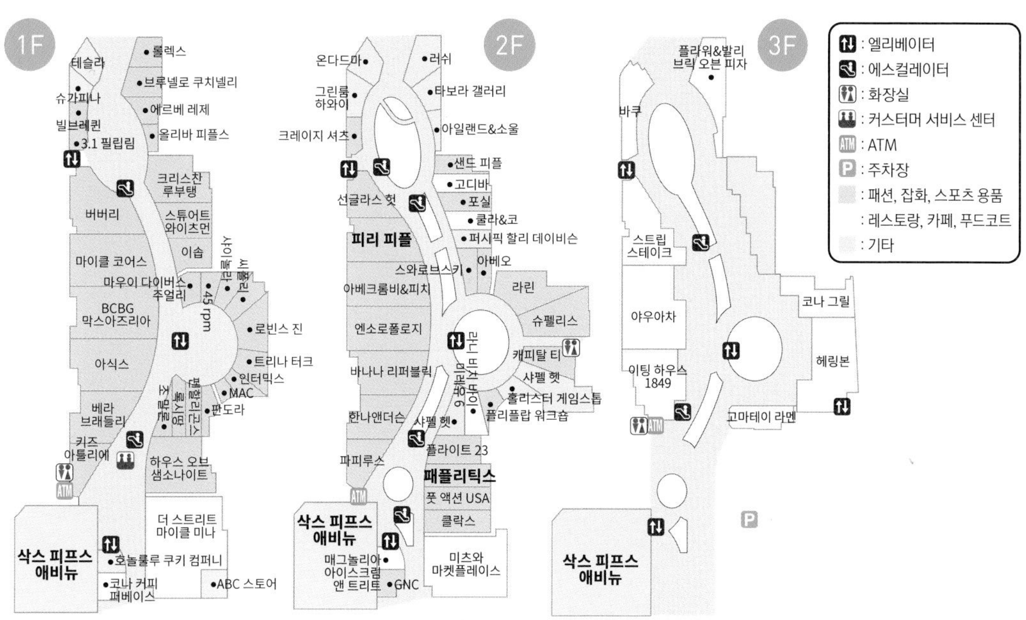

FLOOR MAP5

워드 센터

Ward Center 본문 P.175

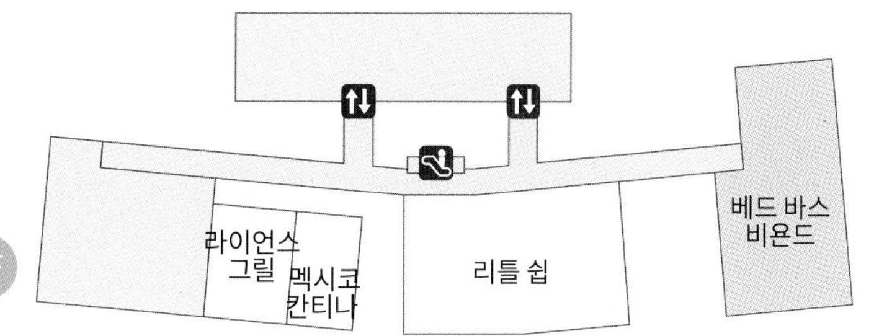

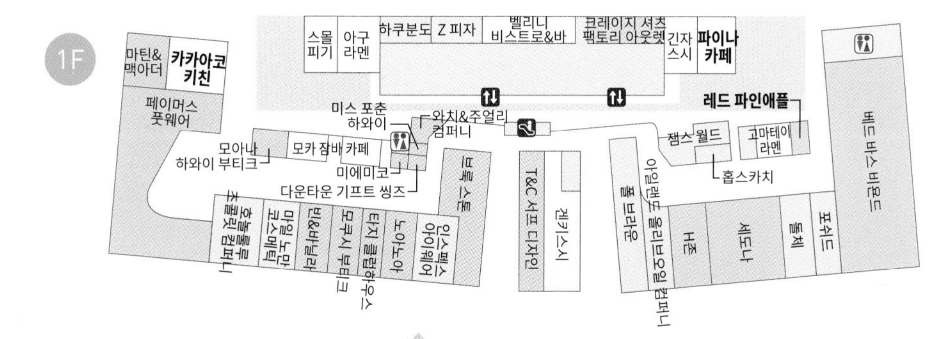

워드 빌리지 숍의 노드스트롬 랙(>>>P.176)은 매주 화·금요일에 물건이 입고된다. 노리는 물건이 있다면 화·금요일 오후에 방문하자.

FLOOR MAP6

와이켈레 프리미엄 아웃렛 Waikele Premium Outlet

본문 P.102

*2018년 11월 현재 지도

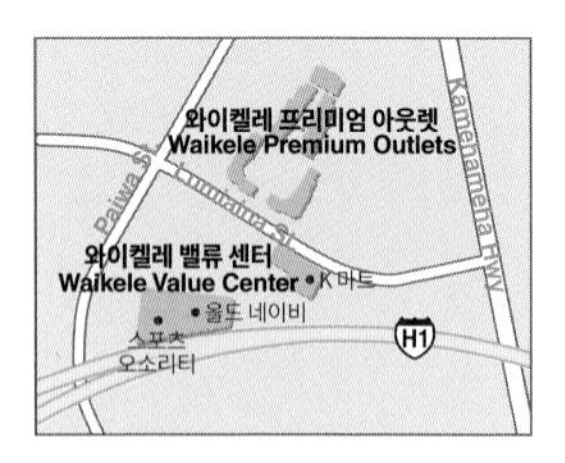

: 패션, 잡화, 스포츠 용품
: 레스토랑, 카페, 푸드코트
: 기타

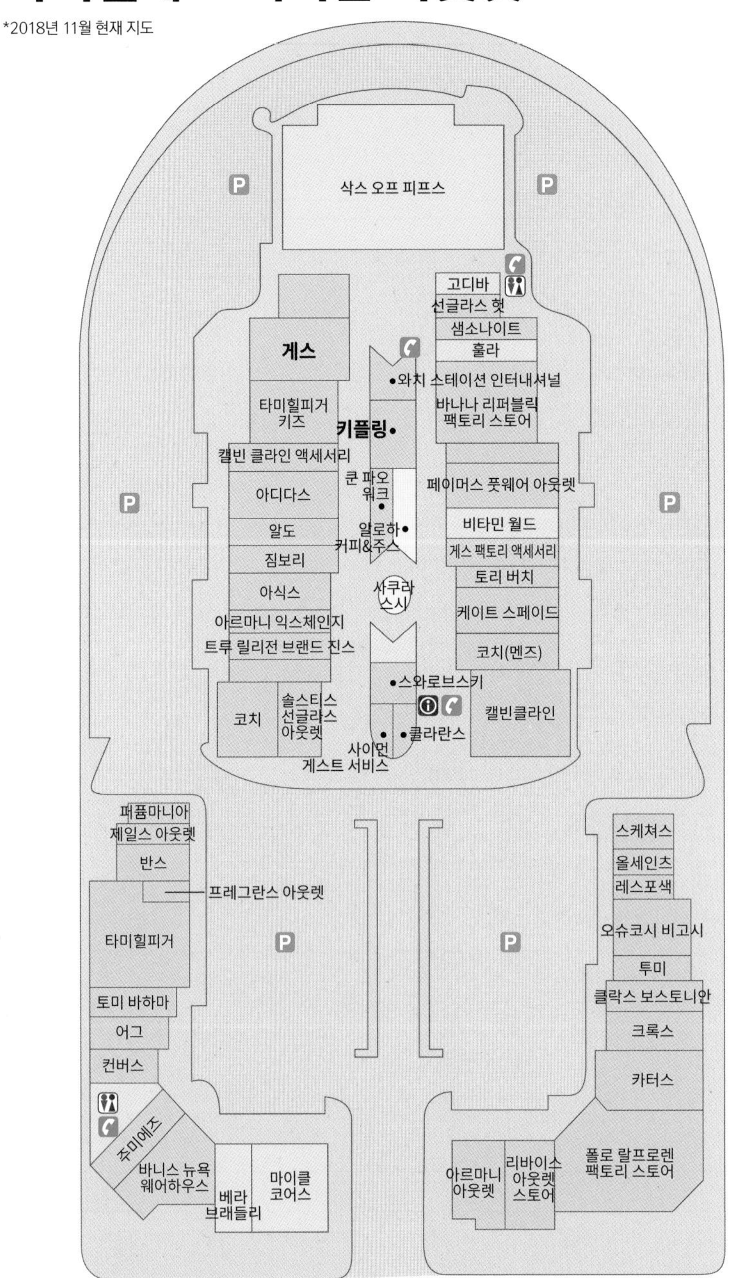

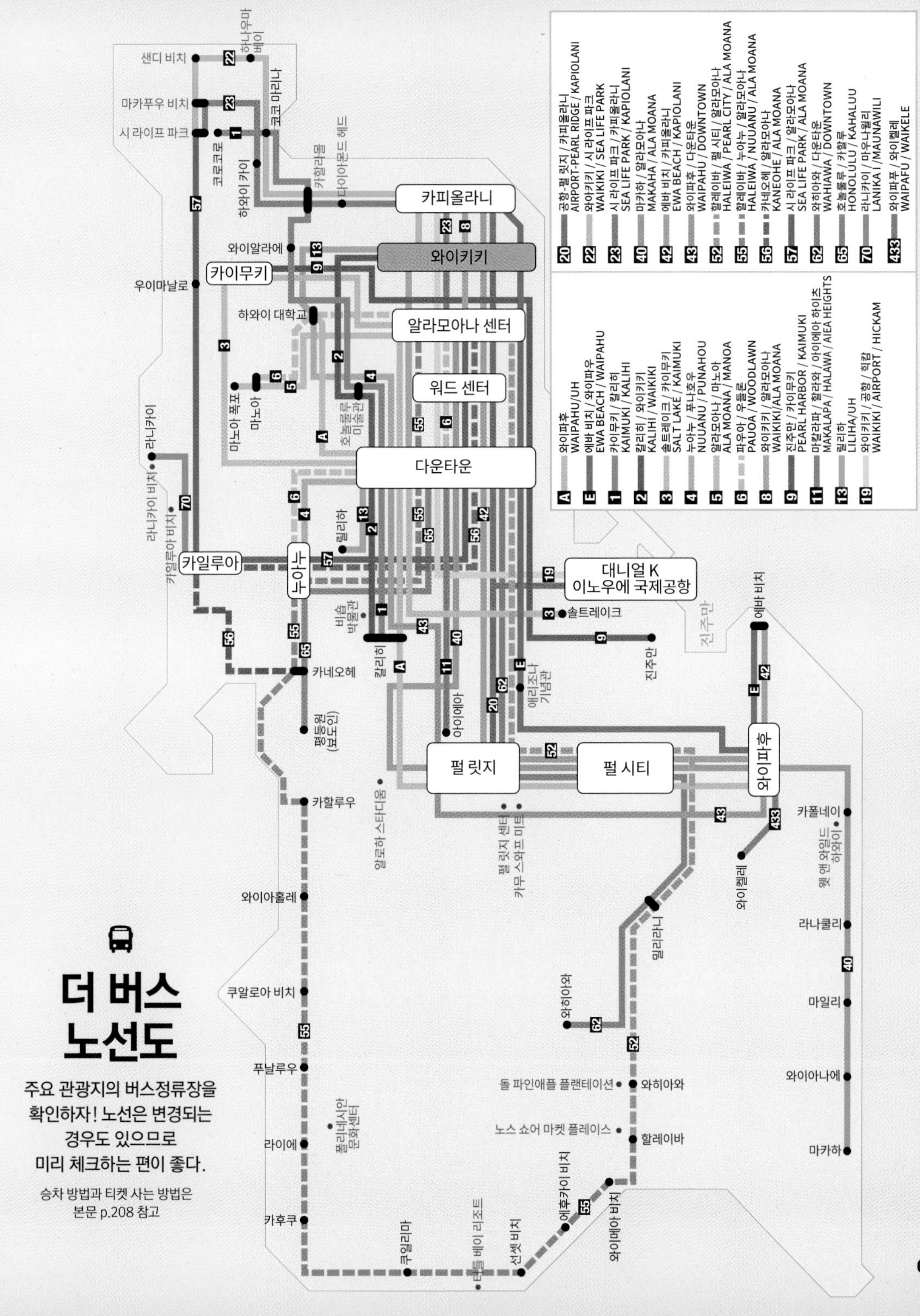

더 버스 노선도

주요 관광지의 버스정류장을 확인하자! 노선은 변경되는 경우도 있으므로 미리 체크하는 편이 좋다.

승차 방법과 티켓 사는 방법은 본문 p.208 참고

와이키키 트롤리 노선도

와이키키 트롤리는 전부 5개 라인이 있다. ❶부터 순서대로 각 정류장을 순환한다. 승차 방법과 티켓 가는 방법은 본문 P.206을 참고하자. *2018년 11월 현재 지도

배차 간격
운행 시간

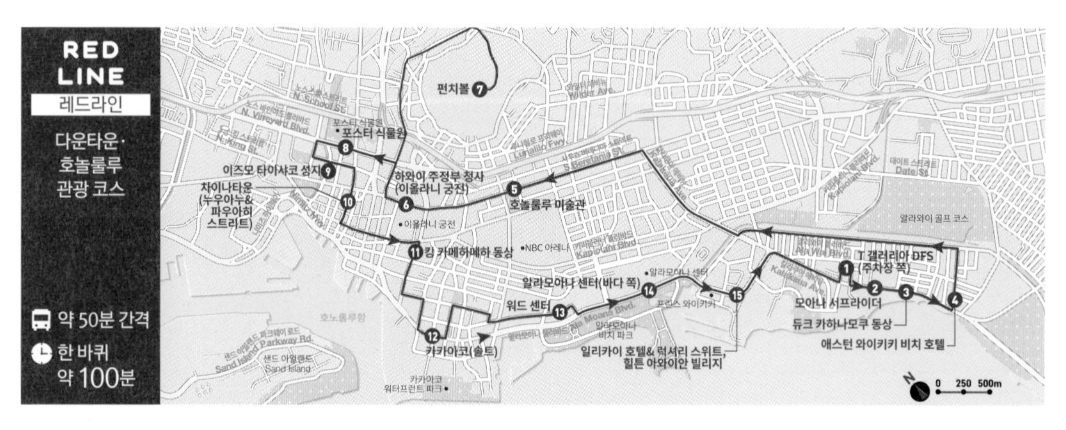

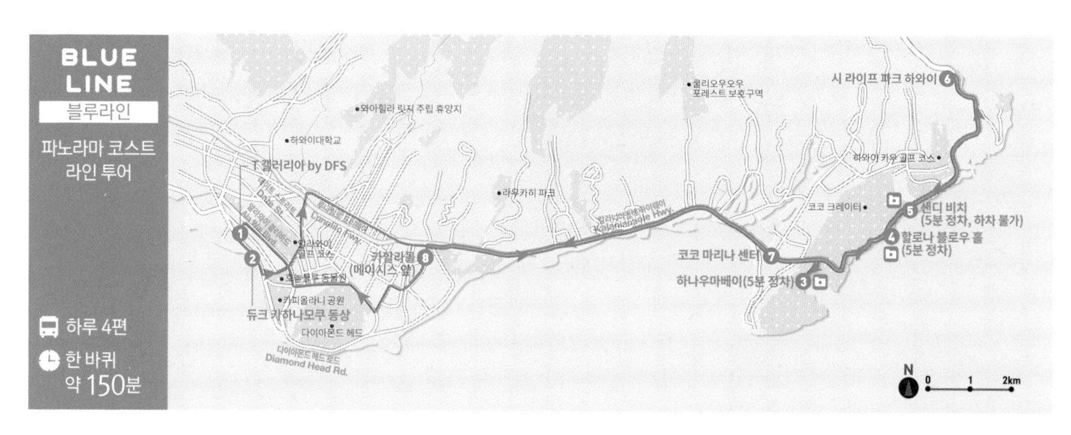

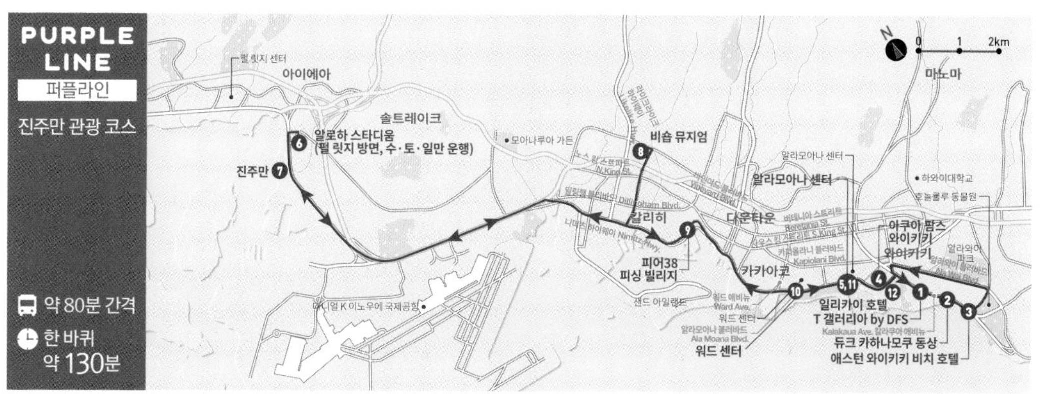

티켓은 온라인에서 구입해야 이득!

공식 홈페이지(waikikitrolley.co.kr)에서 트롤리 티켓을 사전에 구입하면 2달러 이상 저렴하게 살 수 있다. 기간 한정 티켓이나 콤보 티켓 등 종류가 다양하기 때문에 꼼꼼하게 확인하자. 온라인에서 구입한 티켓은 와이키키에 위치한 면세점 'T 갤러리아 by DFS' 안에 있는 티켓 카운터에서 받을 수 있다. 휴대전화로 최종 예약 확인 메일을 보여주면 되고, 신분증을 잊지 말고 준비 하자.

상황별 영어 가이드

편안한 하와이 여행을 위해 준비했다! 이 문장들만 알아도 보다 즐거운 여행이 될 것이다.
현지인과 대화할 때 곤란해지면 이 페이지를 펼쳐 보자.

쇼핑

수영복은 어디에 있습니까?
Where are the swimwears?

어떤 색이 가장 인기 있습니까?
Which color the most popular?

입어 봐도 되나요?
Can I try it on?

다른 모양도 있나요?
Do you have any other models?

좀 더 작은(큰) 사이즈가 있나요?
Do you have this in a smaller (bigger) size?

이것은 얼마입니까?
How much is this?

이 신용카드를 사용할 수 있습니까?
Do you accept this credit card?

선물용으로 포장해 주세요.
Can you wrap this as a gift, please?

음식

주문해도 될까요?
May I order?

추천 메뉴는 무엇인가요?
What do you recommend?

이것은 어떤 음식입니까?
What kind of dish is this?

다 같이 나누어 먹고 싶습니다.
We are going to share the dish.

오늘 저녁 7시에 두 명 예약하고 싶습니다.
Can I make a reservation for 2 of 7 o'clock tonight?

주문한 음식이 아직 나오지 않았습니다.
My order hasn't come yet.

계산해 주세요.
May I have the check, please?

포장용 용기를 받을 수 있나요?
Can I have a doggybag, please?

교통

와이키키로 가는 버스가 있습니까?
Is there a bus that goes into Waikiki?

티켓은 어디에서 살 수 있나요?
Where can I buy a ticket?

택시 승강장은 어디입니까?
Where is the taxi stand?

이곳으로 가주세요.
(지도나 주소를 보여주면서)
Take me to this place, please.

이 버스는 알라모아나 센터까지 가나요?
Does this bus go to Ala Moana?

다운타운 주변 지역에 가려면 어떤 버스를 타야 하나요?
Which bus line should I take to the downtown area?

여기에서 워드 빌리지까지 얼마나 걸리나요?
How long does it take from here to the Ward Village?

오토매틱 차량을 5일 동안 빌리고 싶습니다.
I'd like to rent an automatic-car for 5 days.

탄탈루스 언덕까지 어떻게 가면 되나요?
How do I get to Tantalas?

호텔

예약한 김입니다.
I have a reservation. My name is Kim.

룸 키를 방에 둔 채로 문을 잠가버렸습니다.
I locked myself out.

택시를 불러주세요.
Please call the taxi for me.

인터넷을 사용하고 싶습니다.
Can I use an internet connection with my mobile PC?

체크아웃을 부탁합니다.
I am checking out.

문제 상황

몸이 아파요. 병원에 데려다 주세요.
I feel sick. Please take me to the hospital.

여권을 잃어버렸습니다.
I lost my passport.

보험용 진단서와 영수증을 주세요.
May I have a medical certificate and receipt for my insurance?

이 근처에서 가장 가까운 약국은 어디입니까?
Where is the nearest pharmacy?

길을 잃었습니다. 이 지도상에서 지금 내가 있는 이곳이 어디인가요?
I'm lost. Where am I on this map?

간단 여행 회화

사진을 찍어줄 수 있나요?
Would you take my picture?

화장실이 어디입니까?
Where is the bathroom?

한국어를 할 수 있는 사람이 있습니까?
Is there anyone who can speak Korean?

환전은 어디에서 할 수 있습니까?
Where can I exchange money?

＼ 하와이와 조금 더 친해지도록! ／

하와이어 배우기

상점 이름이나 상품 이름 등 하와이어는 하와이 어디에나 있다. 간단한 하와이어를 알아보자

ALOHA(알로하)
안녕하세요, 사랑합니다.

KANE(카네)
남성

UANA(루아나)
편히 쉬다, 만족

OLA(올라)
인생, 삶

HAU'OLI(하우올리)
즐겁다

KEIKI(케이키)
어린이

MAHALO(마할로)
감사합니다.

ONO(오노)
맛있다

HONU(호누)
바다거북

LANAI(라나이)
베란다, 발코니

MANA(마나)
정신, 기력

PUALANI(푸알라니)
아름다운 꽃

HOLOHOLO(호로호로)
산책

LANI(라니)
천국, 천사

OHANA(오하나)
가족, 동료

WAHINE(와히네)
여성

기억해 두면 좋은 하와이 인사는 엄지와 약지를 세우는 '샤카사인'이다.
'반갑다', '괜찮다' 등 호의적인 의미로 사용된다.

하와이 연간 이벤트 달력

하와이에서만 볼 수 있는 한 해의 행사를 소개한다.
꼭 가보고 싶은 행사에 맞춰 여행 계획을 세워도 좋을 것이다.

1월

8~14일

소니 오픈 인 하와이

카할라 지역 와이알라에 컨트리 클럽에서 개최되는 유명한 전미 골프 투어. 한국인 선수도 많이 참가한다.

2월

상순

차이니즈 뉴이어 셀러브레이션

구정을 축하하는 행사. 사자탈이나 용탈을 쓴 사람들이 거리를 걷는 퍼레이드가 볼만하다. 이 시기 중국인 관광객이 많다.

19일

그레이트 알로하 런

하와이 최대 규모 자선 행사. 어린 아이부터 노인까지 조깅이나 워킹을 즐기는 사람으로 붐빈다.

3월

11~13일

호놀룰루 페스티벌

하와이와 환태평양 국가의 활발한 교류를 위한 행사. 각국의 상연 작품을 감상할 수 있다.

중순

세인트 패트릭 데이 페스티벌

성 패트릭의 기일인 3월 17일 전후 5일 동안 열리는 축제. 호놀룰루 시장의 지휘 아래 퍼레이드가 진행된다.

하와이 기온 변화 / 호놀룰루 강수량

	1월	2월	3월
하와이 기온 변화	24.0℃	24.0℃	24.7℃
호놀룰루 강수량	49.6㎜	52.3㎜	49.9㎜

7월

4일

알라모아나 센터 독립기념일 스페셜 라이브&불꽃쇼

미국 독립기념일을 축하하는 하와이 최대 불꽃 축제.

하순 일요일

우쿨렐레 페스티벌

카피올라니 공원에 800명 이상의 우쿨렐레 오케스트라가 모여 연주한다. 저명한 우쿨렐레 연주자도 참가한다.

8월

18~20일

메이드 인 하와이 페스티벌

주말 3일 동안 하와이 각 섬에서 엄선한 고급 특상품과 전통품을 전시하며, 직접 거래도 할 수 있다. 총 400개 이상의 부스가 들어선다.

19~27일

듀크 오션 페스트

듀크 카하나모쿠의 탄생일을 기념해서 열리는 스포츠 축제. 매년 수많은 인파가 참가하는 인기 이벤트다.

9월

23일

알로하 페스티벌

하와이 각 섬에서 열리는 문화 축제. 훌라나 하와이의 역사를 기념하는 콘서트가 열리며 음식 부스도 늘어서 있다.

24일

호놀룰루 센추리 라이드

하와이 최대 규모 사이클링 축제. 카피올라니 공원에서 출발해 해안도로를 달리면서 오하우 섬의 동해안을 따라 북쪽으로 올라간다.

	7월	8월	9월
하와이 기온 변화	28.4℃	28.9℃	28.6℃
호놀룰루 강수량	11.3㎜	12.8㎜	17.9㎜

2018년 공휴일과 축제 일정 공휴일과 축제일이나 그 전후는 상점과 은행이 문을 닫기도 하므로 체크할 것!

1월 1일	신정(New Year's Day)	**6월 11일**	킹 카메하메하 기념일(King Kamehameha Day)
1월 15일	마틴 루터 킹 기념일(Martin Luther King Jr. Day)	**7월 4일**	독립기념일(Independence Day)
2월 19일	대통령의 날(President's Day)	**8월 17일**	하와이 주 승격 기념일(Statehood Day)
3월 26일	쿠히오 왕자 기념일(Prince Kuhio Day)	**9월 3일**	노동절(Labor Day)
3월 30일	성금요일(Good Friday)	**11월 12일**	재향군인의 날(Veterans Day)
4월 1일	부활절(Easter)	**11월 22일**	추수감사절(Thanksgiving Day)
5월 28일	메모리얼 데이(Memorial Day)	**12월 25일**	크리스마스(Christmas)

※ 공휴일과 축제 일정은 해마다 변동된다.

※ 더 버스 등 대중교통의 공휴일 운행시간은 토·일요일 시간표와 동일하다.

※ 콜럼버스 데이(10월 두 번째 월요일)는 미국 법정 공휴일이지만 하와이에서는 공휴일이 아니다.

※ 부활절, 추수감사절, 크리스마스에는 대부분의 가게가 휴무거나 영업시간을 단축한다.

4월

8일

호놀룰루 하프 마라톤 하팔루아

일 년에 한 번 개최되는 하프 마라톤 대회. 와이키키 비치에서 출발해 다운타운, 다이아몬드 헤드를 지난다.

4월 28일

와이키키 스팸 잼

칼라카우아 애비뉴가 인산인해를 이룬다. 인기 레스토랑이 창작 스팸 요리를 선보이며 스팸 관련 기념품을 구입할 수 있는 '스팸 축제'다.

25.6℃ / 14.9㎜

5월

1일

레이 데이 기념일

하와이 전통문화를 기념하는 날. 거리가 레이로 장식되며 레이 콘테스트도 열린다.

15일

호놀룰루 트라이애슬론

오아후 섬 최대의 트라이애슬론 축제. 전세계인이 참가한다.

30일

랜턴 플로팅 하와이

전사자 추모일에 맞추어 알라모아나 비치에 등불 6,000개 이상을 바다에 띄운다.

26.5℃ / 16.9㎜

6월

11일 전후

킹 카메하메하 기념일

킹 카메하메하 탄생일을 축하하는 기념일. 성대한 퍼레이드와 콘서트가 열린다.

11일 전후 토요일

킹 카메하메하 플로랄 퍼레이드

장식한 수레, 말, 고적대 등이 이올라니 궁전부터 카피올라니 공원까지 행진한다.

중순 예정

마쓰리 인 하와이

일본을 비롯해서 세계 각국에서 참가자들이 몰려오는 축제. 일본의 마쓰리를 하와이에서도 볼 수 있다.

26.9℃ / 6.2㎜

10월

20일~11월 5일

하와이 푸드 앤 와인 페스티벌

세계적으로 저명한 셰프와 와이너리가 참가하는 축제.

20~23일

훌라 오훌라우나 알로하

훌라의 발상지인 하와이에서 1년에 한 번만 개최되는 훌라춤 페스티벌.

31일

핼러윈 인 와이키키

하와이의 핼러윈은 해질녘부터 시작된다. 칼라카우아 애비뉴에는 분장한 수많은 사람들이 모여든다. 코스튬 플레이 콘테스트도 열린다.

27.8℃ / 42.6㎜

11월

12일~12월 20일

반스 트리플 크라운 오브 서핑

3연전으로 진행되는 세계 최고의 서핑 경기 대회. 세계 최고 레벨 서퍼들이 겨울의 노스 쇼어로 모여든다.

16일

킹 칼라카우아 탄생기념일

11월 16일에 태어난 킹 칼라카우아를 축하하기 위해 이올라니 궁전에서 기념행사를 개최한다.

26.4℃ / 62.2㎜

12월

5~31일

호놀룰루 시티 라이츠

다운타운 지역이 크리스마스 장식으로 꾸며진다. 아름답고 몽환적인 일루미네이션은 볼 가치가 있다.

두 번째 일요일

JAL 호놀룰루 마라톤

세계 최대 규모 시민 마라톤 대회. 제한 시간은 없으며, 초보자부터 베테랑까지 폭넓은 층이 즐길 수 있다.

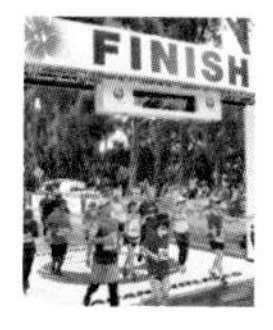

31일

뉴 이어스 데이(신정)

12월 31일 밤, 카운트다운과 함께 새해를 성대하게 맞이한다. 매년 알로하 타워에서 쏘아 올리는 박력 넘치는 불꽃놀이가 유명한다.

24.8℃ / 74.3㎜

※ 이벤트는 각 주최측의 사정에 따라 내용과 개최일이 변경될 수 있다.

명물 음식 가이드

예쁜 디저트부터 미국식의 양 많은 밥까지 장르가 다양한 하와이의 '음식'.
하와이만의 개성이 듬뿍 담긴 명물 요리를 마음껏 즐겨보자.

아사이 볼
Acai Bowl

폴리페놀이 다량 함유되어 미용 효과가 있다. 브라질에서 생겨난 음식이다.

스팸 무스비
Spam Musubi

사각형 모양 주먹밥 위에 미국에서 인기 있는 스팸을 올린 음식. 동서양의 조합이 돋보이는 메뉴!

말라사다
Malasada

하와이식 도넛. 원조는 포르투갈의 간식이다. 맛이 너무 진하지 않아서 가볍게 먹을 수 있다.

팬케이크

Pancake

하와이 팬케이크는 쫄깃한 식감이 특징이다. 타로토란 가루를 사용한 팬케이크가 많다.

에그 베네딕트
Egg Benedict

뉴욕 스타일 브렉퍼스트. 로코모코와 어깨를 나란히 하는 인기 달걀 요리.

햄버거
Hamburger

육즙 가득한 패티가 압권!

미국 본토에도 뒤지지 않는 양을 자랑한다. 특히 하와이에서 탄생한 버거 전문점을 놓치지 말자!

로코모코
Loco Moco

하와이가 낳은 걸작 요리. 살짝 익은 달걀 프라이를 부숴서 섞어 먹는 것이 현지인이 먹는 방식이다.

플레이트 런치
Plate Lunch

고기, 생선, 채소 등 반찬을 듬뿍 담은 세트 요리. 도시락으로 활용해도 좋다.

갈릭 슈림프
Garlic Shrimp

하와이에서 만들어진 대중음식. 다진 마늘이 특징인 보양식.

바비큐 치킨
BBQ Chicken

가게에 따라 '후리후리 치킨'이라고 부르는 곳도 있다. 숯 위에서 돌리면서 구운 치킨을 손에 들고 뜯어 먹는다!

포케볼
Ahi Poke

대표적인 메뉴는 '아히(참치) 포케'. 참기름과 간장의 맛이 우리에게도 친숙하다.

사이민
Saimin

일본계 이민자가 만든 로컬푸드. 담백한 맛으로 위에 부담되지 않는 순한 음식이다.

하와이만의 조미료도 CHECK!

모두 슈퍼마켓에서 간단하게 구입할 수 있기 때문에 선물용으로도 추천한다!

모치코
찹쌀가루. 한국에서는 주로 전통 과자에 사용하지만, 하와이에서는 모치코 치킨을 비롯해서 평소 음식에도 뿌려 먹는다. 일반 가정에서도 사용한다.

리히무이 파우더
과일인 플럼을 소금에 절여서 가루로 만든 것. 새콤달콤한 맛이 특징이다. 간식이나 과일에 곁들이거나 칵테일에 넣는 등 사용 방법이 다양하다.

시 솔트
하와이 바다에서 생산한 시 솔트는 선물을 위한 작은 사이즈도 판매한다. 식용 소금으로서 요리에 넣거나 입욕제 대신 사용하기도 한다.

알로하 간장
한국 간장보다 순한 맛이 특징. 시중에서 판매하는 포케볼에 넣는 간장 대부분이 이것이다. 데리야끼 맛이나 염분을 줄인 간장도 판매한다.

옥스테일 스프
Oxtail Saup

토막 낸 소꼬리를 우려낸 국물. 밥을 말아먹어도 맛있다.

마나푸아
Manapua

옛날부터 먹어온 하와이의 고기만두. 차슈나 코코넛 등 다양한 재료를 넣어 먹는다.

스테이크
Steak

하와이는 역시 미국이다! 다이내믹한 숙성육 스테이크를 반드시 먹어보자.

시 푸드 요리
Seafood

바다로 둘러싸인 하와이는 해산물의 천국이다. 최근 인기 있는 익힌 요리를 주목하자.

리저널 퀴진

일류 셰프들에 의해 세계 요리와 하와이 요리가 만났다. 레스토랑마다 다른 개성 있는 맛을 즐길 수 있다.

하와이 전통음식
Traditional Hawaiian Foods

폴리네시아인들이 먹었던 하와이 고유의 음식. 국내에서는 좀처럼 먹기 힘들다.

셰이브 아이스
Shave ice

지금은 인기 많은 디저트지만 과거에는 농장일 중에 새참으로 즐겨 마시던 역사를 간직한 음식이다.

젤라토
Gelato

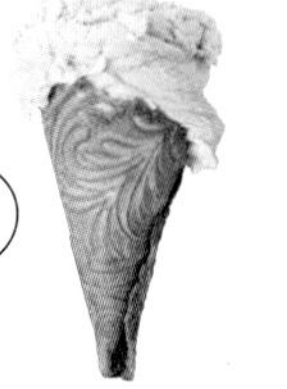

콘도 가게에서
직접 만든다!

최근 몇 년간 계속해서 새 가게가 생기고 있다. 건강을 생각한 맛이 인기가 많다.

Drink 코나 커피
Kona Coffee

세계 3대 커피 중 하나. 그러나 세계 커피 생산량의 1% 이하로 재배되는 굉장히 희귀한 커피다!

스무디
Smoothie

건강한 음료. 칼로리가 높은 하와이 음식과 균형을 맞추기에 GOOD.

블루 하와이
Blue Hawaii

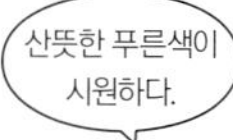

엘비스 프레슬리로부터 유래된 칵테일. 투명한 블루로 바다를 표현했다.

라바 플로우
Lava Flow

용암이라고 해도
맛은 달달해요♪

용암이 흐르는 모양을 칵테일로 표현했다. 딸기와 코코넛이 달콤하다.

레스토랑에서 결제할 때 받는 영수증 뒷면이 다음 방문 때 사용할 수 있는 쿠폰으로 만들어진 곳도 있다!

ALOHA
HAPPY
NICE
ALOHA

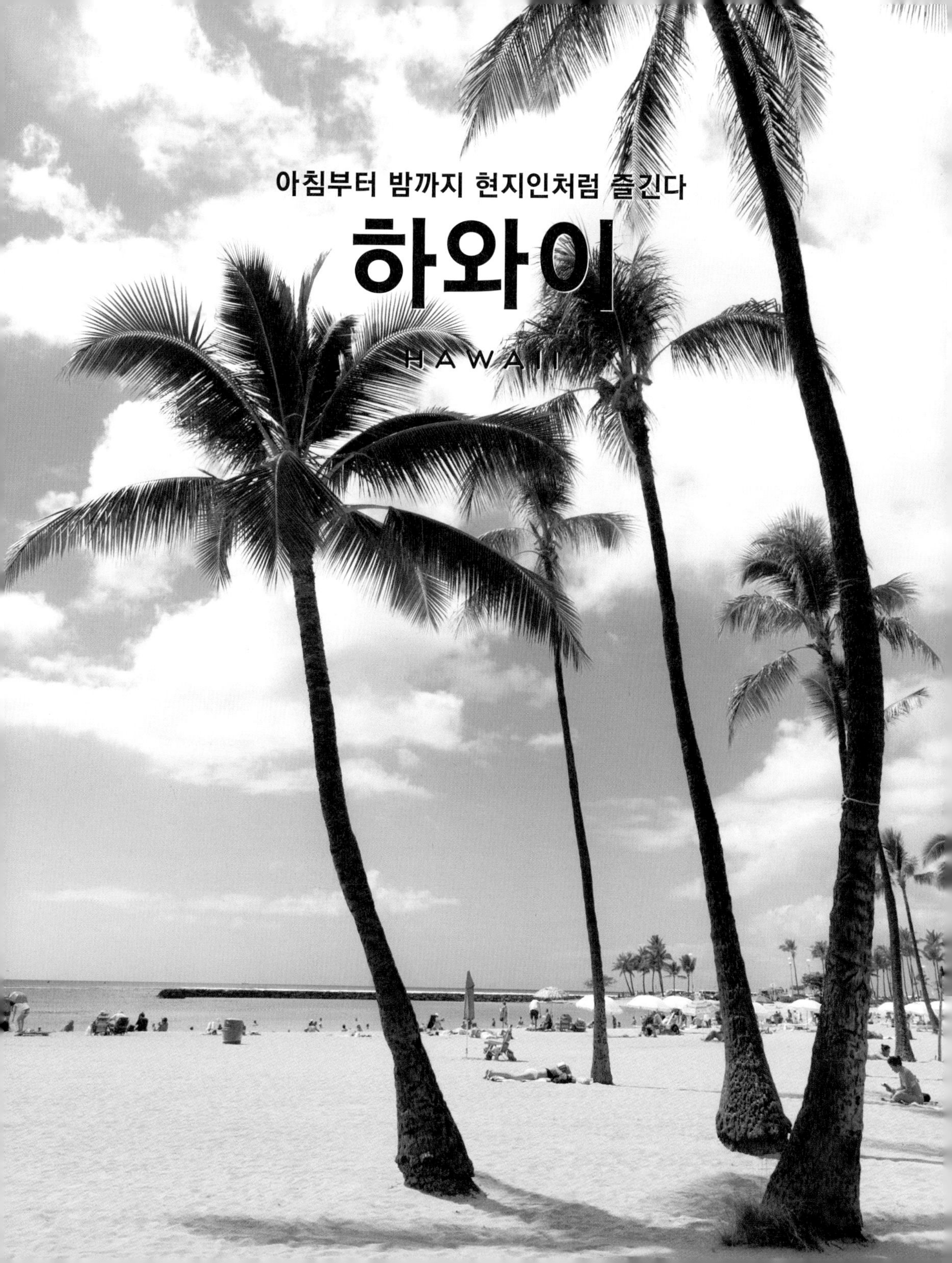
아침부터 밤까지 현지인처럼 즐긴다
하와이
HAWAII

CONTENTS

BEST PLAN

PLAY

SHOPPING

EAT

BEAUTY

TOWN

STAY

오감으로 즐기는 하와이

하와이는 그야말로 쇼핑과 식도락의 천국!
새파란 바다로 뛰어들어 바라보는 하늘은 끝없이 맑기만 하다.

관광

바다, 우거진 녹음, 문화 체험 등 즐길 거리가 풍부한 하와이. 태양 아래에서 신나게 놀면서 일상의 피로를 날려버리자!

세계에서 가장 유명한 해변
와이키키 비치

와이키키에 도착하면 망설이지 말고 바로 하와이의 상징인 와이키키 비치로 가자. 새파란 바다와 다이아몬드 헤드를 배경으로 기념사진을 찰칵.

와이키키 비치 >>> P.24

쇼핑

원색의 드레스부터 열대의 향기를 담은 화장품과 귀여운 간식에 이르기까지. 가져오고 싶은 물건들이 한가득.

현지 디자이너의 오리지널
휴양지 패션

사시사철 따뜻한 하와이의 해변에 어울리는, 컬러풀하고 시원한 원피스는 머스트 바이 아이템! 이왕이면 현지 디자이너의 애정이 담긴 하와이만의 브랜드를 선택하자.

에인절스 바이 더 시 하와이 >>> P.70

식도락

다양한 식문화가 공존하는 하와이에서는 먹고 싶은 음식이 너무 많아서 고민하게 될 것이다.

이것이야말로 하와이안 푸드의 왕
로코모코

하와이의 대표 음식 중 하나로 흰 쌀밥 위에 햄버그와 달걀프라이를 얹고 그레이비 소스를 두른 것이 기본이다. 같은 로코모코라도 식당마다 맛이 천차만별.

룰루스 와이키키 >>> P.124

뷰티

여자가 아름다워지는 장소 하와이. 심신을 재충전할 수 있는 스파&살롱에서 휴식을 만끽하자.

예부터 전해오는 하와이 전통 치유법
로미로미 마사지

하와이 여행 중에 한 번은 받아야 할 로미로미 마사지. 고대 하와이인으로부터 전해오는 전통 마사지를 받고 에너지를 충전하자.

일리카이 마사지 스파 하와이 >>> P.154

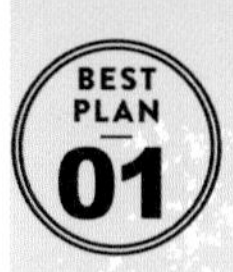

하와이 지역별로 들여다보기

호놀룰루는 하와이어로 '잔잔한 바다'를 뜻한다.
파도가 잔잔하고 평온한 이 지역의 특성이 드러나는 이름이다.

HONOLULU MAP

주도 호놀룰루. 여행 중 대부분은 이 지역에서 지내게 된다.

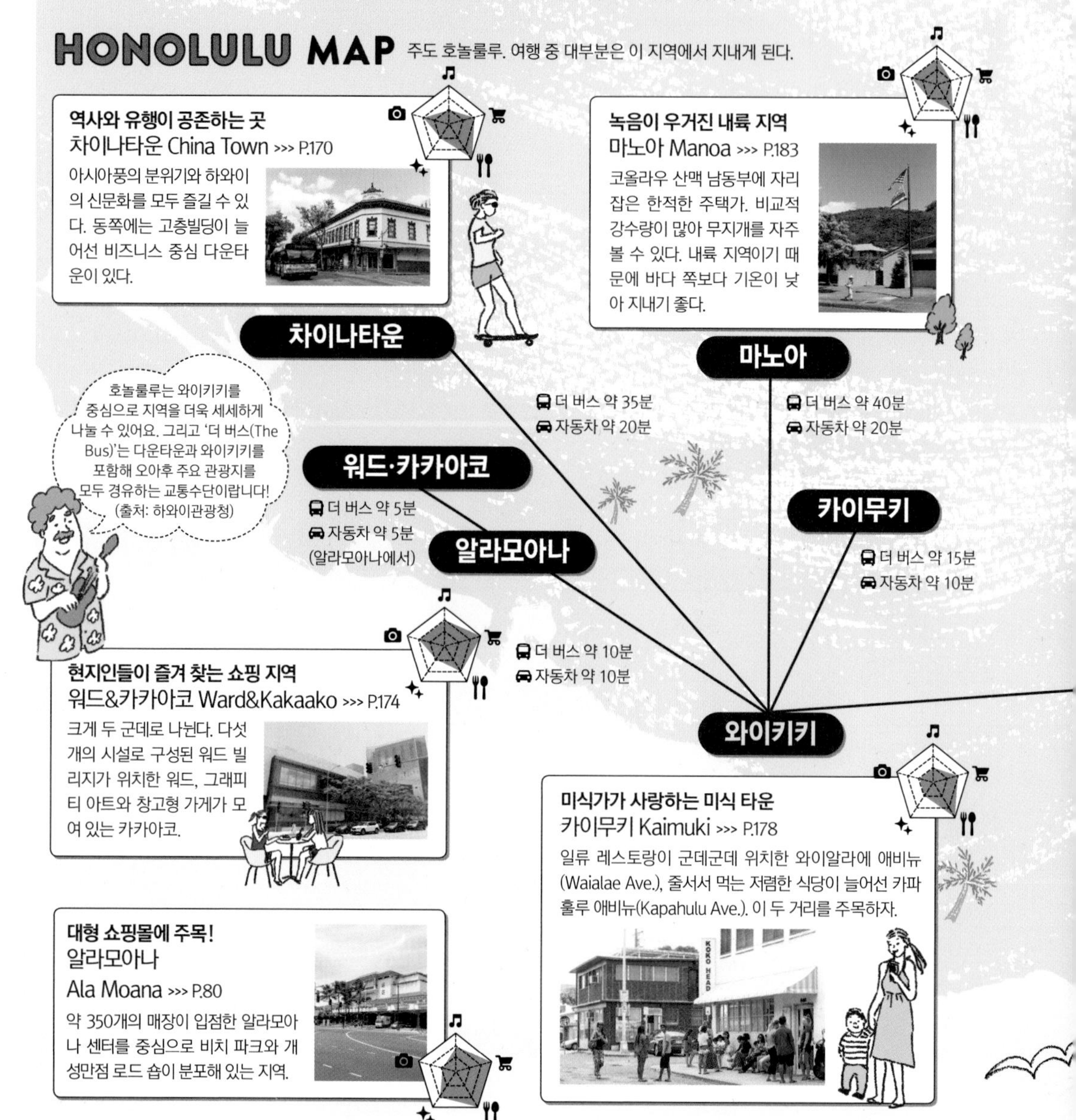

알아두면 좋은 하와이 기본 정보

한국에서	약 9시간
시차	한국보다 19시간 느림
비자	관광 목적은 90일 이내 무비자
언어/문자	영어
주요 교통수단	와이키키 트롤리, 더 버스, 렌터카, 택시
술&담배	21세부터 가능
화장실	수세식

OAHU MAP

2대 로컬타운을 놓치지 말자. 그밖에 주요 도시도 소개한다.

하와이의 옛 모습이 남아 있는
할레이바 Haleiwa >>> P.166

오아후 북부에 자리한 노스 쇼어(North Shore)의 중심지. 옛 풍경으로 유명하다. 유명 맛집이 많고, 서퍼들이 자주 찾는다.

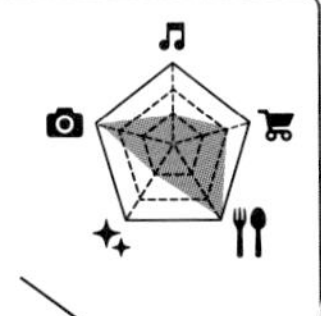

카후쿠 Kahuku

오아후 북쪽 끝에 위치한 곳으로 새우 산지로 유명하다. 농장 견학 투어도 다양하다.

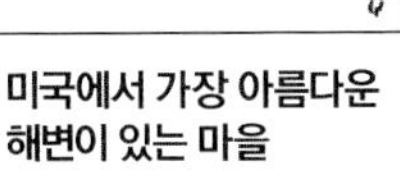

미국에서 가장 아름다운 해변이 있는 마을
카일루아 Kailua >>> P.162

오아후에서도 아름답기로 손꼽히는 라니카이(Lanikai) 비치와 카일루아 비치가 있다. 최근에는 대형 슈퍼마켓이 속속 들어서고 있다.

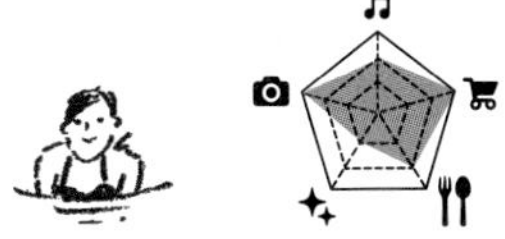

코올리나 Koolina

고급 리조트 지역. 골프장과 디즈니 리조트(>>>P.194)가 있다.

진주만 Pearl Harbor

주요 미 해군 기지가 있다. 함선과 기념관 등 과거 전쟁에 대해 배울 수 있는 시설도 있다.

호놀루루 HONOLULU

하와이 카이 Hawaii Kai

한적한 주택가가 펼쳐진 남동부 지역. 해안을 따라 상쾌하게 드라이브를 할 수 있다.

카할라

더 버스 약 25분
자동차 약 15분

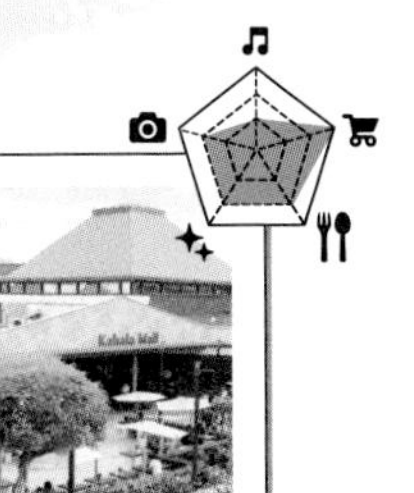

설명이 필요 없는 고급 별장 지대
카할라 Kahala >>> P.182

카할라 호텔을 중심으로 고급 별장들이 자리한다. 현지 셀러브리티 사이에서 인기 있는 카할라 몰에는 홀 푸드 마켓(>>>P.98)도 있다.

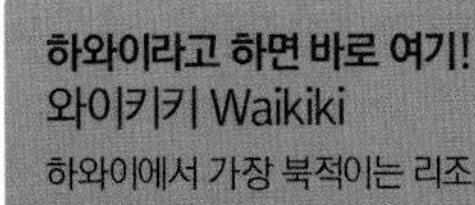

하와이라고 하면 바로 여기!
와이키키 Waikiki

하와이에서 가장 북적이는 리조트 타운. 와이키키 비치를 따라서 수많은 리조트 호텔과 쇼핑 시설이 늘어서 있다. 동물원과 수족관도 있으며 관광, 쇼핑, 식도락, 숙박 모든 것을 즐길 수 있는 곳이다.

지역별 정보

지역별 추천 포인트를 한눈에!

- PLAY
- SHOPPING
- EAT
- BEAUTY
- SIGHTSEEING

시간대별 추천 코스

시간대별로 관광지, 쇼핑, 맛집, 뷰티를 가장 알차게 즐길 수 있는 코스를 소개한다.
아침부터 밤까지 행복해지는 계획을 세워보자.

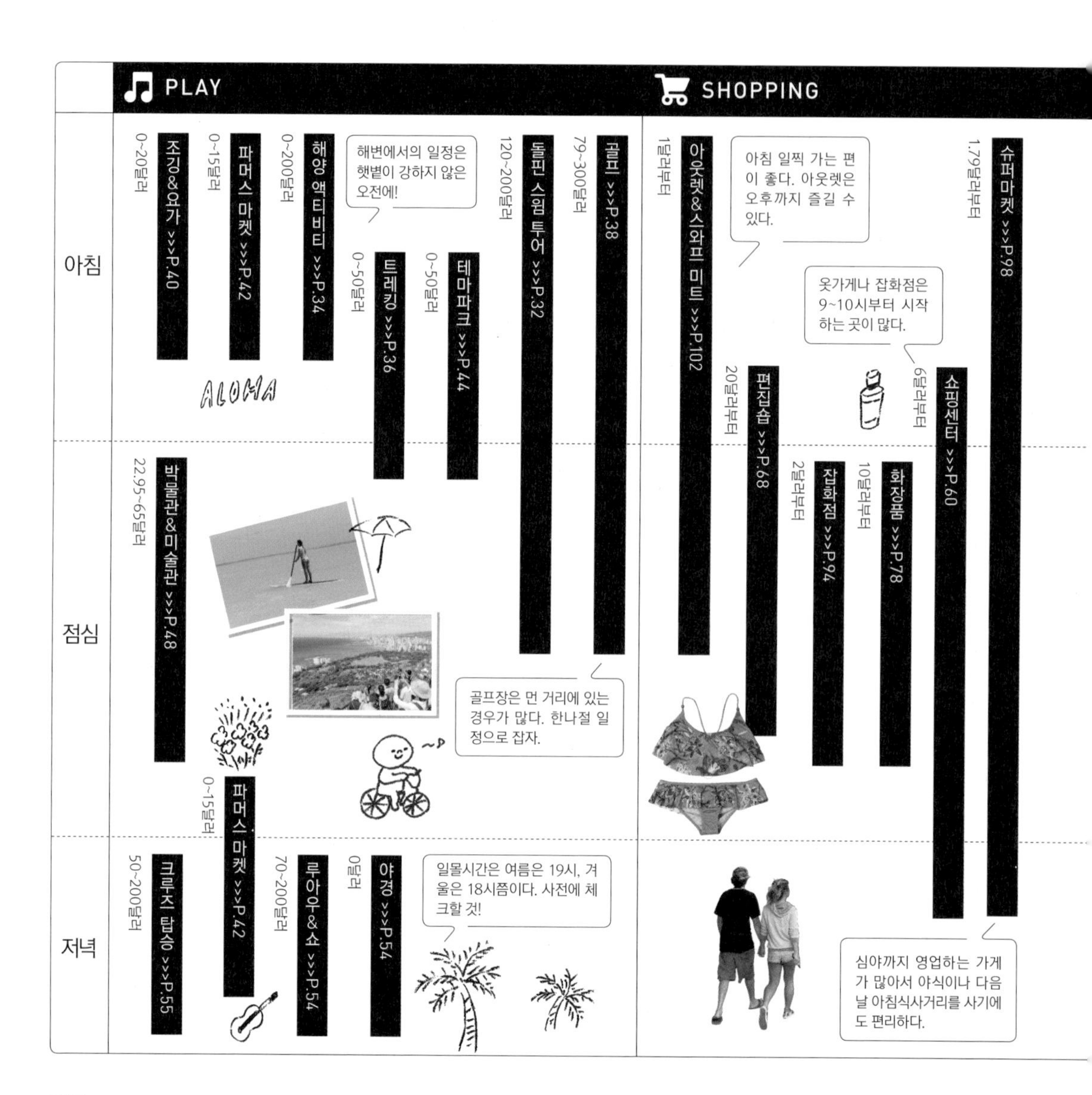

2019년 공휴일&축제 일정

공휴일과 축제일이나 그 전후는 상점과 은행이 문을 닫기도 하므로 체크할 것!

미국 전역에 공통되는 공휴일과 하와이 주만의 자체 기념일이 있다. 와이키키 상점의 대부분은 공휴일에도 문을 열지만, 지방에 있거나 규모가 작은 로드 숍은 영업을 하지 않기도 한다.

※ 공휴일과 축제 일정은 해마다 변동된다.
※ 더 버스 등 대중교통의 공휴일 운행시간은 토·일요일 시간표와 동일하다.
※ 콜럼버스 데이(10월 두 번째 월요일)는 미국 법정 공휴일이지만 하와이에서는 공휴일이 아니다.
※ 부활절, 추수감사절, 크리스마스에는 대부분의 가게가 휴무이거나 영업시간을 단축한다.

1월 1일	신정(New Year's Day)
1월 15일	마틴 루터 킹 기념일 (Martin Luther King Jr. Day)
2월 19일	대통령의 날(President's Day)
3월 26일	쿠히오 왕자 기념일 (Prince Kuhio Day)
3월 30일	성금요일(Good Friday)
4월 1일	부활절(Easter)
5월 28일	메모리얼 데이(Memorial Day)
6월 11일	킹 카메하메하 기념일 (King Kamehameha Day)
7월 4일	독립기념일(Independence Day)
8월 17일	하와이 주 승격 기념일 (Statehood Day)
9월 3일	노동절(Labor Day)
11월 12일	재향군인의 날(Veterans Day)
11월 22일	추수감사절(Thanksgiving Day)
12월 25일	크리스마스(Christmas)

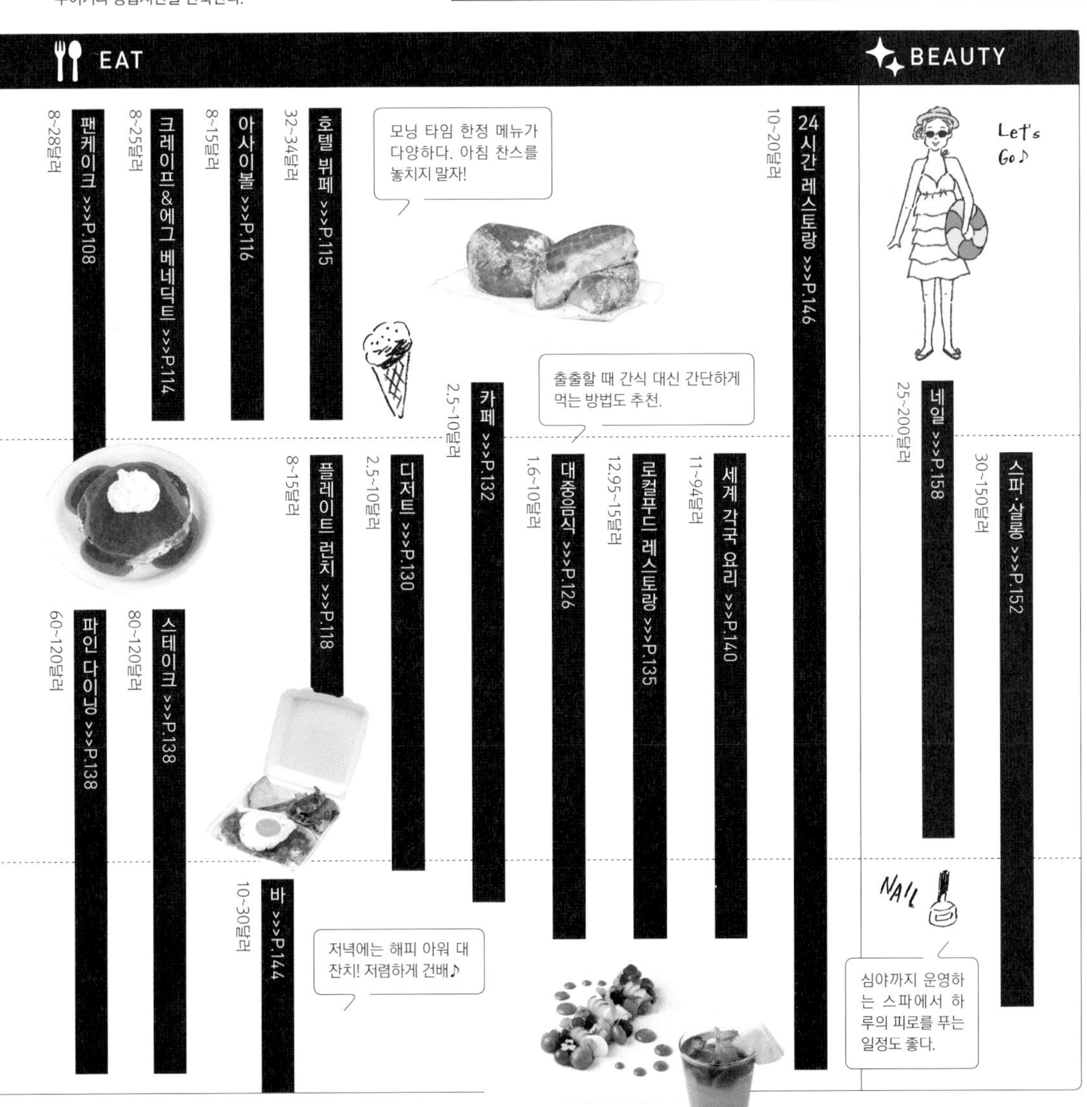

3박 5일 하와이 여행법

하와이를 느끼자! 와이키키 시내 산책

오아후의 메인타운 와이키키에는 즐길 거리로 가득하다. 시차에 지지 말고 열대지방 특유의 분위기가 흘러넘치는 거리로 나가자.

DAY 1

AM 9:30 대니얼 K. 이노우에 국제공항

공항 셔틀버스 40분

10:30 와이키키
〈한나절 이상 소요〉

- ① 훌라 그릴 와이키키 >>>P.137

PM

- ② 루아 모미 >>>P.156
- ③ 로열 하와이안 센터 >>>P.60
- ④ 아일랜드 빈티지 커피 >>>P.133
- ⑤ T 갤러리아 하와이 by DFS >>>P.66
- ⑥ 하우스 위드아웃 어 키 >>>P.54

LUNCH

① 해변을 바라보며 점심 식사

도착 후 우선 점심으로 배를 채운다. 해변을 바라볼 수 있는 특급 테라스석에 앉아보자.

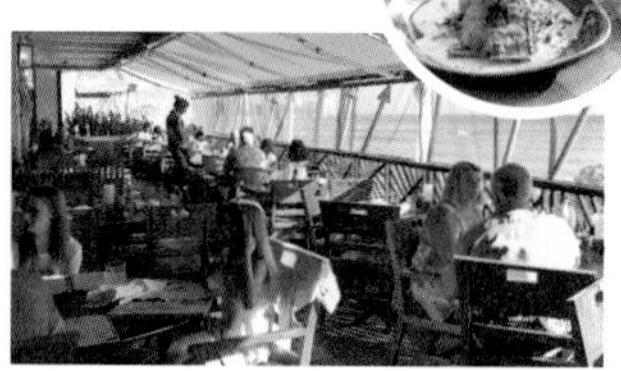

SPA

② 장거리 비행의 피로를 로미로미로 말끔히

하와이 전통 마사지 로미로미 힐링 타임.

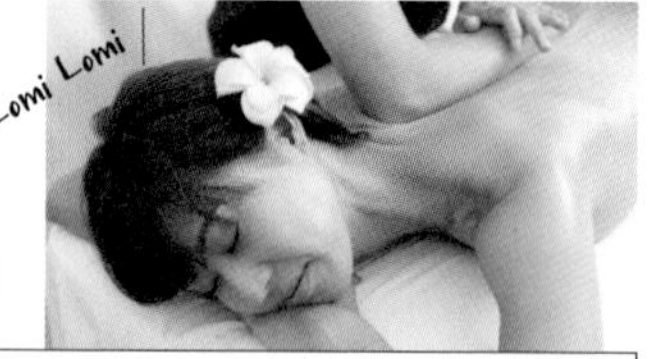

POINT 스파는 기본적으로 사전 예약이 필수. 국내에서 미리 예약하거나 도착 후 바로 현지에서 예약하자.

SHOPPING

③ 이곳이 바로 와이키키의 중심! 로열 하와이안 센터

와이키키 최대 쇼핑센터로! 여행 중 입을 비치웨어 느낌 가득한 원피스를 구입하자.

POINT 여유가 있다면 훌라 배우기나 레이 만들기 등 무료 문화 체험도 추천한다.

DINNER

⑥ 정통 훌라 쇼를 감상하며 저녁 식사

우아한 훌라와 하와이안 음악에 푹 빠져보자. 내일의 일정이 더욱 기대될 것이다.

SHOPPING

⑤ DFS에서는 한정품 사냥

브랜드 제품을 저렴하게 구입할 수 있는 DFS는 반드시 방문하자. 한정품이나 컬래버 상품도 놓치지 말 것!

CAFE

④ 쇼핑 중 틈틈이 인기 카페 방문

아일랜드 빈티지 커피에서 휴식. 명물인 아사이볼을 먹으면서 에너지 충전!

대표적인 관광지는 꼭 가봐야지,
하지만 최신 핫플레이스도 놓칠 수 없어!
이런 욕심쟁이를 위한 3박 5일 일정을 소개한다.

매장&식당별 혼잡도 리스트

가게에 따라 붐비는 시간이 다르다. 틈새 시간을 노려 효율적으로 여행하자.

장소	아침(10:00~12:00)	점심(12:00~17:00)	저녁(17:00~21:00)
쇼핑센터	●●●	●●	●
로드 숍	●●	●	●●●
슈퍼마켓·편의점	●●	●●	●●
레스토랑	●●	●●●	●●●
카페	●●●	●●	●
스파·살롱	●●	●●	●●

해양 레포츠에 도전! 오후는 카카아코와 알라모아나에서

이틀째는 이른 아침부터 활동적으로 시작한다. 모처럼 하와이에 왔으니 와이키키 외 지역으로 발걸음을 옮겨 보자.

YOGA

⑦ 아침 일찍 기상! 해변 요가를 하러 렛츠 고

해변에서 아침 요가로 하루를 시작하자. 모래투성이가 되므로 더러워져도 괜찮은 복장으로 참가한다.

MORNING

⑧ 우아하게 즐기는 아침식사

운동 후에 조금은 호화롭게 아침식사를 하자. 인기 레스토랑의 맛에 아침부터 든든하다.

ACTIVITY

⑨ 해양 레포츠에 도전

해변을 바라만 본다면 아깝지 아니한가. 바다에 직접 뛰어들면 하와이의 또 다른 매력에 푹 빠지게 될 것이다!

LUNCH

⑩ 푸른 하늘 아래에서 플레이트 런치를

실컷 놀고 나서 먹는 점심은 소중하다. 하루는 길기 때문에 확실하게 영양을 보충하자.

SHOPPING

⑪ 버스를 타고 워드까지

오후에는 도심으로 나가 쇼핑을 즐긴다. 선물이나 자신을 위한 기념품을 찾아보자.

POINT 워드에서는 주말에 파머스 마켓이 열린다. 일정이 빈다면 반드시 방문하기를 추천한다.

WALKING

⑫ 카카아코 예술 거리에서 기념 촬영

여행 중에 추억이 될 사진을 많이 남기자. 카카아코 거리의 그래피티 벽화들은 어디에서 찍어도 그림이 된다.

POINT 창고 거리는 벽화 예술의 천국. 유명한 작품도 있으므로 산책하면서 사진을 찍자.

DAY 2

AM 6:50 와이키키
〈한나절 소요〉
- ⑦ 해변 요가 >>>P.41
〈소요시간 90분〉

9:00
- ⑧ 아란치노 디 마레 >>>P.114

11:00
- ⑨ 스탠드업 패들보드 >>>P.26
〈소요시간 60분〉
- ⑩ 베어풋 비치 카페 >>>P.25

더 버스 15분

PM 14:00
⑪ 워드 빌리지 >>>P.175
〈소요시간 80분〉
- 노드스트롬 랙 >>>P.176
- TJ맥스 >>>P.176

도보 10분

⑫ 15:30 카카아코
〈소요시간 80분〉
- 알로하 베이크하우스&카페 >>>P.176

더 버스 5분

PM

17:00
⑬ 알라모아나 센터 >>>P.80
〈소요시간 150분〉

• 니만 마커스 >>>P.82
• 샬롯 루스 >>>P.86
• ⑭ 마리포사 >>>P.91

도보 15분

20:00
알라모아나 주변

• ⑮ 와일라나 커피 하우스 >>>P.146

SHOPPING

⑬ 쇼핑 천국! 알라모아나 센터

무려 350개 이상의 매장이 입점! 관심있는 매장을 미리 체크해서 효율적으로 둘러보자.

POINT 매우 넓기 때문에 시간을 여유롭게 잡고 방문한다. 도중에 카페나 푸드 코트에서 쉬면서 쇼핑을 즐기자.

SNACK

⑮ 끝없는 수다, 24시간 카페로 가자!

아무리 수다를 떨어도 시간이 부족한 밤에는 늦게까지 영업하는 심야 카페로 가자. 호텔로 돌아갈 때는 안전하게 택시를 이용한다.

DINNER

⑭ 알라모아나 내 전망 좋은 레스토랑에서

쇼핑 후에 이탈리안 레스토랑으로 향한다. 테라스석에서 신선한 해산물을 맛보자.

DAY 3

AM 토요일이라면!

8:30
⑯ 새터데이 파머스 마켓 앳 KCC >>>P.43
〈평일이라면 보가트 카페 P.127로〉

더 버스 40~60분

11:00 ⑰ 카일루아
〈한나절 소요〉

• 카일루아 비치 파크 >>>P.30
• 라니카이 비치 >>>P.28

PM

• ⑱ 모케즈 >>>P.164
• ⑲ 올리브 부티크 >>>P.165
• 홀 푸드 마켓 카일루아 >>>P.165

조금 더 멀리, 로컬타운으로

신나는 여행도 슬슬 후반전으로 돌입! 오늘은 와이키키를 벗어나 멀리 로컬타운까지 나가면 어떨까. 여유로운 시간의 흐름에 몸을 맡기자.

MORNING

⑯ KCC에서 현지인 기분으로

현지인들로 활기가 넘치는 파머스 마켓을 방문. 아침식사도 이곳에서 해결한다.

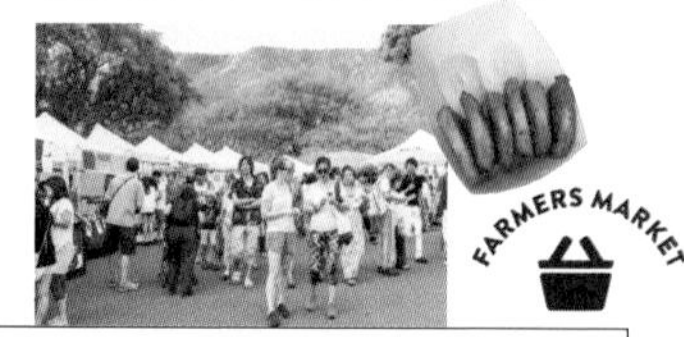

POINT 점심 무렵에는 혼잡하기 때문에 이른 아침 방문을 추천한다. 보물을 찾는 기분으로 구경하며 현지인과 즐겁게 대화를 나눠보자.

WALKING

⑰ 카일루아 도착!!

현지 분위기로 가득한 거리와 해변을 산책한다. 해변에는 상점이 없기 때문에 상점가에서 미리 음료를 준비한다.

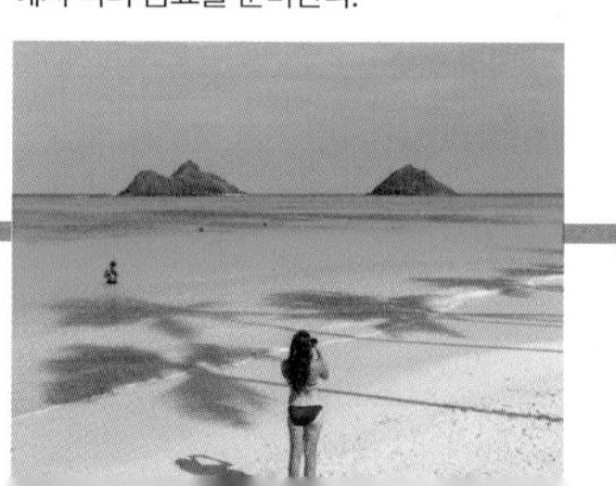

SHOPPING

⑲ 로컬타운의 상점 순례

좀처럼 찾아가기 힘든 로컬타운에서 마음에 드는 상품을 발견했다면 즉시 구입하는 것이 기본!

LUNCH

⑱ 팬케이크가 맛있는 곳으로

하와이에 왔다면 팬케이크를 반드시 먹어볼 것! 팬케이크가 유명한 카일루아에는 다양한 소스를 곁들인 팬케이크가 무궁무진하다.

DINNER

⑳ 와이키키로 돌아와서 스테이크로 포식!

고급 숙성육을 음미한다. 조금 멋을 부리고 먹는 디너에 기분도 맛도 배가 된다.

하와이에서 즐기는 특별 만찬

BAR

㉑ 마지막 밤에는 비치 바에서 건배

바에서 트로피컬 드링크를 한 손에 들고 여행을 추억하며 대미를 장식하자.

더 버스 35~60분

17:00 와이키키

〈소요시간 180분〉

- ⑳ 울프강 스테이크하우스 >>>P.138
- ㉑ 더 비치 바 >>>P.144

마지막의 마지막까지 즐긴 뒤 굿바이, 하와이!

아쉽지만 하와이와 헤어져야 할 시간. 맛집이나 쇼핑을 마지막의 마지막까지 만끽하자!

MORNING

㉒ 해변은 마지막! 브렉퍼스트

마지막 날이니만큼 아침을 최대한 유용하게 활용하자. 테라스석에 앉아 마지막으로 바다를 감상하자.

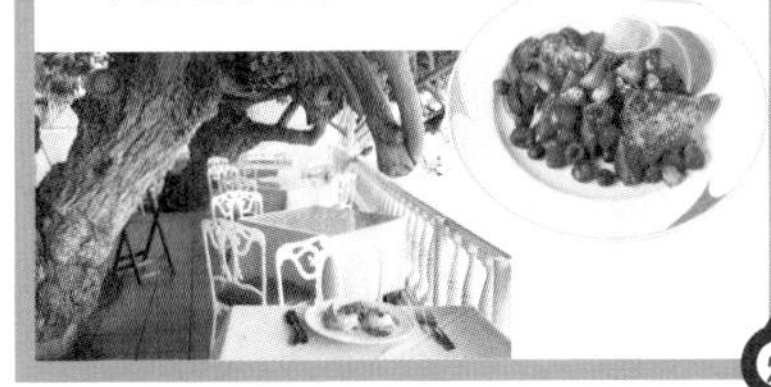

SHOPPING

㉓ ABC스토어에서 나머지 쇼핑

부족한 선물은 잡화와 식품을 모두 판매하는 ABC스토어에서 구입하자. 깜빡 잊은 쇼핑 목록도 이곳에서 해결한다.

DAY 4

AM 7:30 와이키키

〈소요시간 120분〉

- ㉒ 하우 트리 라나이 >>>P.115
- ㉓ ABC스토어 37호점 >>>P.94

공항 셔틀버스 40분

10:30 대니얼 K. 이노우에 국제공항

한나절 더 여유가 있다면

아직 하고 싶은 것이 한가득! 귀국 항공편이 오후 출발이라면, 또는 하루 더 시간이 있다면 추천하는 일정.

❶ 샌드 바에서 아름다운 풍경에 넋을 잃다 >>>P.50

간조 때만 나타나는 환상적인 모래사장. 절경을 눈에 새기자.

POINT 개인적으로 가기 힘든 곳이므로 투어를 신청한다. 출발 전날까지 예약할 수 있다.

❷ 옛 정취의 할레이바 타운으로 >>>P.166

전 세계에서 서퍼들이 몰려드는 한적한 올드 타운을 걷다.

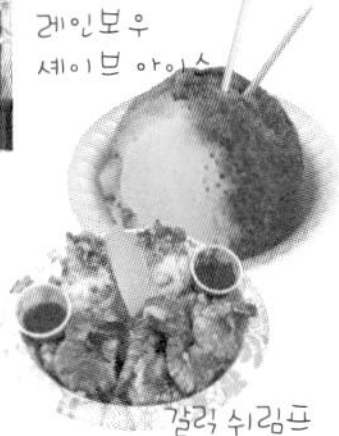

❸ 다이아몬드 헤드 트레킹에 도전 >>>P.36

오아후의 상징. 산 정상에서 내려다보는 와이키키 풍경이 압권이다.

❹ 차이나타운에서 역사와 문화 산책 >>>P.170

아시아 분위기가 감도는 역사유산보호구역. 현지인들도 주목하는 지역이다.

일정이 하루 더 남았다면?

하루 동안 무엇을 할까 고민 중이라면, 큰마음 먹고 오아후를 벗어나면 어떨까?

이웃 섬으로 이동 – 빅아일랜드·마우이·카우아이 외 >>>P.196부터

오아후의 고속도로 H1과 H2는 '프리웨이'로, 전부 무료로 이용할 수 있다.

BEST PLAN 04

즐거운 여행을 위한 준비물

반은 비우고 여행 기념품을 채워오자!

3박 5일용 캐리어

지퍼가 달린 여행용 파우치나 압축 팩을 활용해서 짐을 분류하면 편리하다. 기내 반입 수하물은 크기와 무게에 제한이 있으므로 주의하자.

COSMETICS

기초화장품과 선크림은 반드시 챙기자. 최소한으로 준비하고 현지에서 구입해도 좋다.

- 샴푸&린스
- 클렌징 용품
- 메이크업 용품
- 기초화장품
- 선크림

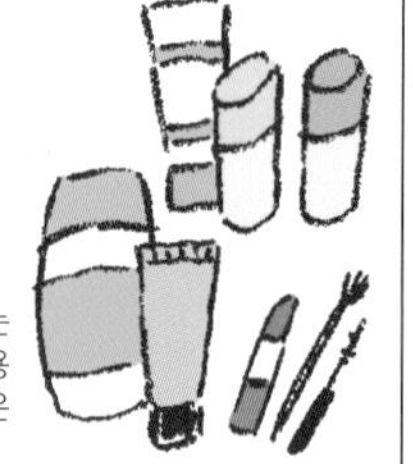

100mL 이상인 액체류는 기내 반입이 금지된다. 용량이 큰 액체류 화장품은 위탁 수하물에 넣는다.

FASHION

연중 따뜻한 하와이에도 겨울이 있다. 등산이나 해수욕은 물론 여행 시기에 알맞은 차림을 준비하자.

의상
우기인 1~4월, 겨울인 9~12월의 아침과 밤은 겉옷을 준비한다.

속옷
갑자기 스콜을 만나도 안심할 수 있도록 속옷 대신 수영복을 착용한다.

신발
스니커즈 외에 예쁜 펌프스도 준비한다면 레스토랑 등을 방문할 때 활용할 수 있다.

가방
범죄 예방을 위해 가방을 몸에서 떨어뜨려놓지 않도록 어깨에 메는 스타일로 준비하자.

[비치 용품]
- 수영복
- 선글라스
- 모자
- 돗자리

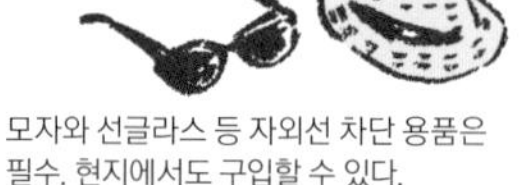

모자와 선글라스 등 자외선 차단 용품은 필수. 현지에서도 구입할 수 있다.

[숙박용]
- 잠옷
- 슬리퍼

실내복과 호텔 객실에서 신을 샌들, 슬리퍼 등을 준비하면 편하다.

OTHER

그밖에 없어서는 안 될 아이템을 확인하자. 일상생활을 떠올려보고 필요한 물건을 써보면 빠뜨릴 걱정이 없다.

에코백
기념품을 많이 구입할 때나 간단하게 외출할 때 사용하기 좋다.

우산
비가 일정한 시간 동안 내리는 경우가 많다. 휴대하기 편한 작은 우산을 준비하면 좋다.

여행용 멀티플러그
하와이는 우리나라와 다르게 110V 전압을 사용한다. 콘센트 모양이 다르기 때문에 반드시 멀티플러그를 준비한다.

상비약
소화제, 진통제, 감기약은 평소에 먹는 것으로 준비한다.

여성 용품
상비약과 마찬가지로 평소에 사용하는 익숙한 것을 준비하는 편이 좋으나, 현지에서 구입할 수도 있다.

필요한 물건을 현지에서 비교적 쉽게 구입할 수 있다는 점이 하와이의 장점.
그래도 사전 준비는 중요하다. 하와이 여행에 필요한 것, 또 해외여행에 필요한 것들을 소개한다.
현지에서 당황하지 않도록 미리미리 체크하자.

MONEY

미국 화폐는 달러($). 특히 팁이나 주차요금으로 사용할 1달러 지폐와 25센트 동전은 넉넉하게 준비하도록 하자.

예산 = 여행 일수 × 10만원

현금

현금은 최소한 필요한 금액만 환전해서 소지하는 편이 좋다.

카드

고액의 현금을 들고 다니기 보다는 대부분의 결제는 카드로 한다.

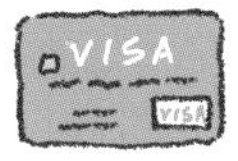

운전면허증

외국에서는 국제운전면허증이 필요하지만, 하와이에서는 한국운전면허증과 여권만 있으면 차를 렌트하여 운전할 수 있다. 다만 만약의 사고에 대비해 미리 국제운전면허증을 준비하는 편이 안전하다.

3박 5일 평균 예산 **약 250만원**

여행 전 지출

항공권 50~130만원
호텔 30~150만원

현지 지출

🍴 ··· 15만원
🛒 ··· 30만원
♫ ··· 15만원
📷 ··· 5만원
✦ ··· 10만원

기내 반입이 금지된 것

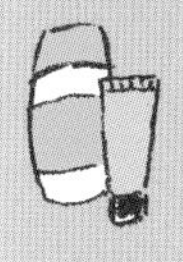

액체류의 경우 100mL 이하 개별 용기에 담아 비닐 지퍼백에 넣으면 1인당 총 1L까지 휴대할 수 있다. 스킨, 로션 같은 화장품을 휴대하려면 반드시 100mL 이하 용기에 담는다. 대용량이라면 위탁 수하물로 부치는 것이 안전하다. 한편, 위험 물품은 기내 반입은 물론 위탁 수하물도 불가능하다. 대표적으로 △ 페인트, 라이터용 연료와 같은 발화성·인화성 물질 △ 산소캔, 부탄가스캔 등 고압가스 용기 △ 총기, 폭죽 등 무기 및 폭발물류 △ 리튬배터리 장착 전동휠, △탑승객 및 항공기 위험 줄 가능성 품목 등이다.

* 하와이에 입국할 때 육가공품, 유제품, 알가공품은 반입 금지다. 미개봉 분유는 OK.

호텔에 일반적으로 비치된 것

호텔마다 시설이 다르기 때문에 예약할 때 직접 문의하거나 공식 홈페이지에서 확인하자.

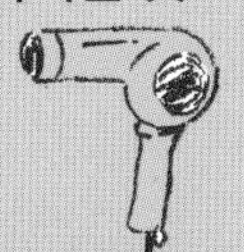
헤어드라이어

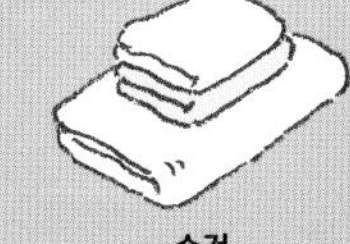
수건

어메니티

기내 수하물

위탁 수하물과 별개로 기내에 들고 탑승할 짐에도 다소 제한이 있다. 짐을 꾸릴 때 함께 확인하자.

MUST ITEM

여권, 지갑, 카메라 등 귀중품은 전부 기내 수하물로. PC 등 전자기기도 들고 탑승하자.

여권

e-티켓
발권한 항공권의 예약번호가 함께 인쇄된 것

ESTA 사본
신청번호가 출력된 ESTA(전자여행허가) 사본

디지털카메라

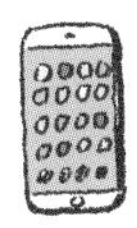
휴대전화

손수건, 휴지

립크림

〈Let's Go 하와이〉

잊지 마세요!

추가로 안대나 목 베개를 준비하면 쾌적한 비행을 할 수 있다.

하와이 쇼핑 리스트

ITEM 01
이것이야말로 휴양지 패션의 끝판왕!

맥시 원피스

입는 것만으로도 휴양지 느낌을 물씬 풍기는 맥시 원피스. 한 벌 정도는 현지에서 구입하자. 하와이는 물론 한국에서도 여름에 애용할 수 있는 아이템이다.

매장으로 GO!

루와나 하와이 **>>>P.71**
뮤즈 바이 리모 **>>>P.69**

가격대: 60~150달러

WEAR

ITEM 02
기념품, 선물용 모두 OK

티셔츠

몇 장이든 가지고 있으면 편한 티셔츠. 열대과일에 야자수, 무지개 등 하와이 특색을 담았거나 심플한 디자인의 티셔츠를 구입하자. 친구에게 선물하기 좋다.

매장으로 GO!

릴리&에마 **>>>P.68** / 88티스 **>>>P.68**

가격대: 20~50달러

BEACH

ITEM 03
열대의 섬에 어울리는 강렬한 컬러

수영복

귀여운 스타일부터 섹시한 스타일까지 다양한 수영복을 구입할 수 있는 하와이. 비키니 상하의를 각각 다른 디자인으로 믹스매치해서 입을 수도 있다.

매장으로 GO!

얼루어 스윔웨어 **>>>P.73**
로코 부티크 **>>>P.73**

가격대: 40~350달러

ITEM 04
발끝까지 개성 있게!

샌들

하와이 샌들은 사이즈가 다양하고 종류도 많다. 평범한 것보다 다소 화려한 디자인으로 발끝에도 포인트를 주자.

매장으로 GO!

플립플랍 숍 **>>>P.74**
아일랜드 슬리퍼 **>>>P.74**

가격대: 20~150달러

GOODS

ITEM 05
최근 가장 핫한 강추 아이템

클러치 백

현지 여성들 사이에서 인기몰이를 하고 있는 클러치 백은 현재 가장 핫한 패션 아이템이다. 해변이나 열대과일 등 하와이다운 프린팅은 언제나 여름 기분을 느끼게 해줄 것이다.

가격대: 30~70달러

매장으로 GO!

튀르쿠아즈 **>>> P.69**

GOODS

ITEM 06
이왕이면 하와이 분위기로

파우치

현지 디자이너의 핸드메이드 제품부터 유명 브랜드의 하와이 한정 상품까지, 매장마다 각기 다른 개성을 엿볼 수 있다. 여러 매장을 둘러보고 자신의 취향에 맞는 디자인을 선택하자.

매장으로 GO!

레스포색 **>>>P.61** / 샌드 피플 **>>>P.96**

가격대: 15~40달러

ITEM 07
행복을 부르는 마법의 돌

천연석 팔찌

여기저기 힐링 스폿이 있는 하와이는 신의 힘이 숨겨진 곳이다. 신비한 힘이 담긴 하와이의 아름다운 천연석을 갖고 있으면 행복을 붙잡을 수 있을 것만 같다.

매장으로 GO!

말룰라니 하와이 **>>>P.77**
고베 주얼리 **>>>P.76**

가격대: 80~300달러

JEWELRY

ITEM 08
시원한 디자인으로 인어공주처럼

바다 테마 액세서리

현지 디자이너가 만든 블링블링한 액세서리도 머스트 바이 아이템. 바다를 테마로 산호나 조개껍데기 등으로 연출한 시원한 디자인은 소장가치가 높다.

매장으로 GO!

에인절스 바이 더 시 하와이 **>>>P.70**

가격대: 20~200달러

하와이에는 매력적인 상품들이 다양해서 행복한 고민에 빠지게 된다.
하와이 여행에서 빼놓을 수 없는 쇼핑 아이템을 엄선해서 소개한다. 캐리어를 기념품으로 가득 채워오자.

COSMETICS

ITEM 09

하와이의 축복을 피부에

스킨케어 제품

하와이에는 순하면서도 효능이 좋은 유기농 화장품이 많다. 코코넛이나 플루메리아 등 고급스럽고 상큼한 향기가 나서 여성에게 인기가 많다.

매장으로 GO!

아일랜드 빈티지 커피 **>>>P.79**
벨 비 하와이 **>>>P.78**

가격대: 10~50달러

COSMETICS

ITEM 10

국내 미발매 화장품으로 가득

화장품

셀러브리티가 즐겨 쓰는 세계적인 인기 브랜드나 국내에 아직 발매되지 않은 아이템을 합리적인 가격에 구입할 수 있다. 다소 기발하고 비비드한 색 조합이 돋보인다.

매장으로 GO!

세포라 **>>>P.65**
T 갤러리아 하와이 by DFS **>>>P.66**

가격대: 5~100달러

SWEETS

ITEM 11

기념품의 정석은 역시 이것!

쿠키

들고 오기 편리한 대표 기념품! 하와이의 건강한 재료를 그대로 넣어 만든 쿠키로 하와이 느낌이 듬뿍. 하나하나 시식해 보면서 좋아하는 맛을 찾아보자.

매장으로 GO!

호놀룰루 쿠키 컴퍼니 **>>>P.94**

가격대: 5~30달러

SWEETS

ITEM 12

달콤하고 풍부한 맛의 하와이 초콜릿

초콜릿

하와이산 카카오로 정성껏 만든 전문점의 초콜릿은 나를 위한 선물로 하자. 슈퍼마켓에서 대량으로 구매할 수 있는 마카다미아가 들어간 초콜릿은 선물용으로 챙긴다.

가격대: 3~30달러

매장으로 GO!

말리에 카이 초콜릿 **>>>P.95** / ABC스토어 **>>>P.94**

FOODS

ITEM 13

안주도 좋고, 간식도 좋고!

마카다미아 너츠

오도독 씹는 맛이 매력적인 하와이안 푸드. 그중에서도 가장 유명한 제품은 '마우나로아'의 마카다미아다. 카레나 갈릭 등 맛도 다양하다.

매장으로 GO!

ABC스토어 **>>>P.94**
홀 푸드 마켓 **>>>P.98**

가격대: 5~20달러

FOODS

ITEM 14

세계 3대 커피로 군림하다

코나 커피

하와이 빅아일랜드에서 생산되는 코나 커피는 산뜻한 신맛이 특징이다. 세계 3대 커피 중 하나지만, 전 세계 커피 생산량의 1% 이하로 희소가치가 높다.

매장으로 GO!

아일랜드 빈티지 커피 **>>>P.133**
홀 푸드 마켓 **>>>P.98**

가격대: 10~50달러

MEMORIES

ITEM 15

하와이의 추억을 장식해 두고 싶다면

액자

푸른 바다며 훌라 쇼며 하와이에서 찍은 사진들, 이왕이면 하와이에서 구입한 액자에 꽂아놓으면 어떨까. 추억이 더욱 선명해질 것이다.

매장으로 GO!

해밀턴 부티크 **>>>P.96**
비치 카바나 **>>>P.96**

가격대: 10~30달러

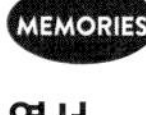

MEMORIES

ITEM 16

하와이에서 보내는 엽서

엽서

멋진 해변 풍경이 담긴 사진, 풀 컬러 일러스트 등 알로하 분위기로 가득하다. 기념품으로도 좋지만, 여행지에서 친구나 자신에게 여행 소식을 담은 엽서를 보내도 근사할 것이다.

매장으로 GO!

ABC스토어 **>>>P.94** / 비숍박물관 **>>>P.48**

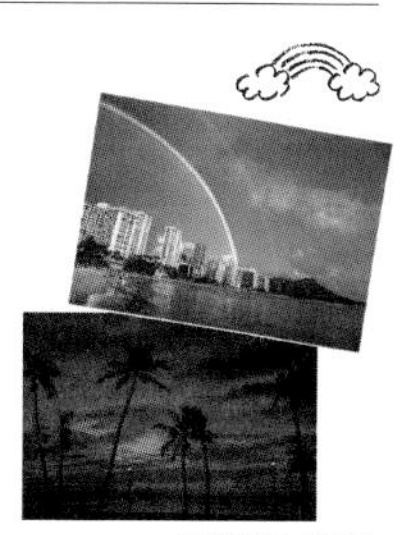

가격대: 1~5달러

새로운 이야기로 가득한
하와이의 주목할 만한 스폿

점점 진화하는 알라모아나 센터!

와이키키의 최대 규모 쇼핑몰 알라모아나 센터(>>>P.80). 꼭 가봐야 하는 최신 정보 세 가지를 소개한다.

알라모아나 최초 오락 시설

럭키 스트라이크 소셜
Lucky Strike Social

2017년 8월에 오픈한 엔터테인먼트 시설. 볼링, 게임, 식사 등을 즐길 수 있다.

● 알라모아나 센터 3·4층 ☎ 808-664-1140 ● 10:00~24:00(금·토요일 다음날 2:00까지) ● www.luckystrikesocial.com/locaions/honolulu/

와이키키 >>> MAP P.16

고급 백화점의 오프 프라이스 스토어

삭스 오프 피프스
Saks OFF 5TH

고급 백화점 '삭스 피프스 애비뉴'의 오프 프라이스 스토어. 유명 브랜드 상품도 비교적 저렴하게 판매한다.

● 알라모아나 센터 1층 ☎ 808-450-3785 ● 9:30~21:00(일요일 10:00~19:00) ● saksoff5th.com

와이키키 >>> MAP P.14

떠오르는 파머스 마켓

알라모아나 센터 파머스 마켓
Ala Moana Center Farmers' Market

2017년 6월부터 열린 파머스 마켓. 신선한 과일과 채소 등이 있다.

● 알라모아나 센터 2층 겐키스시 앞 ☎ 808-848-2074 ● 매주 일요일 9:00~12:00 ● hfbf.org/market/

와이키키 >>> MAP P.15

신규 쇼핑몰의 거대한 바니안나무

수령 160년 된 거목!

2016년에 신규 오픈한 쇼핑몰 내부에 유달리 눈에 띄는 바니안나무가 있다. 상당한 크기에 압도당하는 기분이다.

인터내셔널 마켓 플레이스 >>> P.63

CLOSE UP! 내부는 그야말로 숲속!?

쇼핑몰 내부 중앙에 위치한 광장에는 아이들이 물놀이를 할 수 있는 공간이 있다.

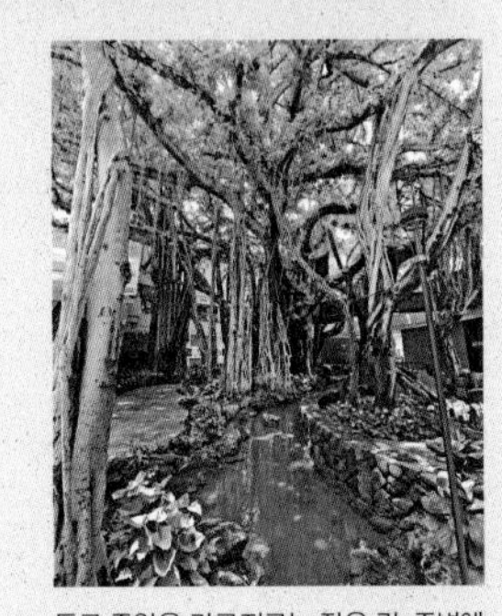

통로 중앙을 가로지르는 작은 강. 주변에는 하와이의 풀과 나무가 자라고 있다.

식욕을 자극하는 SNS 업로드용 디저트

맛있다! 예쁘다! 머스트 잇 디저트

먹기 전에 무심코 사진을 찍고 싶어질 것 같은 인증샷용 디저트를 체크하자. 사랑스럽게 생긴 데다 하와이에서만 맛볼 수 있다.

하와이안 프로스트 3.50달러
신세계! 입에서 사르르 녹는 맛에 감동

사무라이
Samurai

- 738 Umi St. ☎ 808-833-4779
- 10:00~ 17:30(토요일 17:00까지)
- 일요일 휴무 ●우미 스트리트 옆

와이키키 >>> MAP P.3 D-3

피타야볼 9.75달러
용과의 산뜻한 단맛이 맛있다.

라니카이 주스
Lanikai Juice

주문을 받고나서부터 만드는 스무디가 유명한 가게. 오아후에 여섯 개의 점포가 있다. >>>P.116

나이스 투 미트 유 티 하우스
Nice to Meet You Tea House

- 1130 N. Nimitz Hwy. ☎ 808-200-0169 ●10:00~22:00(금요일 23:00까지, 토요일 11:00~23:00, 일요일 11:00~20:00) ●연중무휴
- 노스 니미츠 하이웨이 옆

아우이레이 >>> MAP P.4 A-3

스트로베리 요구르트 밀크티 5.75달러
솜사탕 토핑을 선택할 수 있는 밀크티

와이키키 호텔을 주목하라! 트렌디한 호텔이 오픈한다

세련되고 럭셔리한 호텔이 속속 탄생

숙박 장소를 정하지 않은 사람은 주목! 최고의 추억을 만들 수 있는 개·신축 오픈한 고급 호텔을 소개한다.

레이로우 오토그래프 컬렉션
The Laylow, Autograph Collection

2017년 3월에 개축 오픈한 호텔. 약 600억 원을 들여 리뉴얼한 감각적인 객실이 화제다. >>>P.185

리츠칼튼 레지던스 와이키키 비치
The Ritz-Carlton Residences, Waikiki Beach

좋은 위치에 오픈한 고급 호텔. 스파와 인피니티 풀이 인기다.
>>P.184

와이키키 이동수단에 커다란 변화가? 트랜짓 건설 계획

호놀룰루 레일 트랜짓을 건설하고 있어 교통체증 완화가 기대된다. 카폴레이부터 알라모아나 센터까지 21개 역이 개통할 예정이다.

1차 구간은 카폴레이부터 알로하 스타디움까지. 현재 건설 중

2020년 개통 예정

티켓 요금은 더 버스와 같다.
오전 4시부터 심야까지 운행 예정

PLAY

하와이에서 의외의 위험에 대처하기

천국의 섬 하와이에도 반드시 알아두어야 할 엄격한 법과 숨겨진 위험들이 있다.
국내에서는 당연한 일이 의외로 통용되지 않는 경우도 있기 때문에 사전에 체크하자.

CASE 1

해변에 코인라커가 없다! 귀중품을 도난당하면 어쩌지??

SOLUTION! **순서를 정해서 한 명은 해변에 남아 짐을 지키자.**

하와이의 해변 대부분은 귀중품을 보관할 장소가 없다. 코인라커가 있어도 고장 난 것이 많으며 사용하지 않는 편이 좋다. 교대로 짐을 지키며 노는 편이 안전하다.

이런 편리한 물건도 있어요.

보초를 정할 수 없는 상황이면, ABC스토어나 국내 다이소에서 방수 팩을 준비한다. 방수 팩에 돈과 열쇠 등을 넣어 목에 걸고 바다에 들어가서 놀 수 있다.

CASE 2

무계획이 화를 부른다!? 내일 일정을 아직 정하지 못했다면?

현지인처럼 하와이를 즐기는 법

뻔한 관광 코스가 식상한 당신에게 추천하는 이색 일정

- **1시간 코스** 하와이안 네일아트 시술(>>>P.158), 카피올라니 공원 산책
- **3시간 코스** 카피올라니 공원에서 BBQ, 자전거를 빌려서 와이키키 돌아보기
- **5시간 코스** 진주만 방문(>>>P.7), 세그웨이 타고 호놀룰루 시내 관광

SOLUTION! **당일에도 예약할 수 있는 현지 투어를 이용하자!**

일정이 비었다면 한나절이나 하루 코스 투어를 현지 여행사에 문의한다. 여행사에 따라 다르지만 공석이 있다면 투어 당일에도 참가할 수 있는 상품이 많다.

문의는 이곳에서

1 호텔 카운터

리조트 호텔에 묵는다면 여행객을 위한 투어데스크가 있을 가능성이 높다. 유명 관광지뿐만 아니라 지역의 문화를 더욱 가까이 접하기를 원한다면 현지 투어에 주목하자. ANA, JTB 카운터도 있으니 참고.

2 가이드 투어 회사

와이키키에 위치한 가이드 투어 회사의 라운지를 방문하는 방법도 있다. 담당자가 친절하게 상담해주기 때문에 맞춤형 투어를 찾을 수 있다.

바로 이런 서비스!

도부톱투어즈 리조트 라운지

Tobu Top Tours Resort Lounge

● T 갤러리아 하와이 by DFS 11층 ☎ 808-922-0808 ● 9:00~17:00 ● 연중무휴 **와이키키 >>> MAP P.12 B-1**

CASE 3

수영복을 발코니에서 말리다가 호텔 직원에게 주의를 받았다!

SOLUTION!

미관을 해치는 행위 금지, 수영복은 방 안에서 말리자.

발코니 난간이나 등받이 의자에 수영복을 널어놓는 행위는 관광지 미관을 해친다는 이유로 금지되어 있다. 무심코 실수하지 않도록 조심하자.

젖은 수영복은 어떻게 말릴까?

세탁물은 코인 세탁실이나 욕실에 있는 로프를 이용해 건조하면 된다. 빨래걸이가 설치되어 있다면 금상첨화. 옷걸이나 빨래집게를 미리 준비해가면 유용하다.

하와이에서 주의할 것

하와이에는 지켜야 할 법규와 상식이 많다. 즐거운 여행이 될 수 있도록 숙지하자!

음주 21세 미만은 음주 금지

술은 21세부터. 주류를 구입할 때 신분증(ID)을 요구한다. 또한 해변이나 인도 등의 공공장소에서 술을 마시면 안 된다.

아동 12세 이하 아동은 혼자 두지 말 것

미국은 12세 이하 아동을 혼자 두지 말 것을 법으로 정하고 있다. 객실이나 렌터카 안에 아이를 두고 자리를 비우는 행위도 금물. 신고를 당하거나 상황에 따라 보호자가 체포되는 경우도 있다.

흡연 공공장소는 금연구역

담배에 대한 제약이 심하다. 2006년에 제정된 금연법에 의해 호텔 로비, 음식점, 버스를 비롯한 공공시설 대부분이 금연구역으로 지정되었다. 금연구역에서 흡연하면 벌금이 최대 100달러까지 부과된다.

교통 'J-Walk' 금지. 횡단보도로 건너자

J-Walk는 보행자가 횡단보도가 없는 차도에서 무단횡단하는 행위를 뜻한다. 무단횡단을 하면 당연히 벌금을 내야하기에 반드시 횡단보도로 건넌다.

동물 바다거북 터치는 NG

바다의 수호신이라고 여겨지는 바다거북. 그러니 만지거나 먹이를 주거나 가까이 다가가서는 안 된다. 라니아케아 비치(>>>P.33)에는 경고 표시판이 세워져 있다.

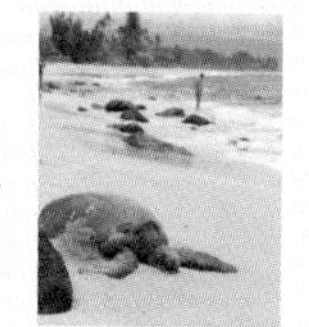

복장 노출이 심한 옷은 피할 것

해변이 가까운 만큼 옷차림이 가벼워지기 쉬운 하와이지만, 번화가에서는 주의하자. 특히 밤에 바나 클럽에서 노출이 심한 옷을 입고 있으면 성범죄에 휘말릴 위험이 있다.

쇼핑 비닐봉투 사용 금지

이미 시행 중인 빅아일랜드, 마우이 섬 등에 이어 오아후 섬에서도 비닐봉투 사용이 금지되었다. 슈퍼마켓은 구입할 수 있는 곳도 있지만 쇼핑할 때는 장바구니를 준비하자.

시간 '하와이안 타임'이 있다

주문한 요리가 늦게 나오거나 버스가 제시간에 오지 않는다?! 일이 예정대로 진행되지 않는 곳이 하와이다. 느긋해지자.

하와이라면 바로 와이키키 비치!

하와이의 상징

와이키키 비치

Waikiki Beach

길이 약 3km에 총 8개의 해변이 있으며, 구역마다 특징이 다르다. 해수욕은 물론 서핑, 윈드서핑 등 다양한 액티비티를 즐길 수 있다. 목적에 맞는 해변 구역을 선택하자.

● 칼라카우아 애비뉴를 따라 바다 쪽

샤워 시설 있음 | 화장실 있음 | 주차장 있음

와이키키 >>> MAP P.13 E-2

왼쪽으로 다이아몬드 헤드(>>>P.36)를 바라볼 수 있는 와이키키 비치는 연중 수많은 관광객으로 붐빈다. 우선 바닷가 주변을 여유롭게 산책하면서 남태평양의 파라다이스를 온몸으로 느끼자.

알아두면 쏠쏠한 곳

ABC 무엇이든 다 있어요!

ABC스토어 37호점 >>>P.94

온갖 종류의 상품을 판매하는 하와이의 편의점. 비치 아이템도 저렴하게 구입할 수 있으므로 바다에 가기 전에 들러서 필요한 물건을 준비하자.

컬러풀한 튜브를 현지에서 구입!

돗자리가 있으면 모래사장에서도 걱정 없다.

물고기가 보고 싶은 사람을 위한 스노클링 세트

선글라스는 햇빛을 차단해주는 든든한 아이템

12.79달러

자외선 차단제로 피부를 보호하자.

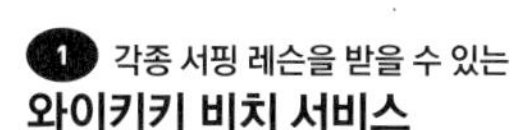

1 각종 서핑 레슨을 받을 수 있는

와이키키 비치 서비스
Waikiki Beach Services

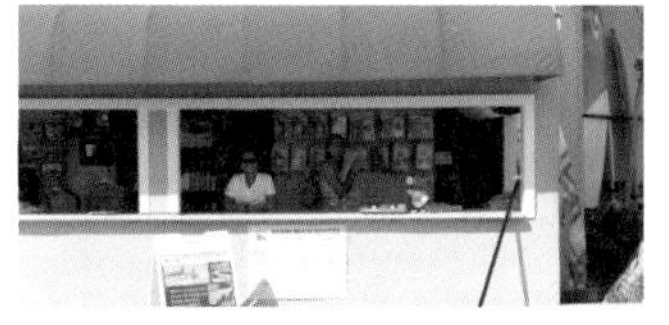

해변에서 필요한 파라솔과 선베드, 보디보드, 서프보드 등을 대여할 수 있다. 수준에 맞춘 서핑 레슨도 인기가 많다. >>>P.26

파라솔 + 선베드 두 개 대여 50달러

2 출출하다면 GO

아일랜드 빈티지 셰이브 아이스
Island Vintage Shave Ice

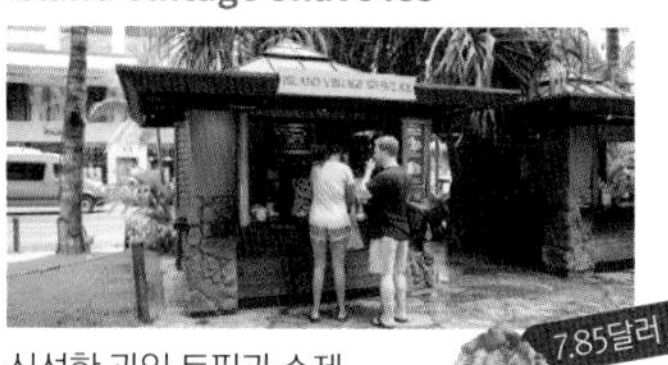

신선한 과일 토핑과 수제 시럽으로 인기가 많은 셰이브 아이스 전문점. 스몰 4.95달러부터

헤븐리 릴리코이

● 로열 하와이안 센터 B관 1층 ☎ 808-922-5662 ● 10:00~22:00 ● 연중무휴
와이키키 >>> MAP P.18

3 해변을 바라보며 점심 식사

베어풋 비치 카페
Barefoot Beach Café

해변 바로 앞에 위치한 플레이트 런치 가게. 절경을 감상할 수 있는 위치와 저렴한 가격이 특징이다.

로열 로코모코

● 2699 Kalakaua Ave. ☎ 808-924-2233 ● 7:00~20:30 ● 연중무휴 ● 카피올라니 공원 앞 **와이키키 >>> MAP P.11 F-3**

와이키키 비치를 200% 즐기는 법

TIME
약 60분
75달러부터

액티비티족은
그레이스 비치에서

스탠드업 패들보드
Stand Up Paddle Board·SUP

서핑에 비해 부담 없이 도전할 수 있는 인기 스포츠. 서프보드 위에 서서 패들(노)를 젓는다. 육지나 수심이 얕은 곳에서 연습해 보고 바다로 GO!

이런 프로그램을 즐기자!

와이키키 비치 서비스
Waikiki Beach Services

스탠드업 패들보드는 두 명 이상으로 구성된 프라이빗 그룹 레슨과 일대일 레슨이 있다. 수준별로 서핑 레슨 수강, 아우트리거 카누도 체험할 수 있다.

● 2255 Kalakaua Ave. ☎ 808-931-8813 ● 8:00~17:00 ● 연중무휴 ● 칼라카우아 애비뉴 옆 ● www.waikikibeachservices.com

와이키키 >>> MAP P.12 B-2

서핑 레슨도 있어요!

다리를 어깨너비만큼 벌리고 균형 잡는 것이 보드 위에 잘 서는 방법

START

스탠드업 패들보드 레슨 순서

STEP 1

우선 해변에서 연습하기! 강사의 동작을 따라하면서 감을 잡는다.

해변에서 바다로 나갈 때를 상상하며 패들 사용법을 배운다.

STEP 2

자격증이 있는 전문 강사와 함께 바다로!

서프보드와 패들을 가지고 바다로. 수심이 얕은 곳에서 보드 위에 서는 연습을 한다.

STEP 3

익숙해지면 보드 위에 서서 패들링하기

연습은 충분히 한다. 서서히 먼 바다로 나가 보드 위에 서서 노를 젓는다.

와이키키 비치라고 통틀어 말하지만, 해양 스포츠나 낮잠 등 즐기는 방법에 따라 추천하는 해변이 다르다. P.24 지도와 함께 확인하면서 일정에 맞춰 해변을 선택하자.

아이와 함께해도 OK!

TIME 자유롭게

퀸스 서프 비치

스노클링 Snorkeling

각양각색의 물고기들을 만날 수 있는 수심이 얕고 아담한 해변. 물안경과 스노클을 끼고 바닷속을 들여다보자.

장시간 물놀이를 할 예정이라면 자외선 차단을 위해 래시가드를 입자!

바다거북 발견!

가볍게 움직이고 싶은 사람이라면

TIME 약 30분부터 30.8달러부터

힐튼 라군

아쿠아 사이클 Aqua Cycle

튜브 바퀴가 달린 삼륜차를 타고 물 위를 달린다. 페달 밟기가 보기보다 힘들지만 바다를 달리는 상쾌한 기분에 빠져들 것이다.

이런 프로그램을 즐기자!

와이키키 비치 액티비티스
Waikiki Beach Activities

아쿠아 사이클을 비롯해서 튜브, 카약 등 무엇이든 빌릴 수 있다. 해변에서 서핑 레슨 등도 운영한다.

● 2005 Kalia Rd. ☎ 808-951-4088 ● 8:30~18:00(대여 접수는 15:30까지) ● 연중무휴 ● 칼리아 로드 옆 ● waikikibeachactivities.com

와이키키 >>> MAP P.10 B-3

느긋하게 쉬고 싶은 사람이라면

TIME 자유롭게

포트 드루시 비치

낮잠과 독서

관광객이 비교적 적고 한적한 해변에서 유유자적. 바닷바람을 맞고 파도 소리를 들으면서 호화로운 시간을 보내자.

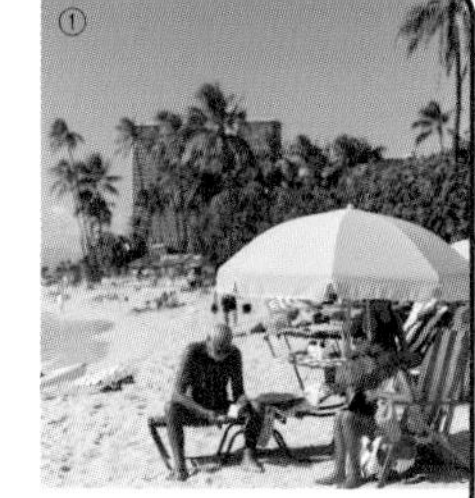

① 여유롭게 시간을 보내고 싶다면 비치파라솔은 필수 ② 누워서 선탠을 즐기는 사람들

어른의 시간을 즐기고 싶다면

TIME 약 120분 95달러부터

바다 야경을 내 가슴에

선셋 크루즈 Sunset Cruise

태평양 너머로 지는 석양과 다이아몬드 헤드가 이루는 장관을 호화 크루즈 위에서 감상한다. 고급 디너도 준비되어 있다.

① 아름다운 인테리어가 돋보이는 선내에서 우아하게 식사를 ② 눈부시게 황홀한 석양에 마음이 정화된다.

이런 프로그램을 즐기자!

미국에서 손꼽히는 일류 크루징 투어

스타 오브 호놀룰루

>>>P.55

산책으로 느끼는 해변의 변화

시간대에 따라 각각 다른 모습을 만날 수 있는 와이키키 비치의 묘미를 만끽하다.

MORNING
산책하려면 사람이 적고 공기가 맑은 이른 아침을 추천한다. 아침 일찍 서핑을 즐기는 사람들도 있다.

DAYTIME
인기 해변의 활기찬 분위기를 온몸으로 느낄 수 있다. 점심식사는 해변에서 먹어야 진정한 하와이 스타일!

NIGHT
수평선 너머로 지는 환상적인 석양을 바라보며 최고의 산책을 하자. 적막한 밤의 해변에서 천천히 시간을 보내도 좋다.

와이키키 비치 외 아름다운 해변 찾기

와이키키에서 차로 약 40분

온화한 '천국의 바다'에서 유유자적

라니카이 비치 Lanikai Beach

'라니카이'는 하와이어로 천국(라니)의 바다(카이)를 뜻한다. 현지 분위기를 느낄 수 있는 한적한 해변인 이곳의 하얀 모래와 바닷물이 어우러져 만들어내는 아름답고 푸른 그라데이션은 사람들을 매료시키기에 충분하다. 미국에서 가장 아름다운 비치 1위에 선정되기도 한, 오아후를 대표하는 절경지다.

● 모쿨루아 드라이브 옆. 알라모아나 센터에서 더 버스 56, 57, 57A번 탑승 후 카일루아 쇼핑센터 앞에서 70번으로 환승

샤워 시설 없음 | 화장실 없음 | 주차장 없음

카일루아 >>> MAP P.7 F-3

여기도 주목!

주택가에서 해변으로 이어지는 좁은 골목

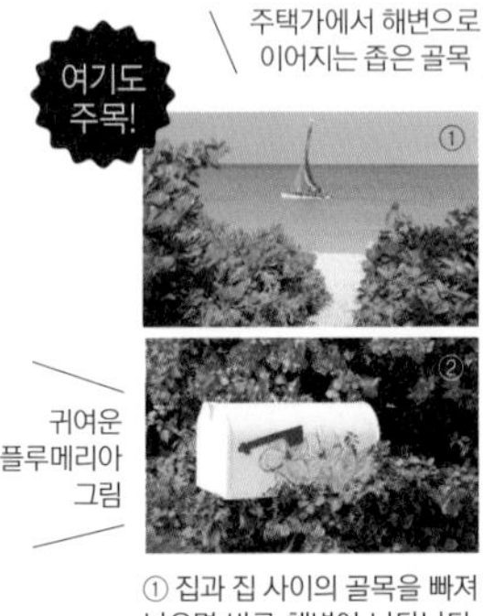

귀여운 플루메리아 그림

① 집과 집 사이의 골목을 빠져나오면 바로 해변이 나타난다. ② 해변을 따라 고급 주택가가 있다. 귀여운 그림이 그려진 우편함을 여기저기 볼 수 있다.

라니카이 비치를 즐기는 POINT

● 주차장이 없기 때문에 카일루아 비치에 주차하고 걸어가거나 카일루아 중심지에서 버스를 이용하자.

● 샤워 시설과 화장실이 없다. 도보 15분 거리에 있는 카일루아 비치 파크(>>>P.30)의 시설을 이용하자.

● 주변에 슈퍼마켓이 없으므로 필요한 것은 중심지에서 구입한 뒤 놀러간다.

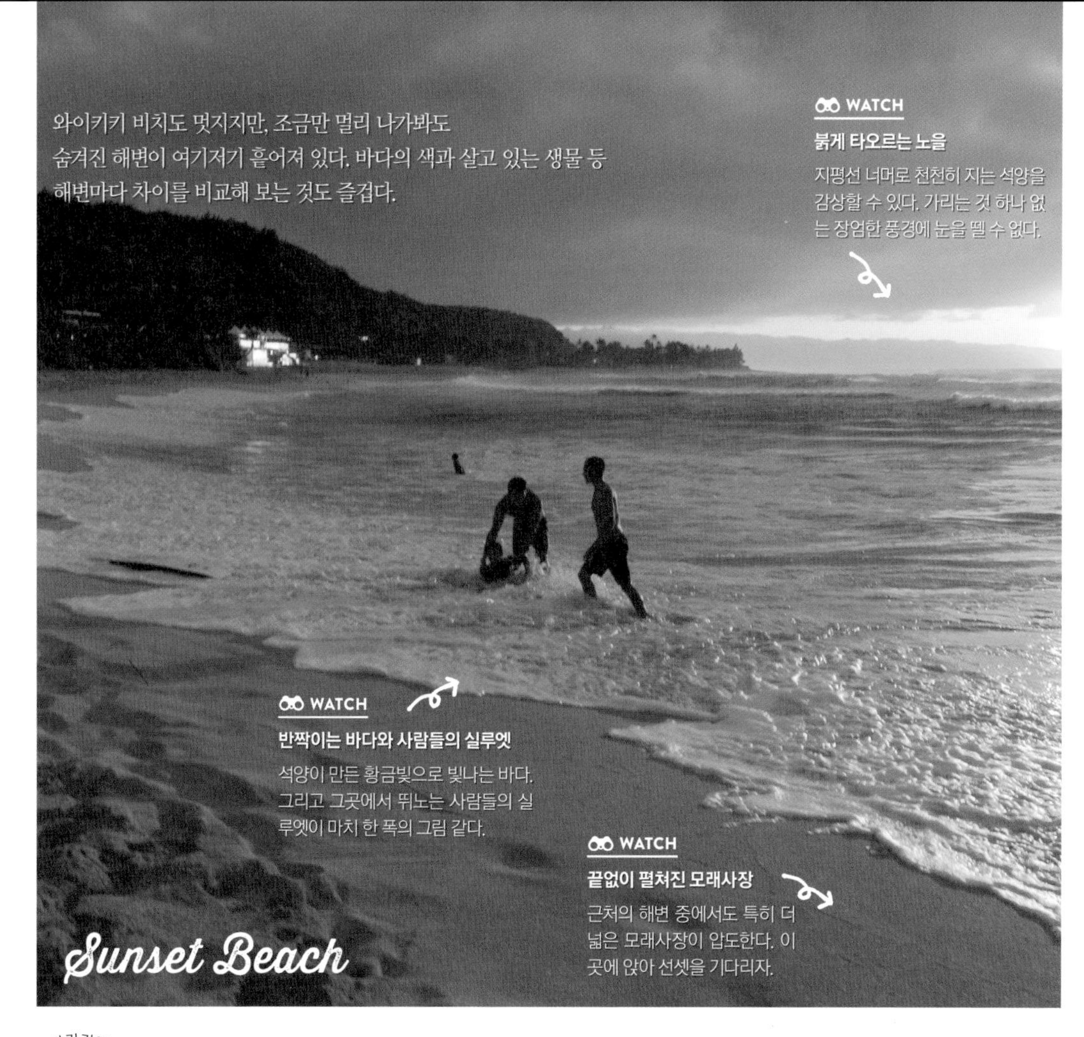

와이키키에서

차로 약 70분

드라마틱한 석양에 넋을 잃다

선셋 비치 Sunset Beach

매년 대규모 세계 서핑대회가 열리는 곳으로 서퍼들의 성지다. 여름에는 파도가 잔잔해서 아이들도 안심하고 해수욕을 즐길 수 있다. 석양이 유명하지만 낮의 푸른 바다도 아름답다. 겨울에는 높이가 5~12m나 되는 높은 파도가 밀려온다.

● 카메하메하 하이웨이 옆. 알라모아나 센터에서 더 버스 52번 탑승, 할레이바에서 55번으로 환승 후 15분

샤워 시설 있음 | 화장실 있음 | 주차장 있음

노스 쇼어 >>> MAP P.6 C-1

여기도 주목!

낮 동안 매우 맑고 짙푸른 바다를 볼 수 있다. 비스듬히 뻗은 야자수 그늘 아래에서 아름다운 풍경을 앞에 두고 파도소리를 들으며 여유로운 시간을 보내면 어떨까.

선셋 비치를 즐기는 POINT

● 치안이 좋지 않은 지역이므로 일몰을 본 뒤 바로 돌아온다. 버스로 이동하는 사람은 기다리는 시간도 있기 때문에 일몰 전에 돌아오자.

● 바람이 강한 날은 파라솔이 망가질 수도 있다. 날씨를 확인하고 펼치도록 한다.

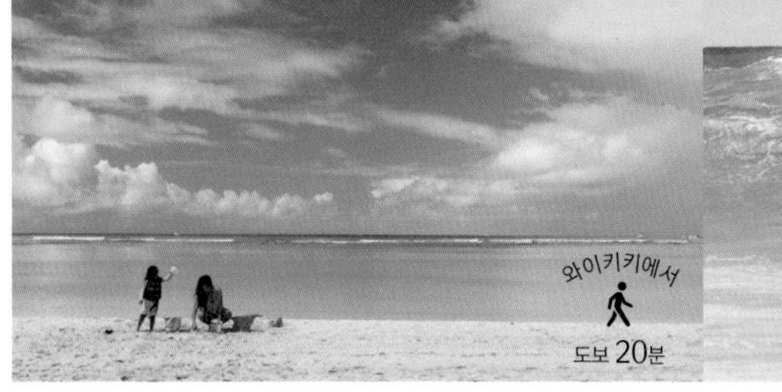

와이키키에서
차로 약 30분

접근성 좋은, 현지인들의 쉼터

① 알라모아나 비치 파크 Ala Moana Beach Park

와이키키에서 가깝지만 여행객이 적고 한적한 해변. 잔디밭에서 BBQ를 즐기는 사람도 있다.

● 와이키키 트롤리 핑크 라인 탑승 후 알라모아나 센터 하차. 와이키키에서 차로 약 10분

[샤워 시설 있음] [화장실 있음] [주차장 있음]

알라모아나 >>> MAP P.9 E-3

인기 보디보딩 포인트

② 샌디 비치 Sandy Beach

바다와 산이 함께 보이는 다이내믹한 풍경이 매력적이다. 보디보딩 포인트로 여름에는 특히 파도가 높다.

● 칼라니아나올레 하이웨이 옆. 더 버스 23번 탑승

[샤워 시설 있음] [화장실 있음] [주차장 있음]

하와이 카이 >>> MAP P.7 F-2

미국을 매료시킨 아름다운 바다

⑤ 카일루아 비치 파크 Kailua Beach Park

'미국 최고의 해변' 상위 순위에 단골로 등장하는 해변이다. 에메랄드 그린빛 바다와 눈부시게 하얀 모래사장에 마음을 빼앗긴다.

● 카와일로아 로드 옆. 더 버스 56, 57, 57A번 탑승

[샤워 시설 있음] [화장실 있음] [주차장 있음]

카일루아 >>> MAP P.7 F-3

푸르른 녹음과 한가로운 해변

⑥ 할레이바 알리 비치 파크 Haleiwa Alii Beach Park

파도가 잔잔한 여름에는 서핑 초보자에게 안성맞춤인 해변. 잔디가 있어 피크닉을 즐길 수도 있다.

● 할레이바 로드 옆. 더 버스 52번 탑승

[샤워 시설 있음] [화장실 있음] [주차장 있음]

할레이바 >>> MAP P.6 B-3

인기 있는 해변은 와이키키 주변, 북부 할레이바, 동부 카일루아 지역에 집중해 있어요!

BEACH MAP

● 선셋 비치(>>>P.29)
⑧ 푸푸케아 비치 파크
⑦ 와이메아 베이 비치 파크
⑥ 할레이바 알리 비치 파크
⑤ 카일루아 비치 파크
● 라니카이 해변(>>>P.28)
④ 와이마날로 해변
③ 마카푸우 비치
② 샌디 비치
① 알라모아나 비치 파크
와이키키 비치
WAIKIKI BEACH

오아후 해변을 즐기는 POINT

● 더 버스로 이동한다면 8번 버스로 갈 수 있는 알라모아나 비치와 22번 버스로 갈 수 있는 하나우마 베이, 샌디 비치, 마카푸우 비치가 편리하다.

● 서핑 초보자는 우선 파도가 잔잔한 와이키키 비치 주변에서 즐기자. 전문가는 겨울에 노스 쇼어의 바다에 도전하기를 추천한다.

● 와이마날로 비치가 위치한 곳은 치안이 좋지 않은 지역이므로 범죄 대비를 철저히 하자.

파도가 잔잔하고 안정된 해변

③ 마카푸우 비치 Makapuu Beach

보디보딩이나 서핑을 즐기는 젊은이가 몰려드는 암석 해변. 군청색 바다가 아름답다.

- 칼라니아나올레 하이웨이 옆. 더 버스 22, 23번 탑승

(샤워 시설 있음) (화장실 있음) (주차장 있음)

하와이 카이 >>> MAP P.7 F-1

와이키키에서
차로 약 30분

마치 프라이빗 비치 같은 분위기

④ 와이마날로 비치 Waimanalo Beach

코올라우 산맥이 배경으로 펼쳐진 웅장한 느낌이 나는 해변이다. 새하얀 모래사장이 환상적이다. 사람이 적은 편이다.

- 칼라니아나올레 하이웨이 옆. 더 버스 22, 23번 탑승 후 시 라이프 파크에서 57번 버스로 환승

(샤워 시설 있음) (화장실 있음) (주차장 있음)

와이마날로 >>> MAP P.7 E-1

거대한 바위 위에서 도전하는 '절벽 다이빙'

⑦ 와이메아 베이 비치 파크 Waimea Bay Beach Park

수풀로 둘러싸인 해변. 수심이 깊어 거대한 바위 위에서 절벽 다이빙에 도전할 수 있다.

- 카메하메하 하이웨이 옆. 더 버스 52번 탑승 후 카메하메하 하이웨이 + 하와이 비치 파크에서 55번으로 환승

(샤워 시설 있음) (화장실 있음) (주차장 있음)

노스 쇼어 >>> MAP P.6 B-1

하나우마 베이에 버금가는 바다 생물 보호구역

⑧ 푸푸케아 비치 파크 Pupukea Beach Park

하나우마 베이와 어깨를 나란히 하는 대표적인 스노클링 스폿. 운이 좋으면 바다거북과 만날 수 있다.

- 카메하메하 하이웨이 옆. 더 버스 52번 탑승 후 카메하메하 하이웨이 + 하와이 비치 파크에서 55번으로 환승

(샤워 시설 있음) (화장실 있음) (주차장 있음)

노스 쇼어 >>> MAP P.6 C-1

BEACH Q & A

Q1 호텔의 수건을 들고 나와도 괜찮을까? → **A** 방에 비치된 수건은 들고 나오면 안 된다. 프런트나 풀 사이드에서 해변용 수건을 대여해주는 곳도 있다.

Q2 해변의 주차장이 만차 상태. 근처에 폐가 되지 않는 장소에 주차해도 될까? → **A** 주차 금지 장소에 주차하면 견인될 수 있다. 주차장에 빈 공간이 생길 때까지 기다리는 것이 가장 좋다.

Q3 바다에서 사진을 찍고 싶은데 카메라가 흔들릴까봐 걱정이다. → **A** 방수카메라를 준비하거나 방수 팩에 넣는 방법이 있다. 일회용 방수(수중) 카메라도 편리하다.

바다 생물과 인사하는 법

아름나운 바다에 둘러싸인 하와이는 돌고래, 열대어, 거북이, 심지어 고래도 있다. 수영복이나 잠수복을 입고 준비가 되었다면, 천혜의 바다에서 살고 있는 신비한 바닷속 친구들을 만나러 떠나자.

Hello!

돌고래와 추억 만들기

WITH 돌고래

TIME 약 7시간

135달러부터

오아후 서쪽 해안에는 많은 야생 돌고래들이 서식하고 있다. 돌고래를 구경하거나 함께 수영할 수 있는 다양한 투어를 이용해 보자. 사랑스러운 돌고래들을 바로 옆에서 만나는 잊지 못할 추억을 만들 수 있다.

이런 프로그램을 즐기자!

사립돌고래중학교·명문돌고래대학교

Shiritsu Iruka Chugaku·
Meimon Iruka Daigaku

오아후 서부 와이아나에에서 배를 타고 바다로 나가 야생 돌고래들과 함께 수영할 수 있는 인기 투어를 운영한다. 많은 날은 150마리 이상의 무리와 만날 수도 있으며, 바다거북과 열대어와 헤엄칠 수도 있다.

● 2255 Kalakaua Ave. ☎ 808-636-8440 ● 8:00~21:00(예약 접수) ● 연중무휴 ● http//www.iruka.com

와이아나에 >>> MAP P.2 B-2

돌고래에 둘러싸이는 가슴 벅찬 경험! 애교 넘치는 독특한 돌고래 소리도 들을 수 있다.

START

돌핀 스윔 투어 순서

※ 돌핀 스노클링 오션 액티비티 익스피어리언스 기준

STEP 1

쌍동선을 타고 준비한 뒤 출항!

배를 타고 돌고래를 찾으러 출발한다. 투어 이후의 일정은 여유롭게 잡는다.

STEP 2

돌고래를 발견하면 바닷속으로!

배에서 바다로 입수. 베테랑 크루와 함께 들어가기 때문에 안전하다.

형형색색의 물고기들과 헤엄치다 WITH 열대어

매우 투명하고 파도가 잔잔한 하나우마 베이에는 나비고기나 자리돔 등 화려하고 다양한 열대어가 살고 있다. 함께 헤엄을 치면서 마치 인어가 된 것 같은 기분을 느껴 보자.

오아후 최고의 스노클링 포인트

하나우마 베이 Hanauma Bay

앞바다에 산호초가 숲을 이루는, 오아후에서 가장 유명한 스노클링 스폿이다. 바다 생물이 450종류 이상 서식하고 있다.

- 100 Hanauma Bay Rd. ☎ 808-396-4229
- 6:00~19:00(동계는 18:00까지) ● 화요일 휴무
- 하나우마 베이 로드 옆. 더 버스 22번 탑승 ● 7.5달러

(샤워 시설 있음) (화장실 있음)

하와이 카이 >>> MAP P.7 E-2

영화 '블루 하와이'의 무대가 되었던 장소. 자연 그대로 보존되어 있는 바다가 멋지다!

해변으로 입장하기 전 자연보호에 관한 시청각 교육을 의무적으로 받아야 한다. 주의사항을 반드시 지키자!

입수 전 해양보호에 대해 배우기!

⚠ CAUTION

하나우마 베이에는 엄격한 규칙이 있다

자연보호구역으로 지정된 하나우마 베이에서는 음주, 물고기에게 먹이 주기, 산호초 위에 앉거나 밟고 서기, 동식물 채집 등의 행위를 모두 금지한다.

함께 헤엄칠 수는 없어도 **하와이에서만 만날 수 있는 바다 생물**

1년 내내 바다거북과 만날 수 있는

라니아케아 비치 Laniakea Beach

할레이바 타운 근처에 위치한 작은 해변. 파도가 잔잔하며 바다거북 서식지로 유명하다

- 카메하메하 하이웨이 옆. 더 버스 52번 버스 탑승 후 카메하메하 하이웨이 + Opp 할레이바 비치 파크에서 55번으로 환승

(샤워 시설 없음) (화장실 없음) (주차장 있음)

노스 쇼어 >>> MAP P.6 B-2

WITH 바다거북

하와이에서 예부터 바다를 수호하는 신이라고 여겼던 호누(바다거북). 맑은 날에 만날 확률이 높다. 4.5m 이내로 접근하면 안 된다.

WITH 고래

겨울이 되면 혹등고래 무리가 알래스카 먼 바다에서 따뜻한 하와이로 모여든다. 고래들의 호쾌한 퍼포먼스를 구경할 절호의 기회다! 고래 관람(Whale Watching)은 2~3월이 베스트 시즌이다.

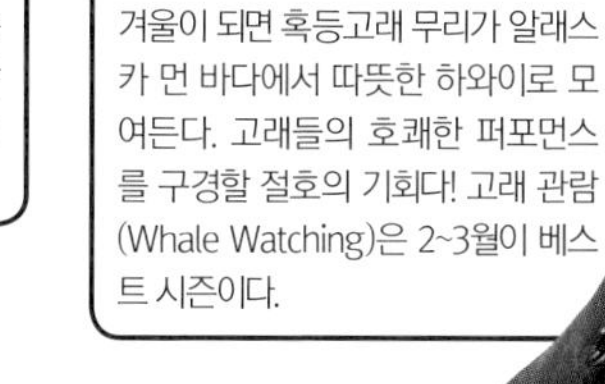

이런 프로그램을 즐기자!

스타 오브 호놀룰루 >>>P.55

Star of Honolulu

후회 없이 해양 액티비티 즐기기

TIME
약 60분
75달러부터

하늘에서 느끼는 가슴 벅찬 풍경

패러세일링
Parasailing

낙하산을 모터보트에 줄로 연결해 끌고 가면서 하늘에 띄우는 것으로, 공중산책을 하던 기분을 느낄 수 있는 인기 레포츠. 새가 된 기분으로 아득히 높은 하늘에서 아름다운 바다를 감상하자.

이런 프로그램을 즐기자!

엑스트림 패러세일
X-treme Parasail

해수면에서 높이 150m로, 하와이에서 가장 높은 공중산책을 만끽할 수 있다. 높이는 150m, 200m, 250m, 300m 총 네 가지 중에서 선택 가능하다. 이밖에 제트스키, 플라이보드, 저렴한 세트 투어 등도 즐길 수 있다.

• 1085 Ala Moana Blvd. Slip A ☎ 808-737-3599 • 8:00~17:00 • 연중무휴 • 알라모아나 블러바드 옆 • xtremeparasail.com

알라모아나 >>> MAP P.9 D-3

START

패러세일링 레슨 순서

STEP 1

보트 위에서 준비를 마치고 보트가 출발하면 비행 시작!

먼저 보트에 탑승해서 장비를 장착한 뒤 시트에 앉는다. 보트가 달리기 시작한다.

STEP 2

보트가 점점 더 빨라질수록 더 높이 올라간다

시트와 연결된 줄이 늘어지면서 점점 높이가 높아지고 하늘과 가까워진다.

STEP 3

줄이 모두 늘어지면 고대하던 하늘 세계를 만끽

줄이 팽팽하게 모두 늘어지면 사전에 미리 정해놓은 높이까지 올라간다.

하와이에 왔다면 해양 액티비티를 만끽하는 것이 진리! 대표적인 액티비티를 즐겁게 클리어하고,
한번쯤은 핫한 최신 레포츠도 주목하자. 스릴 만점 프로그램이 한가득! 취향에 맞는 것을 선택한다.

평상복으로 참여하는 액티비티

수영복이 아닌 평상복을 입은 채로 참가할 수 있는 액티비티를 소개한다. 쇼핑 도중에 참가할 수 있는 점도 눈에 띈다. 수영을 못하는 사람도 부담 없이 즐길 수 있다.

잠수함

바다 밑으로 가라앉는 잠수함을 타고 화려한 열대어를 구경한다. 잠수함에서 쾌적하게 바닷속 세계를 감상할 수 있다.

바닷속을 유영하는 어드벤처 투어

아틀란티스 서브마린 Atlantis Submarines

수심 30m의 세계를 약 45분 동안 탐험한다.

● 2005 Kalia Rd. ☎ 808-973-9811 ● 7:00~18:00(예약 접수) ● 연중무휴 ● 칼리아 로드 옆 ● www.atlantisadventures.jp

와이키키 >>> MAP P.10 B-3

수륙양용차

땅 위를 시원하게 달리다가 그대로 바다로 다이빙하는 수륙양용차. 차를 타고 관광할 수 있다.

차를 탄 채 바다로 다이빙

하와이 덕 투어 Hawaii Duck Tours

'덕'이라고 불리는 수륙양용차를 타고 육지와 바다를 오가며 호놀룰루의 관광 스폿을 만끽할 수 있다.

● 1777 Ala Moana Blvd. ☎ 808-988-3825 ● 8:00~18:00 ● 연중무휴 ● 일리카이 호텔 앞 ● www.hawaiiducktours.com **칼리히 >>> MAP P.10 B-3**

쾌감을 맛보자

워터 제트 팩

TIME 15분

199달러

물을 뿜어내는 추진력을 이용해서 하늘을 나는 최신 액티비티. 분사량을 조절하면서 이동한다.

이런 프로그램을 즐기자!

H2O 스포츠 하와이 H2O Sports Hawaii

하와이에서 워터 제트 팩을 체험할 수 있는 회사는 이곳뿐이다. 강사가 물 분사 힘을 조절해주기 때문에 안심하고 즐길 수 있다.

● 377 Keahole St. ☎ 808-396-0100 ● 7:00~17:30 ● 토·일요일 휴무 ● 케아홀레 스트리트 옆 ● www.h2osportshawaii.com **하와이 카이 >>> MAP P.7 D-2**

모두 함께 왁자지껄 즐겁게

아우트리거 카누 서핑

TIME 약 30분

25달러(4인부터)

배의 중심을 잡기 위한 리거(rigger)가 양옆에 달린 대형 카누로 파도를 탄다. 배가 뒤집힐 위험이 없어서 수영을 못하는 사람도 즐길 수 있다. 4~6명이 한 팀을 이루어 탈 수 있다.

이런 프로그램을 즐기자!

와이키키 비치 서비스 >>>P.26

거대한 대자연 속에서 트레킹 시간

하와이에는 다이아몬드 헤드를 비롯해서 산이나 숲 관광지가 많다.
대자연 속에서 삼림욕을 하며 음이온을 느껴보면 어떨까?

TIME 약 120분

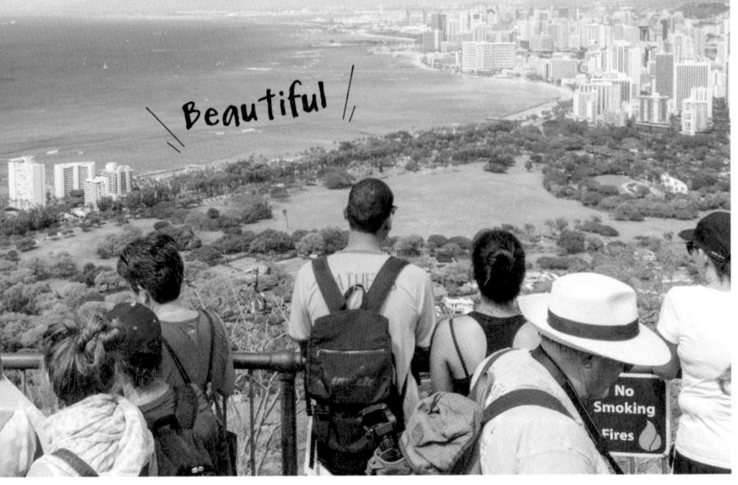

정상에서 내려다보는 특별한 파노라마 뷰

다이아몬드 헤드 Diamond Head

약 30만 년 전에 화산폭발로 형성된 사화산. 해발 232m에 위치한 산 정상에서는 오아후의 전경을 감상할 수 있다. 다이아몬드 헤드는 옛날 서구 탐험가가 분화구에 있는 돌을 다이아몬드로 착각해서 붙여진 이름이다.

● 6:00~18:00(마지막 입장 16:30까지) ● 연중무휴 ● 와이키키 트롤리 그린 라인 탑승 후 다이아몬드 헤드 분화구(안쪽)에서 하차 ● 입장료 1달러 또는 차 한 대당 5달러

다이아몬드 헤드 >>> MAP P.5 E-3

START Let's Go 다이아몬드 헤드

든든하게 준비한 뒤 출발!
트레킹 시작. 도중에 쉼터나 화장실이 없으므로 출발 전에 입구에서 모두 해결하자.

자신에게 맞는 페이스로 걷기
초반에 완만한 언덕길을 걷다 보면 서서히 구불구불한 자갈길이 나타난다.

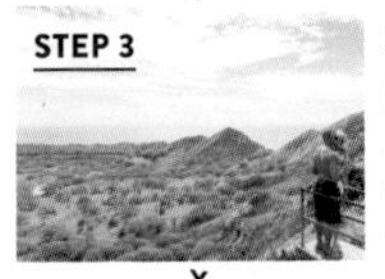

전망대에서 잠깐의 휴식 사이에 바라본 시원한 풍경
산 중턱에 있는 쉼터에서 한숨 돌린다. 이곳에도 전망대가 있어서 와이키키를 한눈에 감상할 수 있다.

계단을 오르면 정상이 바로 눈앞에!
산 정상에 가까워오면 최대 난코스인 99개의 계단이 등장한다. 걸음을 조심하자.

모자: 햇빛을 피할 수 있는 캡처럼 챙이 달린 모자

가방: 두 손은 비우고 냅색이나 힙색 등을 이용

옷: 통기성과 신축성이 우수한 티셔츠, 짧은 바지 등

신발: 비포장길도 있기 때문에 발이 편한 스니커즈

일출 투어도 있다

정상에서 신비로운 일출을 감상할 수 있는 하이킹 투어. 수평선 너머에서 떠오르며 세상을 온통 붉게 물들이는 태양이 아름답다.

투어에 참가하면 등정 기념으로 '등반증명서'를 발급해준다. 개인적으로 등산할 때는 받을 수 없는 레어템이다.

이런 투어도 있다!

다이아몬드 헤드 일출 트레킹 투어

호텔에서 차로 다이아몬드 헤드까지 이동해서 6:00경부터 등반을 시작한다. 아침식사가 포함된 투어도 있다. 그밖에도 가성비 좋은 투어가 다양하다.

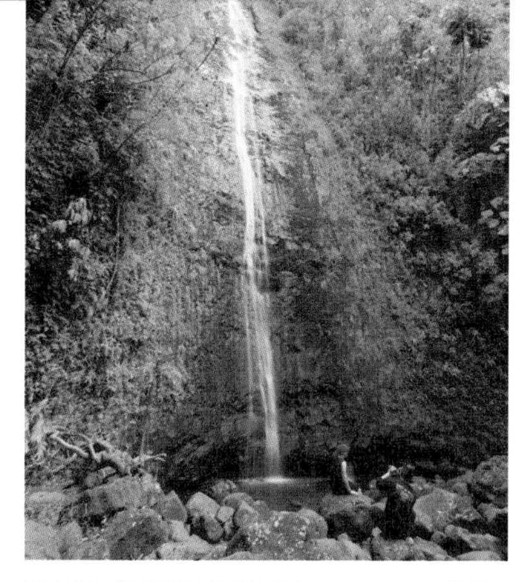

초목이 우거진 원시림에서 하이킹

마노아 폭포 트레일

Manoa Falls Trail

TIME 약 90분

자연이 풍요로운 울창한 열대우림 지역. 마지막 지점에는 50m 높이의 마노아 폭포가 있다.

● 3860 Manoa Rd. ● 일출부터 일몰까지 입장 가능 ● 연중무휴 ● 마노아 로드가 끝나는 지점

마노아 >>> MAP P.3 E-3

START Let's Go 마노아 폭포

STEP 1

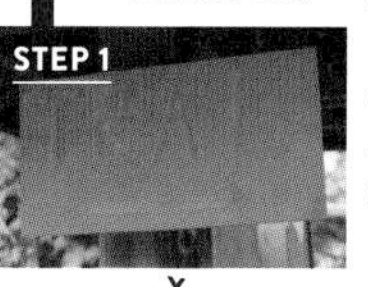

입구를 벗어나서 걷기 시작

산길 입구부터 시작해서 정비된 트레일 코스를 따라 걷는다. 왕복 3km 거리다.

STEP 2

잠시 걷다 보면 나무가 울창한 광장이 나타난다

5분 정도 걸으면 나타나는 키 큰 나무들이 서 있는 이곳은, 미국의 인기 드라마 '로스트(LOST)' 촬영지로도 유명하다.

STEP 3

나무 터널 통과하기

바니안나무 터널을 지나 15~20분 걸으면 마침내 폭포에 도착한다.

만날 수 있는 식물들 CHECK

알피니아 푸르푸라타

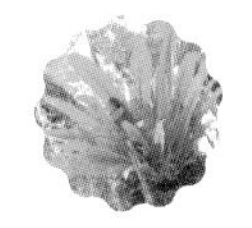

바나나 잎

극락조화과

알로하 아이나 에코투어

Aloha Aina Eco-tours

일본어 가이드와 마노아 계곡을 하이킹한다. 정글이나 로열이우 포인트를 둘러보는 투어도 있다.

☎ 808-595-6651 ● 8:00~20:00(예약 접수) ● 연중무휴 ● 와이키키에서 픽업 포함 ● www.alohaainaecotours.com

마노아 >>> MAP P.3 E-3

START Let's Go 쿠알로아 랜치 하와이

STEP 1

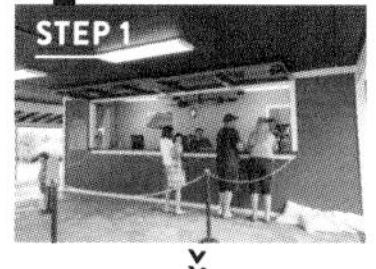

접수와 지불 완료

우선 카운터에서 접수를 한다. 동의서에 사인을 해야 하므로 꼼꼼하게 확인하자.

STEP 2

타는 법 배우기

말 타는 법 등을 알려주는 수업을 받은 뒤, 스태프가 짝이 될 말을 지정해준다.

STEP 3

스태프가 앞장서면서 승마 시작

말을 빌려서 평평하고 좁은 길에서부터 출발한다. 스태프의 뒤를 따라가면 된다.

말을 타고 만나는 대자연

쿠알로아 랜치 하와이

Kualoa Ranch Hawaii

TIME 한나절

쿠알로아 랜치는 하와이 액티비티 프로그램으로 영화 '쥬라기 공원'의 촬영지에서 액티비티를 즐길 수 있다. 승마나 버기카 체험을 운영한다.

● 49-560 Kamehameha Hwy. ☎ 808-237-7321 ● 8:00~17:30 ● 연중무휴 ● http://kualoa.co/

쿠알로아 >>> MAP P.3 D-2

명물 맛집도 잊지 말자 CHECK

12.50달러부터

소고기 산지에서 꿀꺽!

간판 메뉴인 육즙 가득한 빅 사이즈 햄버거는, 목장에서 기른 쿠알로아 비프로 만든다.

Buggy car

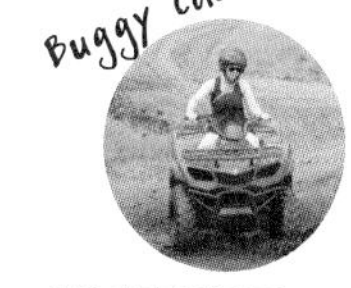

사륜 버기카 체험도!

400cc의 비포장도로용 사륜 버기카를 타고 산길 코스를 달리는 액티비티

쾌적한 기후와 아름다운 풍경에서 골프

HOW TO

예약 방법

예약 방법은 두 가지

❶ 개인 신청
골프장 공식 홈페이지를 이용하거나 직접 전화로 예약한다. 영어로 소통하는 경우가 많지만 요금은 저렴하다.

❷ 투어 신청
한국어 OK. 대부분 픽업 서비스와 대여가 포함되어 있다. 요금은 다소 비싸지만 예약 대행만 맡길 수도 있다.

초보자에게는 투어가 베스트
픽업 서비스, 대여, 레슨, 런치 등이 포함되어 있으며, 코스까지 도는 레슨 투어를 추천한다.

프로 골퍼의 개인 레슨도 실시! 기초부터 친절하게 가르쳐주기 때문에 여성이나 어린 아이들도 즐길 수 있다.

바다가 보이는 쾌적한 코스

코올리나 골프 클럽

Ko Olina Golf Club

LPGA 롯데 챔피언십이 열리는 장소로 유명하다. 리조트 골프 코스가 다양하다.

●92-1220 Aliinui Dr. ☎ 808-676-5300 ●6:30~19:00 ●연중무휴 ●와이키키에서 H-1 프리웨이의 서쪽 끝 지점까지 달려 코올리나 리조트로 진입 ●그린 피 225달러(코올리나 리조트 투숙객 195달러) ●www.koolinagolf.com **코올리나 >>> MAP P.2 B-3**

골프웨어와 관련 상품도 있다

CHECK

35달러
코올리나 골프 클럽의 오리지널 선바이저 캡

여성용 골프 바지. 귀여운 오렌지색이다.
80달러

라운딩 전에 알아두기!

❶ 장비는 대여 가능
골프장에는 대부분 대여 클럽이 있다. 골프화도 빌릴 수 있지만 자신의 사이즈에 맞게 평소에 신던 신발을 한국에서 가져오는 것이 가장 좋다.

❷ 날치기 주의
카트나 코스에 귀중품을 두지 말고, 현금을 많이 소지하고 다니지 않도록 각별히 주의하자. 가방은 몸에 늘 지니고 다니도록 한다.

❸ 매너 지키기
코스에서 시간이 걸리기 때문에 '슬로우 플레이'가 되지 않도록 주의한다. 캐디가 없으며 셀프 라운딩을 해야 한다. 물론 코스 내에서 흡연이나 큰소리로 떠드는 행위도 NG.

기후가 온난하고 쾌적한 날씨의 하와이. 지형을 살린 풍경이 멋진 코스에서 저렴하게 라운딩 할 수 있는 하와이는 골프의 천국이다. 초보자 대상으로 진행하는 레슨도 다양하기 때문에 골프를 배우기에도 좋다.

추천 골프장 레슨이 있는 골프장

연못을 전략적으로 배치한 코스

카폴레이 골프 클럽 Kapolei Golf Club

초보자도 즐길 수 있는 골프장. 그린이 보이지 않는 블라인드 홀이 하나도 없다.

●91-701 Farrington Hwy. ☎ 808-674-2227 ●6:00~18:00 ●연중무휴 ●패링턴 하이웨이 옆 ●185달러부터 ●www.kapoleigolf.com **코올리나 >>> MAP P.2 B-3**

라커 룸과 숍이 갖춰진 클럽하우스 부지의 반쪽을 차지한 레스토랑. 로코모코 등 맛있는 음식을 맛볼 수 있다.

연못과 벙커의 절묘한 레이아웃

하와이 프린스 골프 클럽 Hawaii Prince Golf Club

에바 평원에 위치했다. 아놀드 파머가 설계한 광대하고 아름다운 코스가 인기다.

●91-1200 Fort Weaver Rd. ☎ 808-944-4567 ●6:30~18:00 ●연중무휴 ●포트 위버 로드 옆 ●kr.princewaikiki.com **코올리나 >>> MAP P.2 B-3**

프로 골퍼에게 초보 레슨을 받을 수 있다.

이곳도 주목! 초보자도 즐길 수 있는 골프장

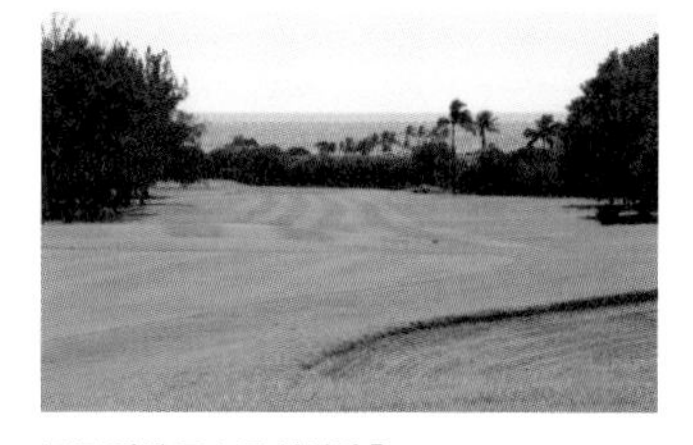

골프 데뷔 코스로 안성맞춤

하와이 카이 골프 코스 Hawaii Kai Golf Course

상급자 코스와 초보자 수준의 쇼트 코스가 있다. 초급 코스는 평평한 페어웨이와 넓은 그린으로 조성되어 있다.

●8902 Kalanianaole Hwy. ☎ 808-395-2358 ●7:00~일몰 ●연중무휴 ●칼라니아나올레 하이웨이 옆 ●130달러부터 ●www.hawaiikaigolf.com
하와이 카이 >>> MAP P.7 F-2

바다와 인접해 경치가 아름다운 그린

터틀베이 골프 Turtle Bay Golf

아놀드 파머와 조지 파지오가 설계했다. 열대의 분위기를 느끼며 라운딩 할 수 있다.

●57-049 Kuilima Dr. ☎ 808-293-8574 ●7:00부터(계절에 따라 다르다) ●연중무휴 ●쿠일리마 드라이브 옆 ●195달러부터 ●www.turtlebayresort.com
와이알레 >>> MAP P.2 C-1

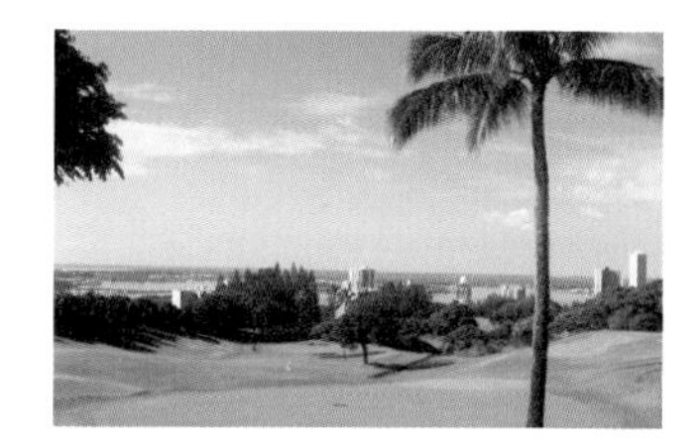

진주만의 멋있는 풍경과 함께

펄 컨트리 클럽 Pearl Country Club

진주만이 내려다보이는 아름다운 경치가 매력적이다. 모든 수준의 골퍼들이 모이는 곳이다. 매년 토너먼트가 개최된다.

●98-535 Kaonohi St. ☎ 808-487-3802 ●6:30~18:00 ●연중무휴 ●카오노히 스트리트 옆 ●150달러부터 ●pearlcc.com
진주만 >>> MAP P.3 D-3

현지인과 함께 즐기는 조깅&요가

해변 산책로나 녹음이 우거진 공원 등 야외에서 진행되는 스포츠는 기분을 산뜻하게 한다.
이벤트나 수업에 참가해서 스포츠 멤버들과의 만남을 즐겨보자.

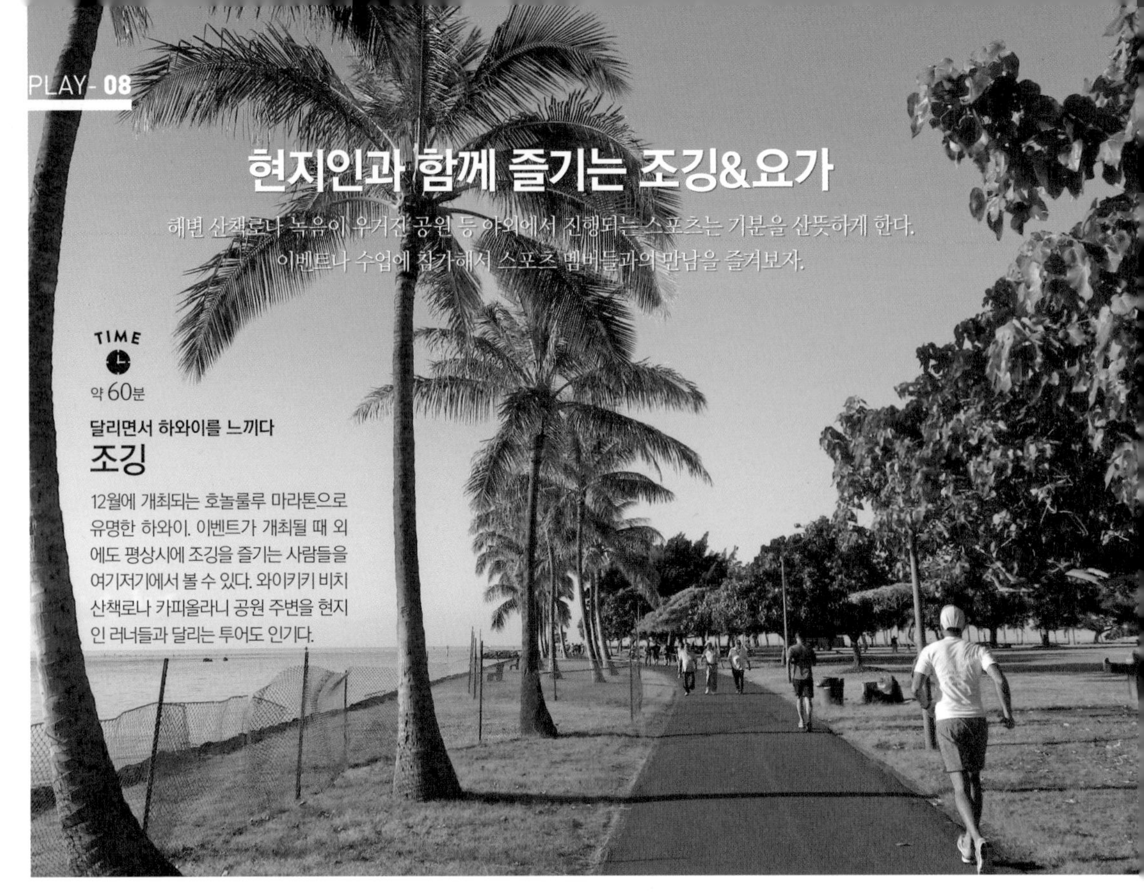

TIME 약 60분

달리면서 하와이를 느끼다

조깅

12월에 개최되는 호놀룰루 마라톤으로 유명한 하와이. 이벤트가 개최될 때 외에도 평상시에 조깅을 즐기는 사람들을 여기저기에서 볼 수 있다. 와이키키 비치 산책로나 카피올라니 공원 주변을 현지인 러너들과 달리는 투어도 인기다.

이런 프로그램을 즐기자!

스포나비하와이

SpoNaviHawaii

마라톤, 트라이애슬론, 요가 등 하와이의 스포츠 정보를 얻거나 액티비티를 예약할 수 있다. 매주 토요일 8시부터 '알로하 새터데이 런(Aloha Saturday Run)'이라는 그룹 런을 주최한다.

☎ 808-923-7005 ● 7:50부터(와이키키 비치워크 1층) ● 일~금요일 휴무 ● 무료(그룹 런) ● www.sponavihawaii.com/en

와이키키 >>> MAP P.12 B-2

집합 장소는 이 깃발로 표시!

준비물

티셔츠에 바지, 러닝화가 조깅에 알맞은 차림이다. 조깅 후에는 음료수를 준다. 개인 보관함이 없기 때문에 되도록 손을 가볍게 하고 참가하자.

나 홀로 러너를 위한 추천 코스

호놀룰루 동물원을 출발해서 카피올라니 공원을 한 바퀴 도는 코스. 해변 산책로나 녹음이 우거진 길 등을 겹치는 구역 없이 간략하게 둘러볼 수 있다. 총 거리는 약 3.6km로 30분가량 소요된다.

SHOPPING

예쁜 달리기용 아이템이 풍부

러너스 루트 Runners Route

오아후 내 매장 세 개를 운영하는 인기 러닝화 전문점. 최신 러닝화를 저렴하게 판매한다.

● 1322 Kapiolani Blvd. ☎ 808-941-3111 ● 10:00~20:00(일요일 ~18:00) ● 연중무휴 ● 카피올라니 블러바드 옆 ● http://run808.com

알라모아나 >>> MAP P.9 E-2

매년 12월에 개최되는 호놀룰루 마라톤

3만 명이 참가하는 오아후 최대 규모 대회. 참가 신청 필수!

42.195㎞를 완주하고 속속 골인!

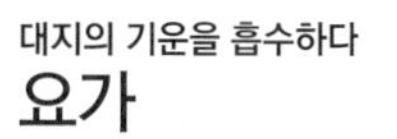

대지의 기운을 흡수하다

요가

하와이는 공기가 맑아서 요가를 즐기기에 안성맞춤이다. 해변, 공원 등 장소에 맞춰 다양한 수업이 열리며 대자연과 일체감을 느낄 수 있다. 여행자를 대상으로 진행하는 프로그램이나 초보자가 즐길 수 있는 프로그램 등이 많다.

이런 프로그램을 즐기자!

요가알로하

Yogaloha Hawaii

이른 아침 와이키키 비치에서 진행되는 요가 강의. 예약은 필요 없고 초보자도 부담 없이 참가할 수 있다. 와이키키 중심에는 스튜디오도 있으며, 단기 요가 자격증 코스가 인기다.

☎ 808-800-6993 ●6:50부터(집합 장소: 호놀룰루 동물원 정문 앞) ●월·수·토요일 휴무 ●성인 20달러, 어린이 10달러

와이키키 >>> MAP P.11 F-3

가벼운 마음으로 참가하세요!

준비물

활동하기 편한 옷(무릎을 덮는 바지)을 추천한다. 시간이 갈수록 햇빛이 강해지기 때문에 자외선 차단제, 물, 대형 수건을 미리 준비하면 좋다.

화제의 서프요가에 도전!

'서프(SUP)'는 'Stand Up Paddle'의 약자. 전용 롱보드 위에서 균형을 잡으면서 자세를 잡는 요가다. 요령만 터득하면 간단하다! 시원한 파도에 흔들리는 몸을 맡기고 호흡을 정돈하며, 바다 위에서 온몸으로 해방감을 느끼자.

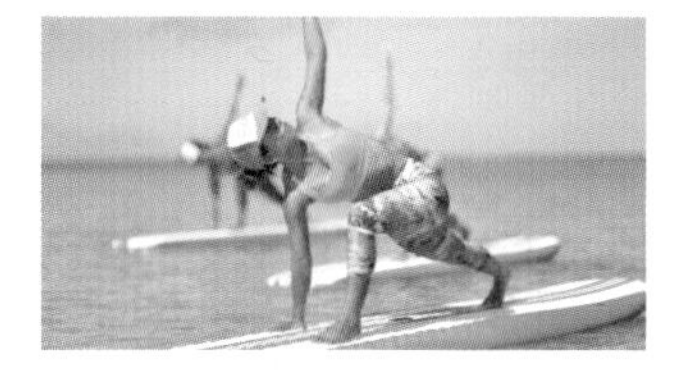

이런 프로그램을 즐기자!

요가 카팔릴리 하와이

Yoga Kapalili Hawaii Hawaii

유일한 일본인 서프요가 강사인 Shoko가 진행하는 요가 수업. 자연스럽게 신체를 단련할 수 있다.

●참가 전 상담 필요 ●kapalili.com

알라모아나 >>> MAP P.9 E-3

SHOPPING

내추럴한 감성의 요가복이 한자리에

룰루레몬 Lululemon

무료 요가 수업을 운영하는 운동복 전문 브랜드. 디자인이 뛰어나고 기능성 높은 옷이 모여 있다.

●알라모아나 센터 2층 A ☎ 808-946-7220 ●9:30~21:00(일요일 10:00~19:00) ●연중무휴 ●shop.lululemon.com

알라모아나 >>> MAP P.15

파머스 마켓으로 가자

Farmers' Market!!

지역 주민들이 모여 직접 재배한 채소나 직접 만든 디저트, 특산품 등을 직거래하는 파머스 마켓. 로컬푸드가 유행인 하와이에서 많은 사람들이 이용하는 곳으로 유용한 아이템들이 가득하다.

지금, 주목받는 파머스 마켓

신선한 과일이나 희귀한 생선 등 구경하는 재미로 가득하다. 현지인들도 즐겨 찾는다.

14달러 레귤러커피(5팩)

5달러 아보카도 샐러드

호텔에서 접근성이 뛰어난

와이키키 파머스 마켓

화·목요일 16:00부터

Waikiki Farmers' Market

푸알레이라니 아트리움 숍(>>>P.64)에서 열린다. 말라사다나 마나푸아와 같은 디저트나 가벼운 식사 등을 다양하게 판매한다. 와이키키 중심부에서 열리기 때문에 사들고 와서 호텔에서 먹을 수 있다.

- 하얏트 리젠시 와이키키 비치 리조트&스파 내부 ☎ 808-923-1234
- 16:00~20:00(화·목요일에만 개최) **와이키키 >>> MAP P.13 D-2**

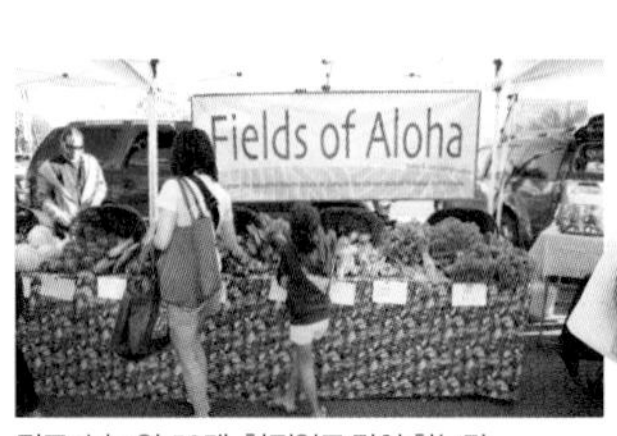

점포 수는 약 50개. 현지인도 많이 찾는다. 이른 아침에 가장 붐빈다.

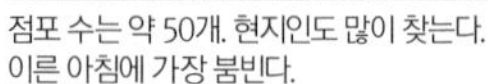

12달러 로코모코 볼

시 아스파라거스 병조림 5달러

현지인에게도, 여행객에게도 인기

카카아코 파머스 마켓

토요일 8:00부터

Kakaako Farmers' Market

로스 드레스 포 레스 옆에서 열린다. 여행객보다는 현지인이 많아서 진정한 현지 파머스 마켓의 분위기를 느낄 수 있다.

- 333 Ward Ave. ☎ 808-388-9696 ● 8:00~12:00(토요일만 개최)

카카아코 >>> MAP P.9 D-3

직접 생산해서 판매까지 하는 파머스 마켓. 신선한 채소와 과일, 수제 잼 등 다양하다. 오아후에서만 10군데 이상 열리므로 여행 일정에 맞춰 찾아가기 좋은 곳으로 걸음을 옮겨 보자.

하와이 최대 규모 파머스 마켓

오아후 최대 규모로 여행객에게도 인기

새터데이 파머스 마켓 앳 KCC Saturday Farmers' Market at KCC

토요일 7:30부터

하와이 최대 규모 마켓. 하와이산 식재료 외에 현지에서만 재배되는 유기농 제품도 판매한다. 매주 토요일마다 개최되며 이른 아침부터 시작된다.(>>>P.43) 여기 파머스 마켓은 9시 이후에는 매우 혼잡하기에 오픈 시간 아침 7시 30분에 방문할 것을 추천한다.

● 4303 Diamond Head Rd. ☎ 808-848-2074 ● 7:30~11:00(토요일에만 개최) ● 다이아몬드 헤드 등산로 입구 앞, 카피올라니 커뮤니티 칼리지 내 ● hfbf.org

다이아몬드 헤드 >>> MAP P.5 E-3

FOOD

노스 쇼어 팜스 피자
완전히 으깬 토마토와 모차렐라를 듬뿍 올린 피자

투 핫 토마토의 그린 토마토 프라이
잘게 으깬 그린 토마토를 튀긴 인기 상품

오쓰지 팜의 오리지널 말라사다
바나나 주변에 자색고구마 퓌레를 발라서 튀긴 음식

SOUVENIR

아카카폴스 농장의 호노무산 잼
패션프루트 맛. 은은한 단맛과 신맛이 조화를 이룬다.
8달러

호 팜의 스펀지 수세미
설거지나 청소에 사용할 수 있는 현지인들에게 인기가 많은 제품

하와이안 해피 케이크의 케이크
견과류, 파인애플, 코코넛이 들어간 케이크

멀어도 가봐야 할 파머스 마켓

지역밀착형 마켓에서 여유롭게

카일루아 타운 파머스 마켓 Kailua Town Farmers' Market

일요일 8:30부터

카일루아에서 열리는 소규모 야외 시장. 현지 식자재 외에 플레이트 런치 등 음식도 다양하다.

● 315 Kuulei Rd. ☎ 808-388-9696 ● 8:30~12:00(일요일만 개최) ● 쿠울레이 로드 옆, 카일루아 초등학교

카일루아 >>> MAP P.7 D-3

수박 프로즌 드링크

대자연 속에서 시장을 만끽하다

할레이바 파머스 마켓 Haleiwa Farmers' Market

목요일 14:00부터

선물용 아이템이나 로컬푸드가 인기다. 식사 공간도 있다.

● 59-864 Kamehameha Hwy. ☎ 808-388-9696 ● 14:00~18:00(동계 19:00까지) ● 카메하메하 하이웨이 옆, 와이메아 밸리 피카케 파빌리온 **할레이바 >>> MAP P.6 B-3**

WEEKLY SCHEDULE

MON
킹스 빌리지 파머스 마켓
● 킹스 빌리지 ● 16:00~21:00 ● 수·금·토요일 개최
와이키키 >>> MAP P.13 D-1

TUE
튜스데이 나이트 파머스 마켓 앳 KCC
● 카피올라니 커뮤니티 칼리지 ● 16:00~19:00
다이아몬드 헤드 >>> MAP P.5 E-3

WED
호놀룰루 파머스 마켓
● NBC 부지 내 ● 16:00~19:00
알라모아나 >>> MAP P.9 D-2

THU
와이키키 파머스 마켓 >>>P.42
할레이바 파머스 마켓 >>>P.43
마키키 파머스 마켓
● 세인트 클레멘츠 교회 앞 ● 16:30~19:30 **마키키 >>> MAP P.9 E-1**

FRI
와이키키 커뮤니티 센터 파머스 마켓
● 와이키키 커뮤니티 센터 ● 7:30~11:30 ● 화요일도 개최
와이키키 >>> MAP P.13 F-1

SAT
카카아코 파머스 마켓 >>>P.42
새터데이 파머스 마켓 앳 KCC >>>P.43

SUN
카일루아 타운 파머스 마켓 >>>P.43
마노아 마켓 플레이스 파머스 마켓
● 마노아 마켓 플레이스 부지 내 ● 6:00~11:00 ● 화·목요일도 개최
마노아 >>> MAP P.5 D-2

모두가 만족하는 테마파크

카누쇼

가족형 테마파크

폴리네시안 문화센터 Polynesian Cultural Center

하와이를 포함한 폴리네시아 섬들의 문화를 체험할 수 있다. 훌라 춤이나 불 피우기 등을 체험할 수 있으며, 쇼도 관람할 수 있다.

● 55-370 Kamehameha Hwy. ☎ 808-924-1861 ● 12:00~21:00 ● 일요일 휴무 ● 입장료 59.95달러부터 ● 카메하메하 하이웨이 옆. 와이키키에서 차로 약 70분 ● polynesia.co.kr
라이에 >>> MAP P.3 D-1

돌핀 로열 스윔

돌고래, 바다사자와 놀자

시 라이프 파크 하와이 Sea Life Park Hawaii

돌고래와 접촉할 수 있는 액티비티와 돌고래 쇼를 운영한다. 바다사자에게 먹이를 주는 프로그램도 있다.

● 41-202 Kalanianaole Hwy. #7 ☎ 808-259-2500 ● 9:30~16:00(6~8월은 16:30까지) ● 연중무휴 ● 입장료 42달러 ● 칼라니아나올레 하이웨이 옆. 와이키키에서 차로 약 30분 ● www.sealifeparkhawaii.com **하와이 카이 >>> MAP P.7 F-1**

하와이 마을 / 뷔페 디너 / 파이어나이프 쇼 / 폴리네시안 쇼

이런 투어도 참고하기

트와일라이트 패키지 스탠더드
뷔페 디너, 이브닝쇼 등 다양한 쇼와 만찬이 준비되어 있다.
● 16:00~22:15 ● 70달러(입장료·왕복 교통 포함)

스탠더드 패키지
센터 내 일본어 가이드, 뷔페 디너, 이브닝쇼 등이 진행된다.
● 13:30~22:15 ● 81.95달러(입장료 포함)

※그 외 패키지 있음 ※왕복 버스 요금 별도 25달러

하와이안 오션 시어터 쇼 / 돌고래와 키스 / 거북이 먹이 주기 / 기념품 매장

이런 투어도 참고하기

돌핀 인카운터
돌고래와 키스, 악수
● 9:30~, 11:00~, 13:45~, 15:15~ ● 성인 125달러, 1~2세 52달러(입장료·왕복 교통 포함)

돌핀 로열 스윔
돌고래와 키스, 돌고래 두 마리의 등지느러미를 잡고 수영하기, 풋 푸시
● 9:30~, 11:00~, 13:45~, 15:15~ ● 성인 262달러(입장료·왕복 교통 포함)

다양한 하와이의 명물을 한번에 즐기고 싶다면 테마파크를 추천한다.
하와이의 매력을 한데 모아놓은 장소다. 목적에 맞게 선택해서 자연이나 동물들과 함께 호흡하며 하루 종일 놀아보자!

농장 견학

이곳에서 재배한 파인애플로 만든 명물 돌휩(Dole Whip)

파인애플의 모든 것

돌 파인애플 플랜테이션 Dole Plantation

세계적인 브랜드 '돌'의 파인애플 연구 농장. 세계 최대 규모의 미로 등 어트랙션도 많다.

● 64-1550 Kamehameha Hwy. ☎ 808-621-8408 ● 9:30~17:30 ● 연중무휴 ● 입장료 무료 ● 카메하메하 하이웨이 옆. 와이키키에서 차로 약 50분 ● www.doleplantation.com

와히아와 >>> MAP P.2 C-2

파인애플 익스프레스로 농장 견학!

수족관

400종 이상의 바다 생물을 전시

하와이의 축복받은 바다를 느끼다

와이키키 수족관 Waikiki Aquarium

태평양몽크바다표범(Hawaiian Monk Seal) 등 하와이 고유종을 만날 수 있다. 다이버가 보는 바다 세계를 재현했다.

● 2777 Kalakaua Ave. ☎ 808-923-9741 ● 9:00~17:00(마지막 입장 16:30까지) ● 연중무휴 ● 성인 12달러, 어린이(4~12세) 5달러 ● 칼라카우아 애비뉴 옆 ● www.waikikiaquarium.org 다이아몬드 헤드 >>> MAP P.5 E-3

!!

태평양몽크바다표범

동물원

350종류 이상의 동물들과 만나자

호놀룰루 동물원 Honolulu Zoo

약 17만㎡ 넓이의 부지에 자리 잡은 섬 내 유일한 동물원. 밤에 동물들을 관찰할 수 있는 트와일라이트 투어도 인기다.

● 151 Kapahulu Ave. ☎ 808-971-7171 ● 9:00~17:30(마지막 입장 16:30) ● 연중무휴 ● 입장료 14달러 ● 칼라카우아 애비뉴와 카파훌루 애비뉴가 만나는 모퉁이 ● www.honoluluzoo.org

와이키키 >>> MAP P.11 F-3

인기가 많은 사바나 구역과 야생 조류 구역을 반드시 체크

풀

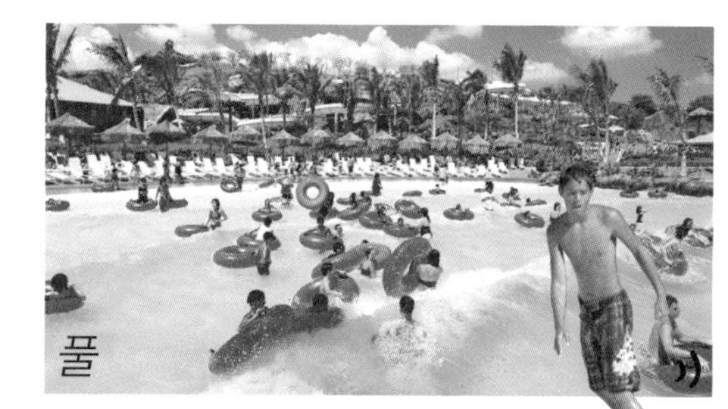

가족끼리 즐겁게 워터파크

웻 앤 와일드 하와이 Wet 'n' Wild Hawaii

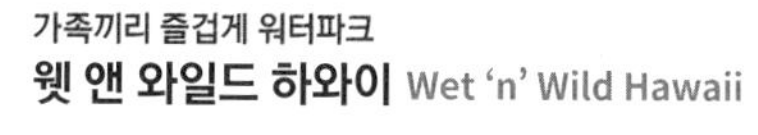

다채로운 풀과 슬라이드 등 총 25가지 어트랙션을 한곳에 모았다. 라이드도 스릴 넘친다!

● 400 Farrington Hwy. ☎ 808-674-9283 ● 10:30~15:30(요일에 따라 시간 변경됨) ● 화·수요일 휴무(계절에 따라 다름) ● 원데이 패스 성인 47.99달러(그 외 패스와 패키지 있음) ● 패링턴 하이웨이 옆. 와이키키에서 차로 약 40분 ● www.wetnwildhawaii.com

카폴레이 >>> MAP P.2 B-3

\ Hi /

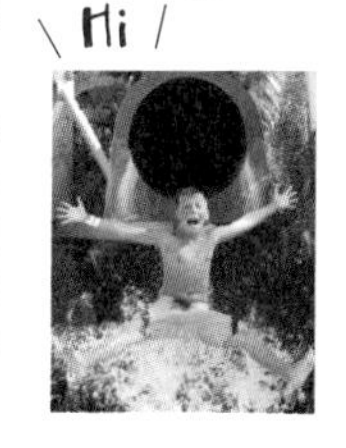

알고 보면 더 재밌는 하와이

하와이 왕조, 격동의 역사

약 100년의 흥망성쇠, 하와이 왕조의 역사

세계적으로 유명한 휴양지 하와이. 매년 800만 명이 방문하는 이 땅에는 일찍이 왕조가 있었다. 하와이는 원래 화산섬으로 황무지였지만, 이곳에 정착한 사람들이 바나나, 코코넛, 타로 등을 심어서 섬을 살기 좋은 곳으로 만들었고, 여러 부족의 사람들이 이곳에 살았지만 1795년 킹 카메하메하가 하와이를 통일해서 왕국을 세웠다. 킹 카메하메하는 카우아이 섬과 니하우 섬을 제외한 모든 섬들을 정복하였다.

킹 카메하메하 서거 후, 하와이 왕조는 약 100년 동안 8대에 걸쳐 이 남쪽 나라를 통치했다. 그러나 차츰 기독교를 비롯한 외국의 영향을 받은 백인이 권력을 잡기 시작했고 결국 쿠데타로 하와이 왕조는 멸망하고 만다. 격동의 100년 역사 중에서도 특히 주요한 인물을 이곳에 소개한다. 각 인물과 관련된 곳을 돌면서 역사 산책을 해보기를 추천한다.

이올라니 궁전을 지켜보고 있는, 킹 카메하메하 동상. 매년 6월 킹 카메하메하 기념일이 다가오면, 길이 4m가 넘는 수많은 레이로 장식된다. 레이는 하와이에서 환영의 뜻으로 목에 걸어주는 화환이다.

하와이 왕조사 연표

1778		1810		1840	
영국 탐험가이자 항해가 제임스 쿡, 하와이 제도 발견	→	① 초대 킹 카메하메하(하와이 왕조 1대), 하와이 제도 통일	→	② 킹 카메하메하 3세(하와이 왕조 3대), 하와이 헌법 공포	→

① 초대 킹 카메하메하(1대)

하와이의 대왕! 그가 없었다면 지금의 하와이도 없었다

하와이 왕국을 건국한 초대 국왕. 빅아일랜드 카파아우에서 태어났다. 무예가 뛰어나고 명석해서 많은 사람들에게 사랑받은 영웅이었다. 또한 빼어난 외교수완으로 태평양의 많은 섬들과 다르게 독립된 왕국을 지켰다. 그의 업적을 기리기 위해 세운 동상이 총 4개로, 하와이에 3개, 워싱턴에 1개 있다. 위업을 기념하기 위한 기념일도 제정되어 있다.

하와이를 통일한 업적을 기리다

킹 카메하메하 동상

King Kamehameha Statue

●417 S.King St. ●킹 스트리트 옆, 알리이올라니 할레 앞 **다운타운 >>> MAP P.4 C-1**

② 킹 카메하메하 3세(3대)

새로운 제도를 차례로 도입! 30년 동안 통치한 현명한 군주

초대 킹 카메하메하의 아들이자 하와이 왕조의 세 번째 국왕. 2대 왕이 급사하면서 10세의 나이로 즉위했다. 하와이에 헌법을 공포하면서 입헌군주제를 확립했으며, 수도를 호놀룰루로 옮기고 근대 왕가 체제를 다졌다. 또한 하와이에서 최초로 학교를 설립했다. 이로써 문자가 없었던 하와이는 킹 카메하메하 3세의 치하 중 문맹률을 낮추고 세계 최고 수준의 교육을 자랑하게 되었다.

산호로 외벽을 만든 아름다운 건축물

카와이아하오 교회 Kawaiahao Church

1842년에 지어진 오아후에서 가장 오래된 기독교 교회. 카메하메하 3세도 미사를 드리기 위해 방문했던 유서 깊은 장소다. 왕가 전용석도 있다.

●957 Punchbowl St. ☎ 808-469-3000 ●8:00~16:30 ●연중무휴 ●무료 ●펀치볼 스트리트 옆
다운타운 >>> MAP P.8 B-2

1845	1874	1891	1893	1894	1898	1959
마우이 섬 라하이나에서 오아후 호놀룰루로 천도 →	③ 킹 칼라카우아(하와이 왕조 7대) 퇴위 →	④ 퀸 릴리우오칼라니(하와이 왕조 8대) 퇴위 →	쿠데타 발발, 하와이 왕국 멸망 →	공화제 하와이 공화국 수립 →	미합중국에 병합되어 미국령이 됨 →	미합중국의 50번째 주로 승격

③ 킹 칼라카우아(7대)

하와이 문화를 사랑한 유머가 넘치는 인물
엄격하게 선출된 7대 국왕. 경제와 정치면에서 권력을 잡은 미국을 견제하기 위해 아시아와 손을 잡고자 했으나 정치 분쟁이 심해지고 왕권이 유명무실해지자 하와이를 떠난 뒤 서거했다. 하와이의 전통문화를 사랑했고, 스스로 하와이 창조 신화에 대해 출판했지만 세금 낭비였다는 의견도 있다.

퀸 카피올라니

자애로운 어머니처럼 온화한 인물
킹 칼라카우아의 부인. 'Kulia I Ka Nu'u(최선을 다하다)'를 신조로 삼았다. 하와이 여성을 위해 카피올라니 산과 의원을 설립하고 한센병 환자를 위해 기부금을 모으는 등 복지에 힘썼다. 56세에 남편을 잃고 와이키키의 별장에서 64세의 나이로 생을 마감했다.

미국에서 역사가 오래된 유일한 궁전
이올라니 궁전 Iolani Palace
킹 칼라카우아의 명으로 지어졌다. 왕족의 주거 공간이었으며, 쿠데타 이후에는 정부의 공저로 사용되었다. 1882년 준공 당시부터 전기 시설을 갖추었다.

● 364 S.King St. ☎ 808-522-0832 ● 9:00~16:00 ● 일요일 휴무 ● 14.75달러 ● 사우스 킹 스트리트 옆 **다운타운 >>> MAP P.4 C-1**

남매

조카

④ 퀸 릴리우오칼라니(8대)

음악을 사랑한 하와이 왕조의 마지막 왕
왕정복고주의를 내세운 8대 여왕. 쿠데타가 발발하며 왕정이 폐지되고, 그 후 왕당파가 일으킨 반란의 주모자로 체포되어 이올라니 궁전에 유폐된다. 여왕 퇴위 후에도 사람들의 경애를 받았으며, 지금도 널리 사랑받고 있는 '알로하 오에(Aloha'oe)'를 작사 작곡한 인물로 알려져 있다.

프린세스 카이울라니

왕조의 마지막을 지켜본 공주
빼어난 미모의 하와이 왕조 마지막 왕위 계승자로 아버지가 스코틀랜드인이다. 칼라카우아의 명으로 1889년부터 영국에서 유학했다. 왕조 붕괴 소식을 듣고 미국으로 건너가 쿠데타의 부당성을 호소했다. 1897년에 귀국해 하와이가 미국에 병합된 후인 1899년, 23세의 젊은 나이로 사망했다.

비운의 여왕이 여생을 보낸 저택
워싱턴 플레이스 Washington Place
퀸 릴리우오칼라니의 저택. 여왕의 사후 2002년까지 지사의 공저로 사용되었다. 현재는 박물관으로 사용되고 있으며 여왕이 애용한 피아노, 기타 등이 남아 있다.

● 320 S.Beretania St. ☎ 808-586-0248 ● 예약제(목요일 10:00부터) ● 무료 ● 사우스 버테니아 스트리트 옆 **다운타운 >>> MAP P.8 B-2**

산호로 외벽을 만든 아름다운 건축물
쉐라톤 프린세스 카이울라니 Sheraton Princess Kaiulani
와이키키에 위치한 리조트 호텔. 카이울라니 공주가 어린 시절을 보냈던 자리에 세워졌기 때문에 호텔 이름에 공주의 이름을 붙였다. 로비에 많은 초상화가 걸려 있어 하와이 왕조시대를 엿볼 수 있다. >>>P.192

박물관&미술관 추천

하와이 문화나 역사를 알고 싶다면 박물관과 미술관을 추천한다.
내부 시설 등 그 자체로도 매력적이며 하루 종일 즐길 수 있다. 새로운 하와이를 발견해보자.

방대한 자료가 전시되어 있는 하와이안 홀

태평양 지역의 자연과 문화를 배우다

비숍 박물관 Bishop Museum

하와이와 폴리네시아의 역사를 알 수 있는 문헌, 공예품 등 소장품 200만 점 이상을 전시하는 하와이 최대 박물관. 태평양 지역을 연구하는 기관 중 세계 최고라고 평가받는다. 훌라 수업이나 레이 만들기 수업 등 체험 프로그램도 운영한다.

● 1525 Bernice St. ☎ 808-847-8291 ● 9:00~17:00 ● 연중무휴 ● 22.95달러 ● 버니스 스트리트 옆 ● www.bishopmuseum.org

칼리히 >>> MAP P.4 A-2

【주요 볼거리】

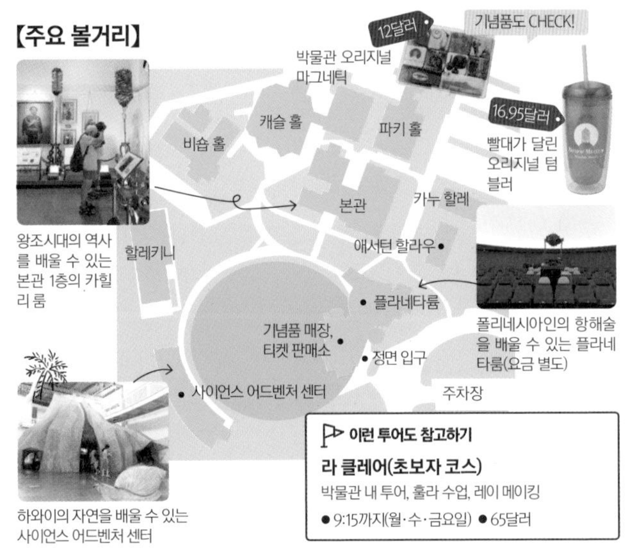

왕조시대의 역사를 배울 수 있는 본관 1층의 카힐리 룸

폴리네시아인의 항해술을 배울 수 있는 플라네타룸(요금 별도)

하와이의 자연을 배울 수 있는 사이언스 어드벤처 센터

이런 투어도 참고하기

라 클레어(초보자 코스)

박물관 내 투어, 훌라 수업, 레이 메이킹

● 9:15까지(월·수·금요일) ● 65달러

세계적인 미술품을 차분하게 감상하다

호놀룰루 미술관 The Honolulu Museum of Art

세계적인 명화를 가까이서 볼 수 있다.

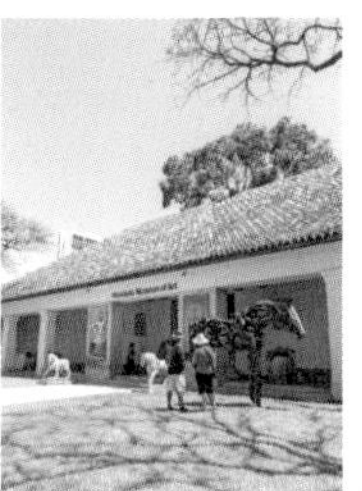
야외 전시품도 훌륭하다.

고흐, 피카소를 비롯해서 미국, 유럽, 아시아에서 수집한 미술품을 전시한다.

● 900 S. Beretania St. ☎ 808-532-8700 ● 10:00~16:30(일요일 13:00~17:00) ● 월요일 휴무 ● 20달러 ● 사우스 버테니아 스트리트 옆 ● www.honolulumuseum.org

다운타운 >>> MAP P.9 D-1

모던 아트와 정원을 만끽하다

호놀룰루 미술관 별관 스팔딩 하우스

Honolulu Museum of Art Spalding House

6개의 갤러리 스페이스로 구성되어 있으며 작품을 즐길 수 있다. 정원에 있는 카페도 추천한다.

● 2411 Makiki Heights Dr. ☎ 808-526-1322 ● 210:00~16:00(일요일 12:00부터) ● 월요일 휴무 ● 20달러(같은 날 티켓으로 호놀룰루 미술관도 입장 가능) ● 마키키 하이츠 드라이브 옆 ● www.honolulumuseum.org

마키키 >>> MAP P.4 C-2

감상 후에는 티타임을 즐기자.

자연과 일체를 이룬 예술 공간

저택 내부에 많은 미술품이 있다.

거대한 샹들리에를 반드시 볼 것

이상향이란 이름의 별장

샹그릴라 뮤지엄 Shangri La Museum

하와이를 사랑한 대부호 도리스 듀크의 저택. 3,500점 이상의 이슬람 아트를 전시한다.

● 900 South Beretania St. ☎ 808-532-3853 ● 9:00~, 10:30~, 13:30~ (예약제) ● 일~화요일 휴무 ● 25달러 ● 호놀룰루 미술관에서 진행하는 가이드 투어로만 이용 가능 ● shangrilahawaii.org

다이아몬드 헤드 >>> MAP P.5 F-3

Doris Duke Foundation for Islamic Art, Honolulu, Hawaii (Photo: Lilly Morris, 2015)

하와이의 과거부터 현재까지 한눈에

하와이 주립 미술관 Hawaii State Art Museum

하와이에 거주한 아티스트의 작품들만 전시한다. 그림, 사진, 도자기 등 장르도 다채롭다.

● 250 S. Hotel St. ☎ 808-586-0900 ● 10:00~16:00(매달 첫 번째 금요일은 18:00~21:00도 운영) ● 일·월요일 휴무 ● 무료 ● 와이키키 트롤리 레드 라인 탑승 후 하와이 주정부청사 하차 ● sfca.hawaii.gov

차이나타운 >>> MAP P.4 C-1

하와이 최대 미술품 소장 개수를 자랑한다.

건물은 미국의 역사문화재

\Fantastic View!/

세계적으로 유명한 힐링 스폿이 여기저기 흩어져 있는 하와이.
오래전부터 의식이 행해진 성역 등 신비한 에너지 '마나'가 깃든 곳을 찾아 몸과 마음을 재충전하자!
자신이 기원하는 것과 맞는 장소를 찾아가면 효과도 배가될 것이다!

힐링

에메랄드 색으로 빛나는 환상적인 해변

샌드 바 Sand Bar

카네오헤 베이에 있는 산호로 이루어진 백사 모래톱. 썰물 때만 드러난다. 이곳은 훌라의 여신 '라카'가 불의 여신 '펠레'에게 훌라를 바친 성지다. 샌드 바의 가장자리는 수심이 급격하게 깊어지기 때문에 마치 바다에 떠있는 것 같은 기분을 맛볼 수 있다.

● 헤에이아 케아 보트 선착장에서 출항

카네오헤 >>> MAP P.3 D-2

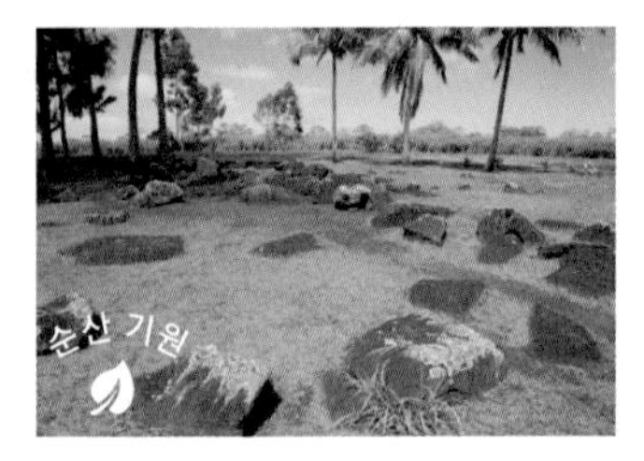

오아후 중앙에 있는 왕족 탄생지

쿠카닐로코 버스스톤

Kukaniloko Birthstons

왕족 여성들이 출산 장소로 사용한 곳. 새 생명에 기운을 불어넣어주는 장소로 여겨진다. 순산이나 임신 기원에 효과가 있다.

● 와이키키에서 차로 약 40분. H-1~H-2을 달리다가 EXIT8에서 빠져나와 카메하메하 하이웨이로 진입한 뒤 휘트모어 애비뉴를 탄다.

와히아와 >>> MAP P.2 C-2

불의 신 펠레의 힘이 깃든 곳

펠레의 의자

Pele's Chair

마카푸우 포인트의 해안가에 있는 거대한 용암. 불의 여신 펠레가 여행 도중 앉았던 의자라고 여겨진다. 무언가를 새로 시작할 때 좋은 기운을 얻을 수 있다.

● 와이키키에서 차로 약 30분. 칼라니아나올레 하이웨이 옆. 마카푸우 등대 주차장에서 도보 20분 **하와이 카이 >>> MAP P.7 F-1**

고대 하와이의 힐링 사원

케아이와 헤이아우

Keaiwa Heiau

오래전 '메디컬 카후나'라고 불렸던 주술사가 환자를 치료했던 장소. 약초 만드는 법을 가르치는 훈련소 역할도 했다. 현재는 주립공원 내부에 있다.

● 와이키키에서 차로 약 30분. H1에서 펄 시티 방향으로 13A에서 빠져나와 아이에아 하이츠 로드에서 우회전한 뒤 주립공원으로 들어간다. **와히아와 >>> MAP P.3 D-3**

이런 프로그램을 즐기자!

캡틴 브루스 Captain Bruce

영어와 일본어를 사용하는 가이드가 에메랄드 그린빛 바다를 안내한다. 스노클링 등을 체험하고 배 위에서 바다거북을 관찰할 수 있는 거북 워칭 프로그램도 있다.

☎ 808-800-6993 ● 3:00~14:00(예약 접수) ● 연중무휴 ● 와이키키에서 왕복 교통 제공 ● 125달러부터 ● cptbruce.com/en/waikiki/ **카네오헤 >>> MAP P.3 D-2**

START Let's Go 샌드 바

STEP 1

선착장에서 출항!

카네오헤에서 배를 타고 출발한다. 가는 동안 푸른 바다와 광대한 코올라우 산맥을 감상한다.

STEP 2

오래 걸리지 않아 도착 후 하선

출발한 지 약 10분 후면 샌드 바에 도착한다. 모래톱에 보트를 대고 사다리를 이용해서 비치까지 내려간다.

STEP 3

바다 생물을 찾아보자

밑이 들여다보일 정도로 투명함에 감동한다. 운이 좋으면 지근거리에서 바다거북을 볼 수도 있다.

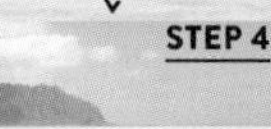

STEP 4

희망자에 한해 스노클링도

구명조끼와 스노클링 장비를 착용한 뒤 스노클링을 시작한다.

치료와 치유의 힘이 깃든 곳

마법의 돌

Wizard Stones of Waikiki

와이키키 파출소 바로 옆에 있는 울타리로 둘러싸인 네 개의 돌. 치료와 치유의 힘이 깃든 마법의 돌이라고 알려져 있으며 울타리에는 수많은 레이가 걸려 있다.

● 하얏트 리젠시 와이키키 비치 리조트&스파 맞은편 **와이키키 >>> MAP P.13 D-2**

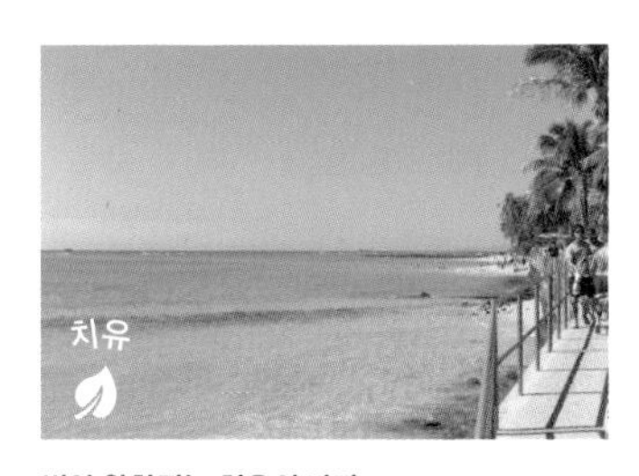

병이 완화되는 치유의 바다

카웨헤웨헤

Kawehewehe

병이나 통증을 완화해주는 치료능력을 지녔다고 여겨지는 바다. 할레쿨라니 호텔 앞에 있는 바다 밑에서 담수가 솟아나는 구역을 가리킨다. 물은 무척 차갑다.

● 할레쿨라니 호텔과 아웃리거 리프 와이키키 비치 리조트 사이

와이키키 >>> MAP P.12 B-3

힐링 스폿을 돌아보는 당일치기 투어도 있다

신령한 지역이 많은 하와이. 그러나 대부분 교외에 위치해서 개인으로는 좀처럼 찾아가기 어렵다. 효율적으로 한번에 많은 장소를 돌아보고 싶은 사람에게 현지 투어를 추천한다.

이런 투어도 참고하기

스피리추얼&할레이바 천체 관측

마카푸우 헤이아우, 쿠카닐로코 버스스톤 등을 방문한 뒤 할레이바 타운을 산책한다. 밤에는 별이 가득한 밤하늘을 관측할 수 있는 호화로운 투어다.

알로하 타임! 하와이 문화 체험

하와이 문화를 본고장 하와이에서 배운다. 무료이거나 예약 없이 참가할 수 있는 프로그램이 한가득! 몸과 손을 움직이며 문화와 만나 보자.

Hula 훌라

의사 전달 수단으로 사용되어온 훌라. 하와이 음악에 맞춰 살랑살랑 춤을 추자. 기초부터 배우며 '훌라걸'의 기분을 느껴 보자.

동작의 의미를 배웁시다.

사랑 : 양손을 펼치고 왼팔이 오른팔 아래로 가도록 가슴 앞에 엇갈리게 둔다.

꽃 : 손바닥을 위로 향하게 놓은 뒤 오므려서 꽃봉오리를 형상화한다.

바다 : 팔꿈치를 굽히고 힘을 뺀 뒤 손으로 부드럽게 파도를 표현한다.

이곳에서 체험!

로열 하와이안 센터 (무료)
Royal Hawaiian Center

센터 내부의 야외 정원에서 개최된다. 유명한 훌라 강사가 1시간 동안 기초부터 착실하게 알려준다. >>>P.60

비숍 박물관
Bishop Museum

박물관 내부 투어와 세트로 만들어져 있는 저렴한 수업 시간이 있다. 수준에 맞춰서 초급반과 중급반을 선택할 수 있다. >>>P.48

무료로 관람할 수 있는 훌라 쇼!

하와이안 엔터테인먼트 쇼 외
Hawaiian Entertainment

화~토요일 저녁에 열리며, 프로가 참가하는 본격적인 쇼. 쇼핑을 하고 돌아오는 길에 들러 관람할 수 있다.

로열 하와이안 센터 >>>P.60

화~토 18:00부터

쿠히오 비치 토치 라이팅&훌라 쇼
Kuhio Beach Torch Lighting&Hula Show

야외 무대에서 횃불을 밝혀놓고 진행되는 훌라 학교 학생들의 쇼.

● 듀크 카하나모쿠 동상 근처 야외 무대 ☎ 808-843-8002 ● 18:30~19:30(동계 18:00부터) ● 악천후 시 휴무

와이키키 >>> MAP P.13 E-2

화·목·토 18:30부터

Lei 레이

레이는 본래 몸을 지키고 마귀를 쫓기 위한 부적으로 만들어졌다. 최근에는 애정 표현으로 아이의 졸업식이나 생일에 선물로 활용되기도 한다. 꽃 외에 리본이나 조개껍데기, 해초로 만든 레이도 있다.

좋아하는 색으로 만들 수 있는 리본 레이

이곳에서 체험!

로열 하와이안 센터 (무료)
Royal Hawaiian Center

프레시 레이 숍의 주인장이 진행하는 1시간 무료 수업. 바늘과 실을 이용하는 쿠이(Kui) 방식을 활용하며, 길이 25cm 바늘로 제철 생화를 실에 꿰어 만든다. >>>P.60

호쿠 크래프트
HOKU CRAFT

일본인이 운영하는 체험 공간. 영어도 가능하다. 리본이나 털실을 꿰매고 엮어 리본 레이를 만들 수 있다. 레이 외에도 휴대전화 고리 등도 만들 수 있다.

● 307 Lewers St. #802 ☎ 808-520-1111 ● 10:00~18:00 ● 연중무휴 ● 15달러부터 ● www.hokucraft.com 와이키키 >>> MAP P.12 B-1

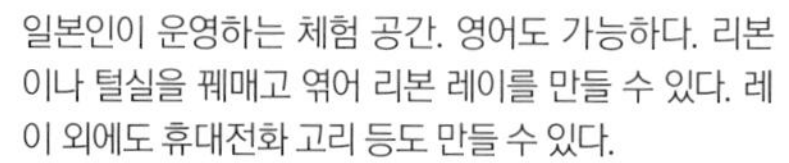

Ukulele
우쿨렐레

포르투갈 악기 '브라기냐'가 기원이다. 하와이 음악에 많이 연주되며 부드럽고 밝은 음색이 특징.

이곳에서 체험!

허브 오타 주니어 우쿨렐레 레슨
Herb Ohta Jr. Ukulele Lesson

우쿨렐레 전문 연주가인 허브 오타 주니어가 직접 가르쳐주는 우쿨렐레 수업. 호텔 등 장소도 지정할 수 있다.

● 장소: 상담 필요 ● 1시간 150달러 ● www.herbohtajr.com ● info@herbohtajr.com(예약)

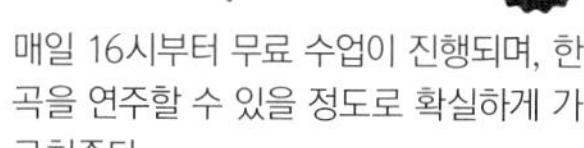

우쿨렐레 푸아푸아
Ukulele Puapua

무료

매일 16시부터 무료 수업이 진행되며, 한 곡을 연주할 수 있을 정도로 확실하게 가르쳐준다.

● 쉐라톤 와이키키 내 ☎ 808-923-9977 ● 8:00~22:30 ● 연중무휴 ● GCEA.com

와이키키 >>> MAP P.12 B-2

잡는 법부터 차근차근 가르쳐 드립니다!

Hawaiian Quilt
하와이안 퀼트

하와이의 독자적인 패치워크 퀼트. 좌우대칭 패턴을 기본으로 꽃이나 파인애플, 바다 생물 등 자연을 주제로 한 디자인이 모두 산뜻하다.

이곳에서 체험!

메아 알로하
Mea Aloha

무료

재료비만 내고 참가할 수 있는 무료 수업. 1회에 2시간 수업으로 본격적인 퀼트 만들기를 배울 수 있다.

● 갤러리아 타워 8층 ☎ 808-945-7811 ● 10:00~18:30(일요일은 예약 필요 12:00~18:00) ● 연중무휴 ● 재료(40.83달러)를 구입하면 5회 수업까지 무료

와이키키 >>> MAP P.12 B-1

하와이를 대표하는 식물 생강이 테마. 잎 모양이 독특하다.

Hawaiian Jewelry
하와이안 주얼리

영국 빅토리아 여왕이 보내온 모닝 주얼리가 기원이다. 현재는 히비스커스나 호누를 주제로 만든 전통적인 주얼리를 통칭한다.

이곳에서 체험!

메모리스
MEMORIES

하와이에서 유일하게 손수 만드는 체험을 할 수 있는 상점. 요금과 시간에 맞춰 코스 다섯 개 중에서 선택할 수 있다.

● 샘스키친 내 ☎ 808-520-0194 ● 10:00~18:30 ● 연중무휴 ● 58달러부터(재료비 포함) ● www.memo808.com

와이키키 >>> MAP P.12 B-1

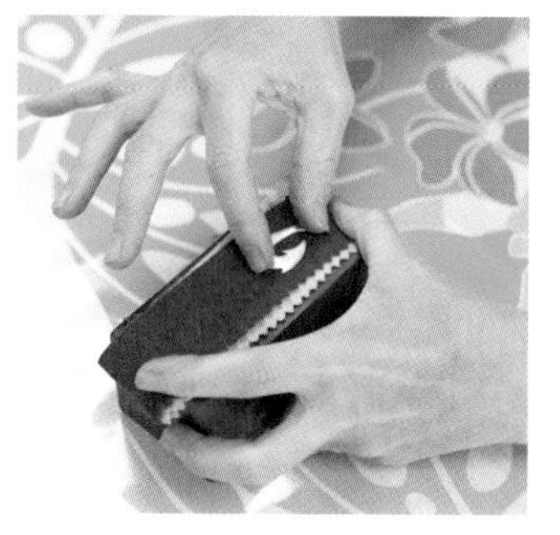

ROYAL HAWAIIAN CENTER

로열 하와이안 센터는 무료 문화 체험의 중심!

모든 수업이 무려 무료. 일요일은 내용이 다르므로 체크할 것! >>>P.60

MON
10:00~11:00 훌라 수업
11:00~12:00 로미로미 마사지 수업
13:00~14:00 레이 메이킹 수업
15:30~16:00 케이키(어린이) 훌라 수업

TUE
9:30~11:30 하와이안 퀼트 수업
10:00~11:00 훌라 수업
12:00~13:00 우쿨렐레 수업
13:00~14:00 라우하라 웨이빙 수업

WED
12:00~13:00 우쿨렐레 수업(중급·고급)
13:00~14:00 라우하라 웨이빙 수업
16:00~17:00 훌라 수업

THU
12:00~13:00 우쿨렐레 수업
13:00~14:00 라우하라 웨이빙 수업

FRI
10:00~11:00 훌라 수업
11:00~12:00 로미로미 마사지 수업
12:00~13:00 우쿨렐레 수업
13:00~14:00 레이 메이킹 수업

SAT
13:00~14:00 레이 메이킹 수업

SUN
없음

매혹적이고 특별한 하와이의 밤

훌라계의 거장 카노에 밀러가 출연

A

바다를 등지고 아름다운 훌라를 관람

하우스 위드아웃 어 키

House Without a Key

화려한 하와이안 쇼를 즐길 수 있는 오션프런트 레스토랑. 음식, 칵테일과 함께 즐길 수 있는 공연이 다양하다.

● 할레쿨라니 호텔 1층 ☎ 808-923-2311 ● 7:00~21:00 ● 연중무휴 ● 15달러부터 ● www.halekulani.com

와이키키 >>> MAP P.12 B-2

B

하와이의 아름다운 백만 달러짜리 야경

탄탈루스 언덕

Tantalus

오아후 남동부에 위치하고, 180도 파노라마 뷰 야경을 감상할 수 있다. 하지만 전망대까지 가는 길이 좁고 찾기 힘들다. 찾아갈 때는 패키지 투어에 참가하거나 택시를 이용하는 편이 좋다.

● 와이키키에서 푸나호우 스트리트로 진입한 뒤 와일더 애비뉴로 들어선다. 그 후 마키키 스트리트를 경유해서 라운드 톱 드라이브 진입로로 들어간다. **탄탈루스 >>> MAP P.4 C-2**

C

별을 보며 즐기는 전통 연회

와이키키 스타라이트 루아우

Waikiki Starlight Luau

하와이, 사모아, 타히티의 전통 댄스 쇼와 후리후리 치킨 등 하와이 전통 요리를 뷔페로 즐길 수 있다.

● 힐튼 하와이안 빌리지 와이키키 비치 리조트 내 ☎ 808-941-5828 ● 17:30~20:00 ● 금·토요일 휴무 ● 109달러부터

와이키키 >>> MAP P.10 B-3

밤에는 느긋하고 로맨틱하게 보내면 어떨까.
바다 위에서 일몰을 감상할 수 있는 크루즈는 특히 인기가 많다.
하와이안 쇼나 불꽃놀이 감상도 하와이를 만끽하기에 안성맞춤.
하와이의 특별한 밤을 즐겨보자.

이런 밤도 즐길 수 있다!

★ 밤에도 영업하는 스파에서 로미로미 마사지 타임 >>>P.156
★ 온 더 비치 바에서 칵테일 즐기기 >>>P.144
★ 하와이 음악을 들으며 디너 타임 >>>P.142

다운타운부터 태평양까지 조망할 수 있다.

겉모습은 마이클 잭슨 그 자체

커다랗고 동그란 불꽃이 피날레를 장식한다.

호화 여객선을 타고 우아하게 즐긴다.

D

붉게 물드는 바다와 도시를 눈에 새기다

스타 오브 호놀룰루

Star of Honolulu

일몰을 감상하면서 디너를 즐길 수 있는 인기 크루즈. 폴리네시안 쇼 등 이벤트도 가득하다. 랍스터나 스테이크가 나오는 호화 상품부터 부담 없는 가격의 캐주얼한 상품까지 다양하게 선택할 수 있다.

☎ 808-983-7879 ●6:30~20:00(예약 접수) ●연중무휴 ●www.starofhonolulu.com **다운타운 >>> MAP P.8 A-2**

E

라스베이거스발 No.1 엔터테인먼트

락카훌라®

Rock-A-Hula®

하와이안과 로큰롤의 만남을 새롭게 해석한 공연을 즐길 수 있는 곳. 마이클 잭슨이나 케이티 페리 등 새 출연진도 등장하는 박력 넘치는 쇼가 열린다.

●로열 하와이안 센터 B관 4층 ☎ 808-629-7469 ●코스에 따라 운영시간이 다름 ●금요일, 12/9, 12/10 휴무 ●칵테일 쇼 89달러 ●www.rockahulahawaii.com
와이키키 >>> MAP P.19

F

밤하늘을 수놓는 커다란 불꽃에 감동하다

록킹 하와이안 레인보우 레뷰

Rockin' Hawaiian Rainbow Revue

매주 금요일 밤 힐튼 스파 풀에서 진행되는 이벤트. 경쾌한 하와이 음악과 함께 댄스 쇼도 관람할 수 있다. 이벤트 마지막에는 다이내믹한 불꽃이 와이키키의 밤하늘을 수놓는다.

●힐튼 하와이안 빌리지 와이키키 비치 리조트 내 ●매주 금요일 19:00부터 ●20달러
와이키키 >>> MAP P.10 B-3

FOREVER 21
UNO de 50
RIMOWA
M·A·C
kate spade
NEW YORK
Brookstone
ROLEX
SALE

SHOPPING

하와이에서 현명하게 쇼핑하기

하와이는 그야말로 쇼핑 천국. 그러나 쇼핑에도 반드시 알아두면 손해보지 않는 팁이 있다.
사고 나서 후회하지 않도록 하와이에서 쇼핑하는 법을 공부하자.

CASE 1

앞에 있는 손님이 무언가를 꺼내서 점원에게 보여줬다! 나도 무언가를 내야만 하는 걸까!?

SOLUTION! **보여주는 것만으로도 할인받을 수 있는 카드나 쿠폰이 있다!**

와이키키에는 무료 정보지나 상점에서 발행하는 쿠폰북 등 점원에게 보여주기만 해도 할인받을 수 있는 상점이 있다. 현명하게 활용하자.

이런 곳에 할인 특전이 있다

1 현지의 무료 정보지
공항이나 길거리에 놓여 있는 무료 정보지에는 할인 쿠폰과 기프트 증정 쿠폰이 붙어 있다.

2 할인 카드
여권이나 호텔 룸 키, 신용카드 등을 제시하면 여행자 한정으로 할인 혜택을 주는 매장도 있다.

3 인터넷 쿠폰
무료 쿠폰 사이트도 반드시 확인하자. 쿠폰 페이지나 쿠폰 게시 화면을 보여주면 할인받을 수 있는 경우도 있다.

SALE 하와이의 세일 기간

하와이의 세일 기간은 크게 여름과 겨울 일 년에 두 번으로 나뉜다. 이밖에 부정기 세일이 실시될 때도 있으므로 확인이 필요하다.

- **신년 세일** – 알라모아나 센터를 비롯한 와이키키 주변 쇼핑몰에서 럭키박스를 판매한다. 명품 브랜드들이 품목별로 세일 구역을 만들어 아웃렛보다 좋은 퀄리티의 신상 제품을 세일한다.
- **독립기념일** – 주로 독립기념일인 7월 4일부터 8월 초까지 진행되며, 대표적인 여름 세일이다. 패션 브랜드보다 가정용품, 선물용 등의 이벤트 할인율이 높다.
- **블랙 프라이데이** – 11월 넷째 주 목요일인 추수감사절 다음날에 시작되는 일 년 중 가장 큰 세일. 이날은 자정에 문을 여는 상점도 있다! 알라모아나 센터 내 대부분의 매장과 백화점이 대폭 할인을 실시한다.
- **애프터 크리스마스** – 연말에 진행되는 재고떨이 세일. 할인율이 높으며, 크리스마스 용품 재고 등 저렴하게 득템할 수 있는 기회가 많다.

* 세일 기간과 할인 범위는 쇼핑몰에 따라 다를 수 있다.

SALE 그 밖의 기억할만한 할인 이벤트

- **시그니처 세일 Signature Sale**
국경일과 상관없이 진행되는 세일로 1월과 4월 정해진 주말에 진행. 알라모아나 센터 공식 웹사이트(https://www.alamoanacenter.com/ko.html)에서 이벤트 프로모션을 확인하는 것이 좋다.
- **사이드 워크 세일 Side Walk Sale**
알라모아나 센터 고유의 세일로 1월, 4월, 7월, 10월에 한 번씩 정해진 주말에 3일 동안 최대 50%까지 세일한다.
- **프레지던트 데이 세일 President's Day Sale**
미국의 초대 대통령 조지 워싱턴의 생일을 기념하는 날로 2월 셋째 주 월요일에 주말부터 반짝 세일을 한다.
- **부활절 세일 Easter Sunday Sale**
부활절은 주로 3월 말, 간혹 4월 초 일요일이다. 2019년 부활절은 4월 21일이다. 세일 규모도 큰 편이라 해당 주말에는 특별 상품도 많고 매장마다 이벤트도 많이 열린다.
- **메모리얼 데이 세일 Memorial Day Sale**
매년 5월 마지막 월요일에 진행된다. 주말부터 이어지는 세일로 미국에서 가장 큰 세일 중 하나다.
- **애니버서리 세일 Anniversary Sale**
알라모아나 센터 창립 기념 세일. 해마다 7월이면 해당 기간에 특별 프로모션이 열린다. 해당 웹사이트를 참고할 것.
- **시즌 오프 세일 Season OFF Sale**
환절기 때마다 재고를 세일 가격으로 정리하는 세일 기간. 관광객이라면 시즌 오프 세일 기간에는 겨울옷이 이득이다.

쇼핑은 현금보다 카드

국경을 넘어도 한 장으로 모두 결제할 수 있는 마법의 아이템, 카드. 이제 해외여행 할 때 신용카드나 직불카드는 필수다. 심지어 카드로 결제하는 편이 더 이득일 수 있다.

카드의 장점

- **현금보다 빠르고 똑똑하게**
익숙하지 않은 달러와 씨름하는 것보다 카드 한 장으로 해결하는 편이 훨씬 현명하다. 하와이는 카드 결제가 활발하기 때문에 음료 한 병을 사도 카드 결제가 가능하다.

- **카드 우대도**
카드로 결제하면 선물을 받을 수 있거나 카드를 제시하기만 해도 쿠폰북을 받을 수 있는 경우도 있다. 여행 전에 카드 회사 홈페이지를 확인하자.

- **현금보다 카드가 이득!**
결제 금액마다 포인트가 쌓이는 카드라면 모아 놓은 포인트를 상품 구입이나 서비스 이용에 사용할 수 있으므로 실질적으로 이득이다.

CASE 2

몸집이 작은 친구에게 티셔츠를 선물해야지. 그런데 매장에 있는 S사이즈가 너무 크다!

양복을 수선하고 싶다면

매장에 따라 다르지만 무료로 소매 길이를 줄여주는 경우도 있으므로 문의해보자. 유료이지만 세탁소에서도 수선할 수 있다. 현지에서 바로 입고 싶은 사람은 활용할 것!

SOLUTION! **미국 사이즈는 다르다! 2 사이즈 작게 선택할 것!**

표기된 사이즈가 같더라도 브랜드에 따라 크기가 다르기 때문에 주의해야 한다. 또 사이즈 표기 자체도 한국과 다른 경우가 많다. 아래 표를 참고해서 적당한 사이즈를 파악하도록 하자.

사이즈 표

여성복 사이즈

	XS		S	M	L	XL	XXL
한국	44(80)	44(85)	55(90)	66(95)	77(100)	88(105)	(110)
미국	2		4	6	8	10	12

여성 신발 사이즈

한국	220	225	230	235	240	245	250
미국	5	5.5	6	6.5	7	7.5	8

남성복 사이즈

	XS	S	M	L	XL	XXL
한국	85	90	95	100	105	110
미국	14	15	15.5~16	16.5	17.5	18

남성 신발 사이즈

한국	240	245	250	255	260	265	270
미국	6	6.5	7	7.5	8	8.5	9

반지 사이즈

한국	7호	8호	9호	10호	11호	12~13호	14~15호
미국	4	4.5	5	5.5	6	6.5	7

CASE 3

구입한 상품에서 흠을 발견. 반품하고 싶다!

SOLUTION! **대부분 매장에서 반품 가능. 불량품이 아니어도 OK**

미국에서는 반품이 쉬우며, 구입 후 90일 이내라면 대부분 매장에서 반품할 수 있다. 고민된다면 우선 구입하고 필요 없으면 반품하는 방법도 있다. 영수증을 반드시 보관할 것!

프라이스 어드저스트먼트 제도

'프라이스 어드저스트먼트(Price Adjustment)'란 구입한 상품이 며칠 지나지 않아 세일 등으로 더욱 저렴하게 판매될 경우 그 차액을 환불받을 수 있는 소비자 중심 제도다. 대형 백화점이나 인기 브랜드 매장에서는 영수증 뒷면에 이 제도에 대해 기재해 놓은 경우가 많다.

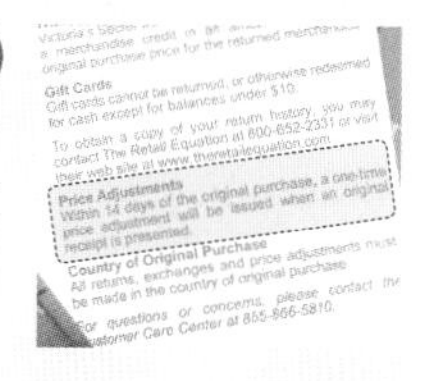
a merchandise credit
original purchase price for the returned merchandise

Gift Cards
Gift cards cannot be returned, or otherwise redeemed for cash except for balances under $10.

To obtain a copy of your return history, you may contact The Retail Equation at 800-652-2331 or visit their web site at www.theretailequation.com

Price Adjustments
Within 14 days of the original purchase, a one-time price adjustment will be issued when an original receipt is presented.

Country of Original Purchase
All returns, exchanges and price adjustments must be made in the country of original purchase.

For questions or concerns, please contact the Customer Care Center at 855-866-5810.

쇼핑 매너를 지키자

• 명품을 멋대로 만지지 말자

고가의 상품을 판매하는 DFS 등 명품 브랜드 매방에서 상품을 함부로 만지는 행위는 매너에 어긋난다. 반드시 점원에게 문의하자.

• 매장에 들어갈 때 인사를 잊지 말자

미국뿐만 아니라 외국에서는 매장에 들어가면 'Hello!', 'Hi!' 등 웃는 얼굴로 인사하는 것이 매너다. 부끄러워하지 말고 활기차게 인사하자.

⚠ **구입할 때 확인!!**

- □ 거스름돈이 영수증과 동일한가
- □ 상품에 하자가 없는가
- □ 비행기 반입 규정을 준수하는가

전부 다 있다, 대형 쇼핑센터

와이키키 쇼핑의 중심! 로열 하와이안 센터

도로 쪽에서 보면 오른쪽부터 순서대로 A, B, C관 3동으로 구성되어 있는 와이키키 최대 쇼핑센터. 칼라카우아 애비뉴에 있어 최고의 위치를 자랑하며, 110개 이상의 매장과 레스토랑이 입점해 있다. 훌라와 플라워 레이 무료 수업이나 엔터테인먼트 쇼도 다양하다.

● 2201 Kalakaua Ave. ☎ 808-922-2299 ● 10:00~22:00(매장마다 다름) ● 연중무휴 ● 칼라카우아 애비뉴 옆 ● kr.royalhawaiiancenter.com **와이키키 >>> MAP P.12 B-2**

무료 와이파이 스폿

전관 2, 3층에서 무료 와이파이를 2시간 동안 사용할 수 있다. 브라우저를 열고 이용 규정에 동의하기만 하면 OK.

Let's go shopping

A관 깐깐함이 돋보이는 매장들

오너가 디자인한 티셔츠가 모두 19.99달러. 현지인들 사이에서도 인기가 많다. 파이어킹의 머그컵도 판매한다.

최신 팝 패션이 한자리에

스파크
Spark

디자인이 다양한 티셔츠가 인기다. 연예인들도 많이 찾는 곳으로, 핸드메이드 액세서리와 인테리어 소품 등 오로지 한 개뿐인 상품도 많다.

● 로열 하와이안 센터 A관 2층 ☎ 808-781-9165 ● 10:00~22:30 ● 연중무휴
와이키키 >>> MAP P.18

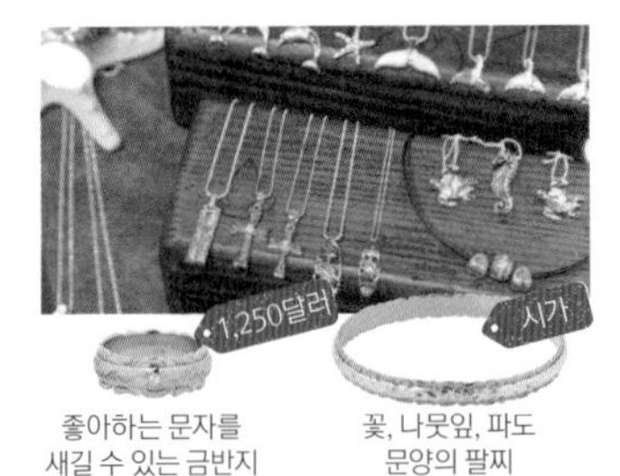

1,250달러

좋아하는 문자를 새길 수 있는 금반지

시가

꽃, 나뭇잎, 파도 문양의 팔찌

셀러브리티 단골 하와이안 주얼리 매장

라키 하와이안 디자인
Laki Hawaiian Design

현지인들에게도 인기가 많은 하와이안 주얼리를 판매하는 전문점이다. 하와이에서 유일하게 LA 브랜드인 '킹 베이비'를 판매한다.

● 로열 하와이안 센터 A관 3층 ☎ 808-923-2201 ● 10:00~22:00 ● 연중무휴
와이키키 >>> MAP P.19

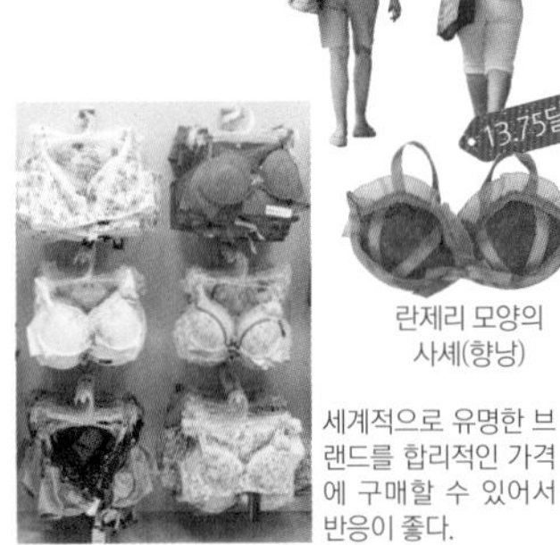

13.75달러

란제리 모양의 사셰(향낭)

세계적으로 유명한 브랜드를 합리적인 가격에 구매할 수 있어서 반응이 좋다.

귀엽고 저렴한 란제리

파인애플 프린세스 란제리
Pineapple Princess LINGERIE

자체 오리지널 브랜드부터 미국과 유럽에서 인기가 많은 브랜드까지 판매하는 란제리 전문점이다. 가격이 합리적이고 사이즈도 다양하다.

● 로열 하와이안 센터 A관 3층 ☎ 808-922-3330 ● 10:00~22:00 ● 연중무휴
와이키키 >>> MAP P.19

하와이 현지 브랜드부터 최첨단 패션까지 하와이에서 인기 많은 아이템이 한 매장에 모여 있어 쇼핑하기 편리하다. 음식도 다양한 대형 쇼핑센터, 효율적으로 돌면서 쇼핑 천국을 즐겨보자!

B관 감각적인 부티크가 풍성

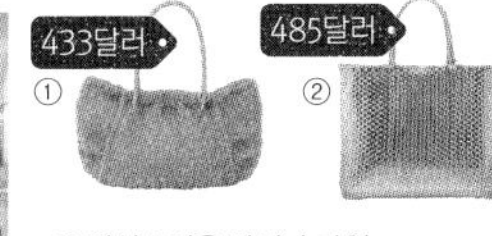

① 여성스러운 카리나 라인
② 인기 상품인 인트레치오 라인

인기 폭발 핸드메이드 와이어 백

안테프리마 와이어 백 Anteprima Wirebag

반짝이는 와이어를 엮어서 만든 가방은 모두 장인이 직접 만든 핸드메이드 제품이다. 국내에 발매되지 않은 상품이나 한정품을 주목하자!

● 로열 하와이안 센터 B관 1층 ☎ 808-924-0808
● 10:00~22:00 ● 연중무휴
와이키키 >>> MAP P.18

세계적인 브랜드를 엄선해서 판매

코이 호놀룰루
Koi Honolulu

할리우드의 유명인들이 애용하는 브랜드나 레어 아이템을 모아 판매하는 편집숍. 하와이 한정 디자인도 있다.

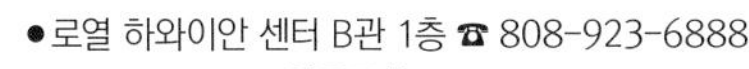

165달러
350달러

● 로열 하와이안 센터 B관 1층 ☎ 808-923-6888
● 10:00~22:30 ● 연중무휴
와이키키 >>> MAP P.18

① DOM RABEL 티셔츠
② CHIARA FERRAGNI 슬립온

장미 무늬가 사랑스러운 짧은 점프 슈트

180달러

해변을 만끽할 수 있는 아이템이 한곳에

핑크 샌드
Pink Sand

비치 라이프 스타일이 콘셉트인 매장. 수영복, 휴양지 패션 등 핫한 편집 아이템이 즐비하다.

● 로열 하와이안 센터 B관 1층 ☎ 808-922-4888 ● 10:00~22:00 ● 연중무휴
와이키키 >>> MAP P.18

캐주얼한 나일론 백

레스포색 LeSportsac

뉴욕 가방 브랜드. 매월 새 디자인이 추가되며 하와이 한정 아이템도 다양하게 판매한다.

● 로열 하와이안 센터 B관 1층 ☎ 808-971-2920
● 9:00~23:00 ● 연중무휴 와이키키 >>> MAP P.18

하와이에서만 구입할 수 있는 토트백과 파우치

C관 휴양지 아이템 마니아 주목

세계 각국의 희귀 수영복 판매

얼루어 스윔웨어
Allure Swimwear

세계 인기 브랜드 100개 이상을 선정해서 판매하는 수영복 전문 매장. 최신 아이템을 국내보다 저렴한 가격에 구입할 수 있다. >>>P.73

56.50달러
가슴 부분의 작은 꽃이 매력 포인트

72달러
화려한 히비스커스와 물방울 무늬

바다를 담은 인테리어 소품

비치 카바나
Beach Cabana

바다와 자연을 주제로 제작한 하와이다운 잡화를 판매하는 인테리어 소품 매장. 주얼리도 판매한다. >>>P.96

55달러

생생한 색감이 인상적인 쉐르 백. 이밖에도 조개나 산호 등 바다를 테마로 한 상품이 다양하다.

해변에 다녀오면서 그대로 GO!

와이키키 비치 워크

야자수가 늘어서 있는 루어스 스트리트를 따라서 약 50개의 매장과 레스토랑이 늘어서 있는 광대한 쇼핑몰. 잡화나 주얼리 등 현지 매장들이 대거 모여 있다. 해변에 다녀오면서 들르기 편하다.

● 226~227 Lewers St. ☎ 808-931-3593 ● 루어스 스트리트 옆 ● waikikibeachwalk.com

와이키키 >>> MAP P.12 B-2

MUST 여성 중심의 의류 매장

치마 앞쪽이 짧은 화려한 투톤 컬러의 패브릭 원피스

1970년대 보헤미안 스타일의 맥시 원피스. 민트그린 색감이 선명하다.

사랑스럽고 하와이다운 매력이 가득

마히나

Mahina

합리적인 가격의 원피스나 가방이 풍성한 마우이의 편집숍. 모자 등 소품도 다양하다.

● 와이키키 비치 워크 1층 ☎ 808-924-5500 ● 9:30~22:00(금·토요일 22:30까지) ● 연중무휴

와이키키 >>> MAP P.20

흡수성이 좋고 부드럽다.

하와이의 섬 8개를 디자인한 로고

하와이에서 탄생한 디자이너 어패럴

하이라이프 스토어

Hi-Life Store

하와이 제도를 나무 모양으로 형상화한 로고로 친숙한 하와이 브랜드. 티셔츠는 선물로 인기가 많다.

● 와이키키 비치 워크 2층 ☎ 808-926-1173 ● 10:00~22:00 ● 연중무휴

와이키키 >>> MAP P.20

하와이 여성의 민속의상인 무무

슬림하게 코디할 수 있는 사세 원피스. 가슴 쪽의 뱀부는 별도 판매로 5달러

개성적인 휴양지 룩 전문점

노아 노아

Noa Noa

천연 소재를 사용하고 '납결염색(Batik)'을 고집한다. 전통적인 폴리네시아 무늬가 들어간 옷을 판매한다. 화려한 색감이 특징이다.

● 와이키키 비치 워크 2층 ☎ 808-923-6500 ● 10:00~22:00 ● 연중무휴

와이키키 >>> MAP P.20

녹음이 무성한 새 쇼핑센터! 인터내셔널 마켓 플레이스

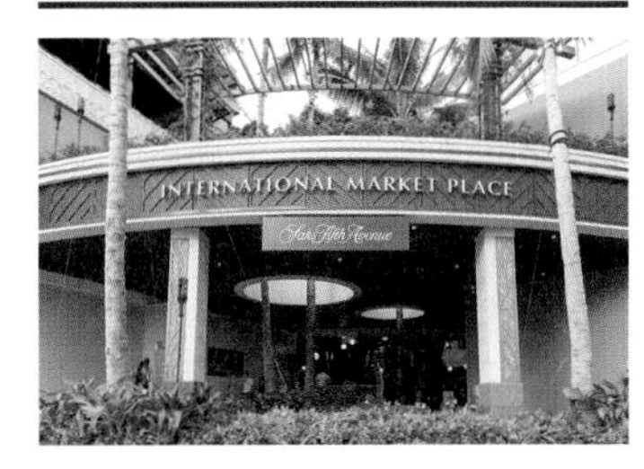

수령 160년 된 바니안나무가 상징이다. 녹음이 울창한 3층 건물에 하와이에 처음 들어온 레스토랑과 의류 매장이 늘어서 있다. 살짝 오픈된 공간에서 여유롭게 쇼핑을 즐기자.

● 2330 Kalakaua Ave. ☎ 808-931-6105 ● 10:00~22:00 ● 연중무휴 ● 칼라카우아 애비뉴 옆 ● www.shopinternationalmarketplace.com

와이키키 >>> MAP P.12 C-1

 **MUST 최신 매장과 백화점**

하와이 매장 한정품인 ALOHA 민소매 셔츠
24.95달러

54.95달러
요가&러닝 겸용 바지. 종류도 다양하다.

착용감이 뛰어난 요가복
패블리틱스
Fabletics

하와이에 처음 들어온 요가복 브랜드. 활동성과 착용감이 우수한 소재로 만든 상품들이 많다.

● 인터내셔널 마켓 플레이스 2층 ☎ 808-445-9319 ● 10:00~22:00 ● 연중무휴

와이키키 >>> MAP P.21

1,080달러
낸시 곤잘레스의 클러치 백

350달러
소피아 웹스터의 펌프스

감각적인 아이템이 가득
삭스 피프스 애비뉴
Saks Fifth Avenue

미국 본토의 고급 백화점이 하와이에 처음으로 상륙했다. 화장품과 의류 등 명품 브랜드가 즐비하다.

● 인터내셔널 마켓 플레이스 1~3층 ☎ 808-600-2500 ● 11:00~20:00 ● 연중무휴

와이키키 >>> MAP P.21

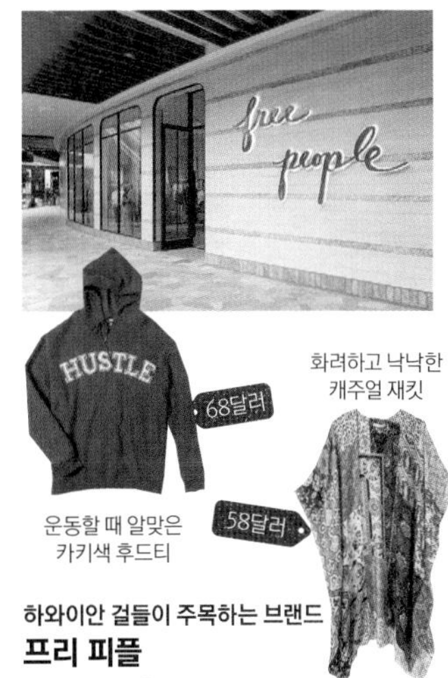

68달러
운동할 때 알맞은 카키색 후드티

화려하고 낙낙한 캐주얼 재킷
58달러

하와이안 걸들이 주목하는 브랜드
프리 피플
Free People

라이프스타일 편집매장 앤트로폴로지의 세컨드 브랜드. 꽃무늬, 레이스를 넣은 의류나 잡화 등으로 인기가 많다.

● 인터내셔널 마켓 플레이스 2층 ☎ 808-800-3610 ● 10:00~22:00 ● 연중무휴

와이키키 >>> MAP P.21

SHOP 4

천장이 높은 아트리움이 휴양지 분위기 UP

푸알레이라니 아트리움 숍

MUST 발끝을 장식하는 구두 전문점

하얏트 리젠시 내부에 위치한 몰. 세계적인 브랜드 매장과 기념품 매장 등 60개 이상의 매장이 입점해 있다. 23시까지 영업하기 때문에 저녁식사 후에도 쇼핑을 즐길 수 있다.

● 하얏트 리젠시 와이키키 비치 리조트&스파 내 1~3층 ☎ 808-923-1234 ●9:00~23:00(매장마다 다름) ●연중무휴 ●www.pualeilanishops.com

와이키키 >>> MAP P.13 D-2

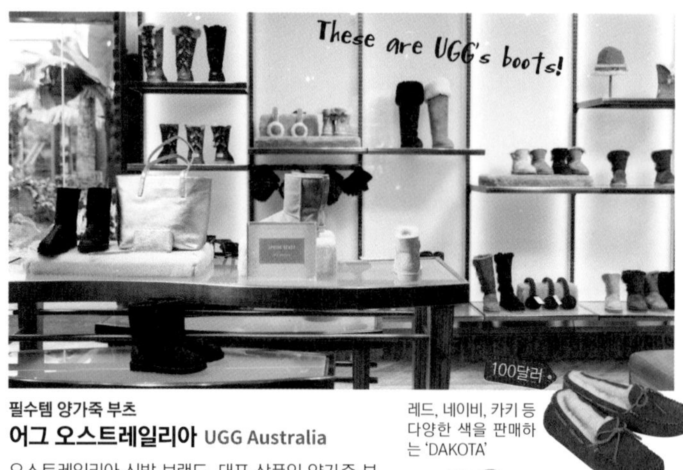

필수템 양가죽 부츠

어그 오스트레일리아 UGG Australia

오스트레일리아 신발 브랜드. 대표 상품인 양가죽 부츠 외에 가방이나 의류도 판매한다.

●푸알레이라니 아트리움 숍 1층 ☎ 808-926-7573 ●9:00~23:00 ●연중무휴 **와이키키 >>> MAP P.20**

레드, 네이비, 카키 등 다양한 색을 판매하는 'DAKOTA'

120달러

웨스턴풍 디자인이 멋있는 'RAYIN'

샌들을 취향에 맞게 맞춤 제작

플리플랍 워크숍 Flip Flop Workshop

자신의 취향에 맞는 샌들 바닥 부분과 끈, 각양각색의 장식을 선택해서 나만의 비치 샌들을 만들 수 있다.

● 푸알레이라니 아트리움 숍 1층 ☎ 808-799-6860 ●9:00~23:00 ●연중무휴 **와이키키 >>> MAP P.13 D-2**

성인용은 22달러, 아동용은 18달러. 크리스털이나 꽃 장식 등은 붙이는 개수에 따라 요금이 달라진다.

행복한 고민에 빠지게 하는 신발 브랜드

사눅 Sanuk

참신한 디자인과 대담한 무늬로 인기를 모으는 신발 브랜드. 하와이 한정 시리즈에 주목하자.

● 푸알레이라니 아트리움 숍 1층 ☎ 808-924-4330 ●9:00~23:00 ●연중무휴

와이키키 >>> MAP P.13 D-2

① 하와이 한정 ② 밑창에 요가 매트 소재를 사용해서 탄력성이 뛰어나다.

① 32달러 ② 38달러

& MORE 신발 외 추천 매장

화려한 액세서리의 천국

아비스테 Abiste

전 세계에서 모은 눈부시게 화려한 액세서리가 인기. 하와이 한정 코너도 있다.

● 푸알레이라니 아트리움 숍 1층 ☎ 808-926-5430 ●9:00~23:00 ●연중무휴

와이키키 >>> MAP P.13 D-2

① 반짝반짝 화사한 팔찌는 파티용으로도 안성맞춤 ② 진짜 가죽으로 만든 컬러풀한 가방도 판매한다.

① 48달러

하와이 현지 디자이너와의 협업 상품도 판매

어반 아웃피터스 Urban Outffiters

도시적인 감각이 빛나는 뉴욕의 편집숍. 의류뿐만 아니라 잡화나 화장품도 다양하다.

●푸알레이라니 아트리움 숍 1·2층 ☎ 808-922-7970 ●9:00~23:00 ●연중무휴

와이키키 >>> MAP P.13 D-2

① '김치 블루' 원피스 ② 상황에 따라 다르게 연출할 수 있는 리버서블 백

① 69달러 ② 64달러

수많은 매장이 와이키키 중심부 한곳에

와이키키 쇼핑 플라자

MUST 레어 화장품이 풍성한 매장

와이키키 중심지에 위치했으며, 패션, 화장품, 독특한 기념품 등 다양하고 풍성한 매장과 레스토랑이 입점해 있다. 하와이안 문화 체험 수업도 운영한다.

● 2250 Kalakaua Ave. ☎ 808-923-1191 ● 연중무휴 ● 칼라카우아 애비뉴 옆 ● waikiki shoppingplaza.com
와이키키 >>> MAP P.12 B-1

전문적인 유기농 화장품이 인기

벨 비 하와이 Belle Vie Hawaii

하와이 식물 추출물로 만든 '하와이안 보태니컬'이 큰 인기다. 셀러브리티가 즐겨 사용하는 화장품도 판매한다.

● 와이키키 쇼핑 플라자 1층 ☎ 808-926-7850 ● 10:00~22:30 ● 연중무휴 **와이키키 >>> MAP P.12 B-1**

26달러

모로칸 오일 모이스트 리페어 샴푸 250ml. 손상된 모발을 복구해준다.

14달러

은은한 장미향을 즐길 수 있는 코히나 모이스처 크림 2oz

외양까지 귀여운 우수 화장품

세포라 SEPHORA

세포라 라인 화장품부터 '나스'나 '스틸라' 등 수많은 화장품이 한자리에.

● 와이키키 쇼핑 플라자 1층 ☎ 808-923-3301 ● 10:00~23:00 ● 연중무휴 **와이키키 >>> MAP P.12 B-1**

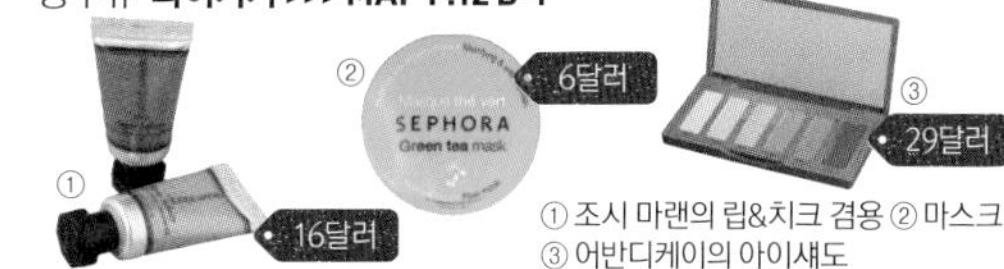

① 16달러 ② 6달러 ③ 29달러

① 조시 마랜의 립&치크 겸용 ② 마스크 ③ 어반디케이의 아이섀도

& MORE 화장품 외 추천 매장

섹시 란제리를 저렴한 가격에

빅토리아 시크릿 Victoria's Secret

큐티&섹시 미국 란제리 브랜드. 수영복, 화장품, 향수도 판매한다.

● 와이키키 쇼핑 플라자 1층 ☎ 808-922-6565 ● 10:00~23:00 ● 연중무휴
와이키키 >>> MAP P.12 B-1

① 72달러 ② 45달러

① 청초한 분위기가 느껴지는 색상의 브래지어 ② 귀엽고 발랄한 캐미솔

트렌디한 반려견 의류로 화제

루나 블루 Luna Blue

LA 최신 패션과 오리지널 반려견 의류를 판매하는 편집숍. 가방 등 소품 종류도 있다.

● 와이키키 쇼핑 플라자 1층 ☎ 808-922-7000 ● 10:00~22:30 ● 연중무휴
와이키키 >>> MAP P.12 B-1

① 64달러

① 새 그림이 새겨진 민소매 셔츠 ② 마스코트견 노아가 입은 알로하 셔츠는 46달러부터

쇼핑센터는 대부분 21시 이후에도 운영한다. '낮에는 관광, 밤에는 쇼핑'이 현명한 일정이다.

착한 가격으로 명품 정복

① 고급스러운 분위기가 감도는 내부는 계절마다 장식이 바뀐다. ② 'T'가 새겨진 외부 간판이 상징이다. ③ 2층에는 주로 화장품 매장이 모여 있다.

고급 브랜드가 모인 면세점

T 갤러리아 하와이 by DFS

T Galleria by DFS, Hawaii

하와이에서 유일한 정부공인 면세점으로 세계적인 유명 브랜드가 모여 있다. 면세 매장이기 때문에 명품을 시중보다 저렴하게 구입할 수 있다. 국내에 들어오지 않는 다양한 한정 협업 상품도 많다.

- 330 Royal Hawaiian Ave. ☎ 808-931-2700
- 9:30~23:00 ● 연중무휴 ● 칼라카우아 애비뉴 옆
- www.dfs.com **와이키키 >>> MAP P.12 B-1**

T 갤러리아에 가야 하는 5가지 이유

1 하와이 주 최저가를 보장하며, 다른 매장의 가격이 T 갤러리아보다 저렴할 경우 그 가격에 맞춰 판매한다.
2 구입한 상품에 모두 100% 품질 보증서가 붙는다. 영수증이 있으면 귀국 후에도 반품, 교환, 수리가 가능하다.
3 쇼핑센터 어디에서든 무료 와이파이를 사용할 수 있다. 밀린 메일을 체크하거나 정보를 검색할 때 부담 없이 이용할 수 있다.
4 기간 한정 이벤트나 연말연시, 추수감사절 등에 맞춰 세일을 진행한다. 날짜는 공식 홈페이지에서 확인하자!
5 9시 30분부터 23시까지 영업하기 때문에 저녁 식사 후 쇼핑도 OK!

T 갤러리아 MAP

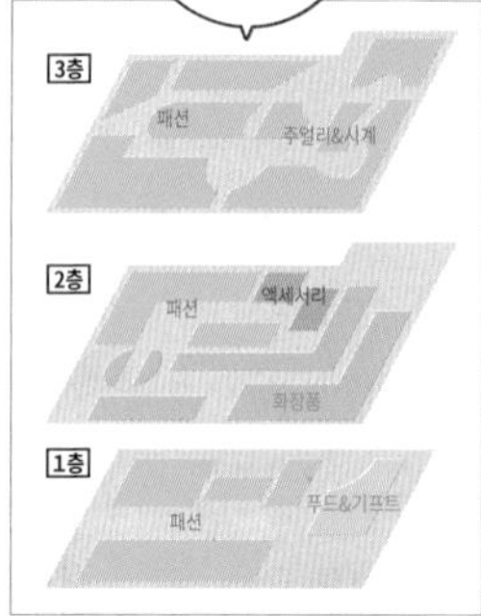

Food 푸드

하와이산 상품이나 한정품이 풍성

식품 코너에는 DFS 한정 패키지가 많다!

호놀룰루 커피 컴퍼니
초콜릿 안에 커피 콩이 들어 있다. 세 종류의 초콜릿 맛이 독특하다.

마카다미아 쿠키 컬렉션
바삭바삭한 쇼트브레드 쿠키로 선물용으로 좋다.

고디바
아기자기하고 귀여운 하와이안 패키지. 고급스러운 초콜릿 세트

하와이안 킹
말린 파인애플에 초콜릿을 입혔다. 신맛과 단맛의 절묘한 조합이 인상적이다.

와이키키 중심부에 위치한 3층 건물의 T 갤러리아. 세계적인 명품 브랜드의 신상품을 합리적인 가격에 구입할 수 있다. 국내에 출시되지 않은 브랜드도 주목하자! 늦은 밤까지 영업하기 때문에 저녁 쇼핑을 하기에도 좋다.

Fashion 브랜드 최신 상품이 모두 모였다!

패션

CÉLINE

3F

MARC JACOBS

1F

LOEWE

3F

Tory Burch

2F

OTHER BRANDS

2F	Coach
2F	Kate Spade
3F	TAG Heuer
3F	JIMMY CHOO
3F	PRADA

Cosme 화장품 코너는 2층. DFS 한정 상품도 많다!

화장품

MAKEUP

Yves Saint Laurent

세계적으로 인기 있으며 꾸준하게 판매되고 있는 립스틱. 선명한 발색이 특징

benefit

피부에 착싹 달라붙는 프라이머. 세 개를 묶어서 사면 더 저렴하다.

30달러

SKIN CARE

ESTÉE LAUDER

잠자는 동안 피부 재생을 도와주는 나이트 에센스(100ml)

L'OCCITANE

로즈나 체리 블라썸 등 향기 좋은 핸드크림 10개 세트

FRAGRANCE

MARC JACOBS

62달러

플로랄&프루티 계열의 매력적인 향수

Hello Kitty

장미나 머스크 향을 즐길 수 있는 향수 세트

OTHER BRANDS

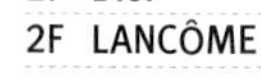

2F	CHANEL
2F	Dior
2F	LANCÔME

Other 즐거운 이벤트나 정중한 서비스도 풍성

기타

무료로 즐길 수 있는 서비스

뷰티 컨시어지

전문가의 스킨케어 진단이나 메이크업을 무료로 체험할 수 있다.

VIP 회원이 되면 더욱 이득!

로열 T by DFS 프로그램

여러 단계로 구성된 멤버십 프로그램. 자세한 내용은 홈페이지에서 확인할 수 있다.

회원 전용 라운지

1층과 2층에서 구입한 상품은 호텔까지 무료로 배송해주는 서비스가 있으므로 짐 걱정 없이 쇼핑을 즐길 수 있다.

편집숍 쇼핑

하와이에서 반드시 입고 싶은 휴양지 패션을 구하고 싶다면?
와이키키에는 여성들에게 인기가 많은 편집숍이 즐비하다. 열대의 섬에 맞는 스타일을 완성해 보자.

성숙하면서 귀여운 스타일

릴리&에마 Lilly&Emma

우아한 언니 릴리와 귀여운 동생 에마를 주제로 디자인하였다. 소녀 같은 휴양지 패션을 선보인다.

● 2142 Kalakaua Ave. ☎ 808-923-3010 ● 10:00~23:00 ● 연중무휴 ● 칼라카우아 애비뉴 옆 **와이키키 >>> MAP P.12 A-1**

COORDINATION 1

발랄한 휴양지 룩
등 부분 레이스가 귀여운 화이트 튜닉에 데님을 매치한 스타일

매장 내부에는 릴리&에마 오리지널 티셔츠와 파카, 가방이 다양하다.

마스코트 '야야'가 담긴 아이템

88티스 88Tees

오리지널 캐릭터 티셔츠가 인기인 하와이 현지 브랜드. 알로하셔츠 등도 가득하다.

● 2168 Kalakaua Ave. ☎ 808-922-8832 ● 10:00~23:00 ● 연중무휴 ● 칼라카우아 애비뉴 옆 **와이키키 >>> MAP P.12 B-1**

COORDINATION 2

기분이 유쾌해지는 귀여운 코디
화이트에서 꽃무늬로 전환되는 디자인의 원피스는 밀짚모자와 잘 어울린다.

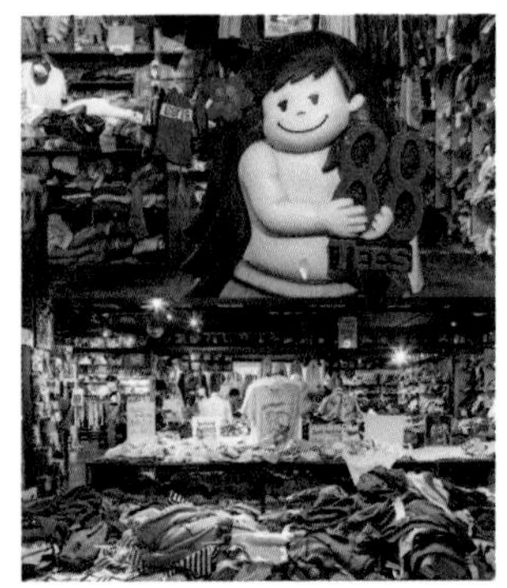

넓은 매장 내부에 매주 입고되는 오리지널 티셔츠는 무려 약 2,000장! 야야 디자인도 구입하자.

사랑스러운 옷과 잡화를 판매하는

유니바자 호놀룰루 UNIBAZAR HONOLULU

하와이 브랜드 '로미아'를 포함해서 미네통카의 신발 등을 판매하는 편집숍.

● 345 Royal Hawaiian Ave. ☎ 808-923-8118 ● 10:00~23:00 ● 연중무휴 ● 로열 하와이안 애비뉴 옆 **와이키키 >>> MAP P.12 B-1**

상큼한 스포티 룩
하와이 브랜드 로미아의 파스텔색 셔츠를 메인으로 청량감이 느껴지도록 스타일링

캘리포니아를 중심으로 런던, 아시아까지 각국에서 모은 감각적인 아이템과 잡화가 진열되어 있다.

LA의 최신 패션을 만나다

튀르쿠아즈 Turquoise

'선드리'나 '서프 바자' 등 패션지에서 주목하는 브랜드를 모아 판매하는 LA 거점의 매장.

● 333 Seaside Ave. ☎ 808-922-5893 ● 9:00~23:00 ● 연중무휴 ● 시사이드 애비뉴 옆 **와이키키 >>> MAP P.12 C-1**

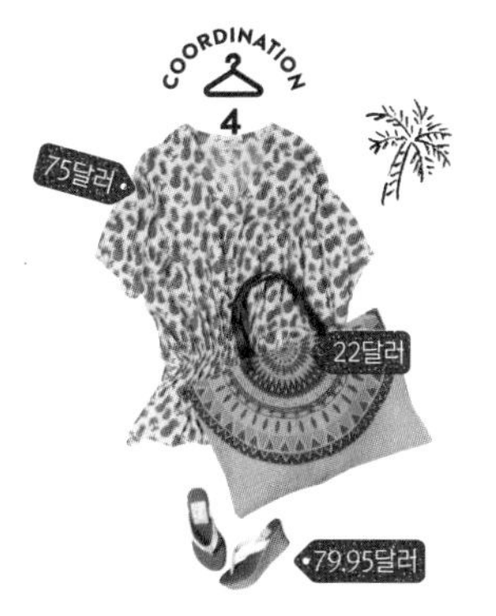

성인 여성의 심플한 휴양지 패션
파인애플 무늬의 판초 블라우스에 신기 편한 샌들을 코디하면 GOOD

고급스러운 원단으로 훌륭한 감촉을 자랑하는 상품이 한가득. 탐스의 슬립온은 20~30종류가 있다.

향수를 자극하는 스위트 걸 룩

뮤즈 바이 리모 MUSE by RIMO

LA의 인기 매장 '리모'의 자매 매장이다. 귀엽고 사랑스러운 디자인이 여심을 자극한다. 신제품도 끊임없이 입고된다.

● 332 Uluniu St. #A ☎ 808-926-9777 ● 10:00~23:00 ● 연중무휴 ● 울루니우 스트리트 옆 **카일루아 >>> MAP P.7 D-3**

소녀감성 100% 스위트 걸 룩
시크한 검정 리본이 달린 모자에 하늘하늘한 튜브 톱이 청순가련한 페미닌룩을 연출한다.

유행을 선도하면서도 형식에 구애받지 않는 스타일이 특징이다. 파스텔 색 아이템이 다양하다.

쇼핑할 때 받는 쇼핑백은 대부분 튼튼하다. 해변에 갈 때 자질구레한 짐을 넣기 좋으므로 알뜰하게 챙기자!

현지 디자이너 아이템 쇼핑

오너 겸 디자이너 니나 타이 씨

B 2017년에 오픈 후 빠르게 인기를 얻은 의류 브랜드

하와이 디자이너 BRANDS

Angels by the Sea
에인절스 바이 더 시

모델도 맡고 있는 니나 타이가 제작. 천연소재로 만든 단 하나뿐인 액세서리와 해변과 어울리는 의류 및 잡화가 인기다.

시원한 푸른 원피스는 국내에서도 입을 수 있다. 98달러

아동 사이즈도 있어 가족 커플 룩을 연출할 수 있다. 73달러

해변에 딱 어울리는 팔찌 35달러

뒷면에 로고가 새겨진 오리지널 토트백 23.50달러

A 하와이를 느낄 수 있는 디자인

에인절스 바이 더 시 하와이
Angels by the Sea Hawaii

오너인 티나 씨가 직접 디자인한 자체 브랜드. 하와이의 소품과 잡화도 다양하다.

● 와이키키 비치 메리어트 리조트&스파 1층 ☎ 808-922-9747 ● 8:00~22:00 ● 연중무휴 **와이키키 >>> MAP P.13 F-2**

하와이 디자이너 BRANDS

Kealopiko
케알로피코

훌라걸들에게 인기가 많은 브랜드. 착용감과 감촉이 좋은 원피스와 셔츠를 판매한다. 모두 로컬 디자이너 제품.

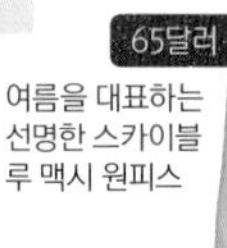

매장의 로고를 넣은 토트 백. 심플한 디자인으로 반응이 좋다. 30달러

여름을 대표하는 선명한 스카이블루 맥시 원피스 65달러

핏이 낙낙한 산호 무늬 튜닉 셔츠 120달러

B 아는 사람만 아는 하와이안 브랜드

케알로피코
Kealopiko

하와이 몰로카이 섬에서 탄생한 의류 브랜드. 제품 대부분을 하와이에서 손으로 날염한다. 로컬 브랜드와의 협업 상품도 눈여겨보자.

● 1170 Auahi St. ☎ 808-593-8884 ● 10:00~21:00(일요일 18:00까지) ● 연중무휴 **와이키키 >>> MAP P.9 E-3**

하와이에 왔으니 휴양지 스타일 아이템을 구입해보자!
하와이 느낌이 가득 담긴 현지 디자이너의 인기 브랜드와 그 브랜드의 상품을 판매하는 인기 매장을 소개한다.

WHAT IS

로컬 디자이너

하와이 출신으로 하와이에서 살고 있는 디자이너를 의미한다. 하와이산 패브릭 소재나 천연 조개껍데기, 산호 등을 사용해 하와이 스타일 아이템을 만들면서 주목을 받고 있다.

감각적인 편집 아이템이 진열되어 있는 파이팅 일 매장 D

라닐라우의 상품부터 소녀스러운 아이템이 빼곡하게 진열되어 있는 루와나 하와이 C

파이팅 일 점원이 자신 있게 추천하는 오리지널 상품 D

하와이 디자이너 BRANDS

Lanilau
라닐라우

컬러풀한 휴양지 패션 브랜드로, 하와이에 거주하는 미셸 스미스가 직접 운영한다. 신제품이 출시될 때마다 매진될 정도로 인기가 많다.

청량감 넘치는 블루 맥시 원피스는 입었을 때 날씬해 보이는 효과도 있다.

80달러

80달러

분홍색과 보라색의 사랑스러운 그라데이션이 매력적이다.

C 하와이 디자이너 제품이 가득

루와나 하와이
Luwana Hawaii

선풍적인 인기를 얻고 있는 하와이 브랜드 '라닐라우' 제품이 다양하다. 액세서리와 수영복, 소품 등도 판매한다.

● 2310 Kuhio Ave. ☎ 808-926-1006 ● 10:00~22:00 ● 연중무휴 ● 쿠히오 애비뉴 옆 **와이키키 >>> MAP P.12 C-1**

하와이 디자이너 BRANDS

Fighting Eel
파이팅 일

란 첸과 로나 베넷 두 사람이 디자인하는 세련된 브랜드. 심플하면서도 섹시하다. 세컨드 브랜드 '에바 스카이'도 인기다.

136달러

코끼리 무늬가 독특한 메이드 인 발리 맥시 원피스

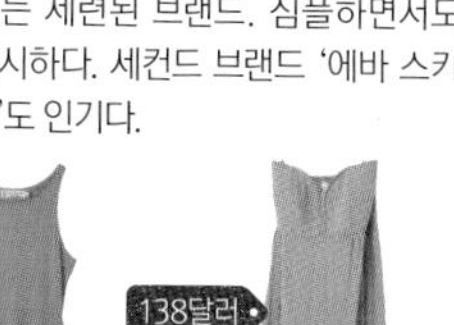

136달러

신축성이 뛰어난 소재로 만든 고품질 의류

138달러

에바 스카이의 최신 발리제 원피스

42달러

코튼 100%로 부드럽고 착용감이 우수하다.

D 착용감이 뛰어난 하와이 의류

파이팅 일
Fighting Eel

현지인들 사이에서 인기를 끌고 있는 로컬 브랜드. 핏이 아름다운 원피스와 바지가 매력적이다.

● 로열 하와이안 센터 B관 1층 ☎ 808-738-9295 ● 10:00~22:00 ● 연중무휴 **와이키키 >>> MAP P.18**

수영복의 핵심은 디자인과 기능성

Waikiki Beachboy

활동 중에도 벗겨지지 않아 서퍼걸들이 애용♪

하와이에서 입고 싶은 수영복이 한가득

와이키키 비치보이

Waikiki Beachboy

여행객은 물론 서퍼걸에게도 인기가 높은 편집숍. 해변에서 입고 싶은 수영복을 발견할 수 있을 것이다.

● 쉐라톤 와이키키 1층 ☎ 808-922-1823 ●8:00~22:00 ●연중무휴

와이키키 >>> MAP P.12 B-2

138달러

피부가 밝아 보이는 스카이블루의 심플한 디자인. 해변에서 시선 집중

138달러

화려하고 생동감 넘치는 비키니. 뒤태까지 예뻐 보이고 싶다면 바로 이것

138달러

새하얀 모래사장에 딱 어울리는 비키니. 힙라인이 예뻐 보인다.

"한번 입어보면 다른 수영복도 사고 싶어져!"라고 할 정도로 호평 대잔치

각양각색의 수영복이 깔끔하게 진열되어 있다.

San Lorenzo Bikinis

힙라인을 아름답고 스타일리시하게

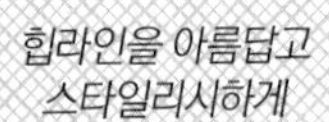

대담한 디자인의 브라질 스타일 비키니

샌 로렌조 비키니

San Lorenzo Bikinis

보디라인을 아름다워 보이게 만들어주는 로컬 디자이너의 수영복. 소재가 튼튼해서 오랫동안 입을 수 있는 것이 장점이다.

● 모아나 서프라이더 웨스틴 리조트&스파 1층 ☎ 808-237-2591 ● 9:00~23:00 ●연중무휴

와이키키 >>> MAP P.13 D-2

165달러

연한 레인보우 그라데이션이 날 좋은 해변을 물들일 것만 같다.

165달러

이왕 하와이에 왔으니 색감이 강렬한 반두 비키니에 도전하자!

165달러

트로피컬 무늬가 돋보이는 시크한 반두 비키니로 어른의 섹시함을 어필하다.

칼라카우아 애비뉴 옆에 위치해서 접근성이 좋다!

수영복 한 개쯤은 하와이에서 구입하자!
평소보다 화려하고 발랄한 스타일을 선택하면 어떨까?
수영복을 입고 해변에 가면 자연스레 기분도 UP!
믹스매치도 GOOD.

WHAT IS
믹스매치
비키니 상의와 하의를 자유롭게 골라 스타일링 하는 것. 하와이안 걸 사이에서 선풍적인 인기를 끌고 있다. 기분에 맞춰서 새 스타일에 도전해보자.

Allure Swimwear

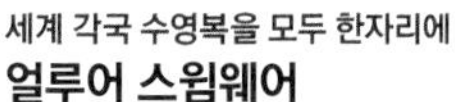

인기가 많은 '케이트 스페이드'의 깜찍한 모노크롬 스트라이프 비키니

단색을 사용해 심플함을 강조한 디자인. 가격대도 합리적이다.

'메이드 인 콜롬비아' 비키니의 개성 있고 발랄한 디자인이 매력적이다.

전 세계에서 유명한 브랜드를 저렴하게 구입

세계 각국 수영복을 모두 한자리에
얼루어 스윔웨어
Allure Swimwear

미국, 브라질, 프랑스 등 세계 각국의 수영복을 판매한다. 가격이 합리적인 한편, 이곳에서만 구입할 수 있는 아이템도 많다.

● 로열 하와이안 센터 C관 1층 ☎ 808-926-1174 ● 10:00~22:00 ● 연중무휴 **와이키키 >>> MAP P.18**

Loco girl
하와이안 걸은 저렴한 수영복도 감각적으로 활용한다!
타겟 >>> P.100 / 포에버 21 >>> P.87

Loco Boutique

파스텔 톤 무지개 컬러가 소녀 같은 분위기를 풍기는 '시 라이프'

나풀나풀한 프릴이 여성스러운 '트로피컬 오키드'

'히비스커스 라인'. 뒤집어서 입을 수 있는 양면 비키니

다양한 종류, 한국인에게 어울리는 디자인

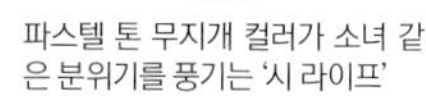

산뜻한 디자인이 특징인 오리지널 수영복
로코 부티크
Loco Boutique

오리지널 수영복 500벌 이상이 늘 진열되어 있다. 상·하의를 개별로 판매하므로 자유롭게 믹스매치할 수 있다.

● 358 Royal Hawaiian Ave. ☎ 808-926-7131 ● 9:00~23:00 ● 연중무휴 ● 로열 하와이안 애비뉴 옆
와이키키 >>> MAP P.12 B-1

디자인부터 제작까지 100% 메이드 인 하와이

하와이에서 해변 용품 구입하기

샌들

패션의 완성은 신발. 오래 걸어도 편하고 밑창이 튼튼한 한 굽 낮은 신발을 구입하면 어떨까?

샌들이 깔끔하게 정리되어 있으며 사이즈도 다양하다. / **A**

리버티 패브릭의 플로랄 프린트 샌들 / **A**

치노 원단과 아보카도 색상이 신선한 샌들 / **A**

착화감 좋고 화려한 샌들

A 아일랜드 슬리퍼

Island Slipper

장인의 손길이 묻어나는 1946년 탄생의 브랜드. 유일한 메이드 인 하와이 샌들로 내구성과 착화감이 뛰어나다. 디자인도 100가지 이상이다.

● 로열 하와이안 센터 A관 2층 ☎ 808-923-2222 ● 10:00~22:00 ● 연중무휴

와이키키 >>> MAP P.18

'하와이아나스'의 브라질산 비치 샌들 / **B**

'플로조스'의 시크한 샌들 / **B**

2,000켤레 이상의 샌들이 한 곳에

B 플립플랍 숍

Flip Flop Shops

비치 샌들부터 기능성이 우수한 가죽 신발까지 20여 개 브랜드의 제품을 판매한다. 아동용 신발도 다양하다.

● 모아나 서프라이더 웨스틴 리조트&스파 1층 ☎ 808-237-2590 ● 9:00~22:00 ● 연중무휴 **와이키키 >>> MAP P.13 D-2**

'캠퍼' 샌들. 레드와 네이비 두 가지 색상이 있다. / **C**

'버켄스탁'은 신고 벗기 편하다! / **C**

발이 편하고 기능이 우수한 신발

C 오 마이 솔

O' My Sole

'버켄스탁', '캠퍼' 등 인기 브랜드의 신발을 합리적인 가격에 구매할 수 있다. 계절상품이나 이곳에서만 판매하는 기간 한정 상품도 있다.

● 와이키키 쇼핑 플라자 2층 ☎ 808-924-4467 ● 10:00~22:00 ● 연중무휴

와이키키 >>> MAP P.12 B-1

비치 패션을 완성하는 소품은 현지에서 구입하는 것이 현명하다.
하와이의 강렬한 햇빛을 차단할 수 있는 선글라스와 모자,
발끝을 장식하는 화려한 샌들을 구입해서 하와이 패션을 완성하자.

Panama hat 파나마모자

에콰도르에서 탄생한 섬유를 엮어 만든 모자로, 통기성이 뛰어나고 가볍다.
디자인도 다양해서 취향에 맞는 제품을 찾기 쉽다.

푸른색이 시원한
'블루 발렌타인' / **E**

둥근 모양에 챙이 넓은
풀 레이스 '피노' / **D**

Handmade

심플하고 감각적인
'고에몬' / **E**

웃음이 매력적인 오너 짐 씨 / **D**

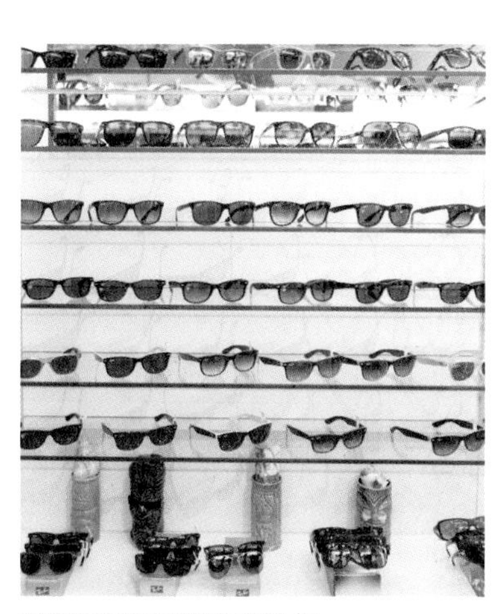

20개 이상 브랜드의 폭넓은 라인업 / **F**

Dark glass 선글라스

자외선이 강한 하와이에서 선글라스는 필수. 안경테나 렌즈의 색과 디자인을
고려해서 취향 저격 디자인을 선택하자.

유명인이 된 기분으로,
'코치' 선글라스 / **F**

노란색 렌즈가 휴양지 느낌을
내뿜는 '레이밴' / **F**

테 안쪽이 티파니 블루 색상이다.
'티파니' 선글라스 / **F**

최고급 파나마모자를 사고 싶다면

D 뉴트 앳 더 로열

Newt At The Royal

파나마모자 중 최고급품인 에콰도르 몬테크리스티산 모자가 진열되어 있다. 자신에게 잘 어울리는 인생템을 찾아보자.

● 로열 하와이안 럭셔리 컬렉션 리조트 1층 ☎ 808-922-0062 ● 9:00~21:00 ● 연중무휴 **와이키키 >>> MAP P.12 C-2**

핸드메이드 파나마모자가 가득

E 트루포

Truffaux

프랑스, 오스트레일리아에도 매장이 있다. 개성 넘치는 파나마모자를 판매한다. 전부 핸드메이드로 메이드 인 에콰도르 상품들이다. 사이즈 조절은 무료.

● 와이키키 비치 워크 1층 ☎ 808-921-8040 ● 10:00~22:00 ● 연중무휴
와이키키 >>> MAP P.12 B-2

하와이 한정 선글라스가 핫하다

F 프리키 티키 트로피컬 옵티컬

Freaky Tiki Tropical Optical

인기 브랜드부터 하와이 한정 브랜드까지 폭넓게 판매하는 선글라스 전문점.

● 아웃리거 리프 와이키키 비치 리조트 1층 ☎ 808-926-5600 ● 10:00~22:00 ● 연중무휴 **와이키키 >>> MAP P.12 A-2**

한 개쯤, 하와이안 주얼리

WHAT IS

하와이안 주얼리

조상 대대로 내려온 하와이의 전통 액세서리. 자연에서 영감을 받아 만든 것들이 많으며, 최근에는 우쿨렐레 등 개성 있는 디자인도 있다.

HISTORY 유럽이 기원!?

영국 빅토리아 여왕이 하와이 릴리우오칼라니 여왕에게 주얼리를 선물했다.

↓

주얼리가 마음에 든 여왕이 하와이에서 그것과 같은 모양을 만들게 한 뒤로 하와이 사람들 사이에 퍼지게 되었다.

↓

대를 이어 내려온 주얼리가 시대에 맞게 변화해 기념품으로도 유명해지게 되었다.

DESIGN 모티프마다 각각의 의미가 있다!

플루메리아
신성한 꽃으로 여겨지며 친애, 기품, 매력을 상징한다. 소중한 사람의 행복을 기원하는 의미로 알맞다.

마이레
평화, 남녀 간의 사랑, 인연을 의미한다. 소중한 사람과의 인연을 상징하며 결혼식에서도 사용된다.

훅
물고기를 낚아 올리는 것처럼 행복을 끌어당기라는 의미다. 안정과 번영을 상징한다.

호누
바다의 수호신 호누(바다거북). 신성한 존재며, 위험과 재난으로부터 지켜준다.

(좌)두 가지 색상이 아름다운 금반지
(우)로즈골드 목걸이 / **A**

예술적인 하와이안 주얼리를 주문 제작하는 매장 / **B**

모던하고 참신한 디자인

A 로노 갓 오브 피스

Lono God of Peace

전통을 재해석해서 참신한 스트리트 패션이 매력적이다. 자사 공방을 운영하고 있으며 주문 제작도 진행한다.

● 2125 Kalakaua Ave. ☎ 808-923-7770 ● 10:00~23:00 ● 연중무휴 ● 칼라카우아 애비뉴 옆

와이키키 >>> MAP P.12 A-1

알로하 정신이 흘러넘치는

B 고베 주얼리

Kobe Jewelry

30년 이상의 역사를 자랑한다. 숙련된 장인이 직접 손으로 만드는 액세서리가 인기. 피어스나 참 등 종류도 다양하다.

● 로열 하와이안 센터 B관 1층 ☎ 808-923-2282 ● 10:00~22:00 ● 연중무휴 ● 칼라카우아 애비뉴 옆

와이키키 >>> MAP P.18

자연을 모티프로 만들고 알로하 정신을 담은 하와이안 주얼리는 하와이에 왔다면 반드시 구입해야 할 아이템이다. 100달러 정도의 저렴한 상품부터 수천 달러에 이르는 순금이나 직접 조각한 고급 상품까지 금액도 다양하다. 지갑 사정이 허락하는 선에서 마음에 드는 주얼리를 선택하자.

천연 재료로 만든 주얼리가 다양하다. 귀한 선라이즈 쉘로 만든 상품도 있다. / C

(좌)뱅글 팔찌. 2,000달러 (우)훅 모양 목걸이 350달러부터 / D

로이스톤 튀르쿠아즈 6.5캐럿을 사용한 터키석 뱅글. 802달러 / C

마이레와 플루메리아로 장식된 사랑스러운 팔찌. 세 가지 골드 색상을 넣었다. / B

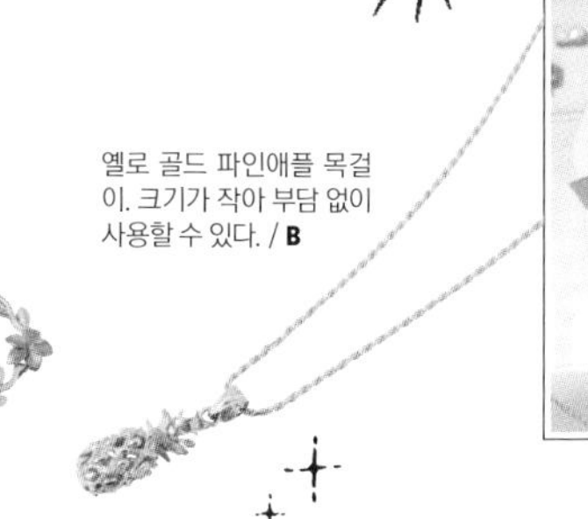

옐로 골드 파인애플 목걸이. 크기가 작아 부담 없이 사용할 수 있다. / B

펜던트 드롭만 판매하는 상품도 다양하다. 취향에 맞게 골라 보자. / D

사랑과 평화를 상징하는 보석 '라리마'로 만든 피어스는 마음을 평온하게 해준다. / A

파워스톤은 하와이에서도 인기!

섬 그 자체가 성지인 하와이. 천연석의 힘으로 행운을 찾아주는 파워스톤 주얼리도 유명하다.

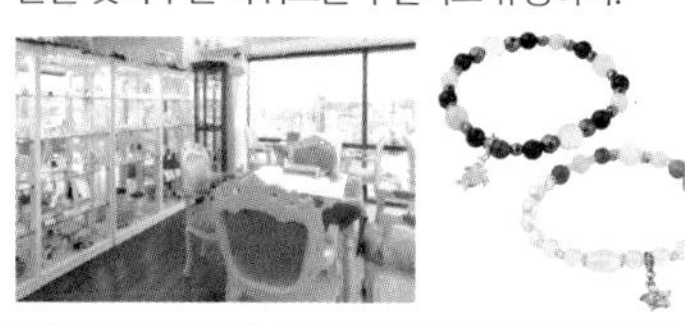

말룰라니 하와이
MALULANI HAWAII

생년월일과 소원을 의미하는 각각의 스톤을 조합해서 만드는 버스데이 오더 브레이슬릿. 선물이나 부적으로 최고다.

● 1750 Kalakaua Ave. #2804 ☎ 808-955-8808 ● 10:00~18:00 ● 연중무휴 ● 센추리 센터 28층 **알라모아나 >>> MAP P.10 A-2**

단 하나뿐인 디자인을 찾는다면

C 하날리마 와이키키
Hanalima WAIKIKI

하와이 현지 디자이너가 소재를 엄선하고 직접 제작까지 참여한다. 단 하나뿐인 주얼리가 다양하다. 주문 제작도 가능하다.

● 353 Royal Hawaiian Ave. ☎ 808-923-7919 ● 10:00~22:00 ● 연중무휴 ● 로열 하와이안 애비뉴 옆

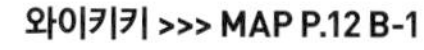

와이키키 >>> MAP P.12 B-1

세계적으로 유명한 주얼리가 한곳에

D 나 푸아 주얼리
Na Pua Jewelers

하와이안 주얼리뿐만 아니라 참 브레이슬릿으로 유명한 '판도라' 등 세계적으로 유명한 품질 좋은 주얼리를 판매한다.

● 쉐라톤 프린세스 카이울라니 1층 ☎ 808-921-8480 ● 9:00~23:00 ● 연중무휴 **와이키키 >>> MAP P.13 D-1**

메이드 인 하와이 화장품

뷰티 프로그램에서 주목받은 화장품 매장

벨 비 하와이

Belle Vie Hawaii

와이키키에 있는 미용 전문 편집숍. 자사 공장에서 생산하는 '하와이안 보태니컬'이 대표 상품이다. >>> P.65

a: 에하(통증 완화 젤) 대(大) 39달러, 소(小) 6달러. 플루메리아향 **b:** 파키(토너) 51달러 **c:** 라키(각질 케어) 60달러 **d:** 무아(기미·잡티·미백 젤) 2병 세트 180달러. 흰색 병은 아침용, 검정색 병은 저녁용

피부에 순한 인기 화장품 라인업

네오 플라자

Neo Plaza

의사가 개발한 화장품이나 화와이산 화장품 등 국내에서 보기 힘든 희귀 상품이 많다.

- 와이키키 쇼핑 플라자 1층 ☎ 808-971-0030
- 10:00~22:00(토·일요일 14:00까지) ● 연중무휴

와이키키 >>> MAP P.12 B-1

a: 인기 상품인 페이스&아이크림 32.99달러 **b:** 안티에이징 효능의 허니 글로 페이스 세럼 46.99달러 **c:** 손상된 모발에 영양을 공급해 건강하고 윤기 있는 머릿결을 만들어주는 세럼 헤어 트리트 21.99달러

하와이에서 만든 화장품으로 피부미인이 되자. 플루메리아나 코코넛 등 하와이산 식물 추출성분을 배합한 오가닉 화장품은 국내에서도 주목받고 있다.

하와이의 대자연에서 탄생한 화장품

말리에 오가닉스

Malie Organics

오가닉 스파 브랜드 직영 매장. 화장품은 플루메리아, 히비스커스 등 향기별로 진열되어 있으며 모든 라인을 판매한다.

● 로열 하와이안 럭셔리 컬렉션 리조트 1층 ☎ 808-922-2216 ● 9:00~21:00 ● 연중무휴

와이키키 >>> MAP P.12 C-2

RECOMMEND!

Malie Organics

자사 농장이나 열대우림에 자생하는 식물을 원료로 만들고 카우아이에서 탄생한 화장품. 열대의 다양한 꽃향기가 매력적이다.

a: 코케에 핸드 소프 30달러
b: 코케에 뷰티 오일 45달러
c: 플루메리아 소이 캔들 35달러
d: 플루메리아 보디로션 18달러

천연 화장품이 가득

아일랜드 빈티지 커피

Island Vintage Coffee

하와이산 천연성분 화장품이나 보디 케어 아이템을 다양하게 판매한다. 커피와 아사이볼 등이 유명한 카페도 함께 운영하고 있다. >>> P.116,133

RECOMMEND!

Ali'i Kula Lavender Farm

마우이에 위치한 알리 쿨라 라벤더 농장의 라벤더를 사용한다. 마음을 평온하게 해주는 향기가 나며 피부에도 순하다.

a: 오가닉 라벤더 가드너 로션 19.95달러
b: 오가닉 라벤더 스프리처 12.95달러
c: 오가닉 라벤더 허니 스크럽 19.95달러
d: 오가닉 라벤더 샴푸 17.95달러

선물용 상품과 화장품을 한자리에

로손 스테이션

LAWSON STATION

일본의 유명 편의점 프랜차이즈 기업인 로손의 매장. 여행 선물용 코너인 메이드 인 하와이에는 각종 인기 화장품과 비누가 많다.

● 쉐라톤 와이키키 1층 ☎ 808-926-1701 ● 6:00~다음날 1:00 ● 연중무휴

와이키키 >>> MAP P.12 B-2

RECOMMEND!

Lanikai Bath&Body

100% 하와이산 식물을 원료로 한다. 해변을 이미지화한 우아한 향이 특징이다. 다양한 종류의 비누와 보디로션 등을 판매한다.

a: 오키드 바닐라 바스 솔트 8.99달러
b: 망고 코코넛 샴푸&컨디셔너 각 16.99달러
c: 피카케 고체 향수 7.99달러
d: 플루메리아와 망고 코코넛 비누 각 7.99달러. 약 10종류 있음

국내보다 저렴한 인기 브랜드와 만난다!

A: 존마스터스오가닉 5~50% OFF
자연 재배한 식물이나 천연 성분으로 만든 유기농 화장품

B: O.P.I 약50% OFF
네일 라커 제품으로 세계적인 지명도를 얻은 매니큐어 브랜드

C: 에바비바 5~50% OFF
영유아와 임산부가 안심하고 사용할 수 있는 유기농 스킨케어 브랜드

D: 키엘 약10% OFF
약학과 허브에 대한 지식을 바탕으로 천연 성분을 배합해 만드는 화장품 브랜드

SHOP 이곳에서 구입!

매장	페이지	브랜드
벨 비 하와이	>>>P.65	A·B·C
ABC스토어 37호점	>>>P.94	A
T 갤러리아 하와이 by DFS	>>>P.66	D
네오 플라자	>>>P.78	B
홀 푸드 마켓	>>>P.98	A 등

※ 가격은 매장과 환율에 따라 다르다.
※ 시기별로 구입할 수 없는 제품도 있다.

오아후 최대 쇼핑 천국 알라모아나 센터

하와이 여행 중 누구나 한 번쯤은 방문하는 오아후 최대 쇼핑센터. 국내에 출시되지 않은 브랜드나 기념품 매장 등 볼거리가 많다.

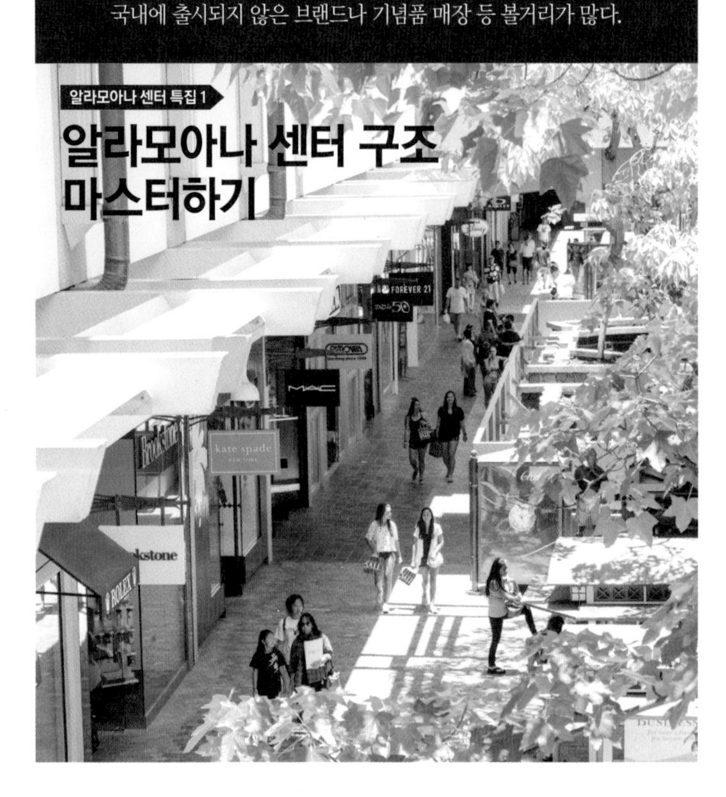

알라모아나 센터 특집 1

알라모아나 센터 구조 마스터하기

패션 브랜드, 백화점, 레스토랑 등 약 350개 매장이 모여 있다. 공휴일에 맞춰 정기 세일을 진행한다. 1월 1일에는 럭키박스도 판매한다.

● 1450 Ala Moana Blvd. ☎ 808-955-9517 ● 9:30~21:00(일요일 10:00~19:00) ● 연중무휴 ● 알라모아나 블러바드 옆. 와이키키에서 차로 약 10분 ● www.alamoanacenter.com

알라모아나 >>> MAP P.9 F-2

※ 영업시간, 휴무일은 매장에 따라 위에 소개된 정보와 다를 수 있다.

〔 힌트! 쇼핑 동선은 이렇게 〕

백화점을 표지 삼아 이동한다

센터는 4층 건물로, 2·3층 중앙에는 명품 브랜드, 그 주변에는 로컬 브랜드가 위치했다. 1층에 있는 게스트 서비스에서 정보를 모으자.

놓쳐서는 안 될 5가지

❶ 니만 마커스&노드스트롬 어디든 GO! **3대 백화점(>>>P.82)**
❷ 볼 가치가 충분한 **국내 미출시 브랜드(>>>P.85)**
❸ 국내보다 싸다! **캐주얼 매장(>>>P.86)**
❹ 이곳이니까 살 수 있는 **기념품(>>>P.88)**
❺ 예산과 시간에 맞춰 선택 **레스토랑&카페(>>>P.90)**

이 매장도 놓치지 말 것!

1F-A

홀륭한 요리에 감동

빈티지 케이브 카페

Vintage Cave Café

고급 레스토랑 '빈티지 케이브 호놀룰루'의 자회사. 정통 이탈리아 요리를 맛볼 수 있으며, 저녁 시간에는 라이브 뮤직도 감상할 수 있다.

● 알라모아나 센터 1층 A ☎ 808-441-1745

알라모아나 >>> MAP P.14

3F-C

세일 정보를 확인하자

샬롯 루스

Charlotte Russe

매주 세일하는 의류 매장. 20대 여성을 타깃으로 한 패션 아이템들은 모두 저렴하고 귀엽다. >>>P.86

3F-B

미국 만화나 영화 관련 아이템 가득

박스런치

BOXLUNCH

팝 컬처 상품을 판매하는 기념품 매장. 스타워즈나 해리포터 등 다양한 상품을 판매한다.

● 알라모아나 센터 3층 B ☎ 808-955-2244 **알라모아나 >>> MAP P.16**

Ala Moana Center Map

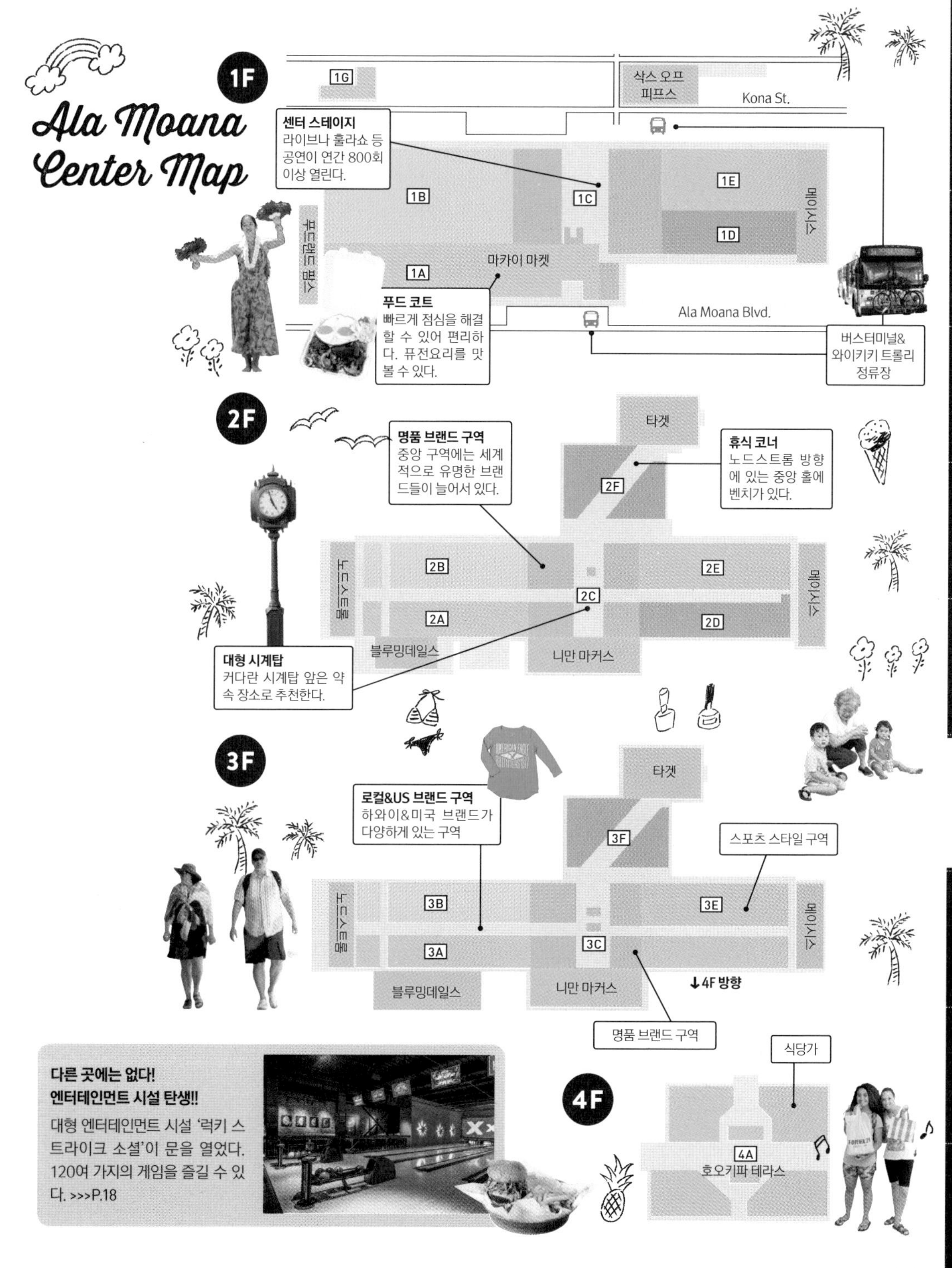

다른 곳에는 없다!
엔터테인먼트 시설 탄생!!

대형 엔터테인먼트 시설 '럭키 스트라이크 소셜'이 문을 열었다. 120여 가지의 게임을 즐길 수 있다. >>>P.18

알라모아나 3대 백화점에서 나를 위한 한정품 찾기

Neiman Marcus!

Nordstrom!

2F~4F

이곳에서만 판매하는 레어템이 가득

니만 마커스 Neiman Marcus

국내에 출시되지 않은 '타타 하퍼', '에어린'이나 '겐조' 등 인기 브랜드가 들어서 있는 유서 깊은 백화점.

● 알라모아나 센터 2~4층 ☎ 808-951-8887 ● 10:00~20:00(토요일 19:00까지, 일요일 12:00~18:00) ● 연중무휴 ● kr.neimanmarcushawaii.com

알라모아나 >>> MAP P.15, 16

주목할 만한 서비스

● 여행자 한정 포인트 카드 ● 매년 바뀌는 상품 포장 장식물

꼭 가지고 싶은 '루부탱' 구두

백화점에서 판매하는 30여 개 브랜드 중에서도 가장 눈에 띄는 상품!

독특한 색상 조합과 감각적인 스웨이드가 돋보이는 펌프스

레어템이 가득한 화장품 코너

니만 마커스에서 최고 판매액을 자랑하는 '시슬리'. 호놀룰루 시내에 시슬리 매장은 이곳 한 곳뿐이다.

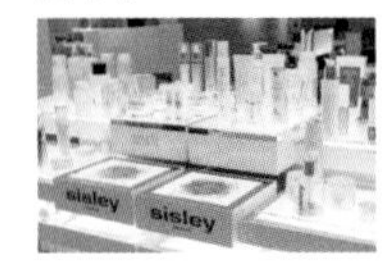

니만 마커스 한정 기념품

가장 위층에 있는 '에피큐어'에서는 니만 마커스 한정으로 판매하는 주전부리를 구입할 수 있다.

❶ '포테이포 크리스프'의 초콜릿 코팅 제품 ❷ '보야징 푸드'의 초콜릿 쿠키

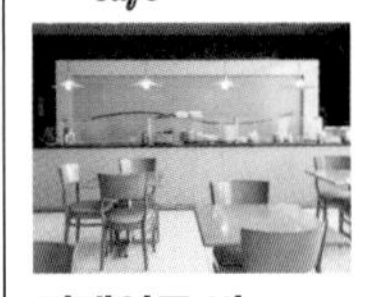

머메이드 바 The Mermaid Bar

햇살이 들어오는 카페 안에서 가벼운 식사나 직접 만든 디저트를 즐기자.

● 니만 마커스 2층 ☎ 808-951-3428 ● 11:00~15:30 ● 일요일 휴무

알라모아나 >>> MAP P.15

알라모아나 센터에는 최신 패션과 화장품이 모여 있다. 3대 고급 백화점은 반드시 방문할 것! 하와이 한정, 백화점 한정과 같은 이곳에서만 구입할 수 있는 다양한 인기 브랜드 아이템을 판매한다. 효율적으로 둘러보고 트렌드를 파악하자.

Nordstrom
노드스트롬

구두 전문 어드바이저인 슈 피터가 상주하며, 명품 구두 판매 라인업이 독보적이다.

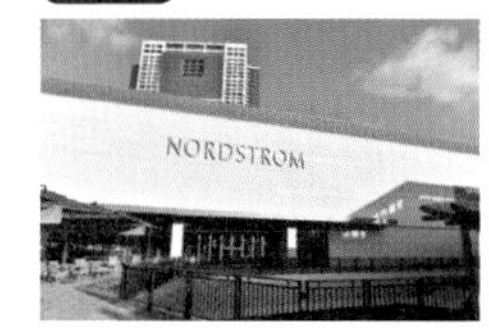

취향 저격 명품 브랜드 매장

노드스트롬 Nordstrom

3층 건물 구조의 고급 백화점. 의류를 중심으로 '토리버치', '어그' 등 신발 브랜드도 다양하게 들어섰다.

● 알라모아나 센터 1~3층 ☎ 808-953-6100 ● 9:30~21:00(일요일 10:00~19:00) ● 연중무휴 ● shop.nordstrom.com 알라모아나 >>> MAP P.15

주목할 만한 서비스

- 고객의 발에 꼭 맞는 구두를 발견하는 '슈 피터'가 고객 응대
- 저렴하게 판매하는 카트 서비스 운영

귀엽고 개성 넘치는 구두

본래 구두 전문점이었기 때문에 트렌디한 상품이 많다.

❶ '발렌티노' 펌프스 ❷ '샬롯 올림피아'의 고양이 모양 구두

노드스트롬 한정 상품

3층에 있는 카페 '이 바(Ebar)'에서 판매하는 오리지널 상품

❶ 100% 아라비카 원두로만 블랜딩한 제품 ❷ 한정 텀블러

하와이에서 유일한 '톱숍' 판매점

런던 브랜드의 하와이 한정 상품에도 주목하자.

❶ 민소매 페이즐리 셔츠 ❷ 레트로 감성이 충만한 와인레드 원피스

해비턴트 Habitant

의류 매장의 중심에 위치한 라운지 바. 음료와 함께 가벼운 식사를 즐길 수 있다.

● 노드스트롬 2층 ☎ 808-953-6100 ● 11:00~21:00(일요일 19:00까지) 알라모아나 >>> MAP P.15

2F~4F

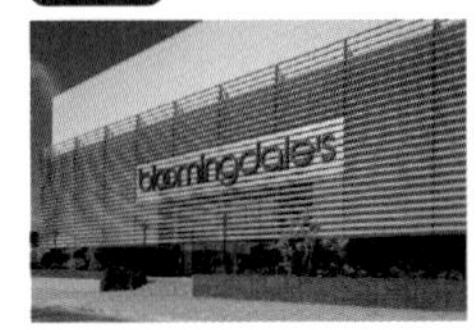

하와이 첫 오픈!

블루밍데일스 Bloomingdale's

유행을 선도하는 아이템을 판매하는 고급 백화점. 하와이 한정 상품과 오리지널 상품을 놓치지 말자.

● 알라모아나 센터 2~4층 ☎ 808-664-7511 ● 10:00~21:00(일요일 19:00까지) ● 연중무휴 ● www.bloomingdales.com

알라모아나 >>> MAP P.15

주목할 만한 서비스

● 한국어 가능 직원 상주 ● 다기능 스마트 피팅룸 운영

'버버리' 화장품 라인은 이곳에만 있다

'버버리'를 필두로 20개 이상 브랜드의 화장품을 판매한다.

33달러

발색이 뛰어난 버버리 립스틱

오직 블루밍데일스에서만!

이곳에서만 판매하는 100% Bloomingdale's 상품은 반드시 사수할 것

오리지널 로고 아이템은 선물로 안성맞춤!

가방이나 파우치부터 머그컵까지 각양각색의 오리지널 상품을 판매한다.

10달러

컬러풀한 사탕을 모아 포장한 미니쇼퍼 백

에코백으로 사용할 수 있는 하와이 한정 플로랄 백

26달러

휴식은 이곳에서

cafe

포티 캐럿츠 FORTY CARROTS

요거트 아이스트림이 유명한 로컬푸드 카페 레스토랑

● 블루밍데일스 3층 ☎ 808-800-3638 ● 11:00~20:00(일요일 18:00까지) ● 연중무휴

알라모아나 >>> MAP P.16

알라모아나 센터 특집 3

해외여행의 묘미! 국내 미출시 브랜드 매장을 노려라

국내에 직영 매장이 없는 하와이&미국 브랜드도 놓치지 말자! 가격도 저렴하기 때문에 상품을 코디네이션해서 한꺼번에 구입하는 것을 추천한다. 다른 곳에서는 살 수 없는 한정 상품도 다양하므로, 취향에 맞는 아이템을 발견한다면 망설이지 말고 구입하자.

섬세한 자수가 인상적인 네이비 캐미솔 셔츠 165달러

158달러 목 부분이 시원해 보이는 셔츠 원피스

2F-F

좋은 소재, 다양한 디자인

토리 리차드 Tori Richard

1956년에 창업한 전통 브랜드로 시크한 휴양지 패션을 추구한다. 착용감이 좋고 염색도 고급스러워서 매력적이다.

● 알라모아나 센터 2층 F ☎ 808-949-5858

알라모아나 >>> MAP P.15

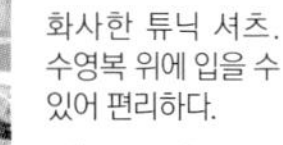

화사한 튜닉 셔츠. 수영복 위에 입을 수 있어 편리하다. 78달러

1F-B

하와이 리조트 패션

라니 비치 바이 미레유 Lani Beach by Mireille

해변을 테마로 한 매장. 하와이 현지 디자이너가 제작하는 '라니라우' 등의 상품들을 판매한다.

● 알라모아나 센터 1층 B ☎ 808-944-0506

알라모아나 >>> MAP P.14

꽃무늬 스팽글이 아름다운 민소매 셔츠 18달러

110달러 다리가 살짝 보이는 스트라이프 스커트

2F-F

성인 캐주얼 브랜드

J 크루 온 디 아일랜드 J Crew on the Island

오바마 전 대통령도 애용하는 인기 브랜드. 셔츠와 데님 외에 정장도 판매한다.

● 알라모아나 센터 2층 F ☎ 808-949-5252

알라모아나 >>> MAP P.15

핑크와 줄무늬의 조합이 힙하다. 39.90달러

44.90달러 화려한 꽃무늬 블라우스

3F-F

스타일리시하면서 저렴한

익스프레스 Express

현지인과 여행객 모두에게 인기가 많은 매장. 섹시하고 캐주얼한 디자인으로 직장인 여성들의 사랑을 받고 있다.

● 알라모아나 센터 3층 F ☎ 808-955-5211

알라모아나 >>> MAP P.16

알라모아나 센터 특집 4

국내보다 싸고 다양하다! 인기 캐주얼 매장

국내에서도 인기가 많은 캐주얼 브랜드를 저렴하게 구입하자. 종류도 다양하고 하와이에서만 판매하는 한정 상품도 있다. 마음에 드는 상품을 마음껏 골라보자!

Girly

3F-A

최신 트렌드 상품을 판매하는

샬롯 루스

Charlotte Russe

국내에 출시되지 않은 의류 브랜드 매장. 스포티한 디자인부터 여성스러운 정장까지 다양하다.

● 알라모아나 센터 3층 A ☎ 808-944-3466 **알라모아나 >>> MAP P.16**

23.99달러

자수가 귀여운 오프 숄더 셔츠

34.99달러

파티에서도 입을 수 있는 브이넥 원피스

이런 점이 Good!

- 격주로 세일이 진행된다! 원피스나 액세서리도 할인 대상이다.
- 티셔츠나 블라우스처럼 평소에 즐겨 입을 수 있는 아이템도 많다!

Surf

사랑스러움과 편리성을 두루 갖춘 디자인

3F-E

서퍼 스타일을 이끌다

홀리스터 Hollister

미서부 서퍼들의 라이프스타일에서 디자인 모티프를 딴 브랜드로, '아베크롬비'의 세컨드 브랜드다. 상설 세일 코너가 있다.

● 알라모아나 센터 3층 E ☎ 808-955-4041 **알라모아나 >>> MAP P.16**

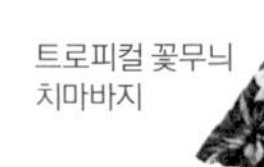

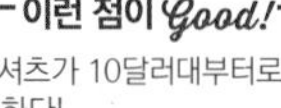

트로피컬 꽃무늬 치마바지

39.95달러

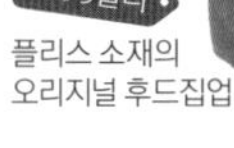

69.95달러

플리스 소재의 오리지널 후드집업

이런 점이 Good!

- 티셔츠가 10달러대부터로 매우 저렴하다!
- 훌라를 출 때 입을 수 있는 귀엽고 화려한 옷이 많다.

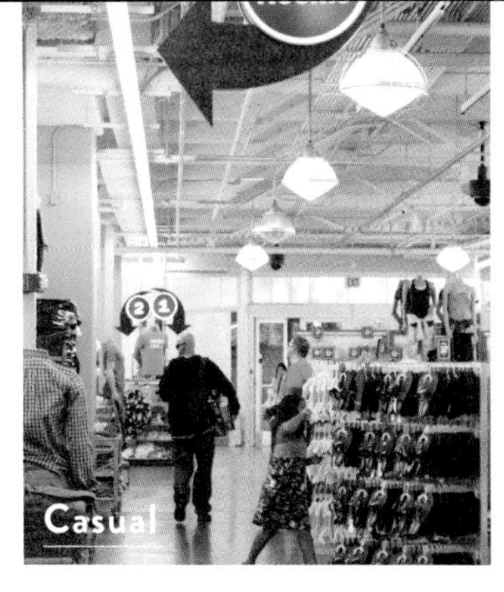

3F-A

연령을 불문하고 사랑받는

올드 네이비 Old Navy

'GAP'의 세컨드 브랜드. 아동용, 남성용, 여성용으로 나뉘어져 있으며 폭넓은 사이즈와 다양한 디자인이 매력적이다.

● 알라모아나 센터 1층 A ☎ 808-951-9938

알라모아나 >>> MAP P.14

마린룩을 연출하기 좋은 스트라이프 원피스

시크한 하와이 한정 티셔츠

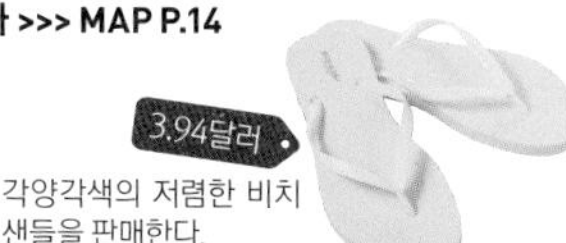

각양각색의 저렴한 비치 샌들을 판매한다.

이런 점이 Good!
- 의류와 소품 모두 저렴하다.
- 10달러 이하 세일 코너도 있어 대량 구매하기 좋다.

3F-B

세계적으로 인기 있는 LA 브랜드

포에버 21 FOREVER 21

유행을 앞서가는 디자인으로 10대들을 중심으로 인기를 끌고 있다. 하와이다운 휴양지 룩도 판매한다.

● 알라모아나 센터 3층 B ☎ 808-951-6780 알라모아나 >>> MAP P.16

보헤미안 원피스 17.90달러

29.90달러 웨지힐 샌들

옷 끝에 레이스가 달린 커트 앤드 소운

이런 점이 Good!
- 입고 주기가 빨라서 언제나 신상품이 진열되어 있다.
- 넓은 매장 내부에 아이템이 가득 들어차 있다.

오리지널 긴팔 티셔츠

3F-A

최신 패션도 저렴하게

아메리칸 이글 아웃피터스 American Eagle Outfitters

칼리지 패션이 콘셉트. 속옷 브랜드 '에어리'도 인기다. 한국보다 저렴하다.

● 알라모아나 센터 3층 A ☎ 808-947-2008

알라모아나 >>> MAP P.16

36.95달러 26.95달러

스포티한 '에어리'의 수영복

베트남산 소재로 만든 캐미솔

이런 점이 Good!
- 저렴한 가격에 미국 트렌드를 풀장착할 수 있다.
- 액세서리나 소품, 보디 케어 상품도 다양하다.

알라모아나 센터의 핵심, 명품 브랜드 구역 체크

구찌, 샤넬 등 선망하는 명품 브랜드를 국내보다 저렴하게 구입할 수 있다. 오프 프라이스 코너나 세일도 있다. 매장은 2·3층 중앙 구역에 밀집해 있다.

BRAND LIST

루이 비통	티파니
프라다	샤넬 부티크
구찌	보테가 베네타
에르메스	발렌시아가
버버리	그 외……

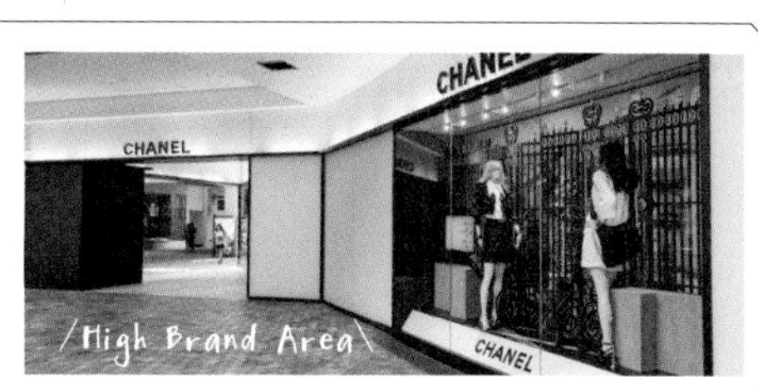

알라모아나 센터 특집 5

누군가에게 자랑하고 싶어지는 '강추!' 기념품 찾기

Kitchen tool
주방 용품

요리가 즐거워진다. 디자인과 실용성 두 마리 토끼를 잡은 아이템을 구입해 보자. 미국 특유의 감성이 담긴 개성 넘치고 알록달록 귀여운 아이템이 가득하다.

등에 마그네틱이 달린 훌라걸 병따개 E

조미료를 보관할 수 있는 메이슨자 C

채소나 과일의 물기를 뺄 때 사용하는 소쿠리 C

Food
식품

포장이 아기자기한 선물용 먹거리를 소개한다. 스낵이나 초콜릿 외에 팬케이크 믹스, 크레이프 믹스 등도 인기가 높다.

초콜릿을 묻힌 원두 B

귀여운 그림이 그려진 와플 믹스 C

가장 인기 있는 하와이 한정 미니 통 6종 세트 A

하와이 한정 상품이 가득

루피시아
LUPICIA 1F-C

전 세계에서 엄선해서 입수한 찻잎을 판매하는 차 전문점. 구아바 향이나 망고 향 등 오리지널 티가 인기다. 하와이 한정 상품은 포장도 사랑스럽다.

● 알라모아나 센터 1층 C ☎ 808-941-5500 **알라모아나 >>> MAP P.14**

다양한 여행 선물을 한번에 구입

롱스 드럭스
Longs Drugs 2F-B

화장품, 생활용품, 잡화에 문구류까지 없는 것이 없는 드러그스토어. 팬케이크 믹스나 시럽 등 식품은 선물용으로 좋다. 회원 카드를 만들면 더욱 저렴한 가격에 이용할 수 있다.

● 알라모아나 센터 2층 B ☎ 808-941-4433 **알라모아나 >>> MAP P.15**

귀엽고 품질 좋은 주방 용품

윌리엄스 소노마
Williams-Sonoma 3F-F

전 세계의 귀여운 주방 용품과 테이블웨어를 판매한다. 각양각색 아이템은 보고만 있어도 즐거워진다. 실용성이 높은 자체 브랜드 제품도 판매한다.

● 알라모아나 센터 3층 F ☎ 808-951-0088 **알라모아나 >>> MAP P.16**

수많은 기념품 매장과 잡화점이 입점해 있는 알라모아나 센터에서
여러 사람에게 나누어줄 선물을 한번에 구입하자! 하와이안 상품부터 화장품, 문구류까지.
가격 대비 만족도 높은 상품 12가지를 엄선해서 소개한다.

Beauty
뷰티

하와이산 천연 재료로 만든 보디 케어 용품이나 플로메리아 등 화려한 향기가 나는 화장품과 향수는 대표적인 여행 선물이다.

패션프루트 보디 스크럽 D

여러 사람에게 선물하기 좋은 손 세정제 D

뷰티 마니아라면 반드시 주목해야 할 '레블론'의 매니큐어 B

Stationery
문구류

편의점과 슈퍼마켓에서도 손쉽게 구입할 수 있는 문구류. 세련되고 컬러풀한 디자인이 많아서 보기만 해도 여행 기분을 느낄 수 있다.

라인스톤이 반짝거리는 자그마한 마그네틱 E

선물용으로 좋은 메모 세트 F

일상에서의 감사를 전할 수 있는 카드 F

하와이의 향기가 담긴 보디 케어 용품
바스앤바디웍스
Bath&Body Works 2F-E

미국에서 인기 있는 보디 케어 전문 매장. 다양한 향기 중에서 취향에 맞는 제품을 선택하자. 여러 개를 구입하면 할인해 주는 서비스도 있다.

● 알라모아나 센터 2층 E ☎ 808-946-8020 알라모아나 >>> MAP P.15

하와이를 담은 마그네틱
아일랜드 마그넷
Island Magnets 1F-C

파인애플, 셰이브 아이스 등 하와이의 상징물을 담은 마그네틱이 가득한 기념품 매장. 저렴하므로 대량 구매도 추천한다. 희귀한 상품도 있어 수집가들도 모여드는 곳이다.

● 알라모아나 센터 1층 C ☎ 808-945-2566 알라모아나 >>> MAP P.14

컬러풀한 문방구 천국
홀마크
Hallmark 3F-B

각양각색의 카드, 편지, 포장 재료를 판매하는 문구 매장. 미국답게 톡톡 튀는 비비드 컬러 카드가 많다.

● 알라모아나 센터 3층 B ☎ 808-949-2413 알라모아나 >>> MAP P.16

예산과 시간에 맞춰 즐기는 만족스러운 식사

레스토랑, 카페, 간단한 푸드 코트, 패스트푸드 등 맛집이 다양하다. 일정과 예산에 맞춰 선택하자.

시간 없음! 예산 없음!! 이런 사람에게 추천

FOOD COURT

중식, 하와이식, 일본식 등 세계 각국 요리를 한곳에서 만날 수 있는 푸드 코트. 쇼핑 중 자투리 시간에 후다닥 먹자 ♪

11.50달러
와사비와 마늘 등 총 여섯 가지 중 선택할 수 있는 포케볼

1F-A

세계 각국 요리를 가볍게 즐기다

마카이 마켓 푸드 코트 Makai Market Food Court

하와이식, 이탈리아식, 중식, 일식 등 20개 이상의 가게가 모여 있는 대형 푸드 코트.

● 알라모아나 센터 1층 A ☎ 가게마다 다르다 ● 연중무휴

알라모아나 >>> MAP P.14

선택의 폭이 넓은 포케

방가 방가 Bangga Bangga

여러 가지 생선회 포케를 맛볼 수 있는 포케볼 전문점. 회나 스시, 된장국 등도 판매하며 현지인에게도 인기가 많다.

☎ 808-941-8886 ● 9:30~21:00(일요일 19:00까지) **알라모아나 >>> MAP P.14**

20.75달러
연어, 새우, 아히 시 푸드 트리오. 아히는 하와이어로 참치를 뜻한다.

건강을 추구하는 무첨가 플레이트 런치

그릴트 Grylt

하와이의 신선한 채소와 앵거스 비프로 만든 건강한 플레이트 런치. 메인과 사이드를 선택할 수 있다.

☎ 808-951-7958 ● 10:00~21:00(일요일 19:00까지) **알라모아나 >>> MAP P.14**

우리에게도 친숙한 일본음식을 맛보다

링거 헛 Ringer Hut

일본에서도 많은 점포를 구축하고 있는 체인점. 식물성 기름으로 만든 저칼로리 나가사키 짬뽕이 대표 메뉴다.

☎ 808-946-7214 ● 9:00~21:00(일요일 10:00~19:00) **알라모아나 >>> MAP P.14**

9.99달러
채소를 듬뿍 넣은 짬뽕. 균형 잡힌 영양식이다.

2.50달러부터
'카프도리'의 야키토리는 한 개부터 좋아하는 것을 선택할 수 있다.

일식이 좋아졌다면 일본 야타이에 도전!?

일본 야타이가 40개 이상 모여 있다!

시로키야 재팬 빌리지 워크 Shirokiya Japan Village Walk

규동, 스시, 우동 등 메뉴가 다채로운 일식 야타이가 모여 있다. 니혼슈나 소주 등 주류도 판매한다.

● 알라모아나 센터 1층 A ☎ 808-973-9111 ● 10:00~22:00 ● 연중무휴

알라모아나 >>> MAP P.14

시간도 예산도 넉넉한 사람에게 추천

RESTAURANT

알라모아나 센터에서만 맛볼 수 있는 다소 럭셔리한 레스토랑에 가자. 디너를 즐기기에 안성맞춤이다.

카츠 네 가지에 새우튀김이 곁들여진 하마카츠의 카츠 모둠

2F-B

정통 일본식 돈카츠에 감동하다

로카쿠 하마카츠

Rokkaku Hamakatsu

현지인들 사이에서 정평이 나있는 돈카츠 전문점. 유채 기름과 콩기름을 블렌딩한 기름을 고집한다.

● 알라모아나 센터 2층 B ☎ 808-946-3355 ● 11:00~22:00

알라모아나 >>> MAP P.15

61달러
두툼한 포터하우스 스테이크

영국 스타일인 레스토랑 내부에는 재즈가 흐른다.

2F-A

질 좋은 숙성육을 자랑하는 고급 스테이크

몰튼스 더 스테이크하우스

Morton's the Steakhouse

숙성시킨 프리미엄 비프로 요리한 빅 사이즈 스테이크가 대표 메뉴다. 드레스 코드가 있다.

● 알라모아나 센터 2층 A ☎ 808-949-1300 ● 16:00~22:00 **알라모아나 >>> MAP P.15**

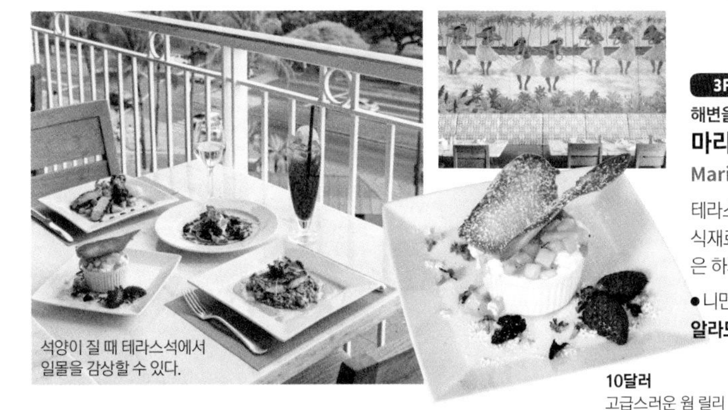

석양이 질 때 테라스석에서 일몰을 감상할 수 있다.

10달러
고급스러운 웜 릴리코이 푸딩 케이크

3F

해변을 내려다볼 수 있는 오픈 다이닝

마리포사

Mariposa

테라스석에서 아름다운 바다를 감상할 수 있다. 하와이의 식재료로 만든 건강한 리저널 퀴진이 인기다. 리저널 퀴진은 하와이의 지방 요리를 뜻한다.

● 니만 마커스 3층 ☎ 808-951-3420 ● 11:00~21:00

알라모아나 >>> MAP P.16

쇼핑 도중 쉬는 시간에!

CAFE& BURGER

쇼핑을 하다가 지쳤을 때 느긋하게 쉴 수 있는 카페&패스트푸드로 GO. 맛도 상당하다!

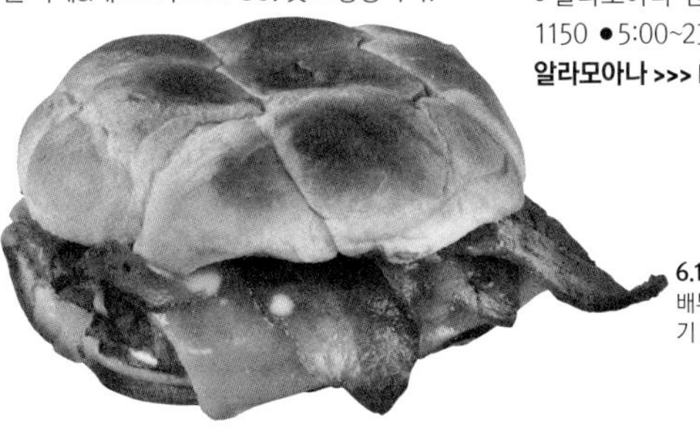

6.19달러부터
배부르게 먹을 수 있는 인기 메뉴, 베이컨 치즈버거

1F-E

볼륨감 만점 버거

잭 인 더 박스

Jack in the Box

하와이에서 인기 있는 햄버거 체인점. 오리지널 갈릭허브버터의 풍미가 식욕을 자극한다.

● 알라모아나 센터 1층 E ☎ 808-941-1150 ● 5:00~23:00

알라모아나 >>> MAP P.14

2F-B

쇼핑 중간에 베스트

잠바 주스

Jamba Juice

스무디&프레시 주스 전문점. 유기농 그래놀라를 듬뿍 넣은 아사이가 핫하다.

● 알라모아나 센터 2층 B ☎ 808-941-6132 ● 8:00~21:00(일요일 9:00~19:00)

알라모아나 >>> MAP P.15

5.59달러
갓 만든 스무디를 마시면서 휴식 중에 디톡스할 수 있다.

하와이를 배워요

과거와 현재를 잇는 하와이안 공예품

하와이 고유 전통 공예품의 심오한 역사

'하와이만의 아이템'이라면 무엇이 있을까? 하와이를 대표하는 알로하셔츠를 비롯해서 하와이안 주얼리, 코아나무로 만든 공예품에 하와이안 퀼트까지. 하나같이 하와이를 대표하는 기념품으로 전 세계 사람들에게까지 사랑받고 있다. 그러나 하와이를 대표하는 전통 공예품들이 어떤 계기로 탄생해서 지금까지 전해져 왔는지 아는 사람은 적다.
앞서 소개한 하와이안 주얼리는 영국의 영향을 받아 탄생했고(>>>P.76), 알로하셔츠는 과거에 일본의 기모노를 잘라서 만든 것으로 알려져 있다. 그리고 하와이안 퀼트는 본래 영국인 선교사의 부인이 취미삼아 하던 패치워크에서 유래됐다고 전해진다.
시대의 흐름에 따라, 때로는 타국의 영향에 유연하게 대처하며 변화하고 계승해온 하와이 전통 공예품. 이 코너에서 대중적인 세 가지 공예품에 초점을 맞춰, 궁금한 역사와 현재의 모습에 대해 알아보자.

하와이에는 감각적인 아이템이 많습니다!

카할라는 호놀룰루에서 최초로 알로하셔츠를 만든 회사 중 한 곳이다.

알로하셔츠

하와이를 떠올리는 동식물 등으로 디자인하고 화려한 색이 특징이다. 1950년 이후부터 하와이 산업으로 급성장했다. 당시에 만들어진 셔츠는 '빈티지 알로하'라고 불렸고, 가치가 높다. 알로하셔츠라고 이름을 붙인 사람은 호놀룰루에서 잡화점을 운영하는 엘러리 장이다. 상표 등록도 되어 있다.

알로하셔츠의 역사

알로하셔츠의 기원은 일본이다!?

일본에서 온 이민자들이 기모노를 노타이셔츠로 수선해서 재활용했다고 한다. 이 때문에 초기 셔츠의 무늬는 일본풍이었다. 머지않아 기모노 재질의 셔츠는 하와이의 명물로 자리 잡았고, 제2차 세계대전 후에는 알로하셔츠 붐이 일었다. 소재도 기존의 면이나 명주 외에 실크와 레이온이 등장했다.

1904년에는 알로하셔츠 재단사도 생겼다.

오늘날의 알로하셔츠

결혼식에서도 입는 알로하셔츠 최근에는 여성들에게도 인기!

하와이 문화에 완전히 스며든 알로하셔츠. 오늘날 하와이에서는 턱시도와 어깨를 나란히 하는 훌륭한 드레스 코드다. 특히 격식 높은 자리에서 입는 것은 실크 소재로 만든다. 또한 결혼식에서 입는 알로하셔츠는 '강한 결합'을 의미하는 마이레 잎 모양이 새겨져 있다.

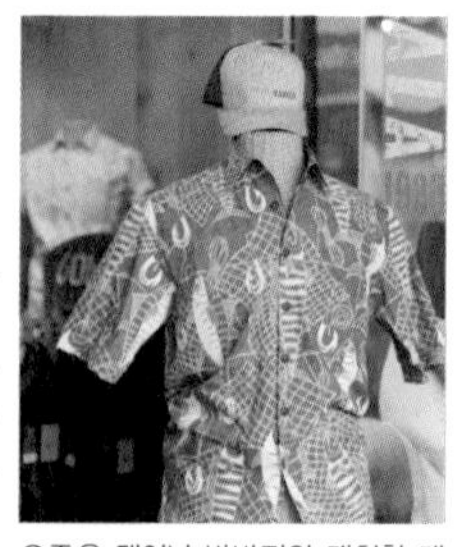
요즘은 캡이나 반바지와 매치한 캐주얼한 스타일이 인기

추천 SHOP!

하와이를 대표하는 명문 알로하셔츠

카할라 Kahala

1936년에 탄생한 유서 깊은 알로하셔츠 전문 브랜드. 품질 좋은 소재를 사용해 착용감이 좋고 디자인이 고급스러워서 매력적이다.

● 알라모아나 센터 2층 F ☎ 808-941-2444
●9:30~21:00(일요일 10:00~19:00) ●연중무휴
알라모아나 >>> MAP MAP P.15

코아나무 공예품은 시간이 흐를수록 깊이 있는 색을 낸다.

조금씩 다른 하와이안 퀼트 디자인은 모두 의미를 지닌다.

코아나무 공예품

하와이에서만 자라는 코아나무로 만든 잡화. 광택이 흐르는 질감과 우수한 내구성이 특징이다. 과거에는 주로 가구, 창, 문짝을 만들 때 사용했지만 현재는 안경테나 시곗줄에도 사용한다.

코아나무 공예품의 역사

왕족만 사용할 수 있었던 최고급품

성장하는 데 오랜 시간이 걸리는 코아나무. 그 희소성과 아름답고 매끄러운 나뭇결로 일찍이 왕족이 아닌 사람에게는 사용이 금지될 정도로 가치가 높았다. 이윽고 일반인들도 사용할 수 있도록 널리 퍼졌지만, 고급품으로서의 가치는 지켜지고 있다. 수출량이 제한되어 있기 때문에 국내에서는 좀처럼 구하기 어렵다.

오늘날의 코아나무 공예품

하와이 문화와 결합. 손목시계 등 생활용품으로도!

특별히 왕족들만 가구나 식기로 사용할 수 있었던 코아나무. 이후 일반인에게도 사용이 허용되면서 카누나 우쿨렐레 등을 만들 때 쓰였다. 최근에는 인테리어 소품과 액세서리부터 문구와 일상 생활용품에 이르기까지 다방면으로 사용된다.

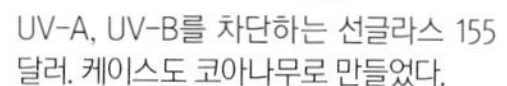

UV-A, UV-B를 차단하는 선글라스 155달러. 케이스도 코아나무로 만들었다.

내구성이 튼튼한 스마트폰 거치대 커버 295달러. 접이식 케이스

추천 SHOP!

센스를 느낄 수 있는 고급 코아나무 공예품

마틴&맥아더 Martin&MacArthur

1961년에 창업. 장인이 수작업으로 만들어낸 코아나무 공예품을 판매한다. 가구, 잡화, 시계 등 종류가 다양하다.

● 쉐라톤 와이키키 1층 ☎ 808-922-0021 ● 8:00~22:30 ● 연중무휴

와이키키 >>> MAP P.12 B-2

하와이안 퀼트

하와이의 독자적인 패치워크 퀼트. 파인애플이나 플루메리아 등 하와이의 자연과 동식물을 모티프로 한 디자인으로, 물결무늬 퀼팅이 특징이다. 좌우 대칭 모양이 많다.

하와이안 퀼트의 역사

선교사로부터 시작된 퀼트

1820년대에 남편과 함께 하와이로 온 영국인 선교사의 부인이 전파한 패치워크, 아플리케(Appliqué) 기법을 독자적으로 발전시킨 것이 하와이안 퀼트가 되었다. 천을 호화롭게 사용하기 위해 커다란 아플리케를 만든 것에서 시작됐다.

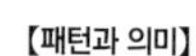

【패턴과 의미】

히비스커스
환영, 친애

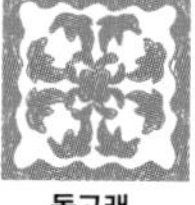

돌고래
가족, 수호신

파인애플
번영, 우정

빵나무
풍요, 성장

오늘날의 하와이안 퀼트

파우치에 스마트폰 케이스까지!

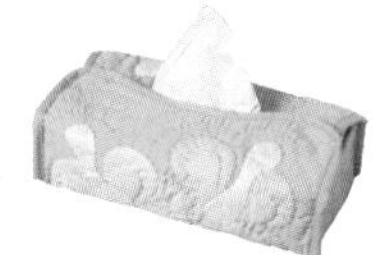

야자수나 바다거북이 호누, 불가사리 등이 새겨진 파우치

디자인부터 수작업으로 해서 시간을 들여 제작하며, 예술품으로까지 평가받고 있다. 과거에는 태피스트리(Tapestry)가 주를 이루었지만, 현재는 전통을 계승하면서 새로운 디자인에 도전한다. 가방, 파우치, 쿠션 커버 등 제품도 다양하다.

히비스커스 무늬 티슈 커버

추천 SHOP!

일상생활에 악센트를 주다

하와이안 퀼트 컬렉션 Hawaiian Quilt Collection

침대보, 토트백, 파우치 등 다양한 제품을 판매한다. 기념품이나 선물로 반응이 좋다.

● 와이키키 비치 워크 2층 ☎ 808-924-9889 ● 10:00~22:00 ● 연중무휴

와이키키 >>> MAP P.20

10달러 이하로 저렴하게 부담 없이!

주변에 선사할 선물 대량 구입하기

플루메리아 머리끈 2개 세트
열대 분위기를 느낄 수 있는 머리끈은 여러 가지 색상을 구매해도 좋다.

4.99달러

파우치에 담긴 브러시 세트
사랑스러운 샌들 모양 파우치에 메이크업 브러시가 쏙!

각 1.99달러

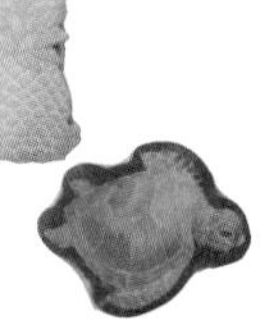

미니 사이즈 메모패드
하와이의 상징물을 주제로 만든 메모패드. 플루메리아나 알로하셔츠 모양도 있다.

10달러

코나커피 버터
100% 코나커피 버터 스프레드. 부드러운 단맛으로 인기가 좋다.

입고 상품이 계속 바뀌는 기념품 매장

ABC 스토어 37호점

ABC Stores #37

주전부리, 잡화, 화장품 등 다양한 기념품을 판매한다. 이른 아침부터 늦은 밤까지 영업하기 때문에 놓친 쇼핑 목록이 있을 때 이용하기에도 좋다.

● 2340 Kalakaua Ave. ☎ 808-926-4471 ● 6:30~다음날 1:00 ● 연중무휴 ● 칼라카우아 애비뉴 옆. 모아나 서프라이더 웨스틴 리조트&스파 맞은편

와이키키 >>> MAP P.12 C-2

'해피'의 립밤
릴리코이, 코코넛, 브리즈 3가지. 색도 달라서 여러 개 모아놓아도 GOOD.

3달러

'해피'의 키홀더
보드를 든 해피가 귀여운 키홀더. 총 6가지가 있다.

8달러

손 세정제(항균 로션)
릴리코이, 피카케 등 상큼한 향으로 손을 깨끗하게.

5달러

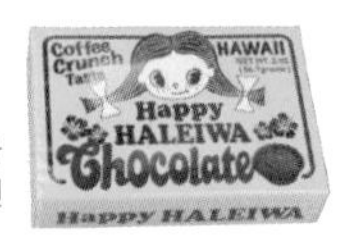

초콜릿(총 6가지)
선물용으로 알맞은 초콜릿. 커피 크런치가 가장 인기 있다.

하와이를 어필할 수 있는 티셔츠

해피 할레이바 와이키키점

Happy HALEIWA Hawaii Waikiki

오리지널 캐릭터 '해피'를 디자인한 티셔츠나 가방이 인기다. 대표적인 인기 기념품 매장이다.

● 355-B Royal hawaiian Ave. ☎ 808-926-3011 ● 10:00~23:00 ● 연중무휴 ● 로열 하와이안 애비뉴 옆

와이키키 >>> MAP P.12 B-1

파인애플 윈도우 기프트 박스
8가지 맛을 즐길 수 있는 8개들이 쿠키 세트. 포장도 알록달록한 인기 상품 중 하나.

초콜릿 칩 미니 바이츠 윈도우 박스
한입 사이즈 초코칩 쿠키 박스. 5개 세트 상품도 판매한다.

플라워 크런치 초콜릿 컬렉션
꽃무늬 디자인 박스가 사랑스럽다. 8가지 쿠키를 맛볼 수 있다.

초콜릿 칩 미니 바이츠 스낵 팩
초코칩 쿠키 팩. 가격 대비 커다란 사이즈가 만족스럽다.

귀여운 모양이 인상적인 하와이산 쿠키

호놀룰루 쿠키 컴퍼니

Honolulu Cookie Company

하와이산 재료로 만드는 파인애플 모양 쇼트 브레드 쿠키가 인기가 많다. 코코넛 등 맛도 다양하다.

● 로열 하와이안 센터 B관 1층 ☎ 808-931-3330 ● 9:00~23:00 ● 연중무휴

와이키키 >>> MAP P.18

이왕이면 가족, 친구, 직장 동료에게도 즐거웠던 하와이의 추억을 나눠주면 어떨까.
쿠키, 초콜릿, 문구류, 생활용품 등 여러 사람에게 선물할 수 있는 10달러 이하 기념품을 소개한다.
친한 그룹에게는 세트 상품을 선물해도 좋다.

미니 노트
해마와 조개껍데기 일러스트가 그려진 손바닥 사이즈 노트.

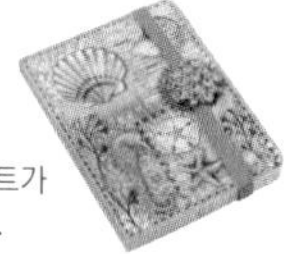

4.50달러

티세트용 접시
티백을 올려두기 위한 작은 접시. 액세서리를 놓는 용도로도 사용할 수 있다.

향낭
하와이가 떠오르는 달달한 향의 향낭.

7.50달러

비치 샌들 모양 비누
주황색, 녹색, 분홍색, 보라색 등 다양한 색을 갖췄다.

휴대전화 스트랩
하와이 해변을 느낄 수 있는 상큼한 미니 스트랩.

돌고래 인형
'Hawaii'라고 새겨져 있으며 어린이용 선물로도 좋다. 분홍색, 녹색도 있다.

목걸이
샌들 모양의 사랑스러운 목걸이. 컬러스톤이 박혀 있다.

이어폰 마개
열대의 섬다운 색상이 귀여운 스마트폰용 이어폰 마개.

초코바 밀크
수많은 상을 수상한 밀크 초코로 만든 상품은 인기가 많다.

초코바 다크
다크 초코로 만든 초콜릿. 에스프레소 등 모두 8가지 맛이 있다.

캐러멜
하와이산 재료로 만든 수제 캐러멜. 초코맛과 코코넛맛 두 종류다.

코튼 파우치
조개껍데기 로고가 새겨진 파우치. 초콜릿바 3개가 들어가는 크기다.

최신 하와이 기념품을 판매
라울레아
Laule'a

하와이안 주얼리, 퀼트, 잡화 등이 풍성한 기프트 매장. 다양한 상품이 진열되어 있다.

● 2142 Kalakaua Ave. ☎ 808-922-0001 ● 10:00~23:00 ● 연중무휴 ● 칼라카우아 애비뉴 옆

와이키키 >>> MAP P.12 A-1

바다를 형상화한 산뜻한 디자인
엘레나 하와이
Elena Hawaii

여기저기 선물로 주기 좋은 아기자기한 잡화 외 장인의 수공예 하와이안 주얼리도 판매한다. 저렴한 가격에 판매하는 하나뿐인 희귀 상품들이 많다.

● 힐튼 하와이안 빌리지 와이키키 비치 리조트 1층 ☎ 808-942-0222 ● 9:00~23:00 ● 연중무휴

와이키키 >>> MAP P.10 B-3

엄선한 하와이산 재료로 만드는 초콜릿 전문점
말리에 카이 초콜릿
Malie Kai Chocolate

엄선한 하와이산 카카오를 사용하는 초콜릿 전문점. 수상 경력이 많은 8가지 맛의 대표 상품이나 포장이 귀여운 기프트 세트는 선물용으로 최고다!

● 로열 하와이안 센터 C관 1층 ☎ 808-922-9090 ● 10:00~22:00 ● 연중무휴

와이키키 >>> MAP P.18

선물을 너무 많이 사서 여행용 캐리어에 모두 들어가지 않는다면?
ABC 스토어에서 판매하는 바퀴 달린 가방을 활용하자!

나를 위한 10달러 이상 기념품
고급 잡화 세심하게 구입하기

쿠션 커버
서핑 보드가 프린트된 귀여운 쿠션 커버.

주방·욕실용 매트
나를 위한 기념품으로 매우 적절한 주방·욕실용 매트. 집에 깔아두면 기분 전환이 된다.

스노우볼(M)
야자수에 반짝반짝 빛나는 눈이 내리는 풍경은 스노우볼에서만 볼 수 있지 않을까?!

인어 인형
깜찍하고 순수한 표정이 귀여운, 힐링용 인어 인형.

12.50달러

편지지&편지봉투
트로피컬 느낌이 충만한 그림. 이런 카드를 받는다면 분명 기분이 좋아질 것이다.

28달러

파우치(소)
고급스럽고 세련된 바다 생물 일러스트로 디자인된 미니 파우치.

'시 라이프'의 냅킨 링
냅킨을 말아 끼워두는 고리. 샌드달러(연잎성게)를 모티프로 만들었다.

조개 가방
조개 모양의 화려한 핫핑크 가방. 폭이 좁고 기다란 모양이 포인트.

25.95달러

메모꽂이
야자수 모양 메모꽂이. 책상 위의 센스가 빛난다.

가격 대비 품질 좋은 잡화가 모두 집합
해밀턴 부티크
Hamilton Boutique

잡화를 1달러부터 판매하는 매장. 액세서리, 손목시계, 의류 등 장르를 불문하고 다양한 상품을 판매한다. 하와이 기념품으로 알맞은 잡화를 찾을 수 있다.

● 2131 Kalakaua Ave. ☎ 808-922-7772 ● 9:00~23:00(토·일요일 10:00부터) ● 연중무휴 ● 칼라카우아 애비뉴 옆

와이키키 >>> MAP P.12 A-1

남쪽 섬에서의 생활을 이미지화
샌드 피플
Sand People

바다와 남쪽 나라 생활을 주제로 디자인한 인테리어 잡화나 소품이 진열되어 있다. 수공예 액세서리나 인어, 조개껍데기 등 바다를 주제로 만든 상품으로 방을 시원하게 물들여보자.

● 알라모아나 센터 2층 E ☎ 808-955-8883 ● 9:30~21:00(일요일 10:00~19:00) ● 연중무휴

알라모아나 >>> MAP P.15

바다를 담은 휴양지풍 잡화
비치 카바나
Beach Cabana

해변에 온 듯한 분위기의 인테리어 매장. 바다를 이미지화한 주방 용품이나 생활용품, 핸드메이드 주얼리 등 오너의 깐깐한 취향이 돋보인다.

● 로열 하와이안 센터 C관 2층 ☎ 808-924-3339 ● 10:00~22:00 ● 연중무휴

와이키키 >>> MAP P.18

10달러가 넘는, 살짝 값이 나가는 상품은 자신을 위한 선물로 구입하자.
하와이에는 국내에서는 찾아보기 힘든 개성 넘치는 잡화로 가득하다. '마린', '하와이안', '아메리칸' 등
가게마다 독특한 상품을 선보여 구경하는 재미도 쏠쏠하다!

사인보드
불가사리 네 개를 성조기에 그린 감각적인 사인보드.

39.80달러

오리지널 앞치마
프릴과 펠트 단추가 러블리한 앞치마. 다른 무늬도 있다.

콜라 캔 모양 파우치
언뜻 보면 착각할 수 있다!? 코카콜라 모양의 파우치.

'케인 스페이드'의 문구 세트
클립부터 핀, 메모, 마스킹 테이프, 연필깎이까지 총망라한 세트 상품.

반짇고리
귀여운 박스 안에 골무, 가위, 줄자가 들어 있다.

치즈마커
구입일을 적어서 치즈 같은 식품에 꽂아 놓을 수 있다. 사랑스러운 동물 모양이다.

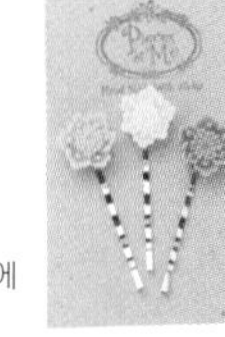

'피스 오브 미'의 머리핀
머리핀 3종 세트. 작기 때문에 아동용으로도 OK.

'피스 오브 미'의 베 소재 케이스
화사한 꽃무늬의 베로 만든 케이스. 안경을 넣기에 딱 좋다.

유리잔
심플하지만 센스가 돋보이는 빈티지 유리잔

저렴한 여성 잡화가 다 모였다

새비 룸

Shabby Room

하와이나 미국에서 대량 구매한 인테리어 잡화와 액세서리를 저렴하게 판매한다. 쿠션, 앞치마 등 오리지널 상품도 있다.

● 307 Lewers St. #201 ☎ 808-922-3541 ● 11:00~20:00 ● 일요일 휴무 ● 루어스 스트리트 옆

와이키키 >>> MAP P.12 B-1

귀엽고 개성 있는 편집 잡화점

레드 파인애플

Red Pineapple

매장 내부에 전 세계에서 모아놓은 유니크한 잡화로 가득하다. 구입한 상품을 예쁘게 포장해주는 포장 서비스도 인기다.

● 워드 센터 1층 ☎ 808-593-2733 ● 10:00~21:00(일요일 18:00까지) ● 연중무휴

워드 >>> MAP P.9 E-3

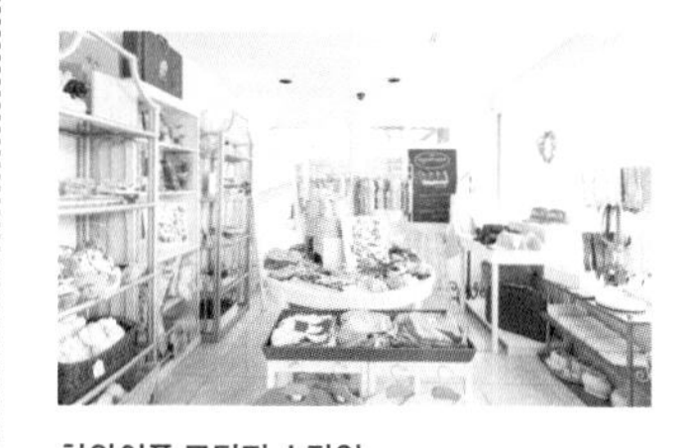

하와이풍 코티지 스타일

슈가케인

Sugarcane

코티지 스타일 잡화점. 중고품과 신상품이 반반씩 있다. 아동복부터 리폼한 중고 가구까지, 빈티지풍 상품이 진열되어 있다.

● 1137 11th Ave. #101 ☎ 808-739-2263 ● 10:30~18:00 ● 연중무휴

와아알라에 >>> MAP P.5 E-1

슈퍼마켓에서 현지인처럼

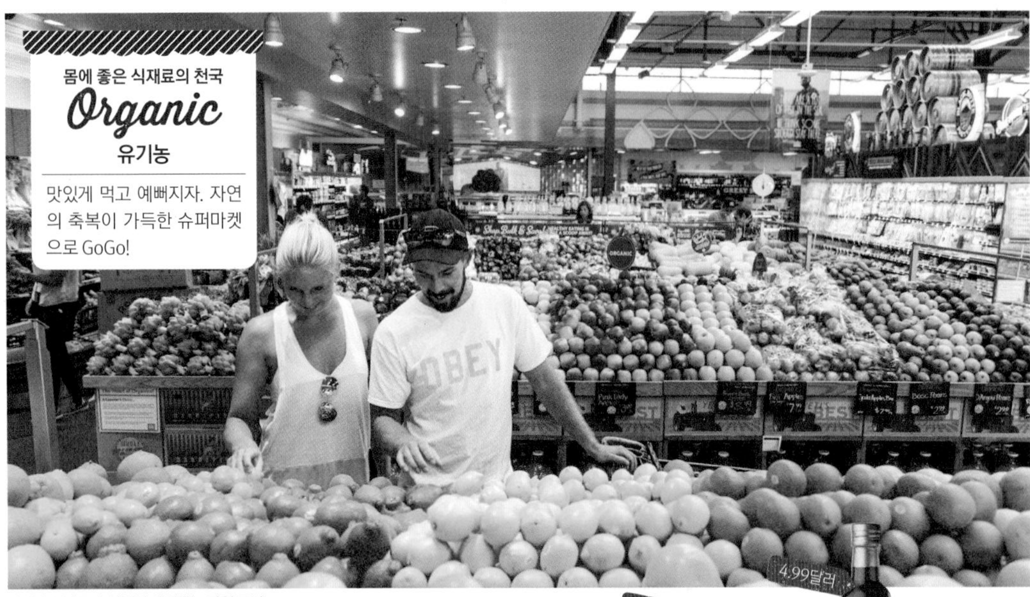

색색의 식재료가 산처럼 쌓여있는 과일 코너. 현지에서 재배한 채소가 많다.

하와이산이 풍부한 자연파 슈퍼마켓

홀 푸드 마켓

Whole Food Market

'로컬푸드'가 콘셉트인 내추럴&오가닉 슈퍼마켓. 프라이빗 브랜드(PB) 상품에도 주목할 것.

● 4211 Waialae Ave. ☎ 808-738-0820 ● 7:00~22:00 ● 연중무휴 ● 카할라몰 1층 **카할라 >>> MAP P.5 F-2**

에코백은 수십 가지 있으며, 카할라 한정 상품도 있다.

POINT 1

프라이빗 브랜드 '365' 시리즈가 저렴하다!!

품질 좋고 저렴해서 만족스러운 홀 푸드의 오리지널 브랜드. 샴푸이나 비누부터 식품까지 종류도 다양하다.

4.99달러
인기 폭발 중인 영양만점 곡물 퀴노아

4.99달러
엑스트라 버진 올리브 오일

두 가지 맛이 붙어 있는 쿠키 샌드

3.99달러

POINT 2

무게당 계산하는 화장품, 비누도 있다!

코코넛 향 보디 워시

다양한 종류의 수제 비누가 있으며, 무게를 달아서 판매한다. 미국의 인기 브랜드나 유기농 화장품도 많이 판매한다.

'버블 샤크 하와이', '소프 셀러'와 같은 수제 비누는 무게를 달아 판매한다.

POINT 3

음식을 직접 담는 델리

접시에 좋아하는 음식을 먹고 싶은 만큼 담는 시스템. 하와이에서 재배한 채소로 요리한 메뉴가 다양하게 놓여 있다.

현지인의 기분을 내면서 저렴하게 쇼핑할 수 있는 대형 슈퍼마켓도 방문하기를 추천한다.
국내에 출시되지 않은 상품도 많으며, 넓은 매장 내부를 둘러보는 것만으로도 즐겁다.
기념품 매장에서 판매하는 상품보다 훨씬 저렴하므로 이곳에서 선물을 구입해도 좋다.

1.79달러

에코백은 가격 대비 튼튼하다.

유기농&내추럴

다운 투 어스 Down to Earth

유기농을 고집하는 채식주의자를 위한 슈퍼마켓. 천연 스킨케어나 건강보조제도 판매한다.

● 2525 S. King St. ☎ 808-947-7678
● 7:30~22:00 ● 연중무휴 ● 사우스 킹 스트리트 옆 **모일리일리 >>> MAP P.10 C-1**

POINT 1

유기농 식품의 천국

전부 유기농 농법으로 재배되었음을 보증받은 식품들이다. 견과류는 무게당 판매한다.

12.49달러

4.09달러

석류 맛 하드캔디 100% 마우이산 커피

POINT 2

채식주의자를 위한 델리를 즐기자

신선한 채소를 사용한 다채로운 채식 요리를 판매한다. 피자와 필라프도 인기다.

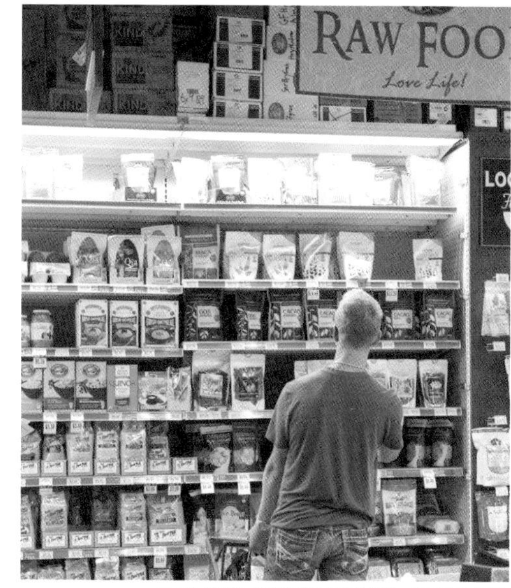

이곳은 다양한 종류의 영양제를 판매하는 것으로 유명하다.

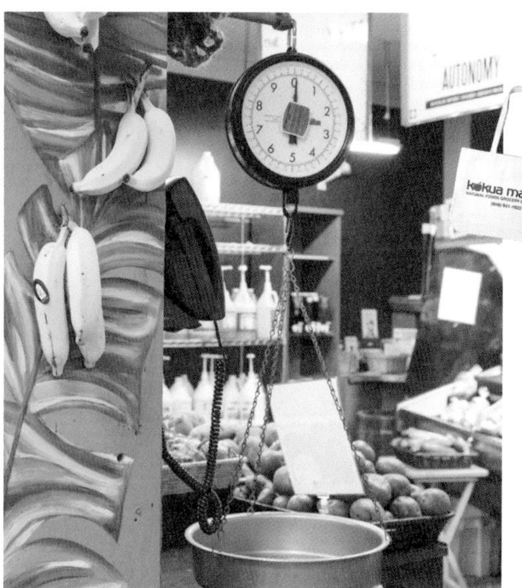

다른 슈퍼마켓에서는 볼 수 없는 희귀한 하와이한 식재료도 구입할 수 있다.

12.99달러

총 세 가지 크기의 에코백. 사진은 M 사이즈

유기농 마니아들의 하와이산 식품 판매점

코쿠아 마켓 Kokua Market

1970년에 문을 연 유기농 제품 판매 매장. 하와이산 전문 매장으로, 농장과 연계해서 생활협동조합과 비슷한 시스템으로 운영된다.

● 2643 S.King St. ☎ 808-941-1922
● 8:00~21:00 ● 연중무휴 ● 사우스 킹 스트리트 옆 **모일리일리 >>> MAP P.11 D-1**

POINT 1

시리얼 종류가 풍부하다

무게당 판매하는 시리얼이 많다. 현미, 그래놀라, 퀴노아 등 각양각색의 곡물을 판매한다.

POINT 2

생식도 판매하는 델리 코너

날 음식(Raw food)을 이용한 생식이나 샌드위치 등 메뉴가 다양하다. 맛있는 건강식으로 몸 건강히!

대용량 제품 구입에 안성맞춤

American

미국 스타일

미국다운 유니크한 포장이 여행 선물로도 최고!

넓은 매장 내부는 통로도 널찍하다. 커다랗고 붉은 카트를 끌고 둘러보자.

감각적인 고기능 상품이 가득

타겟 Target

식품부터 가전제품까지 총망라. 자체 상품 외에 미국의 최신 브랜드와 협업한 상품도 인기가 많다.

● 4380 Lawehana St. ☎ 808-441-3118 ● 8:00~24:00(일요일 7:00부터) ● 연중무휴 ● 라웨하나 스트리트 옆

카일루아점도 CHECK >>> P.165

히캄 >>> MAP P.3 D-3

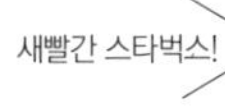

새빨간 스타벅스!

타겟 계산대에서 스타벅스 할인권을 받을 수도 있다!

5.99달러

'타겟'의 컬러 머그컵

POINT 1

주방&생활용품이 풍부

실용성과 디자인을 겸비한 상품들이 많다. 컬래버 라인인 '심플리 셰비 시크(Simply Shabby Chic)'를 추천한다.

'셰비 시크'의 침대 커버

94.99달러

POINT 2

종이 아이템도 놓치지 말자!

포스트 카드, 노트, 포장지 등 알록달록하고 디자인이 독특한 문구류가 많다. 선물용으로도 최고.

세련된 단추 봉투

7.79달러

4.99달러

개성 있는 메시지 카드

27.99달러

한정 브랜드 '레모나'의 셔츠

21.99달러

17.99달러

'타겟' 한정 수영복은 현지인들에게 인기가 많다.

POINT 3

저렴하고 귀여운 패션 아이템

고급스러워 보이면서 매우 저렴한 상품이 가득하다. 원피스가 10달러부터. 유명 디자이너와의 협업 상품도 계속 판매하고 있다.

'타겟'은 특히 세련된 의류를 많이 판매하는 슈퍼마켓이다. PB상품도 다양하게 판매한다.

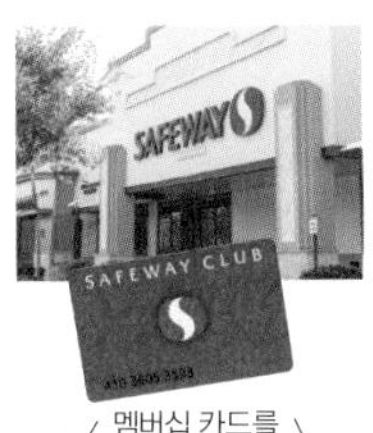

멤버십 카드를 만들면 이득

가장 미국적인 24시간 슈퍼마켓

세이프웨이 Safeway

식품, 잡화, 의류, 델리까지 없는 것이 없는 미국 최대 규모 슈퍼마켓 체인. 격주로 세일을 진행한다.

● 888 Kapahulu Ave. ☎ 808-733-2600
● 24시간 영업 ● 연중무휴 ● 카파훌루 애비뉴 옆 **카파훌루 >>> MAP P.11 E-1**

식료품, 잡화, 생활용품에 스시바, 은행, 우체국까지 입점해 있다.

POINT 1

베이커리도 있다!

식빵, 도넛 등 갓 구운 빵들이 진열되어 있다. 케이크와 타르트 같은 디저트 종류도 인기가 많다.

POINT 2

지극히 미국다운 식품들

팬케이크가루 등 식탁에서 하와이의 맛을 재현할 수 있는 상품을 판매한다. 선물용으로도 매우 훌륭하다.

릴리코이 맛 팬케이크가루

통에 든 피넛버터

미국 특유의 빅 사이즈 식품도 많다. 보기만 해도 즐겁다.

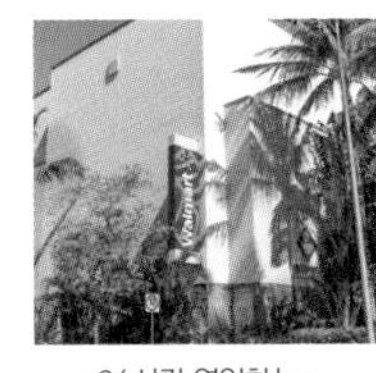
24시간 영업하는 고마운 존재!

무엇이든 판매하는 대형 할인 마트

월마트 Wal-Mart

식품, 잡화, 완구, 전자제품까지 판매하는 넓은 창고형 마트. 하와이 기념품 코너도 반드시 둘러보자.

● 700 Keeaumoku St. ☎ 808-955-8441
● 24시간 영업 ● 연중무휴 ● 케에아우모쿠 스트리트 옆 **알라모아나 >>> MAP P.9 F-2**

POINT 1

디자인이 귀여운 나누어주기 좋은 선물

여러 개로 낱개 포장된 초콜릿이나 쿠키를 저렴하게 판매한다. 포장도 사랑스럽다.

코나커피 6봉지 패키지

POINT 2

하와이안 아이템 코너도 있다

알로하셔츠나 하와이안 퀼트 등 하와이 분위기의 상품이 무궁무진하다.

기념품으로도 좋은 하와이 스티커

놓치지 말자, 아웃렛&스와프 미트

세계 톱 브랜드의 한정품도 판매

와이켈레 프리미엄 아웃렛

Waikele Premium Outlets

하와이 최대 규모 아웃렛. '코치', '카터스' 등 명품 브랜드나 전문 매장이 50개 이상 들어서 있다.

● 94-790 Lumiaina St. ☎ 808-676-5656 ● 9:00~21:00(일요일 10:00~18:00) ● 휴무(매장마다 다르다) ● 루미아이나 스트리트 옆

와이켈레 >>> MAP P.2 C-2

입점 브랜드 목록

BRAND LIST

아르마니 익스체인지 / 아디다스 / 바나나 리퍼블릭 팩토리 스토어 / 캘빈클라인 / 컨버스 / 케이트 스페이드 뉴욕 / 마이클 코어스 / 코치 외

하와이 최대 규모! 여행객이 많이 찾는

알로하 스타디움 스와프 미트

Aloha Stadium Swap Meet

여행 선물로도 좋은 하와이 민속 공예품을 저렴하게 구매할 수 있다. 스낵이나 주스 판매대도 많다.

● 99-500 Salt Lake Blvd. ☎ 808-486-6704 ● 8:00~15:00(일요일 6:30~15:00) ● 스타디움에서 열리는 이벤트에 따라 휴무인 경우 있음 ● 1달러(11세 이하는 무료) ● 알로하 스타디움 주변 **진주만 >>> MAP P.3 D-3**

쇼핑 천국 하와이에는 멀더라도 일부러 찾아갈만한 쇼핑장소가 많다! 명품을 구입할 수 있는 아웃렛, 하와이판 플리마켓인 스와프 미트 등 득템을 위해 출발하자.

말라사다 도넛으로 유명한 레오나즈 베이커리의 푸드트럭!

이런 상품들을 Get!

최대 70% OFF

75.60달러
파티용으로도 사용할 수 있는 클러치 백 A

159.60달러
격식 있는 자리에 참석할 때 입어도 좋은 원피스 A

22.99달러
화사한 꽃무늬 레깅스는 날씬해 보이게 한다. B

199달러
컬러풀한 백팩은 야외활동에도 적격 C

99달러
주머니가 많은 핑크 숄더백 C

알아두면 편리한 TIP

① **버스로 간편하게 찾아가기**
힐튼이나 쉐라톤 와이키키에서 출발하는 셔틀 버스가 있다.(왕복 10달러)

② **할인이 되는 팸플릿이 있다**
할인 쿠폰이 있는 팸플릿을 인포메이션에서 구할 수 있다.

이 브랜드를 주목!

A

시크하고 도시적인 디자인
BCBG 막스아즈리아
BCBG Maxazria
미국 브랜드. 보디라인을 아름다워 보이게 하는 고급스러운 의류가 인기다.

B

섹시하고 귀여운 옷
게스 GUESS
LA의 캐주얼 브랜드. 의류를 중심으로 액세서리나 향수 등도 판매한다.

C

기능성 나일론 백
키플링 Kipling
벨기에의 캐주얼 의류 브랜드. 모든 제품에 고릴라 인형이 달려 있다.

와이켈레 >>> MAP P.22

이런 상품들을 Get!

1달러
히비스커스가 열대의 느낌을 가득 담고 있는 자석

각 3달러
플루메리아나 바다거북이 그려진 팔찌는 착용이 편리한 스프링식

기념품을 담아가기에 편리한 가방이나 화려한 옷이 진열되어 있다.

1달러
종류가 다양한 자석은 전부 1달러

1달러
비치 샌들 모양으로 만들어진 병따개

25달러
에스닉 스타일 가방은 두 개 사면 45달러

알아두면 편리한 TIP

보물찾기는 아침 일찍
천막 매장이 죽 늘어선 스와프 미트. 잘 찾으면 현지 아티스트가 만든 희귀 아이템을 구입할 수도 있기 때문에, 보물을 건지고 싶다면 이른 아침에 방문하기를 추천한다.

EAT

하와이 레스토랑 '룰'을 알자

레스토랑에도 지켜야 할 하와이의 규칙이 있다. 모르고 방문했다가 자칫하면 입장 시 제지를 받을 수 있다. 모처럼 먹는 맛있는 진수성찬을 즐기기 위해 최소한의 지식은 알아두자.

CASE 1

티셔츠 차림으로 레스토랑에 갔더니 입장 거부를 당했다!

SOLUTION!

격식 있는 레스토랑을 방문할 때 주의할 것, 하와이의 드레스 코드를 파악하자!

리조트호텔 내 입점한 음식점이나 파인다이닝 등 레스토랑마다 캐미솔이나 비치 샌들 같은 가벼운 복장을 금지하는 곳이 있다. 해변에 가는 차림으로 방문하지 않도록 주의하자.

올바른 드레스 코드

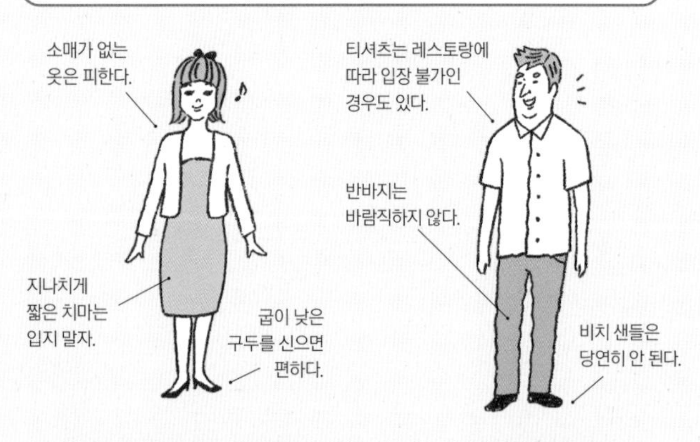

여성 원피스에 구두를 코디한 심플한 스타일. 소매가 없는 옷 위에는 카디건을 입는다.
남성 옷깃이 있는 셔츠에 발목이 가려지는 긴 바지. 신발은 기본적으로 가죽 구두를 신어야 하지만, 여의치 않을 때는 스니커즈도 괜찮은 곳도 많다.

레스토랑 이용법

1 입장 — 입구에서 직원이 인원수를 물은 뒤 좌석 상황을 파악한다. 마음대로 빈 좌석에 앉지 않도록 한다.

↓

2 주문 — 기본적으로 테이블마다 담당 웨이터가 정해져 있고, 담당 외에는 테이블의 서비스를 맡지 않는다.

↓

3 계산 — 담당 웨이터에게 "Check, please" 라고 말하면 계산서를 가져다준다.

↓

4 팁 — 결제 금액의 15~20% 정도를 테이블 위에 올려놓는다. 계산서에 서비스 요금이 포함되어 있는 경우는 팁을 놓을 필요가 없다.

알로하셔츠&무무는 정장

하와이에서는 남성의 알로하셔츠와 여성의 무무도 엄연한 정장이다. 이왕이면 하와이안 스타일 복장으로 식사를 즐기는 것은 어떨까?

⚠ NG 아이템
× 샌들 × 탱크톱 × 짧은 바지
× 데님 × 티셔츠

옷을 빌릴 수 있는 곳

무무 레인보우 MuuMuu Rainbow
무무나 알로하셔츠를 빌려주는 전문점.

● 307 Lewers St. #305 ☎ 808-921-8118 ● 10:00~18:00 ●부정기 휴무
와이키키 >>> MAP P.12 B-1

CASE 2

술을 주문했더니 "없다"는 답변을 들었다!

SOLUTION! **주류는 손님이 직접 외부에서 구입해 와서 먹는 가게가 많다**

하와이에서 주류를 판매하기 위해서는 '리커 라이센스(Liquor license)'가 필요하다. 단, 허가를 받지 못한 대부분의 가게는 손님이 외부에서 술을 준비해 와서 먹는 것을 허용한다. 그러나 가게 내부에서 술을 마시면 비용이 발생하는 곳도 있으므로 마시기 전에 확인하자.

주류 관련 규정

하와이에서 음주는 21세 이상부터. 설령 연령이 지났어도 신분증(ID)을 요구하는 곳이 있기 때문에 반드시 잊지 말고 준비하자. 술을 판매하는 시간도 가게마다 다르므로 사전에 확인해 두자.

'해피 아워'를 이용하자!

해피 아워란 음식점별로 각자 정해 놓은 '음료나 음식을 저렴하게 판매하는 시간'을 뜻한다. 가게마다 시간은 다르지만 주로 디너 전 해질녘에 진행되는 경우가 많다. 매일 밤 많은 가게에서 운영하기 때문에 몇 군데 돌면서 맛보기를 추천한다.

음료와 음식을 저렴하게!

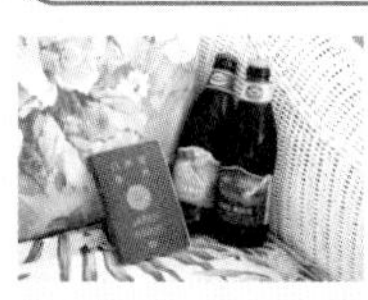

이 가게의 해피 아워를 주목

◎ 훌라 그릴 와이키키 >>> P.137
16:00~18:00에 술과 안주를 서비스 가격으로 제공한다.

◎ 룰루스 와이키키 >>> P.137
15:00~17:00에 다이키리나 상그리아 등 칵테일을 4달러부터 판매한다. 맥주도 다양하다.

◎ 울프강 스테이크하우스 >>> P.138
11:00~18:30에 와인은 5달러, 미니로코모코나 햄버거 등 음식은 7달러에 판매한다.

CASE 3

양이 너무 많아서 다 먹을 수가 없다. 그러나 남기면 실례일 것 같아!

SOLUTION! **레스토랑은 대부분 'To Go(테이크아웃)'가 가능하다**

하와이의 음식점 대부분은 먹다 남은 음식을 포장해서 가져올 수 있다. 담당 웨이터에게 "To Go, please"라고 한마디만 하면 OK. 미국 사이즈 요리가 나와도 안심하고 즐기자!

To Go용 포장용기 이야기

To Go 서비스를 제공하는 음식점에서는 대부분 빈 포장 용기를 건네준다. 이 용기는 'Doggy bag'이라는 별명으로도 불리는데, '집에서 기르는 개에게 먹이기 위해' 음식을 포장해갔던 것에서 유래되었다.

⚠ To Go가 되지 않는 음식점도 있다!

많은 음식점에서 가능하지만, 무한 리필 뷔페형 레스토랑에서는 음식을 포장하지 않는다. 또한 파인다이닝 등 격식 있는 레스토랑에서는 To Go를 요청하지 않도록 하자.

폭신하고 쫄깃한 팬케이크

언제 어디서나 인기가 많은 팬케이크. 역시 한 번쯤은 본고장에서 먹어야 하지 않을까?
어른의 맛 정통 팬케이크 전문점부터 심혈을 기울인 개성파 전문점까지
모두 파악해서 하와이 팬케이크 정보통이 되자!

바나나, 블루베리, 딸기에
캐러멜 입힌 사과를 올린 과일 토핑

Fruit
과일 듬뿍

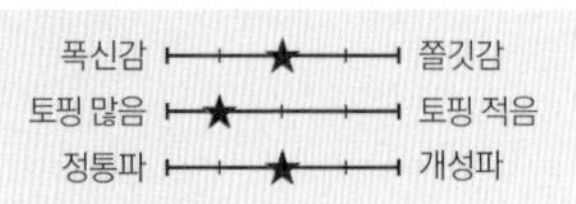

다양한 과일을 소복하게 쌓아올린

카페 카일라 Café Kaila

맛집 어워드에서 '베스트 브렉퍼스트상(Best Breakfast)'을 수상했다. 딸기, 캐러멜을 입힌 사과 등 다채로운 과일 토핑이 인기 비결이다.

● 2919 Kapiolani Blvd. ☎ 808-732-3330 ● 7:00~18:00(토·일요일 15:30까지) ● 연중무휴 ● 카피올라니 블러바드 옆 **카파훌루 >>> MAP P.11 E-1**

현지인과 여행객이 모두 모여들며, 오픈 전부터 줄 서 있다.

벨기에산 연기름을 넣은 와플(과일 토핑 포함) 19.95달러.

Cream
휘핑크림 듬뿍

쫄깃쫄깃하고 식감이 부드러운 팬케이크. 담뿍 올린 크림과 너츠의 풍미가 최고의 조합을 이룬다.

스트로베리 마카다미아 너츠 팬케이크 12.75달러

풍성한 휘핑크림이 특징
에그즈 앤 씽즈 Eggs'n Things

하와이 외 다른 나라에도 지점을 운영할 정도로 인기 폭발! 그 본점이 바로 이곳이다. 휘핑크림을 수북이 올린 팬케이크가 쫄깃쫄깃하다. 와이키키와 알라모아나에 지점이 있다.

● 343 Saratoga Rd. ☎ 808-923-3447 ● 6:00~14:00, 16:00~22:00 ● 연중무휴 ● 사라토가 로드 옆

와이키키 >>> MAP P.12 A-2

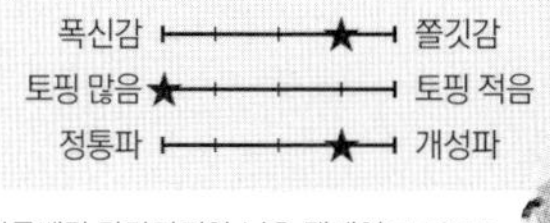

블루베리 마카다미아 너츠 팬케이크 12.75달러. 딸기 토핑보다 신맛이 강하다.

Sauce
소스

얇게 구운 팬케이크 세 장에 향과 풍미가 가득한 크림이 듬뿍. 크리미한 달콤함은 이곳만의 특징이다.

독특한 견과 소스
부츠 앤 키모스 Boots&Kimo's

마카다미아 소스를 한쪽 면에 뿌린 팬케이크가 명물이다. 매일 줄 서서 먹기 때문에 이른 아침 시간을 노리자.

● 151 Hekili St. ☎ 808-263-7929 ● 7:30~15:00(토·일요일 7:00부터) ● 화요일 휴무 ● 헤킬리 스트리트 옆

카일루아 >>> MAP P.7 D-3

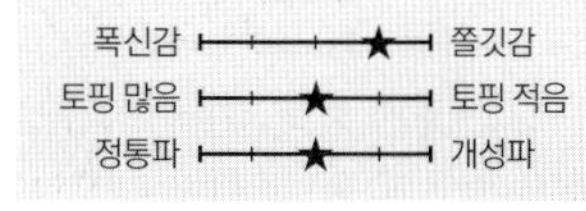

슈림프 알프레도 오믈렛 14.95달러. 치즈가 녹아 있는 새우 오믈렛. 총 15가지 오믈렛 메뉴가 있다.

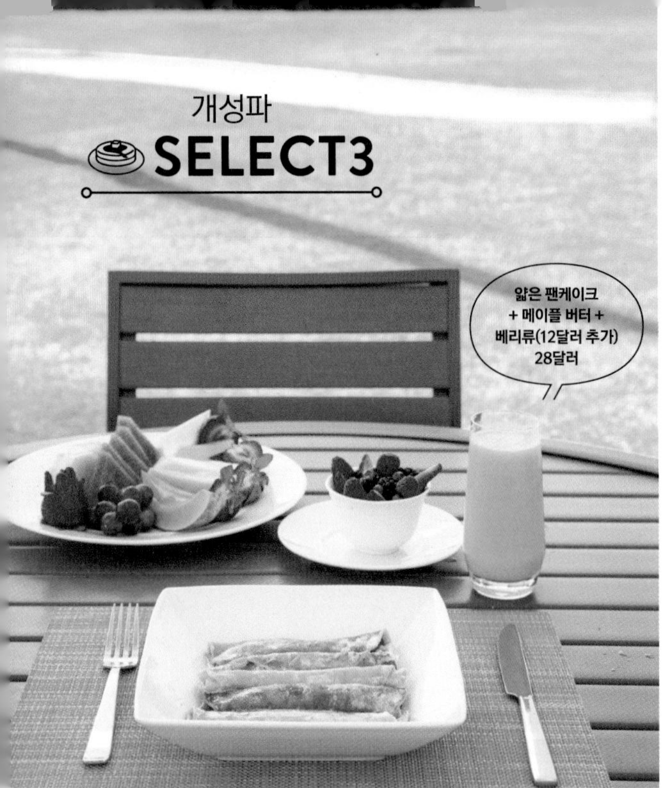

개성파 SELECT3

빵을 돌돌 말아서 만든다.
메이플 버터 시럽과 어울린다.

Shape
모양이 개성만점!

독창적인 크레이프식 팬케이크
플루메리아 비치 하우스
Plumeria Beach House

해안선이 보이는 테라스석이 인기. 단품 조식 메뉴인, 얇은 반죽을 말아서 만든 유니크한 팬케이크에 주목하자.

● 카할라 호텔&리조트 1층 ☎ 808-739-8760 ● 6:30~14:00, 17:30~22:00 ● 연중무휴
카할라 >>> MAP P.5 F-2

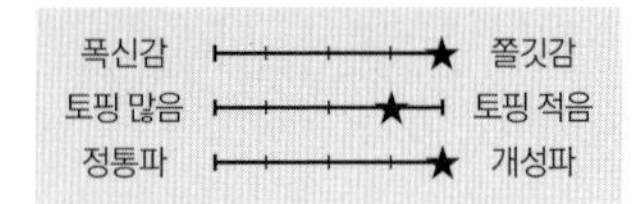

달고 시큼한 소스가 매력적인 구아바 시폰 팬케이크 8.75달러

카일루아의 명물이 와이키키에
시나몬스 앳 더 일리카이
Cinnamon's at the Ilikai

요트 항구에 접해 있는 오픈된 공간. 지역 잡지 호놀룰루 매거진에서 선정하는 할레아이나상(유명 맛집에 주어지는 상) 중 베스트 브렉퍼스트상을 연속 수상했으며, 현지인에게도 많은 사랑을 받고 있다.

● 일리카이 호텔&럭셔리 스위트 1층 ☎ 808-670-1915 ● 아침 7:00~14:00, 점심 11:00~14:00, 저녁 16:00~21:00 ● 연중무휴 **와이키키 >>> MAP P.10 B-3**

카일루아 본점도 CHECK

개성 넘치는 팬케이크에 빠지다
시나몬스 레스토랑
Cinnamon's restaurant

현지인들이 사랑하는 카일루아의 명물 음식점. 디너 타임에는 영업하지 않으므로 주의할 것.

캐럿 팬케이크 8.25달러. 오픈 당시부터 지금까지 이어온 맛. 진한 크림치즈가 인상적이다.

● 315 Uluniu St. ☎ 808-261-8724 ● 7:00~14:00 ● 연중무휴 ● 울루니우 스트리트 옆 **카일루아 >>> MAP P.7 D-3**

적당하게 단 초콜릿 맛 붉은 케이크. 깊은 맛의 화이트 초코 소스 토핑

입안에서 살살 녹는다. 마시멜로와 비타 초코가 질리지 않는 쌉쌀한 맛을 낸다.

식감이 부드러운 프랑스 스타일

크림 포트

Cream Pot

달걀흰자로 요리한 프랑스 스타일의 수플레 팬케이크가 유명하다. 시골풍의 아기자기한 가게 내부는 소녀 감성이 느껴진다.

●444 Niu St. ☎ 808-429-0945 ●6:30~14:30 ●화요일 휴무 ●하와이안 모나크 호텔 1층

와이키키 >>> MAP P.10 B-2

수플레 팬케이크 스트로베리 14.50달러. 마우이산 딸기를 호화롭게 토핑

폭신감	★────	쫄깃감
토핑 많음	───★─	토핑 적음
정통파	───★─	개성파

절대 놓치지 말자!

이 팬케이크도 주목

하와이에서만 맛볼 수 있는 한정 팬케이크나 세계적으로 유명한 정통 팬케이크를 소개한다.

기간한정! 메뉴는 3개월마다 바뀐다. 몇 번을 가도 다른 맛을 즐길 수 있어서 매력적이다.

밀크&시리얼 팬케이크 11달러. 쫄깃쫄깃한 빵과 바삭바삭한 시리얼이 이루는 최고의 조합!

차이나타운의 모던 카페

스크래치 키친&베이크 숍

Scratch Kitchen&Bake Shop

계절마다 바뀌는 팬케이크가 유명하다. 사우스 쇼어 마켓 내에 입점한 새 지점도 잊지 말고 체크하자.

●1030 Smith St. ☎ 808-536-1669 ●7:30~14:00 ●화요일 휴무 ●스미스 스트리트 옆

차이나타운 >>> MAP P.4 A-1

유명가게! 셀러브리티들이 '세계 최고의 브렉퍼스트'라고 극찬한 가게. 하와이 하늘 아래에서 먹어 보자.

리코타 팬케이크 19달러. 허니콤버터로 달콤한 맛을 강조한 메뉴

리코타 치즈를 사용한 최고의 팬케이크

빌스 와이키키

bills Waikiki

시드니의 올데이 캐주얼 다이닝. 상큼한 리코타 치즈 팬케이크가 간판메뉴다.

●280 Beachwalk Ave. ☎ 808-922-1500 ●7:00~22:00 ●부정기 휴무 ●비치 워크 애비뉴 옆

와이키키 >>> MAP P.12 A-2

완벽 가이드! 팬케이크 MAP

유명 맛집을 이미 섭렵한 팬케이크 마니아를 위해 숨은 맛집 8곳을 준비했다.
모두 와이키키에 위치하기 때문에 아침에 눈 뜨자마자 찾아가기 딱 좋다.
쇼핑 도중에 들를 수도 있어 더욱 매력적이다.

C
알로하 키친
프루츠 수플레 팬케이크 17달러
바나나, 딸기 등 계절과일을 듬뿍 올린 팬케이크

A
100 세일스 레스토랑&바
팬케이크 14달러
소스는 3가지 중에서 선택할 수 있다. 타로 팬케이크도 있다.

B
와일라나 커피 하우스
팬케이크 무한리필 8.25달러
폭신폭신하게 구워낸 팬케이크가 무한리필. 베이컨과의 조합이 훌륭하다!

알라와이 블러바드

와이키키는 팬케이크 천국!

교외에 유명한 맛집이 많지만, 와이키키에도 맛집이 즐비하다.
레스토랑, 카페, 호텔 뷔페…….
팬케이크가 없는 가게를 찾는 편이 더 힘들지도 모른다!

A

요트 항구 전망

100 세일스 레스토랑&바

100 Sails Restaurant&Bar

현지의 신선한 재료로 요리한 메뉴가 다양한 매력적인 레스토랑. 서양 요리, 일본 요리, 하와이 요리가 즐비한 뷔페가 인기다. 아름다운 야경과 함께 라이브 공연도 감상할 수 있다.

>>> P.115

B

분위기가 최고인 24시간 레스토랑

와일라나 커피 하우스

Wailana Coffee House

미국다운 분위기가 감도는 24시간 레스토랑. 아침부터 밤까지 같은 메뉴를 판매한다. 그중에서도 무한리필 팬케이크는 인기가 많아서 아침부터 줄을 설 정도다.

>>> P.146

C

디저트와 로컬푸드

알로하 키친

Aloha Kitchen

인기 폭발 푸드트럭이 가게로 변신했다. 두툼하고 몽실몽실한 수플레 팬케이크가 대표 메뉴다.

● 432 Ena Rd. ☎ 808-943-6105 ● 8:00~13:00, 18:00~22:00 ● 연중무휴 ● 에나 로드 옆 **와이키키 >>> MAP P.10 B-2**

D

뉴욕 스타일 스포츠 바

지오반니 파스트라미

Giovanni Pastrami

운동 경기를 관전할 수 있는 레스토랑&바. 하루에 두 번 운영하는 해피 아워에 주목하자.

● 와이키키 비치 워크 1층 ☎ 808-923-2100 ● 7:00~24:00(금·토요일 다음날 1:00까지) ● 연중무휴
와이키키 >>> MAP P.20

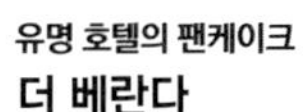

E

미국의 국민 레스토랑

아이홉(쿠히오 애비뉴 점)

IHOP

미국 전역에 1,600개가 넘는 매장이 있는 오래된 패밀리 레스토랑. 아침식사 메뉴인 팬케이크가 인기 있다.

● 2211 Kuhio Ave. ☎ 808-921-2400 ● 24시간 영업 ● 연중무휴 ● 쿠히오 애비뉴 옆

와이키키 >>> MAP P.12 B-1

F

남국의 공간에서 듣는 파도 소리

훌라 그릴 와이키키

Hula Grill Waikiki

그릴 요리가 명물인 오션 뷰 레스토랑. 열대 과일을 올린 팬케이크가 유명하다. 저녁에는 하와이안 라이브도 열린다. 와이키키 비치가 훤히 보이는 절경 감상 포인트로, 시간을 잊은 채 느긋하게 시간을 보낼 수 있다.

>>> P.137

G

유명 호텔의 팬케이크

더 베란다

The Veranda

유서 깊은 호텔 내부에 위치한 레스토랑. 바닷바람과 함께 식사를 즐길 수 있는 점이 특징이다.

● 2365 Kalakaua Ave. ☎ 808-921-4600 ● 6:00~10:30, 11:30~14:30 ● 연중무휴 ● 모아나 서프라이더 웨스틴 리조트&스파 1층

와이키키 >>> MAP P.13 D-2

H

미국 빅 사이즈에 깜짝 놀라다

맥 24-7

MAC 24-7

빅 사이즈 메뉴가 많은 24시간 레스토랑. 음식과 디저트 모두 온종일 같은 메뉴를 주문할 수 있으며, 이른 아침 외에는 주류도 판매한다. 속에 호두를 담뿍 넣은 명물 팬케이크는 크기도 독보적이다.

>>> P.147

휴양지 조식을 먹으며 기분 내기

아침식사를 느긋하게 음미하는 것도 여행의 묘미. 조금은 비싼 레스토랑을 찾아, 넓은 공간에 앉아서 바다나 거리를 바라보며 아침을 우아하게 보내자. 인기 레스토랑은 영업 시작과 동시에 매우 붐빈다. 조식이라도 사전에 예약하는 좋다.

Crepe

기분 좋은 아침 햇살을 받으며 야외 테라스에서 즐기는 이탈리안 크레이프

인기 메뉴인 크레이프에 이탈리안 샌드위치도 반응이 좋다.

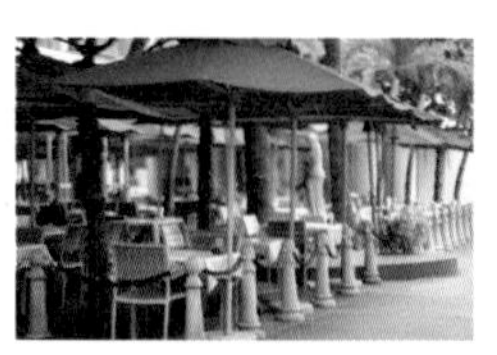

이탈리아 식재료로 만드는 신감각 크레이프

아란치노 디 마레 Arancino di Mare

탁 트인 야외 테라스가 매력적이다. 간판 메뉴인 이탈리안 크레이프는 조식 한정 메뉴.

● 와이키키 비치 메리어트 리조트&스파 1층 ☎ 808-931-6273 ● 7:00~11:00, 11:30~14:30, 17:00~22:30 ● 연중무휴

와이키키 >>> MAP P.13 F-2

other menu

- 두껍게 부친 달걀 샌드위치 10.95달러부터
- 두툼한 포카치아 11.95달러
- 생햄과 모차렐라 치즈 크레이프 13.95달러

French Toast

하와이의 태양 아래서 길러낸 과일을 듬뿍 올린 호화 프렌치토스트

자르면 단면에서 크림치즈와 블루베리가!

당분이 적은 두툼한 프렌치토스트

스위트 이즈 카페 Sweet E's Café

마린 스타일 인테리어가 사랑스러운 카페. 소녀 감성을 자극하는 디저트나 하와이만의 요리를 즐길 수 있다.

● 1006 Kapahulu Ave. ☎ 808-737-7771 ● 7:00~14:00 ● 연중무휴 ● 카파훌루 애비뉴 옆

카파훌루 >>> MAP P.11 E-1

other menu

- 에그 베네딕트 12.95달러
- 하와이안 오믈렛 10.50달러
- 그릴드 베지터블 샌드위치 10.95달러

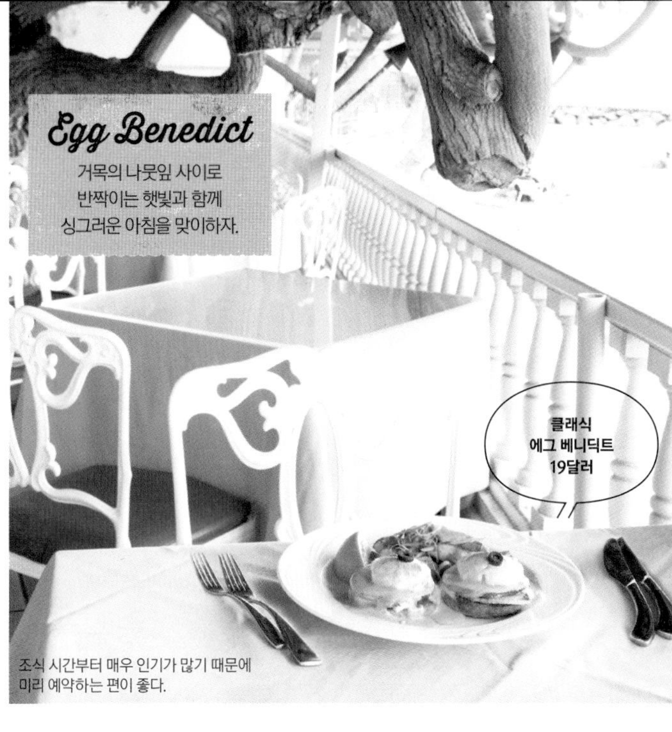

조식 시간부터 매우 인기가 많기 때문에 미리 예약하는 편이 좋다.

하우 트리 그늘 아래에서 여유롭게 즐기는 조식

하우 트리 라나이

Hau Tree Lanai

에그 베네딕트로 유명하다. 카이마나 비치가 바로 앞에 펼쳐진 테라스석이 인기가 많다.

● 2863 Kalakaua Ave. ☎ 808-921-7066 ● 7:00~10:45, 11:45~14:00(일요일 12:00부터), 17:30~21:00 ● 연중무휴 ● 뉴오타니 카이마나 비치 호텔 로비 1층

와이키키 >>> MAP P.5 E-3

other menu

- 하우 트리 로코모코 20달러
- 아히를 뿌린 버거 21달러
- HTL 오믈렛 20달러

Hotel Buffet

숙박하지 않아도 일류 호텔에서 즐길 수 있는

호텔 뷔페

좋아하는 음식을 먹고 싶은 만큼 먹을 수 있는 조식 뷔페에서 고급스러운 분위기에 젖어 봐도 좋다.

트럼프 인터내셔널 호텔

와플, 팬케이크, 샐러드 등 간단한 식사류가 있다. 25달러부터

다채로운 조식 뷔페에 감동하다

인요 카페 In-Yo cafe

5성급 호텔에 위치한 야외 카페. 주문을 하면 조리하는 오믈렛을 비롯해서 메뉴가 풍부한 조식 뷔페가 인기다.

● 트럼프 인터내셔널 호텔 와이키키 6층 ☎ 808-683-7777 ● 6:30~10:30 ● 연중무휴 ● 34달러 **와이키키 >>> MAP P.12 A-2**

프린스 와이키키

팬케이크 바는 아이들에게도 인기가 많다. 32달러부터

신선한 하와이산 재료로 만든 뷔페

100 세일스 레스토랑&바 100 Sails Restaurant&Bar

아름다운 하버 뷰를 감상하면서 식사를 즐길 수 있는 레스토랑. 단품 메뉴도 인기가 많다.

● 프린스 와이키키 3층 ☎ 808-944-4494 ● 6:00~10:30(일요일 10:00까지), 11:30~13:30, 17:30~21:30(일요일만 브런치 판매 10:00~13:00) ● 연중무휴 ● 32달러부터

와이키키 >>> MAP P.10 A-3

간편음식으로 즐기는 하와이 스타일

"아침부터 실컷 놀기 위해 아침식사는 간단하게 해결하고 싶다." 이런 사람에게 추천한다!
저렴하면서 간편한데다 하와이의 맛까지 즐길 수 있는 조식 메뉴가 있다. 일정과 취향에 맞춰 선택하자.

찬 음식 먹고 번쩍 정신이 들다!

아사이볼 Acai Bowl

얼린 아사이를 스무디처럼 갈아서 그래놀라와 과일을 토핑한다. 미용에도 GOOD.

하와이산 식재료가 가득한 아사이볼. 8달러부터

주인공은 완숙 파인애플

하와이안 크라운 플랜테이션

Hawaiian Crown Plantation

자가 농장에서 20년간 품종 개량한 달콤한 파인애플을 담뿍 얹은 아사이볼이 유명하다.

● 159 Kaiulani Ave. #105 ☎ 808-779-7887 ● 8:00~20:00(일요일 9:00~18:00) ● 연중무휴 ● 카이울라니 애비뉴 옆
와이키키 >>> MAP P.13 D-1

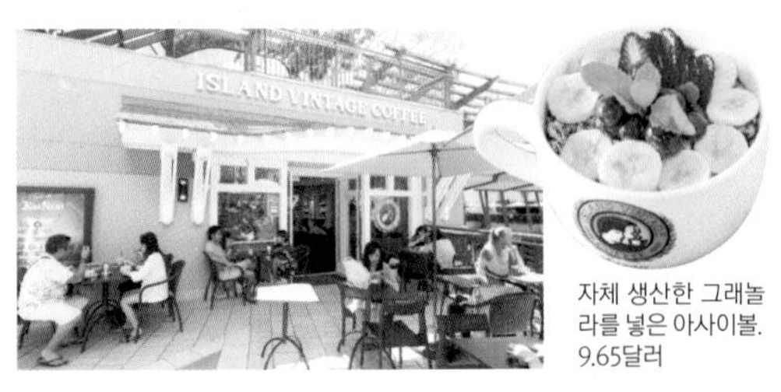

자체 생산한 그래놀라를 넣은 아사이볼. 9.65달러

수북이 쌓인 토핑이 명물

아일랜드 빈티지 커피

Island Vintage Coffee

코나 커피 전문 카페. 하와이산 꿀과 그래놀라를 듬뿍 뿌린 아사이볼이 대표 메뉴. 커피 원두나 선물용 주전부리도 다양하게 판매한다.
>>> P.133

건강하게! 빠르게!

스무디 Smoothie

얼린 채소와 과일을 믹서에 갈아서 만든 시원한 음료. 영양 만점 메뉴다.

파파야, 망고, 바나나, 파인애플 믹스 5.95달러

싱싱한 과일을 원하는 만큼

르 자르댕

Le Jardin

매일 아침 공급되는 신선한 과일을 갈아 만든다. 좋아하는 과일을 선택하면 오리지널 스무디를 만들어준다.

● 하얏트 리젠시 와이키키 비치 리조트&스파 1층 ☎ 808-921-2236 ● 7:00~22:00 ● 연중무휴 **와이키키 >>> MAP P.13 D-2**

트로피컬 블리스(왼쪽)와 코코넛과 바나나를 넣은 스무디(오른쪽) 6.95달러 / 6.95달러

걸쭉한 착즙 주스

라니카이 주스

Lanikai Juice

카일루아의 하와이산 과일 스무디 전문점. 과일을 통째로 베어 먹은듯한 진한 풍미가 매력적이다.

● 힐튼 하와이안 빌리지 와이키키 비치 리조트 타파풀 옆 ☎ 808-955-5500 ● 6:30~20:00(금요일 21:00까지) ● 연중무휴
와이키키 >>> MAP P.10 B-3 ※ 가격 변경 예정

아침에는 역시 쌀을 먹어야지!

스팸무스비 Spam musubi

스팸을 밥 위에 올려 김으로 두른 하와이 대표 음식. 데리야키나 간장 등 양념도 다양하다.

토핑이 풍성한 아보카도 베이컨 달걀 스팸무스비 2.68달러

하와이 스타일 주먹밥

무스비 카페 이야스메

Musubi Cafe Iyasume

와이키키에서 유일한 주먹밥 전문점. 도시락이나 규동 외에도 12가지의 통통한 스팸무스비를 맛볼 수 있다.

● 2427 Kuhio Ave. ☎ 808-921-0168 ● 6:30~20:00 ● 연중무휴 ● 아쿠아 퍼시픽 모나크 호텔 1층

와이키키 >>> MAP P.13 D-1

비교적 진한 맛이 특징인 스팸무스비. 1.89달러부터

저렴하면서 만족도 최고

ABC 스토어 37호점

ABC Stores #37

와이키키에 35개가 넘는 점포를 운영하고 있는 하와이 넘버원 편의점. 스팸무스비는 온장고 안에 진열되어 있어서 언제라도 따끈따끈하게 먹을 수 있다. 걸쭉한 데리야키 소스로 낸 약간 진한 맛이 특징이다.

>>> P.94

달콤한 음식이 좋아

말라사다 Malasada

튀긴 빵에 그래뉴당을 뿌린 포르투갈 간식. 하와이로 이민 온 포르투갈 사람들이 전파했다.

크림 말라사다 퍼프. 부드럽다. 1.68달러

부드러운 식감이 매력적인 원조 말라사다

레오나즈 베이커리

Leonard's Bakery

하와이에서 처음으로 말라사다를 판매한 오랜 역사의 가게. 시나몬을 뿌리거나 크림을 넣는 등 종류도 가지각색이다.

● 933 Kapahulu Ave. ☎ 808-737-5591 ● 5:30~22:00(금·토요일 23:00까지) ● 연중무휴 ● 카파훌루 애비뉴 옆

카파훌루 >>> MAP P.11 E-1

설탕을 담뿍 묻힌 말라사다 0.85달러

수시로 튀겨내 따끈따끈

챔피언 말라사다

Champion Malasada

매일 아침 줄을 서는 인기 맛집. 반죽을 하자마자 바로 튀겨서 폭신폭신하게 완성한다.

● 1926 South Beretania St. ☎ 808-947-8778(일요일 16:00까지) ● 월요일 휴무 ● 사우스 버테니아 스트리트 옆

맥컬리 >>> MAP P.10 A-1

플레이트 런치를 'To Go' 하다

밥과 반찬을 한 접시에 담은 지렴하고 푸짐한 플레이트 런치. 좋아하는 메뉴를 포장해 들고 나와 대자연 속에서 느긋하게 맛보며 하와이를 만끽해보자.

현지인들에게는 익숙한
'To Go'란?

'포장(테이크아웃)'이라는 뜻이다. 한국에서는 일반적으로 테이크아웃이라고 하지만 하와이에서는 통하지 않을 때도 있다. 매장에서 먹는 경우는 'Here(히어)'라고 한다.

스쿱 라이스
밥은 주로 '스쿱(Scoop)'으로 푼다. 흰쌀(화이트 라이스)과 현미(브라운 라이스) 중 선택할 수 있다.

샐러드
사이드 메뉴는 보통 마카로니 샐러드나 그린 샐러드 등으로 구성된다. 대부분 드레싱이 포함되어 있다.

주 요리
다양한 고기 요리와 생선 요리 중에서 좋아하는 메뉴를 선택. 2~3가지를 선택할 수 있는 믹스 플레이트도 있다.

이것이 바로 플레이트 런치

고급 레스토랑의 맛을 플레이트 런치로
카카아코 키친
Kaka'ako Kitchen

베스트 맛집으로도 선정된 플레이트 런치 전문점. 현지에서 재배하는 신선한 재료를 아낌없이 사용한다.

● 1200 Ala Moana Blvd. ☎ 808-596-7488 ● 10:00~21:00(일요일 16:00까지) ● 연중무휴 ● 워드 센터 1층

워드 >>> MAP P.21

HOW TO

주문 방법

STEP1
우선 메인 요리를 선택한다. 여러 종류를 선택하는 콤보 메뉴도 주문할 수 있다. 메뉴가 정해진 플레이트 런치가 준비된다.

STEP2
다음으로 밥 종류(흰쌀밥, 현미밥)와 샐러드 종류(마카로니, 그린)를 선택한다. 밥을 곱빼기로 주문할 수 있는 음식점도 많다.

STEP3
마지막으로 계산한다. 델리 외의 음식점은 일반적으로 주문과 동시에 번호표를 받고 기다리다가 번호가 불리면 주문한 음식을 찾으러 가는 시스템이다.

공원으로 TO GO

푸른 하늘 아래, 녹음이 우거진 공원에서 런치 타임!
다 먹은 후에는 꿀맛 같은 낮잠을 즐겨보면 어떨까.

그릴 아히 14달러
정성껏 구운 참치 스테이크가 메인.
마파람에 게 눈 감추듯 먹을 맛이다.

립 아이 스테이크 14달러
푸짐한 빅 사이즈 스테이크. 소스는
3가지 중에서 선택할 수 있다.

하와이 요리와 일본 요리의 결합

파이오니아 살룬

Pioneer Saloon

일본인이 운영하는 플레이트 런치 전문점. 일식 스타일의 순한 맛이 특징이다.

● 3046 Monsarrat Ave. ☎ 808-732-4001
● 11:00~20:00 ● 연중무휴 ● 몬사랏 애비뉴 옆
다이아몬드 헤드 >>> MAP P.5 E-3

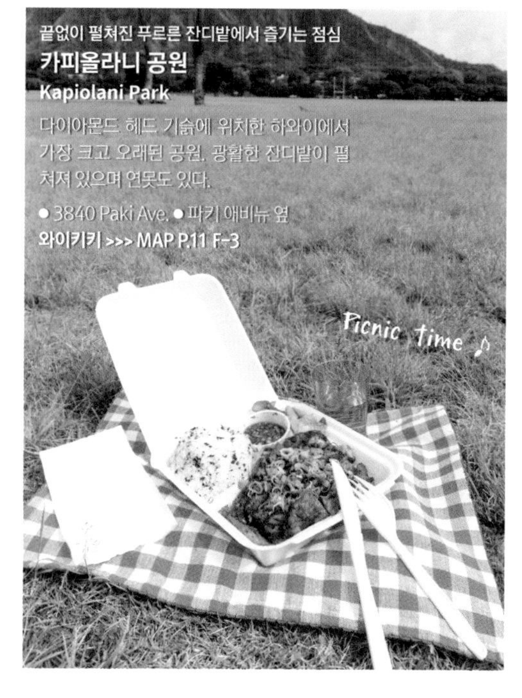

끝없이 펼쳐진 푸르른 잔디밭에서 즐기는 점심

카피올라니 공원

Kapiolani Park

다이아몬드 헤드 기슭에 위치한 하와이에서 가장 크고 오래된 공원. 광활한 잔디밭이 펼쳐져 있으며 연못도 있다.

● 3840 Paki Ave. ● 파키 애비뉴 옆
와이키키 >>> MAP P.11 F-3

샘스키친×와이키키 비치

해변에서 TO GO

해변에서 신나게 놀고 난 후 시원한 바닷바람을 맞으며 즐기는 점심!
하와이를 느낄 수 있는 최고의 방법이다.

갈릭 스테이크 15달러
마늘로 풍미를 더한 스테이크. 밥과
환상의 궁합을 자랑한다.

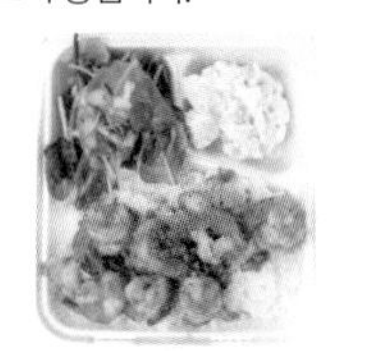

갈릭 슈림프 15달러
카우아이산 새우에 자체 개발한
양념을 발라 볶은 최고의 맛

애정이 듬뿍 담긴 건강식 플레이트

샘스키친

Sam's Kichen

현지 TV에도 출연한 샘의 가게. 담백한 맛이 입맛을 사로잡는다.

● 353 Royal Hawaiian Ave. ☎ 전화번호 비공개
● 11:00~23:00 ● 연중무휴 ● 로열 하와이안 애비뉴 옆 **와이키키 >>> MAP P.12 B-1**

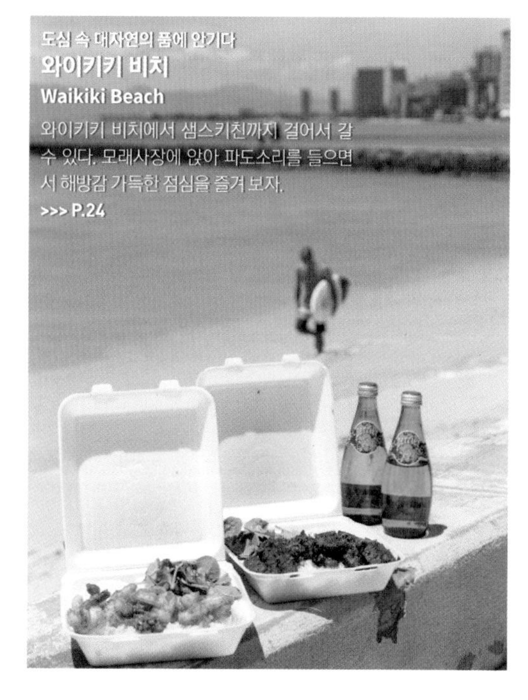

도심 속 대자연의 품에 안기다

와이키키 비치

Waikiki Beach

와이키키 비치에서 샘스키친까지 걸어서 갈 수 있다. 모래사장에 앉아 파도소리를 들으면서 해방감 가득한 점심을 즐겨 보자.
>>> P.24

요즘 뜨는 푸드 코트 양대 산맥

푸짐한 플레이트 런치를 다양하게 맛보고 싶다면 각양각색의 음식점이 모여 있는 푸드 코트를 추천한다. 각자 먹고 싶은 음식을 선택해서 먹을 수 있기 때문에 일행들의 만족도도 높다

다채로운 맛을 즐기는 포장마차 마을

파우 하나 마켓 와이키키

Pau Hana market waikiki

푸드트럭 약 일곱 대가 와이키키에 모였다. 한가운데에는 파라솔이 딸린, 앉아서 음식을 먹을 수 있는 공간이 마련되어 있다.

● 234 Beach Walk. ☎ 808-286-8900 ● 11:00~22:00 ● 연중무휴 ● 비치 워크 옆

와이키키 >>> MAP P.12 A-2

Recommended **Not 플레이트 런치**

비피 와일드 9.79달러

진한 국물이 면과 어우러져 맛있다

일본 돗토리의 유명 소뼈 육수 라면 전문점

카미토쿠 라멘

Kamitoku ramen

진한 국물을 자랑한다. 명물 '규코츠(소뼈) 라멘'은 돈코츠(돼지뼈) 라멘보다 담백하다.

● 파우 하나 마켓 와이키키 내 ☎ 808-469-2505 ● 11:00~21:30 ● 연중무휴

와이키키 >>> MAP P.12 A-2

현지의 맛&푸짐한 양

오하나 로코모코

Ohana Locomoco

기본 로코모코, 치킨카츠를 올린 색다른 로코모코 등 인기가 많은 푸드트럭.

● 파우 하나 마켓 와이키키 내 ☎ 808-286-8900 ● 11:00~22:00 ● 연중무휴

와이키키 >>> MAP P.12 A-2

싱싱한 명물 갈릭 슈림프

파이브 스타 슈림프

Five Star Shrimp

일본인이 운영하는 갈릭 슈림프 전문점. 사이드 메뉴와 과일까지 포함된 플레이트가 인기다.

● 파우 하나 마켓 와이키키 내 ☎ 808-286-8900 ● 11:00~22:00 ● 연중무휴

와이키키 >>> MAP P.12 A-2

저렴한 세계 요리 총집합

파이나 라나이

Paina Lanai

하와이, 한국, 중국, 멕시코 등 세계 각국의 음식점 열두 곳이 입점한 야외 푸드코트.

● 로열 하와이안 센터 B관 2층 ☎ 808-922-2299 ● 가게마다 영업시간이 다르다 ● 연중무휴
와이키키>>>MAP P.18

히야시츄카 8.98달러
일본의 여름 계절 음식을 하와이에서도 맛볼 수 있다. 히야시츄카는 일본식 중국 냉면이다.

한정 메뉴도 판매하는 라멘집

라멘 에조기쿠

RAMEN EZOGIKU

하와이에 진출한 지 30년 된 라멘 전문점. 삿포로 미소 라멘을 비롯해서 돈부리도 인기가 많다.

● 파이나 라나이 내 ☎ 808-447-7595 ● 10:00~22:00 ● 연중무휴 **와이키키 >>> MAP P.18**

뉴욕 스테이크 플레이트 12.75달러
플레이트에서 넘칠 정도로 커다랗고 두툼한 8oz 스테이크

플레이트 런치 (반찬 2가지) 9.60달러
세 가지 메뉴를 자유롭게 선택할 수 있는 점이 매력적이다.

라 페루즈 9.95달러
등심과 데리야키 치킨을 넣은 부리토

재료 본연의 맛을 살린 플레이트 런치 전문점

챔피언스 스테이크&시푸드

Champion's Steak&Seafood

일류 호텔에서 활약했던 셰프의 플레이트 런치 전문점. 하프 사이즈도 있다.

● 파이나 라나이 내 ☎ 808-921-0011
● 10:00~22:00 ● 연중무휴
와이키키 >>> MAP P.18

미국에서 탄생한 중국 요리 플레이트

판다 익스프레스

Panda Express

미국식으로 재해석한 중국 요리를 저렴하게 맛볼 수 있다. 카운터에 진열된 요리 중 2~4가지를 메인으로 선택한다.

● 파이나 라나이 내 ☎ 808-924-8886
● 10:00~22:00 ● 연중무휴
와이키키 >>> MAP P.18

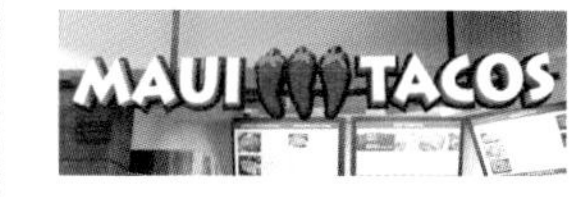

하와이산 재료로 만든 멕시코 요리

마우이 타코스

Maui Tacos

마우이에서 생겨난 멕시코 요리 전문점. 전통적인 레시피에 하와이적인 요소를 가미했다. 대표 메뉴인 타코를 주문하면 살사 바를 이용할 수 있다.

● 파이나 라나이 내 ☎ 808-931-6111
● 9:00~22:00 ● 연중무휴
와이키키 >>> MAP P.18

푸드코트는 기본적으로 팁이 필요 없다. 계산대 옆에 팁을 넣는 상자가 놓여 있는 곳도 있다.

볼륨감 만점, 육즙 가득 버거를 덥석!

HOW TO

커스텀 오더(특별주문) 방법

STEP1 메뉴판과 함께 주어지는 주문지를 체크한다.

STEP2 패티 종류, 사이즈, 치즈, 토핑, 소스 등을 정하고 해당 항목에 체크한다. 추가 요금이 발생하는 것도 있다.

STEP3 점원에게 주문지를 건네면 주문 완료. 음료나 사이드 메뉴를 원하면 점원에게 직접 주문한다.

나만의 수제 버거를 즐기다

더 카운터 커스텀 빌트 버거

The Counter Custom Built Burgers

압도적인 카운터 버거와 패티, 재료를 직접 선택하는 맞춤형 수제 버거가 유명하다.

● 카할라몰 1층 ☎ 808-739-5100 ● 11:00~21:00(금·토요일 22:00까지) ● 연중무휴 ● 커스텀 오더 있음 **카할라 >>> MAP P.5 F-2**

나눠 먹을 수 있는 양

마할로하 버거 Mahaloha Burger

유니크한 메뉴가 즐비한 버거 전문점. 가격 대비 만족도가 높으며 육즙 가득한 패티가 유명하다.

● 로열 하와이안 센터 2층 ☎ 808-926-6500 ● 9:00~22:00 ● 연중무휴 ● 커스텀 오더 없음

와이키키 >>> MAP P.18 ※ 가격 변경 예정

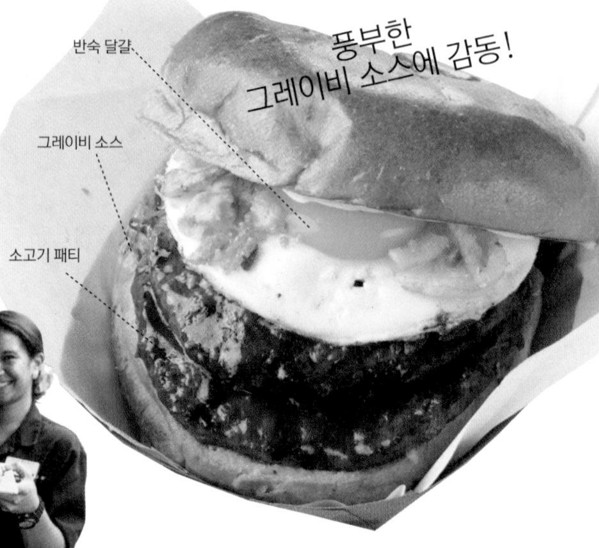

패스트푸드의 틀을 깬 하와이의 버거는 입안에서 번지는 육즙 가득한 패티와 한입에 베어 먹을 수 없을 정도의 크기가 매력적이다. 자신의 취향에 맞는 버거를 찾아보자.

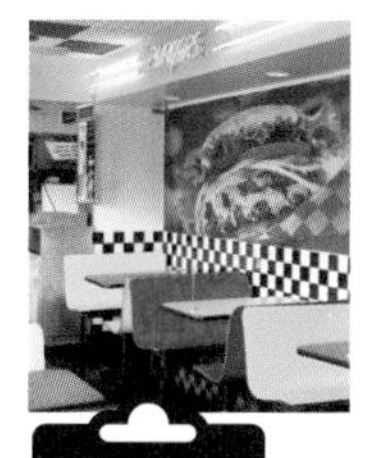

높이 ★★
양 ★★★
독창성 ★★

인기 비결은 매콤달콤 소스와 패티

테디스 비거 버거

Teddy's Bigger Burgers

세계적으로도 유명한 하와이의 버거 전문점. 주문 후 굽는 소고기 패티는 세 가지 크기 중에서 선택할 수 있다.

- 134 Kapahulu Ave. ☎ 808-926-3444
- 10:00~21:00 ● 연중무휴 ● 카파훌루 애비뉴 옆 ● 커스텀 오더 있음(빅 사이즈 패티, 치즈 등) **와이키키 >>> MAP P.13 F-2**

높이 ★★
양 ★★
독창성 ★★

재료 본연의 맛을 살린 심플한 버거

호놀룰루 버거 컴퍼니

Honolulu Burger Company

채소, 고기, 조미료 등 모두 하와이산을 고집하는 버거 전문점. 패티는 하와이산 방목 소를 사용한다.

- 1295 S. Beretania St. ☎ 808-626-5202
- 10:30~21:00(토·일요일 22:00까지) ● 연중무휴 ● 사우스 버테니아 스트리트 옆 ● 커스텀 오더 있음(빅 사이즈 패티, 치즈 등)

알라모아나 >>> MAP P.9 E-1

높이 ★★
양 ★★
독창성 ★★★

하와이 가정식을 느낄 수 있는 비장의 양념

W&M 바비큐 버거

W&M BAR-B-Q Burgers

1940년 문을 연, 역사가 있는 테이크아웃 전문 버거 가게다. 맛의 비결은 비밀스럽게 전해 내려오는 달콤한 바비큐 소스다.

- 3104 Waialae Ave. ☎ 808-734-3350 ● 10:00~16:30(토·일요일 9:00부터) ● 월·화요일 휴무 ● 와이알라에 애비뉴 옆 ● 커스텀 오더 없음

와이알라에 >>> MAP P.5 D-2

하와이 음식 대결, 로코모코VS포케

하와이를 대표하는 두 가지 음식, 그레이비 소스로 승부하는 로코모코와 하와이식 해산물 덮밥 포케볼!
로코모코와 아히 포케 음식점을 주제별로 소개한다.

와이키키에서 가장 맛있는 최고의 로코모코 맛집

로코모코 14달러
150g의 두터운 햄버그를 올렸다. 현지에서 인기가 매우 많은 메뉴

호놀룰루 항에서 바로! 신선함이 특징인 줄 서서 먹는 맛집

포케볼 9.95달러
간장과 스파이시 아히로 간을 한 것을 반반씩 맛볼 수 있는 포케볼

최고의 로코모코 맛집은 바로 이곳!

룰루스 와이키키

Lulu's Waikiki

탁 트인 2층에서 해변을 바라보며 로코모코를 먹을 수 있는 곳. 매일 밤 라이브 공연도 열린다.

>>> P.137

후추가 뿌려져 있어서 GOOD♪

갓 잡아 올린 생선을 사용!

니코스 피어 38

Nico's at Pier 38

하와이 앞바다에서 잡은 신선한 참치 포케가 인기. 청새치(아우)나 가다랑어(아쿠) 포케도 있다.

● 1129 N. Nimitz Hwy. ☎ 808-983-1263 ● 6:30~18:00(일요일 10:00~16:00) ● 연중무휴 ● 호놀룰루 항 38부두 **칼리히 >>> MAP P.4 A-3**

어느 가게보다도 해산물이 신선해요!

WHAT IS

로코모코
흰밥 위에 햄버그와 달걀 프라이를 올리고, 육즙을 끓여 만든 그레이비 소스를 뿌린다.

HOW TO

먹는 법
햄버그와 달걀 프라이를 부수고 밥과 소스와 함께 비빈다. 이것이 본고장에서 먹는 법!

WHAT IS

포케볼
생선회를 깍둑썰기해서 하와이산 소금이나 간장으로 버무려 밥 위에 올린 덮밥. 주로 참치(아히)를 사용한다.

HOW TO

먹는 법
포케의 맛이 밥에 잘 스며들 수 있도록 비빈다. 재료에 간이 제대로 배어 있기 때문에 간장이나 양념은 필요 없다.

ROUND 2
가격 대결!

와사비 열빙어알
아히
단무지
흰쌀밥 or 현미밥

50년 이상 사랑받아온 유명 맛집으로, 맛과 가격 두 마리 토끼를 모두 잡을 수 있는 곳

VS

밥도 토핑도 직접 선택할 수 있는, 저렴한 내 마음대로 포케

로코모코 8.50달러
반숙 달걀과 마카로니 샐러드를 올린 플레이트 메뉴

와사비 열빙어알 포케 7.50달러부터
와사비를 넣은 매콤한 포케. 단무지 등을 추가할 수 있다.(요금 별도)

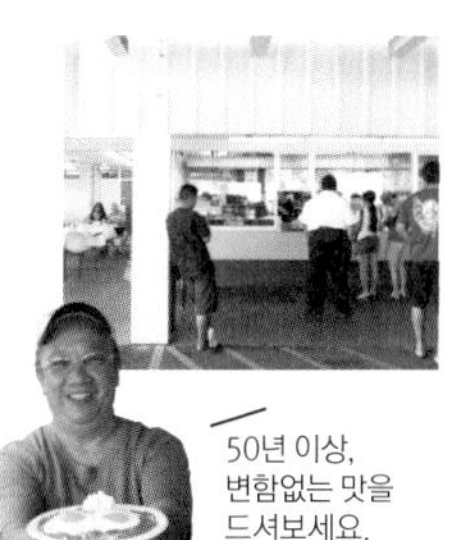

현지인이 사랑하는 심플한 플레이트

레인보우 드라이브 인
Rainbow Drive-In

1961년 개점 이래 지금까지 변함없는 로코모코의 맛. 카레향이 나는 그레이비 소스가 맛을 더한다.

● 3308 Kanaina Ave. ☎ 808-737-0177 ● 7:00~21:00 ● 연중무휴 ● 카나이나 애비뉴 옆
카파훌루 >>> MAP P.11 F-2

워드 지역에서 가장 유명한 포케

파이나 카페
Paina Cafe

포케 종류나 소스, 토핑을 자유롭게 선택할 수 있다. 간장 아히는 깊고 진한 맛이다.

● 1200 Ala Moana Blvd. #200 ☎ 808-356-2829 ● 10:00~21:00(일요일 18:00까지) ● 연중무휴 ● 워드 센터 1층 **워드 >>> MAP P.21**

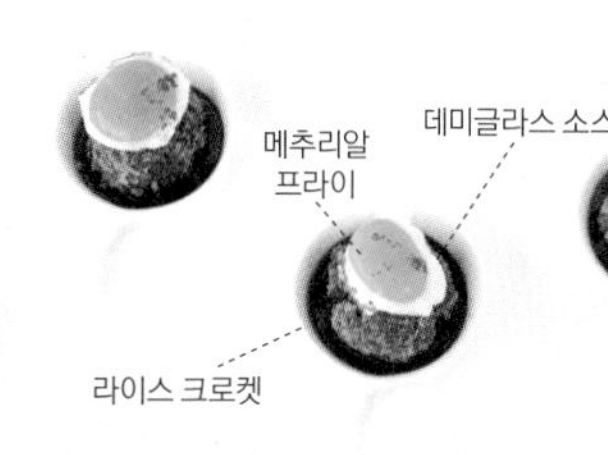

ROUND 3
독특한 메뉴 대결!

메추리알 프라이 밑에는 크로켓이! 세계에서 가장 작은 로코모코

VS

길고 가느다란 '아삭아삭한' 식감의 시 아스파라거스를 사용!

로코모코 16달러
귀여운 한입 크기가 여성들에게 인기

프레시 아히 아일랜드 핫 16.99달러(1파운드)
고추장의 매운맛과 시 아스파라거스의 아삭아삭한 식감!

호텔 내부에 있기 때문에 여유롭고 우아하게 즐길 수 있다.

모양이 귀여운 오리지널 로코모코

와이올라 오션 뷰 라운지
Wai'ola Ocean View Lounge

라이스 크로켓에 메추리알 프라이를 올린 한입 크기 로코모코가 있다. 소스는 레드와인을 사용한다.

● 트럼프 인터내셔널 호텔 와이키키 6층 ☎ 808-683-7456 ● 11:00~22:30 ● 연중무휴
와이키키 >>> MAP P.12 A-2

주류 전문점 한쪽에 위치한 포케 코너에서 판매한다.

아히와의 궁합 만점인 달달한 특제 양념

타무라스 파인 와인&리커
Tamura's Fine Wine&Liquors

델리에서 약 여섯 가지 포케볼을 판매한다. 달짝지근한 간장 베이스 양념이 신선한 아히와 환상의 궁합을 이룬다.

● 3496 Waialae Ave. ☎ 808-735-7100 ● 9:30~21:00(일요일 20:00까지) ● 연중무휴 ● 와이알라에 애비뉴 옆 **와이알라에 >>> MAP P.5 D-1**

하와이 대중음식 섭렵하기

깔끔하고 담백한 사이민 7.15달러

내부는 패밀리 레스토랑 분위기

사이민

일본계 이민자들로부터 전해진 미소 소바. 외형은 라멘과 비슷하며 일반적으로 건새우 육수로 국물을 만든다.

심야에도 영업하는, 유서 깊은 대중음식점

리케 리케 드라이브 인

Like Like Drive Inn

로컬푸드, 중국 요리 등 메뉴가 풍부한 가족 경영 레스토랑. 깔끔하고 소박한 맛의 하와이 스타일의 면 요리 '사이민'을 비롯해서 다양한 대중음식으로 유명하다.

● 745 Keeaumoku St. ☎ 808-941-2515 ● 6:00~22:00 (토요일은 24시간 영업) ● 연중무휴 ● 케아우모쿠 스트리트 옆 **알라모아나 >>> MAP P.9 F-2**

바비큐 치킨

매콤달콤한 양념에 재운 뼈 있는 닭고기를 돌려가면서 숯불에 구웠다. 후리후리 치킨이라고 부르는 가게도 있다.

고소한 향이 식욕을 자극한다!

레이즈 키아베 브로일드 치킨

Ray's Kiawe Broiled Chicken

말라마 마켓 주차장 내에서 주말마다 문을 여는 포장마차. 하와이의 향나무 '키아베'의 숯으로 치킨을 굽는다.

● 66-190 Kamehameha Hwy. ● 9:00~16:00 ☎ 808-351-6258 ● 토·일요일만 영업 **할레이와 >>> MAP P.6 B-3**

연기를 일으켜서 박력 있게 굽는다!

인기 메뉴 플레이트 런치 9달러

더러워질 걱정 따위는 내려놓고!

캡틴 스페셜 74달러부터

시 푸드 보일

게와 새우 등을 익힌 뒤 비닐봉투에 넣어서 매콤달콤한 양념을 묻힌, 미국 본토의 인기 요리

손으로 집어 유쾌하게 즐기는 시 푸드

레이징 크랩

Raging Crab

해산물 종류, 맵기, 소스를 취향에 맞게 선택할 수 있는 해산물 레스토랑. 랍스터에 킹크랩, 홍합 등 종류도 다양한 해산물 천국이다!

● 655 Keeaumoku St. ☎ 808-955-2722 ● 11:00~21:00 ● 연중무휴 ● 케아우모쿠 스트리트 옆 **알라모아나 >>> MAP P.9 F-2**

하와이만의 음식이 먹고 싶다면? 저렴하면서 깊은 맛이 나는 하와이의 대중음식을 추천한다. 거리를 산책하다가 부담 없이 들러서 맛보자.

WHAT IS

하와이 대중음식

하와이의 대중음식 대부분은 이민자들의 식문화로부터 시작됐다. 고향의 맛이 그리워 만들게 된 것이 현지인들 사이에서 퍼지게 되었다.

테이크아웃 할 수 있는 점이 매력적이다.

오랜 시간 푹 고아낸 국물이 일품 14.95달러

옥스테일 스프

소꼬리를 오랫동안 삶아 우려낸 담백한 국물. 하와이산 소금을 사용해, 깔끔한 뒷맛이 일품이다.

지역 주민들에게 사랑받는 곳

아사히 그릴

Asahi Grill

소꼬리를 우려낸 국물이 맛있는 음식점. 일반적으로 생강을 갈아 듬뿍 넣어 먹는다.

● 515 Ward Ave. ☎ 808-593-2800 ● 6:30 ~ 22:00 (금·토요일 23:00까지) ● 연중무휴 ● 워드 애비뉴 옆 **카카아코 >>> MAP P.9 D-3**

마나푸아

중국인으로부터 전해진 고기만두가 하와이식으로 만들어졌다. 차슈 등을 넣어 빵을 찌거나 굽는다.

베이크 마나푸아 1.6달러

간소한 테라스석은 두 개뿐

노릇노릇 구운 빵이 맛있다

로열 키친

Royal Kitchen

차슈, 고구마 등 재료가 다양한 마나푸아 가게. 테이크아웃을 추천한다.

● 100 N. Beretania St. ☎ 808-524-4461 ● 5:30~16:00(토요일 6:30~16:30, 일요일 6:30~14:30) ● 연중무휴 ● 차이나타운 컬처럴 플라자 1층 **차이나타운 >>> MAP P.4 A-1**

현지의 모습을 담은 예술 작품이 걸려 있다.

마마 더 프라이드 라이스 10.10달러

프라이드 라이스

살짝 달달한 하와이 오리지널의 맛을 낸 볶음밥. 중국식 볶음밥 그 자체를 가리키기도 한다.

서민의 입맛을 사로잡은 교외 카페

보가트 카페

Bogart's Cafe

현지인이 아침 식사를 하러 즐겨 찾는 인기 카페. 아사이볼과 재료를 듬뿍 넣고 참기름을 뿌린 프라이드 라이스도 인기가 많다.

● 3045 Monsarrat Ave. ☎ 808-739-0999 ● 6:00~18:30(토·일요일 18:00까지) ● 연중무휴 ● 몬사랏 애비뉴 옆 **다이아몬드 헤드 >>> MAP P.5 E-3**

자꾸 손이 가는 카후쿠의 갈릭 슈림프

마늘을 좋아한다면 이곳

페이머스 카후쿠 슈림프 트럭

Famous Kahuku Shrimp Truck

마늘을 갈아서 요리하는 점이 다른 가게와 다르다. 맛이 순해서 여행객들도 즐겨 찾는다.

● 56-580 Kamehameha Hwy. ☎ 808-389-1173 ● 10:00~18:00 ● 연중무휴 ● 카메하메하 하이웨이 옆 **카후쿠 >>> MAP P.2 C-1**

탱글탱글 씹히는 새우에 마늘이 첨가된 한 접시. 사이드 메뉴인 마카로니 샐러드도 맛있다.

새우를 살짝만 굽는 것이 맛의 비결이다. 버터의 풍미도 살아 있다.

야외 레스토랑

마나스 그라인즈

Mana's Grindz

슈림프 로드 가장자리에 위치한 양념이 맛있는 인기 가게. 현지인들 모두가 주문하는 갈릭 슈림프나 햄버거, 샌드위치가 인기다.

● 56-485 Kamehameha Hwy. ☎ 808-888-5076 ● 7:00~16:00 ● 연중무휴 ● 카메하메하 하이웨이 옆 **카후쿠>>>MAP P.3 D-1**

호놀룰루에서 차로 약 1시간 떨어진 곳에 위치한 카후쿠 지역은 유명한 새우 양식지다. 양식장에서 잡은 싱싱한 새우로 요리한 각 음식점의 갈릭 슈림프를 비교하며 먹어보자.

WHAT IS

하와이 전통음식

하와이 왕조 시절부터 전해 내려오는 음식을 뜻한다. 폴리네시아 원주민의 식문화와 각국에서 온 이민자들의 식문화가 융합해서 각양각색의 독자적인 음식들이 탄생했다.

언제든 신선한 새우를 맛볼 수 있는

로미스

Romy's

주말이 되면 긴 줄이 늘어서 있는 유명한 갈릭 슈림프 가게. 슈림프(작은 새우)보다 커다란 프론(징거미새우)도 현지인들에게 인기다.

● 56-781 Kamehameha Hwy. ☎ 808-232-2202 ● 10:30~18:00 ● 연중무휴 ● 카메하메하 하이웨이 옆

카후쿠 >>> MAP P.2 C-1

고소한 마늘 때문에 멈출 수 없어!

버터 갈릭 슈림프 14.75달러

마늘의 톡 쏘는 진한 맛과 새우 10마리가 접시에 듬뿍 담겨 있다. 버터 향도 침샘을 자극한다.

\ 대표 맛집은 이곳! /

슈림프 붐에 불을 붙인 주인공!

지오반니 슈림프 트럭

Giovanni's Shrimp Truck

간판 메뉴는 마늘과 올리브유의 풍미를 살린 '스캠피'. 이밖에도 아주 매운 메뉴도 있다. >>> P.168

\ 조금 독특한 맛을 발견하다! /

하와이 전통음식에 도전

독특한 외형이 흥미를 자극하는 하와이의 전통음식. 돼지, 닭고기, 생선 등을 타로 잎이나 차 잎으로 싸서 찌거나 구운 '라우라우', 하와이식 소고기 육포인 '피피카울라' 등 국내에서는 먹을 수 없는 음식에 도전해보자.

폴리네시아 문화를 체험하다

알리이 루아우 레스토랑

ALI'I LUAU Restaurant

폴리네시아 여러 섬의 문화를 체험할 수 있는 폴리네시안 문화센터 안에 위치한 레스토랑. 쇼를 감상하면서 하와이 전통음식을 뷔페 형식으로 즐길 수 있다.

● 55-370 Kamehameha Hwy. ☎ 800-924-1861 ● 12:00~21:00 ● 일요일 휴무 ● 폴리네시안 문화센터 내 polynesia.co.kr

와이키키 >>> MAP P.3 D-1

오아후 최고의 디저트 리스트업

CREAMY NO.1

키 라임 5달러
진하고 상큼한 신맛이 입안에 퍼지는 치즈케이크

하와이산 재료로 만든 수제 치즈케이크

오토 케이크

Otto Cake

수제 치즈케이크 전문점. 100여 가지 케이크를 날마다 아홉 종류씩 선보인다.

● 1127 12th Ave. ☎ 808-834-6886 ● 10:00~21:00(일요일 17:00까지) ● 연중무휴 ● 12번가 옆
와이알라에 >>> MAP P.5 E-1

오너가 직접 컬러풀하게 벽에 페인트를 칠했다. 동화같이 낭만적인 분위기다.

COLORFUL NO.1

칼라코아 5.75달러
다양한 맛이 들어 있는 상품. 스파이시한 맛도 있다!?

알록달록한 팝콘이 가득

프리모 팝콘

Primo Popcorn

100여 가지 맛의 팝콘을 갖춘 하와이 스타일 팝콘 전문점. 시식이 가능하다.

● 120 Sand Island Access Rd. ☎ 808-729-7322 ● 9:00~17:00(금요일 18:00까지, 토요일 10:00~14:00) ● 일요일 휴무 ● 샌드 아일랜드 액세스 로드 옆
칼리히 >>> MAP P.3 D-3

각양각색의 팝콘들이 벽에 주르륵 걸려 있다. 알록달록한 잡화도 진열되어 있는 아기자기한 분위기다.

자체 제작 내추럴 시럽이 매력

몬사랏 애비뉴 셰이브 아이스

CUTE NO.1

Monsarrat Avenue Shave Ice

뒷골목에 덩그러니 있는 작은 셰이브 아이스 가게. 시럽은 매일 직접 만들며, 착색료는 전혀 사용하지 않는다.

● 3046 Monsarrat Ave. ☎ 808-732-4001 ● 11:00~17:30 ● 우천 시 휴무 ● 몬사랏 애비뉴 옆 **다이아몬드 헤드 >>> MAP P.5 E-3**

망고(M 사이즈) 5달러
얼음을 갈면서 시럽을 여러 차례 뿌려 맛이 군데군데 잘 스며들어 있다.

파이오니아 살룬 옆에 위치했다. 숨겨진 집을 연상시키는 인테리어가 사랑스럽다.

과즙 가득한 과일이 아이스크림으로

바난

FRUITY NO.1

Banan

바나나가 메인인 과즙 풍부한 헬시 디저트 푸드트럭.

● 3212 Monsarrat Ave. ☎ 808-258-2718 ● 9:00~18:00 ● 연중무휴 ● 몬사랏 애비뉴 옆 **다이아몬드 헤드 >>> MAP P.5 E-3**

바나나+ 파파야 보트 7달러

마치 바나나를 먹는 것 같은 진한 맛. 파파야는 달달하게 익혔다.

하와이에서 자란 현지인 네 명이 문을 연 푸드트럭. 엄격한 채식주의자도 먹을 수 있는 헬시 푸드다.

아무리 많이 먹어도 디저트 배는 따로 있는 법! 먹기만 해도 기운이 샘솟는 맛있고 사랑스러운 하와이식 디저트 총집합. 유명한 디저트도 좋지만, 막 문을 연 가게의 최신 디저트에도 주목하자. 조금 멀더라도 반드시 먹어봐야 할 디저트 전문점을 소개한다.

PACKAGE NO.1

키위 블랙티(오른쪽) 4.45달러
타이 밀크티 + 보바(왼쪽) 4.97달러
대만에서 만들어진 '보바(타피오카)'의 쫄깃한 식감이 즐겁다.

주문 제작 음료와 함께 즐기는 휴식

미스터 티 카페

Mr. Tea Cafe

좋아하는 차에 젤리나 팥 등을 마음대로 토핑할 수 있는 주문 제작 음료 카페.

● 909 Kapiolani Blvd. ☎ 808-593-2686 ● 11:00~24:00(일요일 12:00부터) ● 연중무휴 ● 카피올라니 블러바드 옆 **카카아코 >>> MAP P.9 D-2**

카페의 상징인 귀여운 콧수염 로고. 푸른 지붕과 커다란 유리로 지어진 모던한 외관이 눈에 띈다.

CRISPY NO.1

블루베리(R) 2.65달러
촉촉하게 입안에서 녹는 스콘은 아침 식사용으로도 좋다.

천연 재료로 갓 구워낸 스콘

마마니타 스콘

Mama' Nita Scones

첨가물을 전혀 사용하지 않고, 100% 천연 재료로 직접 만든 스콘을 판매하는 가게. 계절 한정 맛도 반드시 체크할 것.

● 320 Kuulei Rd. ☎ 808-753-9108 ● 7:00~14:00(토요일 15:00까지) ● 일·월요일 휴무 ● 쿠울레이 로드 옆
카일루아 >>> MAP P.4 A-1

매일 아침 구워낸 10~12가지 스콘을 판매한다. 저녁에는 품절되는 경우도 있다.

하와이의 맛을 가득 담은 수제 아이스크림

비아 젤라토

Via Gelato

VARIETY NO.1

현지 농장에서 구입한 하와이산 재료로 젤라토를 만드는 곳. 콘도 직접 만든다.

● 1142 12th Ave. ☎ 808-732-2800 ● 11:00~22:00(금·토요일 23:00까지) ● 월요일 휴무 ● 12번가 옆
와이알라에 >>> MAP P.5 E-1

콘(Keiki 사이즈) 4.19달러
코튼캔디 × 퍼지 스월. Keiki는 키즈 사이즈

아늑함이 가득한 내부는 마치 집에 온 듯 편안한 기분이 든다. 아이스크림 진열대에는 항상 12가지 정도의 젤라토가 진열되어 있다.

부드러운 단맛에 귀여운 모양

렛 뎀 잇 컵케이크

Let Them Eat Cupcakes

MARCHEN NO.1

갓 구운 컵케이크를 판매한다. 날마다 6~7가지 맛의 컵케이크가 바뀐다. 낮에는 품절되는 경우도 있다.

● 35 S. Beretania St. ☎ 808-531-2253 ● 10:00~15:00 ● 일·월요일 휴무 ● 베델 스트리트 옆 **차이나타운 >>> MAP P.4 B-1**

컵케이크 2.5달러부터
컵케이크 오른쪽 위에서부터 시계방향으로 피스타치오, 레드벨벳, 그래스호퍼, 바닐라

하얀색을 바탕으로 한 소녀 감성 가득한 공간. 컵케이크의 사랑스러움이 돋보인다.

쇼핑 중에 즐기는 카페 타임

① 향이 진한 라떼(4달러)에 컵까지 먹을 수 있는 초콜릿 컵 티라미수(6.5달러)
② 격식 있는 외관도 근사하다.

엄선한 원두를 정성껏 로스팅

호놀룰루 커피

Honolulu Coffee

갓 내린 코나 커피와 파티시에가 만든 케이크, 타르트가 유명하다. 클래식한 분위기가 감도는 매장 내부가 매력적이다.

● 모아나 서프라이더 웨스틴 리조트&스파 1층 ☎ 808-926-6162 ● 6:00~22:30 ● 연중무휴 **와이키키>>>MAP P.13 D-2**

이 카페의 특징

코나 지역의 계약 농장이 재배하는 원두를 숙련된 로스트 마스터가 매일 로스팅한다.

쓴맛이 적고 향이 풍부한 코나 커피가 우리 카페의 자랑입니다.

이 카페의 특징

오너가 엄선한 원두커피를 음미할 수 있다. 램프, 선반, 테이블 등 실내 장식에도 정성을 들인다.

엄선한 커피를 마실 수 있는 카페

하와이안 아로마 카페

Hawaiian Aroma caffè

하와이산이나 남미산 원두커피를 즐길 수 있는 보석 같은 카페. 음료와 푸드 모두 다양하며 현지인들 사이에서도 인기가 많다.

● 2300 Kalakaua Ave. ☎ 808-256-2602 ● 6:00~22:00 ● 연중무휴 ● 홀리데이 인 리조트 와이키키 비치콤버 2층 **와이키키 >>> MAP P.12 C-2**

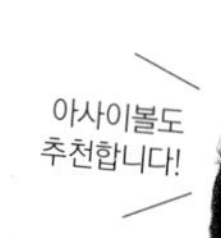

아사이볼도 추천합니다!

① 신선한 샐러드와 과일이 포함된 수제 파니니(10.75달러)와 초콜릿 소스를 넣은 네로 아로마(5달러)
② 수제 스콘이나 베이글 등도 판매한다.

쇼핑이 아무리 즐거워도 계속 걷기만 하면 지치기 십상이다. 그럴 때에는 쇼핑가에서 접근성이 좋은 추천 카페에 가자. 각각의 카페가 고수하는 깐깐함을 음미해보는 것도 괜찮다.

코나 커피 중에서도 최고 등급 원두를 사용합니다!

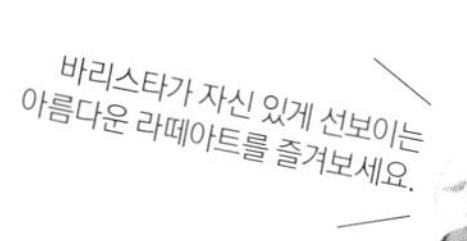

순도 100% 코나 커피를 맛보다
아일랜드 빈티지 커피 Island Vintage Coffee

코나 커피와 아사이볼이 유명한 줄 서서 먹는 카페. 코나 커피 중에서도 최고급인 '피베리(Peaberry)'도 판매한다.

● 로열 하와이안 센터 C관 2층 ☎ 808-926-5662 ● 6:00~23:00 ● 연중무휴 **와이키키 >>> MAP P.18**

① 낮에는 손님으로 붐비기 때문에 먼저 자리를 잡은 후 주문하자.
② 희소가치가 높은 원두를 아낌없이 내려 만든 아일랜드 라떼(4.45달러부터)

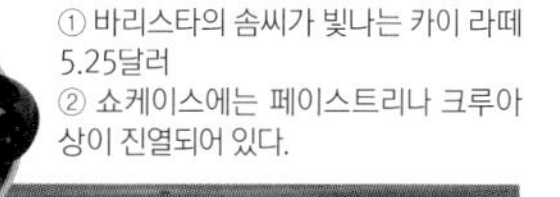

이 카페의 특징

음료는 물론이거니와 15시까지 주문할 수 있는 포케볼, 샐러드 등 푸드도 두말하면 입 아플 정도로 맛있다.

푸아레이라니 아트리움 숍 근처

이곳이야!

COFFEE BREAK

전 세계 향긋한 커피 총집합
카이 커피 하와이 Kai Coffee Hawaii

코나 원두를 중심으로 하와이, 브라질, 콜롬비아 등 세계적으로 유명한 원두를 모두 판매한다. 콜드브루나 프라페 등 종류도 다양하다.

● 하얏트 리젠시 와이키키 비치 리조트&스파 1층 ☎ 808-923-1700 ● 5:30~23:00 ● 연중무휴
와이키키>>>MAP P.13 D-2

바리스타가 자신 있게 선보이는 아름다운 라떼아트를 즐겨보세요.

① 바리스타의 솜씨가 빛나는 카이 라떼 5.25달러
② 쇼케이스에는 페이스트리나 크루아상이 진열되어 있다.

이 카페의 특징

바리스타가 드리퍼로 한 잔씩 정성껏 내리는 '핸드드립'에 주목할 것. 황홀한 맛을 즐겨 보자!

COFFEE STAND

잠깐 서서 즐기는 커피 타임

아직도 많다! 목이 마를 때 슬쩍 들를 수 있는 와이키키 커피숍을 소개한다.

3달러

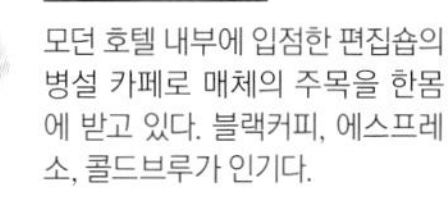

Olive&Oliver

모던 호텔 내부에 입점한 편집숍의 병설 카페로 매체의 주목을 한몸에 받고 있다. 블랙커피, 에스프레소, 콜드브루가 인기다.

올리브&올리버

● 더 서프잭 호텔&스윔클럽 1층 ☎ 808-921-2233 ● 6:00~19:00 ● 연중무휴
와이키키 >>> MAP P.12 B-1

2.25달러 부터

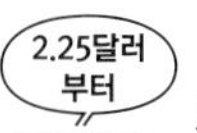

Gorilla in the Cafe

배우 배용준이 운영하는 카페. 품질 좋고 신선한 100% 하와이산 원두를 사용해 내린 커피가 유명하다.

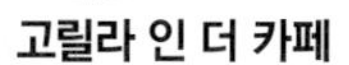

고릴라 인 더 카페

● 2155 Kalakaua Ave. ☎ 808-922-2055 ● 6:30~22:00(토·일요일 7:00부터) ● 연중무휴 ● 칼라카우아 애비뉴 옆
와이키키 >>> MAP P.12 B-2

2.20달러 부터

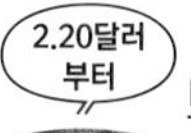

Kimo Bean Hawaiian Coffee

코나를 중심으로 마우이산이나 카우아이산 등 다양한 하와이 커피를 판매한다. 스무디, 프로즌 드링크, 가벼운 식사 등도 판매한다.

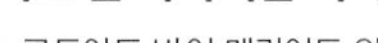

키모 빈 하와이안 커피

● 코트야드 바이 메리어트 와이키키 비치 1층 ☎ 808-922-4334 ● 6:00~17:00 ● 연중무휴 **와이키키 >>> MAP P.12 B-1**

하와이를 배워요

지금 하와이는 로컬푸드 열풍

지역 산업 활성화와 친환경 두 마리 토끼를 모두 잡는 '로컬푸드 운동'

외국에서는 오래 전부터 활발하게 전개된 '로컬푸드 운동'. 로컬푸드 운동이란 한마디로 '지역에서 생산한 농산물을 해당 지역에서 소비하는 활동'을 뜻한다. 즉 지역 단위로 전개되는 자급자족라고 생각하면 이해하기 쉽다. 하와이 제도는 현재 로컬푸드 열풍이 일고 있다.
로컬푸드 운동은 여행객에게도 이득이다. 우선 무엇보다도 갓 재배한, 신선한 식자재를 맛볼 수 있다. 같은 유명 요리라도 현지에서 재배한 식재료를 사용하면 본고장의 맛을 훨씬 생생하게 즐길 수 있다.
또한 하와이에서는 어떤 식재료로 요리하고 있는지 눈으로 직접 확인하고 혀로 맛을 볼 수 있기 때문에 하와이의 문화를 더 잘 이해할 수 있는 긍정적인 효과로 이어진다.
음식점이나 농장을 비롯해서 하와이의 가정에까지 확산되고 있는 로컬푸드 운동. 오아후에 증가하고 있는 로컬푸드 레스토랑을 포함해서 파머스 마켓이나 슈퍼마켓 등, 여행객들도 참여할 수 있는 곳이 많다. 직접 찾아가 보고 그 움직임을 피부로 느껴보자.

리저널 퀴진

셰프 열두 명이 하와이의 독자적인 요리와 세계 각국의 요리를 융합해서 새롭게 개발한 시험 요리. 신선한 하와이산 식재료를 그대로 살린 조리법이 특징이다. 수많은 수상경력을 쌓은 유명 레스토랑의 맛을 체험해 보자. >>>P.138

로컬푸드를 만날 수 있는 장소

1 하와이산 식재료를 유명 음식점에서 레스토랑

하와이에는 로컬푸드 운동을 테마로 한 음식점이 많다. 하와이산 식재료를 고집하는 현지 제일의 '타운'(>>>P.180)이나, 하와이 제도의 엄선된 식재료로 만든 모닝 메뉴가 인기인 '구피 카페&다인' 등이 유명하다. 이밖에도 로컬푸드 운동 붐의 주역이기도 한 호놀룰루에 흩어져 있는 리저널 퀴진 음식점에도 주목하자.

2 가격도 합리적인 로컬푸드를 구입하고 싶다면 슈퍼마켓

수많은 하와이 식자재를 판매하는 슈퍼라고 한다면 카할라와 카일루아에 있는 홀 푸드 마켓이 유명하다. 이곳에는 100% 하와이산 식재료가 풍부하게 진열되어 있고, 'LOCAL' 푯말이 붙어 있는 코너가 있다. 하와이에서 유기농 붐이 일고 있기 때문에 현지 식재료를 판매하는 슈퍼마켓이 많다. 로컬푸드는 신선하고 신뢰감이 높으며, 지역 경제 활성화에도 긍정적인 영향을 미친다.

이 마크도 체크할 것!

하와이에서 재배한 유기농 식품 가운데 '하와이 유기농 재배 인증 협회'의 인증 마크가 붙어 있는 상품도 있으므로 찾아보자.

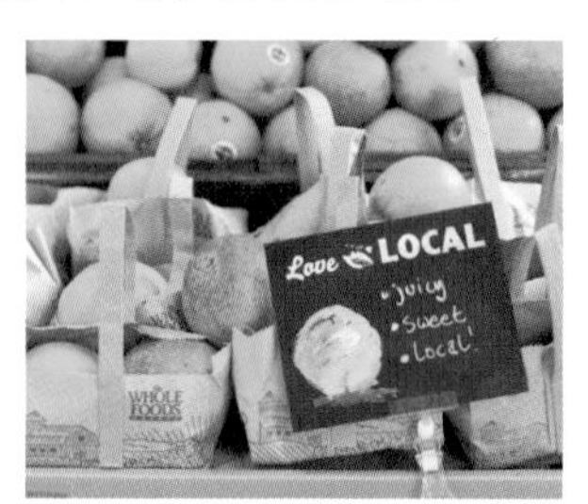

홀 푸드 마켓의 하와이산 레몬

3 실제 농장 방문하기 농장 견학

투어나 직영 카페를 운영하는 대규모 농장에서 실제 농장 사람들과 커뮤니케이션을 해보는 색다른 경험은 어떨까. 농장 체험을 통해서 농가의 노고와 농작물의 소중함을 배우고 로컬푸드의 감사함을 깨닫는 시간이 될 것이다. 농장 견학 참가가 어렵다면, 농가에서 채소나 과일로 직접 만든 음식을 판매하는 파머스 마켓을 방문하는 것도 좋은 방법이다.

투어 의자

카후쿠 릴리코이 버터 6달러

농장 견학을 할 수 있는

카후쿠 농장 Kahuku Farm

트랙터를 개조한 왜건을 타고 돌아보는 가이드 투어가 인기인 대규모 농장. 신선한 재료를 자랑하는 카페나 매장도 함께 운영한다.

● 56-800 Kamehameha Hwy. ☎ 808-628-0639(투어 예약 접수) ● 11:00~16:00(견학은 13:00부터, 그랜드 투어는 금요일 개최) ● 화요일 휴무 ● 32달러(그랜드 투어) ● 카메하메하 하이웨이 옆

카후쿠 >>> MAP P.2 C-1

하와이 명물 MAP

레스토랑 등에서 맛보는 하와이산 재료는 어느 지역에서 재배할까? 넓은 하와이 제도 중 어디에서 생산되는지 확인해보자.

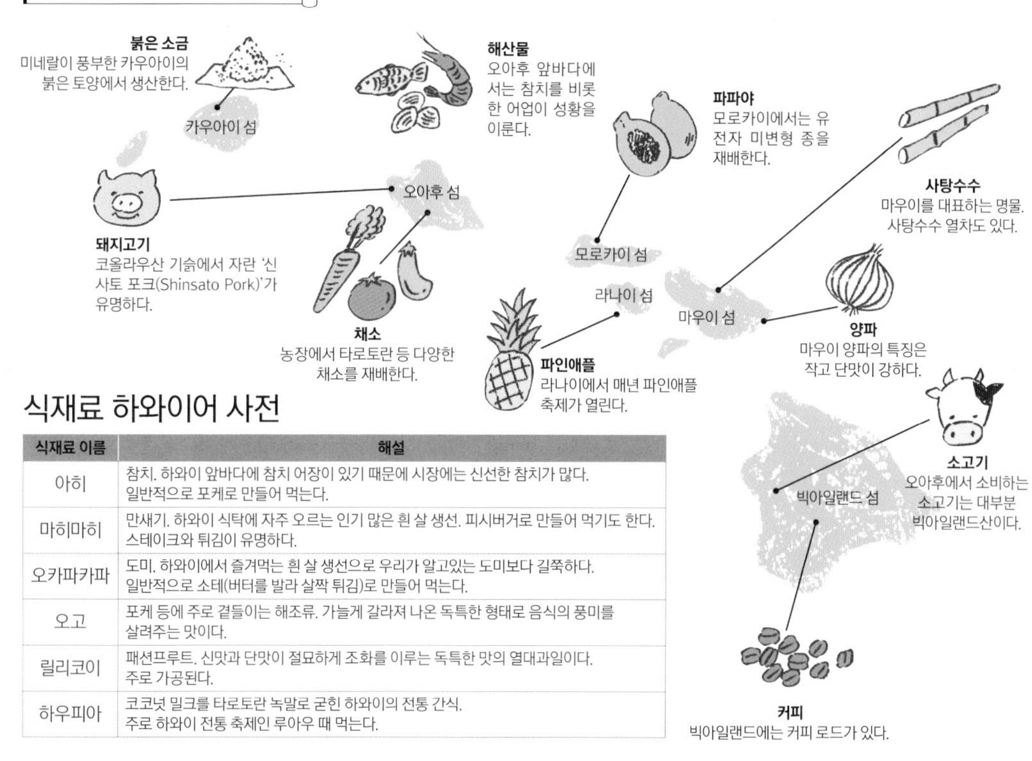

식재료 하와이어 사전

식재료 이름	해설
아히	참치. 하와이 앞바다에 참치 어장이 있기 때문에 시장에는 신선한 참치가 많다. 일반적으로 포케로 만들어 먹는다.
마히마히	만새기. 하와이 식탁에 자주 오르는 인기 많은 흰 살 생선. 피시버거로 만들어 먹기도 한다. 스테이크와 튀김이 유명하다.
오카파카파	도미. 하와이에서 즐겨먹는 흰 살 생선으로 우리가 알고있는 도미보다 길쭉하다. 일반적으로 소테(버터를 발라 살짝 튀김)로 만들어 먹는다.
오고	포케 등에 주로 곁들이는 해조류. 가늘게 갈라져 나온 독특한 형태로 음식의 풍미를 살려주는 맛이다.
릴리코이	패션프루트. 신맛과 단맛이 절묘하게 조화를 이루는 독특한 맛의 열대과일이다. 주로 가공된다.
하우피아	코코넛 밀크를 타로토란 녹말로 굳힌 하와이의 전통 간식. 주로 하와이 전통 축제인 루아우 때 먹는다.

로컬푸드 레스토랑

신선한 식재료로 요리한 맛있는 음식을 맛보면서 로컬푸드를 만날 수 있는 레스토랑을 추천한다.

추천 메뉴

빅아일랜드 비프 로코모코 13.50달러부터

빅아일랜드 힐로에서 자란 소로 만든 햄버그 2개, 오아후산 달걀을 2개 얹은 하와이에서 탄생한 푸짐한 명물

현지 식재료가 가득한 서퍼 콘셉트 카페

구피 카페&다인 Goofy Cafe&Dine

'서퍼 카페'가 콘셉트. 유기농 재료를 사용한 신선하고 건강한 창작 메뉴가 인기다.

● 1831 Ala Moana Blvd. ☎ 808-943-0077 ● 7:00~23:00 ● 연중무휴 ● 알라모아나 블러바드 옆 **와이키키** **>>> MAP P.10 B-3**

추천 메뉴

프라이드 아히 베리 12.95달러부터

오아후 앞바다에서 잡은 신선한 아히를 정성껏 튀긴 프라이 플레이트. 위에는 스파이시한 토마토 살사 토핑을 뿌렸다.

갓 잡은 싱싱한 생선을 먹자

니코스 피어 38 Nico's at Pier 38

호놀룰루 항 바로 앞에 위치한 레스토랑. 시장에서 아침에 구입한 생선으로 만든 '캐치 오브 더 데이'가 매우 신선하다. 어패류로 만든 사이드 메뉴나 포케볼도 판매한다. **>>> P.124**

고급스런 기분 내기, 오션 뷰 레스토랑

시 푸드 파피요트(46달러)와 소스가 풍부한 헬릭스 에스카르고 부르고뉴(24달러)

메인 랍스터 그릴(60달러)과 무알코올 칵테일인 심플리 핑크(8달러)

BEST SEAT

샌스수시 비치 방향의 창가 자리. 커다란 창 덕분에 상쾌한 바닷바람을 제대로 맛본다.

한적한 모퉁이에 위치한 유서 깊은 레스토랑

미셸스

Michel's at the Colony Surf

할레아이나상을 여러 번 수상한, 1962년에 문을 연 레스토랑. 전통적인 프랑스 요리를 비롯해, 하와이산 생선으로 만든 포케 등 하와이다운 메뉴도 있다.

● 2895 Kalakaua Ave. ☎ 808-923-6552 ● 17:30~21:00(금·토요일 21:30까지) ● 연중무휴 ● 콜로니 서프 오션 뷰 1층 **와이키키 >>> MAP P.5 E-3**

MENU

COURSE
셰프 하디의 코스 요리 95달러

A LA CARTE
랍스터 비스크 18달러, 타르타르 스테이크 32달러, 시 푸드 파피요트 46달러, 오션바운티 56달러, 오나가 찜 46달러

◆ 또 다른 포인트

로맨틱한 야경 일몰도 멋지지만 밤이 되면 반짝반짝 빛나는 호놀룰루 중심부의 야경을 감상할 수 있다. 금요일에는 힐튼 하와이안 빌리지에서 쏘아 올리는 불꽃놀이를 볼 수도 있다!

BEST SEAT

날씨가 좋은 날은 해안가 테라스석을 추천한다. 와이키키를 한눈에 감상할 수 있는 위치다.

신선한 재료로 만든 하와이 리저널 퀴진

53 바이 더 씨

53 By The Sea

새파란 바다와 다이아몬드 헤드가 보이는 웨딩 채플 내 레스토랑. 현지 생산 재료를 듬뿍 사용한 하와이 리저널 퀴진에 입이 행복해진다.

● 53 Ahui St. ☎ 808-536-5353 ● 11:00~14:00, 17:00~22:00, 바 17:00~ 24:00 ● 연중무휴 ● 아후이 스트리트 옆 **카카아코 >>> MAP P.4 B-3**

MENU

LUNCH
랍스터와 게살 샌드위치 35달러, 스파이시 아히 포케볼 새우튀김 모둠 27달러

DINNER
콜드 시 푸드 모둠 53달러, 프라임 립아이 스테이크 36달러

◆ 또 다른 포인트

명성이 자자한 피아노 공연 미국에 두 대뿐인, 세계적으로 유명한 '파치올리' 피아노로 라이브 공연을 한다. 이곳에서의 연주를 기대하는 사람은 손님뿐만 아니라 피아니스트도 많다고 한다.

오션 뷰 레스토랑에서의 식사도 놓치지 말자!
특히 일몰 때는 더욱 멋지다. 절경과 하와이식 음식 등 다양한 요리를 동시에 맛볼 수 있는 레스토랑을 소개한다.
바닷바람을 맞으며 진수성찬을 눈과 입으로 즐겨보자.

HOW TO

예약 방법

바다를 바라볼 수 있는 자리를 원한다면 예약을 하는 편이 좋다. 레스토랑의 홈페이지에 접속하거나 직접 전화해서 예약하자. 불안한 사람은 여행사의 대행 서비스를 이용하는 방법도 있다.

하와이안 음악을 감상하며
현지인이 사랑하는 로컬푸드를 맛보다

현지의 유기농 채소로 만든 샐러드(10달러), 흰 살 생선 마카다미아 너츠 프라이(32달러) 등

2층 자리에서 바라보는 파노라마 뷰와
올드 하와이를 연상시키는 분위기

생강간장이 포인트인 아히 포케(16달러)와 오리지널 마이타이(8.5달러)

BEST SEAT

바다가 보이는 발코니를 추천하지만, 일행이 많다면 소파 자리가 좋다. 레스토랑 안에서도 바다가 잘 보인다.

하와이 요리를 해변에서

훌라 그릴 와이키키

Hula Grill Waikiki

와이키키 비치를 조망할 수 있는 압도적인 전망을 자랑한다. 명물 그릴 요리 등을 합리적인 가격에 맛볼 수 있다. 아침, 점심, 저녁마다 다른 메뉴를 즐길 수 있다. 매일 라이브도 열린다.

● 아웃리거 와이키키 비치 리조트 2층 ☎ 808-923-4852 ● 6:30~11:00, 11:00~14:00, 16:45~22:00 ● 연중무휴

와이키키 >>> MAP P.12 C-2

MENU

LUNCH
포케 타코 16달러, 훌라 치즈버거&프라이 18달러, 피시 샌드위치 20달러

DINNER
시 푸드 차우더 34달러, 파이어 그릴 아히 36달러

◆ 또 다른 포인트

엄선한 하와이안 인테리어 내부 콘셉트는 하와이의 자연과 조화를 이룬 '플랜테이션 스타일 홈'이라는 1940년대 하와이 양식이다. 열대식물도 놓여 있다.

BEST SEAT

바다가 보이는 자리는 모두 일렬로 만들어져 있어 해변을 정면에서 바라보면서 식사를 즐길 수 있다.

야외 해변 레스토랑

룰루스 와이키키

Lulu's Waikiki

창문이 없어 시원한 바람이 불어오는 아메리칸 레스토랑. 조식 한정 에그 베네딕트나 간판메뉴인 로코모코, 고기요리 등 종류가 다양하다. 심야 2시까지 영업한다.

● 2586 Kalakaua Ave. ☎ 808-926-5222 ● 7:00~다음날 2:00 ● 연중무휴 ● 파크 쇼어 와이키키 2층

와이키키>>>MAP P.13 F-2

MENU

LUNCH
피시 타코, 치킨 샌드위치, 프렌치 딥, B.L.T. 10달러

DINNER
데리야키 서로인 스테이크, 폭 찹

◆ 또 다른 포인트

디너 엔터테인먼트 매일 디너 타임에는 엔터테인먼트 쇼가 열린다. 하와이안 아티스트가 연주하는 라이브나 디제잉 등 흥겨운 프로그램들이 많다.

고급 레스토랑에서 셀러브리티처럼 파인다이닝

① 바람이 솔솔 들어오는 활짝 열린 공간 ② 카운터석도 있다. ③ 런치와 디너 시간에는 입구에 줄을 서기 때문에 반드시 예약해야 한다. ④ 간판메뉴는 포터하우스 스테이크(2인분)로 가격은 120.95달러

28일간 숙성한 앵거스 비프는
육즙이 뚝뚝 떨어지고 맛이 담백

숙성육으로 요리한 최고급 스테이크

울프강 스테이크하우스

Wolfgang's Steakhouse

최고급 앵거스 비프를 28일 동안 재워 맛이 무르익은 숙성육으로 만든다. 소금간만 한 심플한 맛의 스테이크는 은은하게 단맛이 퍼지며 부드럽다. 런치의 햄버거도 인기가 많다.

● 로열 하와이안 센터 C관 3층 ☎ 808-922-3600 ● 11:00~23:30 ● 연중무휴 와이키키 >>> MAP P.19

평균 예산 80달러(1인 기준)

갖가지 훌륭한 수상경력을 자랑하는
하와이의 맛집을 이끄는 존재

하와이의 다채로운 문화를 음식으로 표현하다

알란 웡스

Alan Wong's

프랑스와 일본의 조리법을 하와이 요리에 접목시킨 리저널 퀴진으로 유명하다. 와사비나 간장을 사용해서 맛이 깔끔하며, 우리 입맛에도 잘 맞는다.

● 1857 S. King St. 3층 ☎ 808-949-2526 ● 17:00~22:00
● 연중무휴 ● 사우스 킹 스트리트 옆 모일리일리 >>> MAP P.10

평균 예산 100달러(1인 기준)

① 오아후의 농장에서 재배한 식재료로 만든 샐러드 15.75달러 ② 요리는 마치 예술작품 같다. ③ 세세한 부분까지 정교한 칼질 ④ 우아한 내부

리저널 퀴진 하와이 전통 음식과 세계 각국의 음식을 융합시킨 새 장르. 하와이의 신선한 고품질 식재료를 사용한다.

하와이에 온 기념으로 럭셔리한 레스토랑에서 우아하게 밤을 보내도 좋지 않을까? 분위기도 음식도 최고급의 대명사인 파인다이닝에서 잊을 수 없는 여행의 추억을 만들어보자.

WHAT IS

파인다이닝

저명한 오너 셰프가 운영하는 고급 식당을 뜻한다. 외관, 인테리어, 음식, 서비스에 이르기까지 모든 것이 최고급이다.

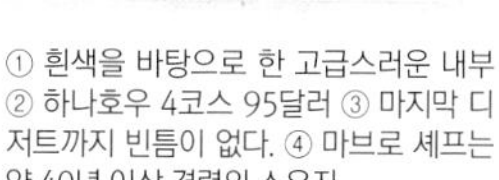

① 흰색을 바탕으로 한 고급스러운 내부 ② 하나호우 4코스 95달러 ③ 마지막 디저트까지 빈틈이 없다. ④ 마브로 셰프는 약 40년 이상 경력의 소유자

전통 프랑스 요리를 현대적으로 재해석한 요리와 와인의 마리아주를 추구

예술적인 컨템포러리 프렌치

셰프 마브로

Chef Mavro

남프랑스 출신 셰프 마브로가 운영하는 곳. 하와이안 요리와 프로방스 요리를 융합한 컨템포러리 프렌치 레스토랑이다. 메뉴에는 각 요리마다 가장 잘 어울리는 와인이 적혀 있다.

● 1969 S. King St. ☎ 808-944-4714 ● 18:00~21:00 ● 일·월요일 휴무 ● 사우스 킹 스트리트 옆

모일리일리>>>MAP P.10 B-1

평균 예산 80달러(1인 기준)

카할라 지역의 최고급 호텔에서 즐기는 오아후 굴지의 고급 이탈리아 요리

와인과의 궁합이 환상적인 최고급 이탈리아 요리

아란치노 앳 더 카할라

Arancino at the Kahala

인기 많은 이탈리안 레스토랑 '아란치노' 3호점. 이탈리아 직송 식재료와 유기농 채소를 사용한다. 소믈리에 다자키 신야가 엄선한 와인과 함께 즐길 수 있는 디너 메뉴가 인기다.

● 카할라 호텔&리조트 1층 ☎ 808-380-4400 ● 11:30~14:30, 17:00~22:00 ● 연중무휴 **카할라 >>> MAP P.5 F-2**

평균 예산 80달러(1인 기준)

① 감각적이고 모던한 공간 ② 탱글탱글한 새우와 가리비를 넣은 '탈리아텔레' 26달러 ③ 성게알을 듬뿍 넣은 크림소스 스파게티 35달러 ④ 와이키키에서 차로 10분 거리인 한적한 카할라 지역에 위치

하와이에서 즐기는 세계 식도락 여행

ITALY

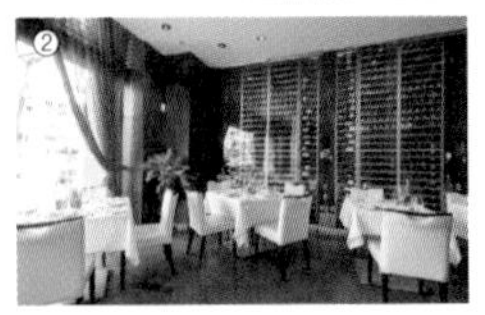

① 인기 파스타는 '시칠리아 명물 성게알 스파게티'
② 차분하고 시크한 내부

엄선한 식재료로 만드는 모던 이탈리아 요리

타오르미나 시칠리안 퀴진
Taormina Sicilian Cuisine

일본인 셰프가 운영하는 이탈리아 요리 레스토랑. 하와이 앞바다에서 잡은 해산물로 만든 사이드 메뉴도 명물이다.

● 227 Lewers St. ☎ 808-926-5050
● 11:00~22:00(금·토요일 ~23:00까지)
● 연중무휴 **와이키키 >>> MAP P.20**

이탈리아 요리 해산물, 토마토, 올리브유 등을 사용한 뛰어난 이탈리아 요리. 하와이풍을 가미한 메뉴도 있다.

MOROCCO

① 전채요리 모둠 메차 샘플러 16.95달러
② 오리엔탈 분위기. 안뜰도 있다.

모로코의 시장이 떠오르는 실내 장식

칸 자만 Kan Zaman

모로코와 레바논의 가정식을 즐길 수 있다. 모로코에서 가져온 궁극의 향신료로 맛을 낸다.

● 1028 Nuuanu Ave. ☎ 808-554-3847 ● 11:00~21:30(금·토요일 22:30까지) ● 일요일 휴무 ● 누우아누 애비뉴 옆 **차이나타운 >>> MAP P.4 A-1**

모로코 요리 지중해 요리가 기원이다. 소고기, 양고기에 커민이나 사프란 등 향신료를 사용한다. 북아프리카 요리인 쿠스쿠스, 모로코 전통 스튜인 타진이 유명하다.

미얀마 요리 인도와 중국의 식문화에 영향을 받아서 기름지고 진한 맛이 특징이다. 카레, 쌀국수인 모힌가가 유명하다.

MYANMAR

채소와 견과류가 듬뿍, 건강식

다곤 Dagon

미얀마 출신 셰프가 고향의 맛을 재현한다. 향신료를 많이 사용하지만 맛은 순하다.

● 2671 S. King St. ☎ 808-947-0088 ● 17:00~22:00 ● 화요일 휴무 ● 사우스 킹 스트리트 옆 **모일리일리 >>> MAP P.11 D-1**

① 10가지 재료를 섞어서 먹는 티리프 샐러드 10.99달러
② 가게 내부에 걸려 있는 그림은 오너의 미얀마 친구가 그린 작품이다.

세계 여러 나라에서 온 사람들이 살고 있는 하와이에는 세계 각국의 음식을 맛볼 수 있는 레스토랑이 많다. 화제의 새 음식점이나 하와이 현지인들에게 사랑받는 유서 깊은 음식점 등 인기 높은 맛집을 소개한다.

① 특선 등심 스테이크, 랍스터, 와사비 등을 즐길 수 있는 시로가네 스페셜 94달러
② 오픈 테라스석도 있다.

궁극의 일본 요리에 감동하다

진로쿠 퍼시픽 JINROKU PACIFIC

도쿄 시로가네의 인기 데판야끼 음식점 '진로쿠'의 음식을 맛볼 수 있다. 스테이크, 오코노미야끼 외에 하와이풍 퓨전 단품 요리도 다양하다.

● 2427 Kuhio Ave. ☎ 808-926-8955 ● 11:30~14:00, 17:30~22:30 ● 연중무휴 ● 퍼시픽 모나크 호텔 1층
와이키키 >>> MAP P.13 D-1

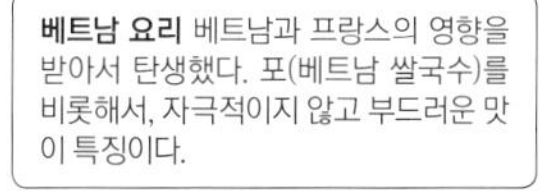

베트남 요리 베트남과 프랑스의 영향을 받아서 탄생했다. 포(베트남 쌀국수)를 비롯해서, 자극적이지 않고 부드러운 맛이 특징이다.

① 낡은 건물을 살린 개성 넘치는 공간
② P&L 포(14달러)는 소유 라멘과 비슷한 맛이 난다.

할레아이나상을 수상한 인기 베트남 식당

더 피그 앤 더 레이디 The Pig and the Lady

KCC 파머스 마켓에서 시작됐다. 베트남 요리를 기본으로 다양한 동남아시아 요리를 융합한 창작 요리를 즐길 수 있다.

● 83 N. King St. ☎ 808-585-8255 ● 10:30~14:00(토요일 15:00까지), 17:30~22:00(화~토요일만) ● 일요일 휴무 ● 노스 킹 스트리트 옆 차이나타운 >>> MAP P.4 A-1

① '요리장이 추천하는 스시 모둠' 54달러
② 일본 분위기가 감돌고 고급스러움이 넘치는 입구. 2017년 말에 내부 수리 완료 후 재오픈했다.

엄선한 재료를 사용하는 정통 일식

레스토랑 산토리 RESTAUTANT SUNTORY

스시, 데판야끼, 정통 일식 등의 세 부문을 제공하는 와이키키의 유서 깊은 다이닝 레스토랑. 장인의 솜씨가 빛나는 요리는 하나같이 섬세하고 고급스러운 맛이다.

● 2233 Kalakaua Ave. ☎ 808-922-5511 ● 11:30~13:30(토·일요일 12:00~14:00), 17:30~21:30 ● 연중무휴 ● 로열 하와이안 센터 B관 3층 와이키키 >>> MAP P.19

하와이안 음악을 감상하며 흥겨운 음악×푸푸

① 21:30부터 시작하는 라이브 장면 ② 카운터석은 서로 처음 만나는 사이라도 손님들끼리 즐거운 시간을 보낼 수 있는 가정적인 분위기 ③ 오징어 튀김인 '칼라마리에 와이키키 핫윙'. 칵테일 10달러부터

성인에게 인기 많은 휴양지 분위기 만점 가게

듀크스 와이키키 Duke's Waikiki

신선한 해산물, 스테이크 등 푸짐한 미국 요리가 메인인 해변 레스토랑. 하루에 두 번 진행되는 라이브 공연은 반드시 볼 것.

● 아웃리거 와이키키 비치 리조트 1층 ☎ 808-922-2268 ● 7:00~24:00 ● 연중무휴 **와이키키** **>>> MAP P.12 C-2**

♫ LIVE SCHEDULE
매일 16:00, 21:30부터

16시 공연은 해변에서, 21시 30분 공연은 테라스에서 매일 2회 열린다.

남국의 칵테일을 마시며 휴양지 기분 만끽

스윔 Swim

해변을 조망할 수 있는 풀 사이드 바. 트로피컬 칵테일이 풍부하며, 샌드위치 등 가벼운 음식을 중심으로 판매한다.

● 하얏트 리젠시 와이키키 비치 리조트&스파 내 ☎ 808-923-1234 ● 11:00~23:00 ● 연중무휴 **와이키키** **>>> MAP P.13 D-2**

♫ LIVE SCHEDULE
수~일요일 17:00부터

우쿨렐레 연주자가 출연하는 금요일에는 다소 붐비기 때문에 서둘러서 자리를 확보하자.

하와이만의 트로피컬 칵테일을 한 손에 들고 맛있는
'푸푸'를 먹으면서 하와이 스타일의 라이브에 취해보자.

WHAT IS

푸푸

하와이말로 '안주'를 뜻한다. 아히 포케나 치킨 등 씹는 맛이 있는 음식이 주를 이루기 때문에 저녁 식사로도 즐길 수 있다.

① 스윔 나초(14달러)와 민트향 망고 모히토(11달러) ② 카운터에서 마셔도 좋고, 수영장 근처에서 마셔도 좋다. ③ 우쿨렐레 요정 '타이마네'의 맑고 투명한 노랫소리를 감상할 수 있는 곳은 스윔뿐이다.

① 매일 18:00~21:00에 하와이안 음악이 연주되고, 날마다 다른 콘셉트의 공연이 열린다. ② 휴양지 기분을 만끽할 수 있는 트로피컬 칵테일. 오른쪽이 마이타이, 왼쪽이 브랜디 베이스의 엔드리스 서머(각 12달러). 푸짐한 로코모코(13달러)

실력파 뮤지션 총집합

카니 카 필라 그릴 Kani Ka Pila Grille

'카니 카 필라'란 하와이어로 '음악을 연주하다'라는 의미다. 풀 사이드에서 다양한 푸푸와 트로피컬 칵테일을 즐길 수 있다.

- 아웃리거 리프 와이키키 비치 리조트 1층 ☎ 808-924-4990
- 6:00~10:30, 11:00~22:00 ● 연중무휴

와이키키 >>> MAP P.12 A-2

♫ LIVE SCHEDULE
매일 18:30부터

인기 아티스트가 대거 등장한다. 사전에 출연진을 확인하자.

재즈 마니아 모여라!

유명 재즈 클럽에서 보내는 어른의 시간

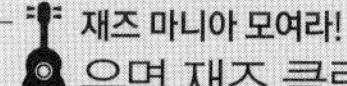

♫ LIVE SCHEDULE
매일 18:30, 21:00부터

드레스 코드가 없기 때문에 부담 없이 입장할 수 있다. 아티스트에 따라 금액이 다르다.

정통 재즈를 들을 수 있는 곳

블루 노트 하와이 Blue Note Hawaii

나이트클럽 같은 분위기를 즐길 수 있는 재즈 클럽. 티켓은 미리 구입하자. 칵테일이나 와인이 다양하다.

- 2335 Kalakaua Ave. ☎ 808-777-4890 ● 도어 오픈 17:00 ● 연중무휴 ● 아웃리거 와이키키 비치 리조트 2층

와이키키 >>> MAP P.12 C-2

해변의 바에서 칵테일과 분위기에 취하다

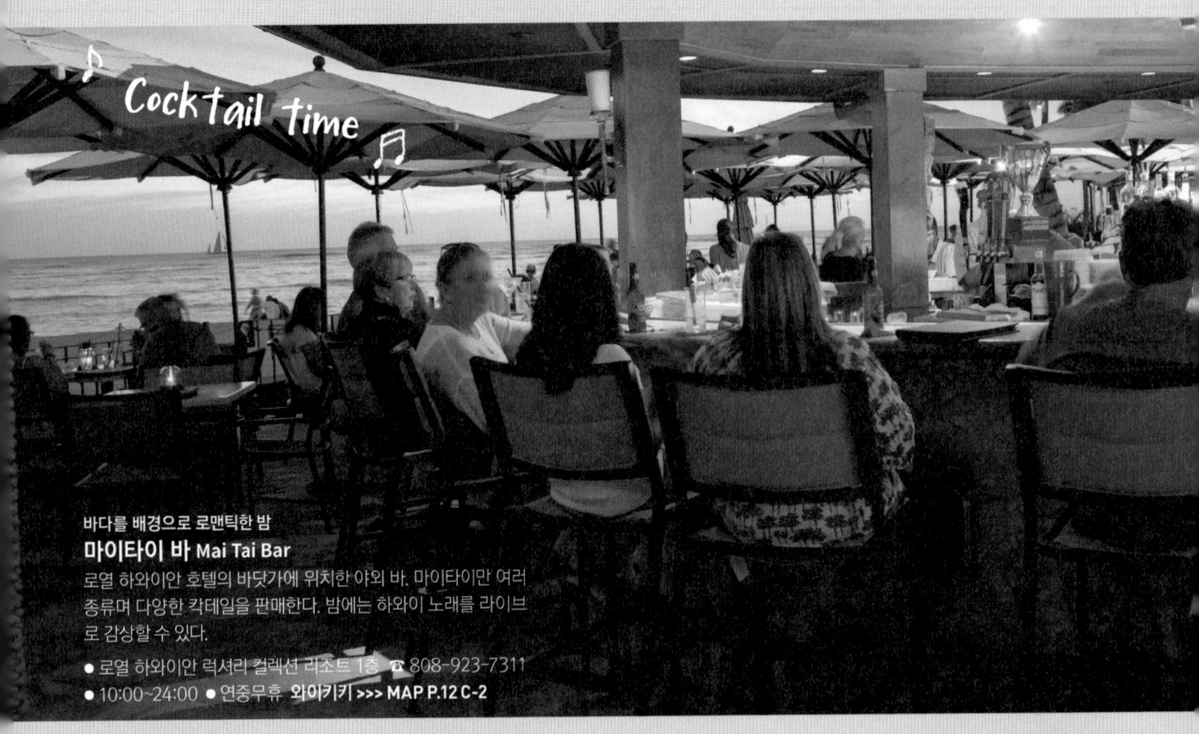

바다를 배경으로 로맨틱한 밤

마이타이 바 Mai Tai Bar

로열 하와이안 호텔의 바닷가에 위치한 야외 바. 마이타이만 여러 종류며 다양한 칵테일을 판매한다. 밤에는 하와이 노래를 라이브로 감상할 수 있다.

- 로열 하와이안 럭셔리 컬렉션 리조트 1층 ☎ 808-923-7311
- 10:00~24:00 ● 연중무휴 **와이키키 >>> MAP P.12 C-2**

① 머리 위로 드리워진 존재감 있는 바니안나무 ② 망고 아일랜드 다이키리 12달러

칵테일을 마시며 해변 옆에서 휴식

더 비치 바 The Beach Bar

눈앞에 바다가 펼쳐진 야외 바. 트로피컬 칵테일과 하와이다운 푸푸에 충실한 곳이다.

- 모아나 서프라이더 웨스틴 리조트&스파 1층 ☎ 808-922-3111
- 10:30~24:00 ● 연중무휴 **와이키키 >>> MAP P.13 D-2**

① 비치와 다이아몬드 헤드가 자아내는 절경 ② 웨이터가 들고 있는 것은 '리퀴드 퓨엘' 10달러 ③ 빈티지 럼주도 있다.

럼 종류는 하와이에서 넘버원

럼 파이어 RumFire

남미와 카리브 해의 100가지 이상의 럼주와 창작 타파스를 판매하는 비치 사이드 바. 밤이 되면 분위기가 있다.

- 쉐라톤 와이키키 1층 ☎ 808-921-4600 ● 11:30~24:00 (금 · 토요일 다음날 1:30까지) ● 연중무휴 **와이키키 >>> MAP P.12 B-2**

하와이 스타일 칵테일 중 추천한다면 바로 생과를 듬뿍 넣어 만든 것.
술을 마시지 못하는 사람도 즐길 수 있는 달고 진한 맛이다.
같은 칵테일이라도 바에 따라 제조법이 다른 오리지널 칵테일도 많다.

바닷가의 풀 사이드 바

엣지 오브 와이키키 Edge of Waikiki

쉐라톤의 인피니티 엣지 풀 옆에 위치한 바. 와이키키 비치를 바라볼 수 있으며, 낮에는 캐주얼한 리조트 바, 밤에는 성인을 위한 차분한분위기의 바로 바뀐다.

● 쉐라톤 와이키키 1층 ☎ 808-922-4422 ● 10:00~22:00 ● 연중무휴 와이키키 >>> MAP P.12 B-2

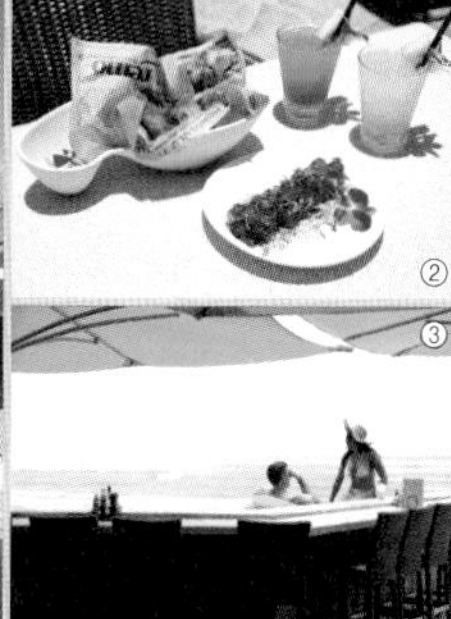

① 푸른 하늘과의 대비가 아름답다. ② 치킨과 아히 포케, 칵테일(12달러) 등 ③ 음료를 한손에 들고 풀에 들어가서 유유자적할 수 있는 점도 이 바의 매력이다.

마신다면 이것! 칵테일 백과사전

COCKTAIL

Mai Tai
마이타이

럼에 오렌지 큐라소, 레몬 주스 등을 섞은 칵테일

SWEET ——+——▼——+—— DRY

Blue Hawaii
블루 하와이

럼에 블루 큐라소, 파인애플 주스 등을 섞은 칵테일

SWEET ——+——▼——+—— DRY

Pina Colada
피나 콜라다

럼을 베이스로 파인애플 주스와 코코넛 밀크를 섞었다.

SWEET ▼——+——+——+—— DRY

Itch
이치

럼을 베이스로 만드는 '가렵다(이치)'는 뜻의 칵테일. 효자손이 들어 있다.

SWEET ——+——+——+——▼ DRY

Lava Flow
라바 플로우

럼에 딸기 리큐어, 코코넛 밀크 등을 섞어서 용암을 표현한 칵테일

SWEET ▼——+——+——+—— DRY

Sangria
상그리아

레드와인을 소다와 주스로 희석하고 과일을 넣었다. 청량감이 있다.

SWEET ——+——+——▼—— DRY

밤새도록 수다, 24시간 레스토랑

24 hours

Restaurant

북적북적한 레스토랑에서
이국 분위기를 만끽

유리창 너머로 밤에도 활기찬 레스토랑 내부가 보인다. 와이키키 중심가에서 조금 벗어난 곳에 위치해서 현지 느낌을 만끽할 수 있다.

미국 분위기가 흘러넘치는 다이너

와일라나 커피 하우스 Wailana Coffee House

저렴한 다이너 스타일의 전통 있는 패밀리 레스토랑. 총 좌석 수는 200석 이상. 팬케이크 등 아침 메뉴부터 로코모코, 스테이크 등 푸짐한 메뉴까지 언제나 주문할 수 있다.

• 1860 Ala Moana Blvd. ☎ 808-955-1764 • 24시간 영업 • 수요일 24:00~다음날 6:00 휴무 • 알라모아나 블러바드 옆 **와이키키 >>> MAP P.10 B-3**

팬케이크 무한리필(8.25달러)도 있어요!

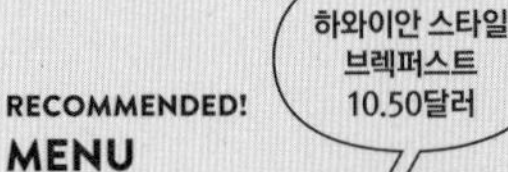

RECOMMENDED!
MENU

하와이안 스타일 브렉퍼스트 10.50달러

콘드비프, 감자, 달걀에 구운 바나나 포함!

24 hours

Supermarket

심야 쇼핑은 이곳에서!

24시간 언제라도 필요한 물건을 구입할 수 있는

월그린 Walgreens

다양한 종류의 델리 외에도 직접 컵에 담아 먹는 프로즌 아이스 코너가 있다. 의료품, 잡화도 판매한다.

• 1488 Kapiolani Blvd. ☎ 808-949-8500 • 24시간 영업 • 연중무휴 • 카피올라니 블러바드 옆
알라모아나 >>> MAP P.9 F-2

돌 휩

CUSTOMIZE ICE

돌 파인애플 플랜테이션의 파인애플로 만든 소프트 아이스크림. 직접 컵에 담는 셀프 시스템

페이스& 넥 세럼

액티비티에, 쇼핑에 하루 종일 즐겼더니 어느 샌가 늦은 밤이 되었다.
"출출해", "아직 더 수다 떨고 싶어"라는 사람에게 도움 될 24시간 영업 매장을 소개한다.

24 hours 어딘가 차분한 오래된 패밀리 레스토랑

수제 파이와 케이크가 유명한

안나 밀러 Anna Miller's

미트 파이와 가게에서 직접 구워내는 10여 가지 파이가 유명한 패밀리 레스토랑. 여성 직원이 입은 유니폼이 귀엽다.

● 98-115 Kaonohi St. ☎ 808-487-2421 ● 24시간 영업 ● 연중무휴 ● 카오노히 스트리트 옆
진주만 >>> MAP P.3 D-3

> ⚠ CAUTION
> **여자 혼자라면?**
> 치안이 좋다고는 하나 역시 심야는 위험하다. 목적지를 오갈 때는 길에서 지나가는 택시를 잡지 말고, 호텔 프런트나 레스토랑에 부탁해 택시를 불러서 안전하게 이용하자.

RECOMMENDED! MENU

클럽하우스 11.99달러

밤이라도 배부르게 먹고 싶은 사람에게 추천

블루베리 치즈케이크 4.79달러

풍부한 치즈와 블루베리의 새콤달콤한 맛이 특징

1973년에 문을 연 패밀리 레스토랑. 가족단위 손님으로 날마다 붐빈다. 손님이 직접 만드는 푸짐한 오믈렛도 인기가 많다.

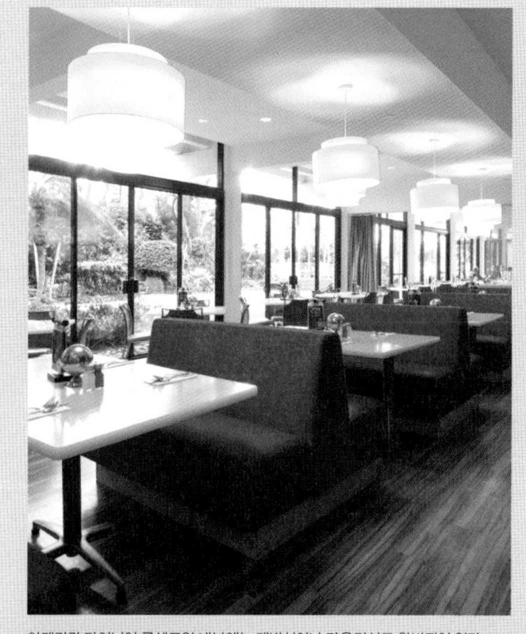

아메리칸 다이닝이 콘셉트인 내부에는 개별실이나 카운터석도 완비되어 있다. 채광이 좋은 낮과 밤의 분위기가 사뭇 다르다.

24 hours 밤이니까 배부르게! 푸짐한 야식

모던 스타일 아메리칸 레스토랑

맥 24-7 MAC 24-7

가벼운 식사나 트로피컬 칵테일을 즐길 수 있는 바 구역과 팬케이크나 사이민 등 하와이 음식을 판매하는 다이닝 구역이 있다.

● 2500 Kuhio Ave ☎ 808-921-5564 ● 24시간 영업 ● 연중무휴 ● 힐튼 와이키키 비치 1층
와이키키 >>> MAP P.13 E-1

RECOMMENDED! MENU

프레시 아일랜드 피시&칩스 19달러

바싹 튀긴 흰 살 생선과 감자가 바삭바삭

빅 사이즈 팬케이크에 도전해보세요!

'데니스'나 '지피스' 등 하와이에는 24시간 영업하는 패밀리 레스토랑이 있다. 저렴하게 배도 채울 수 있다.

BEAUTY

하와이에서 살롱 제대로 이용하기

스파나 살롱은 밀폐된 실내 공간이기 때문에 여행객 입장에서는 다소 불안할 수도 있다.
그러나 시스템을 알고 나면 걱정할 필요가 없다.

CASE 1

현지에서 스파에 전화를 걸었지만 언어가 통하지 않는다!

예약 방법

예약 방법은 크게 세 가지로 나뉜다. 예약을 하지 않아도 이용할 수 있는 곳도 있지만 그런 숍도 예약자 우선으로 진행된다.

1 공식 홈페이지에서 예약
여행 전에 미리 공식 홈페이지에서 예약한다.
이미 방문 날짜를 정한 사람은 이 방법이 가장 좋다.

2 투어 회사의 상품을 이용
국내 또는 하와이에서 투어 회사를 통해 예약하는 방법.
수고는 덜지만 중개 수수료가 포함된 만큼 금액이 비싸다.

3 숍에 전화로 문의하기
방문 직전에 예약하려면 직접 문의해서 예약하는 방법도 있다.

【영어로 예약하기】

로미로미 60분 코스를 예약하고 싶습니다.
I would like to book for 60minutes lomi lomi.

지금 마사지를 받을 수 있나요?
Can I get a massage from now?

SOLUTION! **국내에서 미리 예약하는 편이 좋다.**

한 번에 시술받을 수 있는 인원수가 정해져 있는 스파는 예약이 마감되기 쉬우므로 사전에 예약하자. 알레르기 혹은 지병이 있거나 테라피스트를 따로 선택하고 싶다면 미리 요청하는 것이 좋다.

스파 이용 순서와 방법

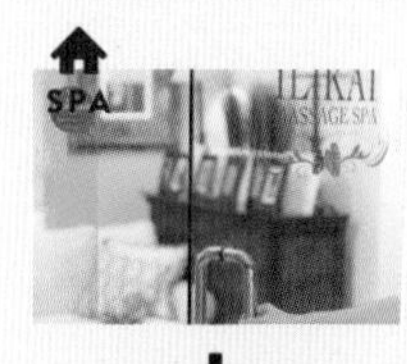

방문

예약 시간보다 일찍 간다
예약 시간보다 늦으면 그만큼 시술 시간이 줄어든다. 준비 시간까지 계산해서 예약 시간보다 15분 일찍 도착하는 것이 바람직하다.

상담

몸 상태나 희망 사항을 전한다
당일 몸 상태를 말한다. 마사지, 다이어트 등 특별한 목적이 있는 사람은 희망 사항에 알맞은 메뉴를 담당 테라피스트와 상담할 수 있다.

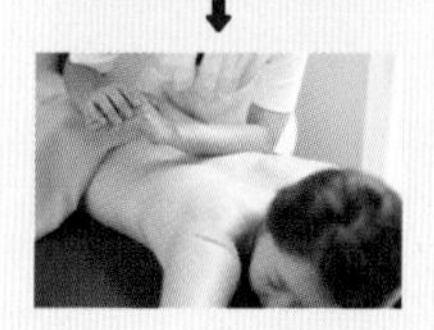

옷 갈아입기·시술

옷을 갈아입고 드디어 시술 시작!
시술용 옷으로 갈아입고 개별실로 안내를 받은 뒤 시술을 시작한다. 커플이나 친구끼리 시술을 받을 수 있는 방이 있는 숍도 많다.

결제

마지막에 결제 후 종료
시술이 끝나면 휴게실에서 느긋하게 휴식한다. 마지막으로 결제까지 하면 끝! 팁도 잊지 말자.

팁 결제 방법

팁은 총 결제 금액의 15%를 직접 건네든가 결제 금액에 합쳐줄 것을 요청하면 된다.

취소하기

예약 시간을 엄수할 것. 연락 없이 취소하는 경우는 취소 수수료로 전액 부담할 수 있으므로 주의하자.

일리카이 마사지 스파 하와이
>>> P.154

CASE 2

'힐링'이나 '마나' 같은 생소한 단어가 들려요. 이 스파, 수상한 곳 아닌가요!?

지속적으로 효과를 보기 위해서

- 시술 후에는 수시로 수분 보충을 해서 노폐물을 배출한다.
- 알코올이나 카페인 섭취는 피한다.
- 채소, 과일 등 지방이 적은 음식을 많이 먹는다.

SOLUTION!

안심해도 좋다! 로미로미는 옛날에는 신성한 의식이었다!

로미로미의 기원으로 거슬러 올라가면, 고대 하와이부터 이어온 자연과 대지를 섬기는 신앙에 의해 탄생한 치료 의식이다. 신성함을 느낄 수 있는 이유는 전통을 제대로 계승하고 있기 때문이다.

로미로미는 어떤 마사지일까?

고대부터 현대까지 로미로미 마사지의 역사를 알아보자!

고대

선택받은 자만 전수받을 수 있는 치료법

하와이에는 대지의 힘인 '마나'를 다루는 우수한 신관 '카후나'가 있었다. 카후나가 기도를 올리고 환부를 문지르거나 따끈한 돌을 올린 의료 행위가 로미로미였다. 병을 치료하는 행위는 숭고하다고 여겼으며, 로미로미 치료사는 가족의 선택을 받은 사람만이 될 수 있는 세습제도였다.

현대

폐쇄적인 행위가 일상 속의 존재로 변화!

세습제가 폐지되고 기술이 사람들 사이로 퍼지면서 로미로미는 보다 대중적인 문화로 발전했다. 현재 하와이에는 단기간 훈련 받은 테라피스트가 운영하는 '스파 로미'부터 전통적인 훈련을 받은 개인 로미로미 치료사까지 다양한 수준과 스타일의 로미로미가 공존하고 있다.

CASE 3

얼굴에 도포된 마스크 팩에서 커피향이…. 괜찮은 걸까?

SOLUTION!

하와이의 스파에서는 일반적이다! 열대 지방 특유의 천연 재료를 즐겨보자

현지 식재료로 트리트먼트를 받을 수 있는 점도 하와이 스파의 매력. 커피뿐 아니라 파인애플, 파파야, 코코넛 등 살롱마다 다른, 열대 지방다운 천연 재료를 즐겨보자.

시술 종류 스파의 마사지는 로미로미만 있는 것이 아니다! 자신에게 맞는 시술을 찾아보자.

로미로미 마사지	테라피스트의 손과 팔꿈치 등으로 체중을 실어 근육을 자극한다. 혈액순환을 원활하게 하고 몸속을 정상적으로 정돈해주는 시술법.
스톤 마사지	현무암이나 용암을 등과 같은 신체 부위의 혈자리에 대고 마사지한다. 체내 에너지를 정돈하는 효과가 있다.
지압	테라피스트의 손으로 혈을 눌러서 신체를 정상 상태로 개선한다. 로미로미와 함께 인기가 많다.
림프 마사지	림프와 혈류를 따라 마사지하며 혈액순환을 돕는다. 신진대사를 높이며 다이어트에도 효과가 있다.
리플렉솔로지(발 마사지)	주로 발바닥을 자극하는 마사지. 영국식이나 대만식 등 종류가 다양하다.
보디 스크럽	천연소금과 약초 등을 피부에 도포해서 묵은 각질을 제거한다. 피부가 매끈매끈해지며 보온효과도 있다.
보디 랩	허브나 해초 성분을 충분히 스며들게 한 천 등으로 몸을 감싸는 시술로, 신진대사를 활발하게 한다.
필링	오래된 피부 각질을 문질러서 제거하는 시술. 여드름, 주름, 색소침착 등 피부 트러블 개선에 좋다.

매력적인 호텔 스파 타임

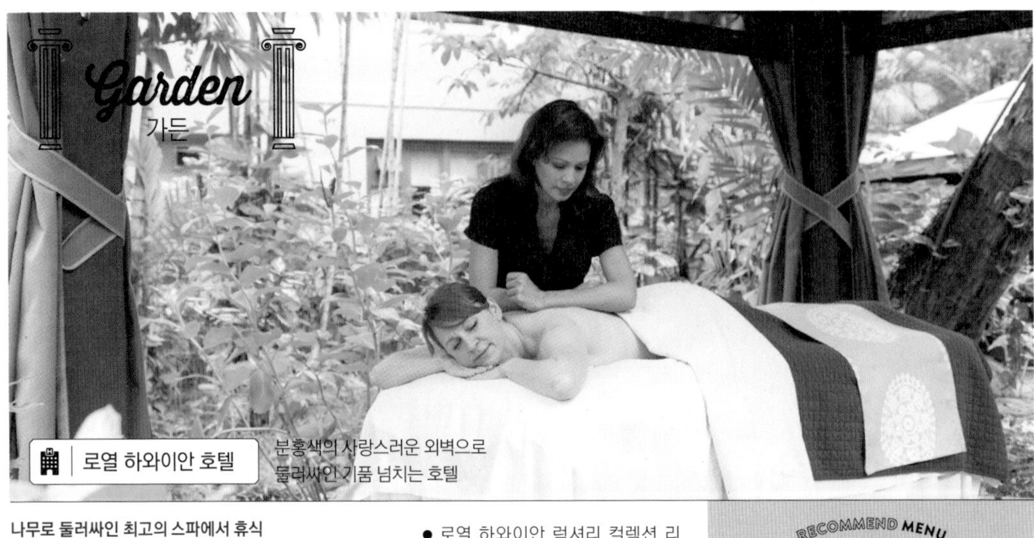

나무로 둘러싸인 최고의 스파에서 휴식

아바사 와이키키 스파

Abhasa Waikiki Spa

녹음 우거진 안뜰에 위치한 와이키키 유일의 정원 스파. 세계적인 기술을 융합한 트리트먼트로 유명하다.

● 로열 하와이안 럭셔리 컬렉션 리조트 1층 ☎ 808-922-8200(예약 접수) ● 9:00~21:00 ● 연중무휴 ● en.abhasa.com

와이키키>>>MAP P.12 C-2

RECOMMEND MENU

- 아바사 하모니…50분, 150달러
- 포하크(핫 스톤)…50분, 150달러
- 하와이안 오가닉 트리트먼트…50분, 160달러

그 외 스파 **LUXE SPA** 럭스 스파

할레쿨라니 호텔

예부터 전해져온 치료법으로 치유받다

스파 할레쿨라니

Spa Halekulani

하와이, 폴리네시아 제도, 아시아에서 오래전부터 전해져온 치료법을 고도의 기술로 시술한다.

● 할레쿨라니 호텔 1층 ☎ 808-931-5322 ● 8:30~20:00 ● 연중무휴 ● www.halekulani.com/spa

와이키키 >>> MAP P.12 B-2

RECOMMEND MENU

- 로미로미…50분부터, 185달러부터
- 노누…50분부터, 185달러부터
- 호올렐레…50분부터, 185달러부터

① 성지 카베헤베헤를 바라볼 수 있는 한적한 카바나 ② 기술 내용에 맞춰 엄선한 식물성 오일을 사용한다.

카할라 호텔

하와이의 전통과 세계의 기술을 융합하다

카할라 스파

KAHALA SPA

'호오마카'라 불리는 하와이 전통 치료법에 세계 각지의 기술을 도입한 스파로 증상에 맞춰 시술한다.

● 카할라 호텔&리조트 1층 ☎ 808-739-8938 ● 8:00~21:00 ● 연중무휴 ● kr.kahalaresort.com/spa

카할라 >>> MAP P.5 F-2

RECOMMEND MENU

- 호올라 하나 호우…90분, 280달러
- 골든 글로우 페이셜&보디 트리트먼트…150분, 450달러
- 올리 올리 로미로미…90분부터, 285달러부터

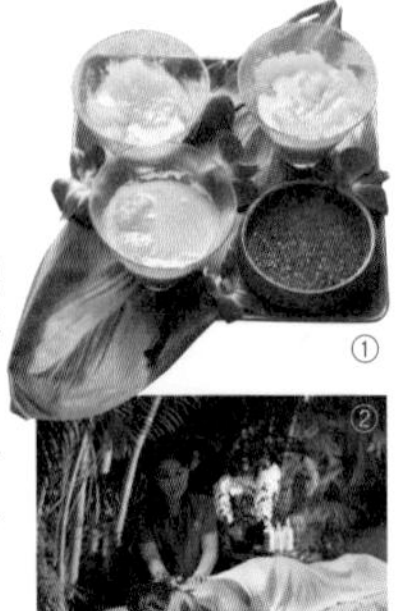

① 손님의 희망사항에 맞춰 제품을 사용한다. ② 풋 클렌징부터 시작하는 로미로미 마사지

누구나 가고 싶어 하는 럭셔리 호텔의 스파는 마치 천국과 같이 행복한 공간이다. 일류 기술을 보유한 테라피스트가 스파를 대표하는 고급 트리트먼트와 최고의 서비스로 맞이해준다. 매일 매일 열심히 사는 자신을 위한 상으로 꼭 방문해보자.

팁을 현금으로 건네려면 시술 때 갈아입는 로브에 미리 돈을 넣어 두자.

모아나 서프라이더 웨스틴 리조트 &스파

품격 있고 우아한 분위기가 감도는, 와이키키에서 가장 오래된 일류 호텔

눈앞에 펼쳐진 바다를 바라보며 즐긴다

모아나 라니 스파 ~헤븐리 스파 바이 웨스틴

Moana Lani Spa, A Heavenly Spa by Westin

와이키키에서 유일한 오션프런트 스파. 각종 상을 수상한 화려한 이력을 자랑한다.

● 모아나 서프라이더 웨스틴 리조트&스파 2층 ☎ 808-237-2535(예약 접수) ● 8:00~22:00 ● 연중무휴 ● www.moanalanispa.com

와이키키>>>MAP P.13 D-2

RECOMMEND MENU

- 로미로미 올라…100분, 275달러
- 헤븐리 스파 시그니처 마사지…45분부터, 145달러부터
- 모아나…60분부터, 170달러부터

하얏트 리젠시

천연 미용 성분의 치유 효과를 체험하다

나 호올라 스파

Nā Ho'ōla Spa

와이키키 비치를 조망할 수 있는 경치 좋은 스파. 유기농 트리트먼트로 치유의 시간을 보내자.

● 하얏트 리젠시 와이키키 비치 리조트&스파 5, 6층 ☎ 808-237-6330 ● 8:30~21:00(시술은 9:00부터) ● 연중무휴 ● www.nahoolaspawaikiki.com

와이키키 >>> MAP P.13 D-2

① 시술 후에는 스파 내부에 있는 라운지나 사우나에서 자유롭고 편안하게 쉴 수 있다. ② 내 피부가 행복해지는 하와이산 재료로 만든 제품

RECOMMEND MENU

- 로미 와와에(로미로미&하와이 스타일 풋 테라피)…80분, 240달러
- 포하쿠(핫 스톤) 마사지…50분부터, 165달러부터
- 하와이안 메모리즈…80분, 195달러

메리어트

아베다의 향을 맡으며 행복한 마사지를

로열 카일라 스파 아베다

Royal Kaila Spa AVEDA

천연 화장품 브랜드 '아베다'의 콘셉트 살롱. 신부 에스테틱 등 메뉴도 있다.

● 와이키키 비치 메리어트 리조트&스파 2층 ☎ 808-369-8088 ● 8:30~20:00 ● 연중무휴 ● www.spa-royalkaila.com

와이키키 >>> MAP P.13 F-2

① 몸 상태에 맞춰 시술하는 아로마 트리트먼트 ② 비치를 볼 수 있는 커플룸

RECOMMEND MENU

- 로열 카일라 오리지널 스톤 마사지…80분, 210달러
- 스트레스 픽스 마사지…50분, 140달러
- 로미로미 마사지…80분, 190달러

90달러 이하 로미로미 마사지

많은 사람들이 하와이 여행 중에 한 번쯤은 로미로미 마사지를 즐기고 싶어 한다.
그런 사람들을 위해 저렴하면서 편리한 곳에 위치한 테라피 숍을 소개한다.

하와이의 기술에 동양의 지압을 플러스

루아나 와이키키

Luana Waikiki

개점한지 10년 이상된 스파. DFS 갤러리아 타워 내에 위치해서 접근성이 좋아 매력적이다.

● 2222 Kalakaua Ave. #716. ☎ 808-926-7773 ● 10:00~22:00 ● 연중무휴 ● 칼라카우아 애비뉴 옆 ● www.luana-waikiki.com

와이키키 >>> MAP P.12 B-1

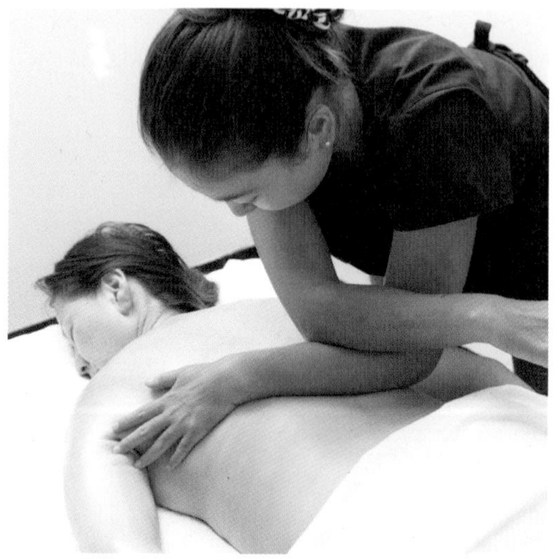

◆ 로미로미…60분, 70달러

로미로미는 기본적인 시술법으로 시술하면서, 마사지를 받는 사람의 상태에 맞춰 조금씩 방법을 바꾼다.

OTHER MENU

◆ 로미 페이셜…110분, 150달러

◆ 로미 풋 지압…110분, 150달러

15달러를 추가 지불하면 100% 식물 추출 에센셜 오일을 활용한 시술을 받을 수 있다.

독자적인 로미로미와 다이어트 에스테틱이 화제

일리카이 마사지 스파 하와이

Ilikai Massage Spa Hawaii

인기 전문 마사지사 나가무라 사치코의 숍. 화제의 다이어트 에스테틱은 연예인이나 모델 사이에서도 인기다. 매월 바뀌는 저렴한 상품도 있다.

● 일리카이 호텔&럭셔리 스위트 1층 ☎ 808-944-8882 ● 10:00~23:00 ● 연중무휴 ● www.ilikai massagespa.com

와이키키 >>> MAP P.10 B-3

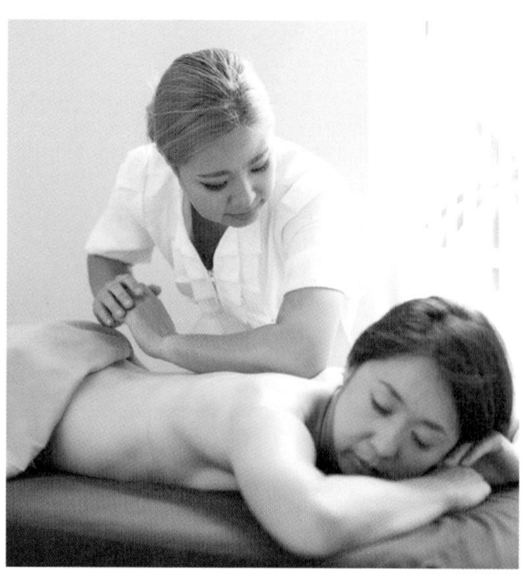

◆ 로미로미+다이어트 머신…60분, 89달러

요가나 동양 의학의 요법을 이용한 독자적인 로미로미는 휴식 효과가 크다.

OTHER MENU

◆ 로미로미 마사지…60분부터, 125달러부터

◆ 림프 마사지…60분부터, 125달러부터

(뒤)금색의 코스메프라우드 65달러부터 (앞)하와이산 코코넛 오일 29.99달러, 립 13.99달러

세계 각지의 다채로운 마사지 총망라

아나이하나 마사지 살롱

Anai87 Massage Salon

로미로미, 한국식 골기 마사지, 지압, 타이마사지 등 메뉴가 다양하다. 출장 서비스도 있다(10달러 추가).

● 1750 Kalakaua Ave. ☎ 808-729-0773 ● 9:00~20:00(출장 9:00~24:00) ● 연중무휴 ● www.anai87hawaii.com 알라모아나 **>>> MAP P.10 A-2**

90달러 이하 추천 MENU

◆ 87콤비네이션…60분부터, 60달러부터

지압, 로미로미, 스트레칭을 모두 모은 마사지. 유기농 오일의 향도 선택할 수 있다.

OTHER MENU

◆ 지압…60분부터, 60달러부터

◆ 한국식 작은 얼굴 골기 테라피…60분, 110달러부터

대표 마사지사 하나에 씨는 8,000명 이상을 마사지한 경험을 지녔다.

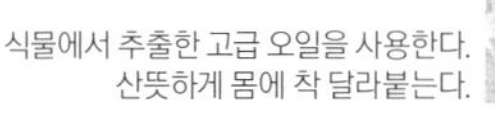

식물에서 추출한 고급 오일을 사용한다. 산뜻하게 몸에 착 달라붙는다.

일본인 테라피스트의 정성스러운 시술

알로하 핸즈 마사지 테라피

Aloha Hands Massage Therapy

입소문으로 인기를 모은 테라피 숍. 숙련된 일본인 테라피스트의 시술은 피로를 싹 날려준다!

● 307 Lewers St. #809 ☎ 808-551-0465 ● 9:00~22:00 ● 연중무휴 ● 루어스 스트리트 옆 ● www.alohahands.net 와이키키 **>>>MAP P.12 B-2**

90달러 이하 추천 MENU

◆ 기본 하와이안 로미로미 마사지…60분, 60달러

손바닥, 팔 전체를 사용해서 정수리부터 발끝까지 정성스럽게 주물러서 풀어주며 혈액순환을 돕는다.

OTHER MENU

◆ 로미로미+알로하…60분, 75달러

◆ 로미로미+페이스&스켈프…90분, 90달러

훈련생의 시술

하와이 마사지 아카데미

Hawaii Massage Academy

34년 동안 실적을 쌓은 학교의 인턴 학생이 시술을 한다. 친절한 시술과 양심적인 가격에 인기가 많다.

● 1750 Kalakaua Ave. #2102 ☎ 808-955-4555 ● 10:00~21:00(토·일요일 17:00까지) ● 연중무휴 ● 센추리 센터 21층 알라모아나 **>>> MAP P.10 A-2**

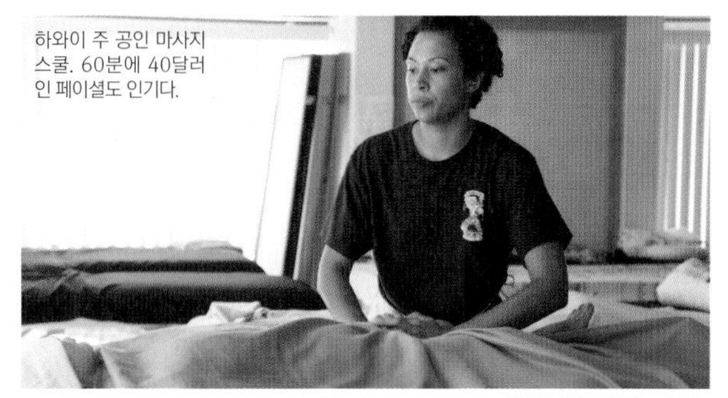

하와이 주 공인 마사지 스쿨. 60분에 40달러인 페이셜도 인기다.

90달러 이하 추천 MENU

◆ 보디 마사지…60분, 30달러

로미로미를 비롯해서 핫 스톤 마사지, 스웨덴식 마사지 등을 선택할 수 있다.

고급 기술을 지닌 훈련생

마사지의 기초 기술은 물론, 실기 훈련도 제대로 배운 훈련생의 시술로 피로를 시원하게 풀 수 있다. 90분에 45달러인 트리트먼트도 있다. 학생도 모집 중이다.

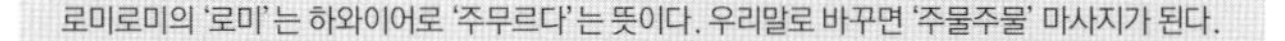

로미로미의 '로미'는 하와이어로 '주무르다'는 뜻이다. 우리말로 바꾸면 '주물주물' 마사지가 된다.

23시 이후 이용 가능 스파

유기농 오일로 매끈한 피부를

루아 모미

RUA MOMI

미국 정부가 공인한 100% 유기농 오일로 고급스러운 로미로미를 받을 수 있다. 하와이어로 '복부의 흐름을 바꾸다'는 뜻의 '오푸훌리(OpuHuli)' 메뉴도 있다.

● 2229 Kuhio Ave. ☎ 808-931-6363(예약 접수) ● 9:00~24:00 ● 연중무휴 ● 쿠히오 애비뉴 옆 ● rua-momi.com

와이키키 >>> MAP P.12 B-1

- 오푸훌리+로미로미 상반신…60분, 77달러
- 로미로미 마사지…60분, 59달러부터
- 페이셜 마사지+데콜테…60분, 79.80달러

미국 정부의 공인을 받은 100% 유기농 오일을 사용한다. 푸석푸석한 피부가 순식간에 생기를 되찾는다!

커플룸도 있다. 친구나 커플끼리 함께 힐링 타임을 즐길 수 있다.

숙련된 테라피스트가 피로가 쌓인 부위를 천천히 풀어준다.

컨디션을 정성껏 관리하는 시술

로열 마사지

Royal Massage

정신적, 신체적 컨디션을 친절하게 상담한 뒤 확실한 기술로 치료받을 수 있다. 대표 메뉴인 로미로미나 림프 마사지를 포함해서 6가지 마사지가 있다.

● 2229 Kuhio Ave. #201 ☎ 808-921-0115 ● 9:00~24:00 ● 연중무휴 ● 쿠히오 애비뉴 옆 ● www.115hi.com/rm

와이키키 >>> MAP P.12 B-1

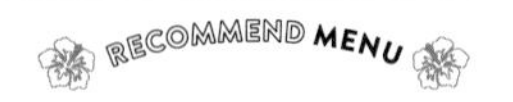

- 스페셜…60분, 49.5달러
- 디럭스…90분, 92달러
- 페이스…60분, 72달러

T 갤러리아에서 약 30초 걸리는 최고의 위치. 쇼핑 후에 들러 피로를 풀어도 좋다!

프라이빗 분위기가 흘러넘치는 숍. 개인실로 운영하기 때문에 차분하게 시술을 받을 수 있다.

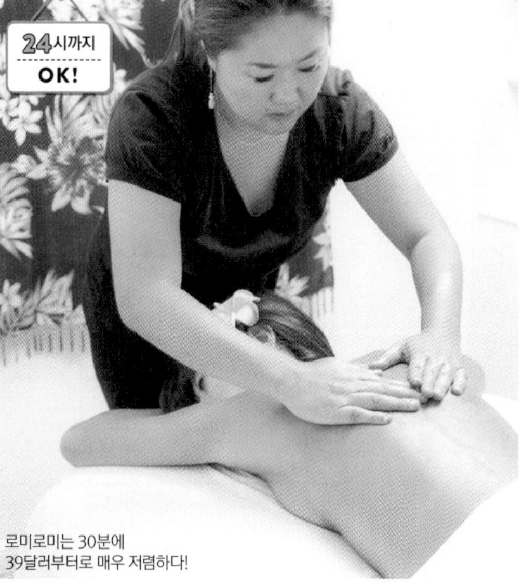

로미로미는 30분에 39달러부터로 매우 저렴하다!

놀거리, 즐길거리가 너무 많은 하와이. 심야에도 영업하는 스파라면 시간에 구애받지 않고 놀다가 부담 없이 방문할 수 있다. 밤에도 문을 여는 스파에서 하루 종일 고단한 몸의 피로를 풀어보는 건 어떨까? 다음날 아침을 상쾌하게 시작하게 될 것이다.

예약 불필요&저렴한 가격의 테라피 숍

노아 엘모

Noa Elmo

예약을 하지 않아도 이용할 수 있으며, T 갤러리아에서 매우 가까워 접근성이 뛰어나다. 10가지 이상의 마사지 종류가 있으며 모두 저렴하다.

● 355 Royal Hawaiian Ave. ☎ 808-921-0355 ● 9:00~24:00 ● 연중무휴 ● 로열 하와이안 애비뉴 옆 ● noa-elmo.com

와이키키 >>> MAP P.12 B-1

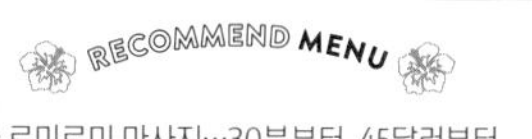

- 로미로미 마사지…30분부터, 45달러부터
- 하와이식 지압 마사지… 30분부터, 45달러부터
- 얼굴 부기 개선 코스…60분, 68.8달러

한번에 최대 9명까지 시술을 받을 수 있다! 예약을 하지 않아도 오래 기다리지 않고 시술을 받을 수 있는 점도 매력적이다.

인기 아로마 오일로 업그레이드를 원하면 각 코스에 10달러를 추가하면 된다.

일정이 꽉 차 있다면

출장 스파를 추천합니다!

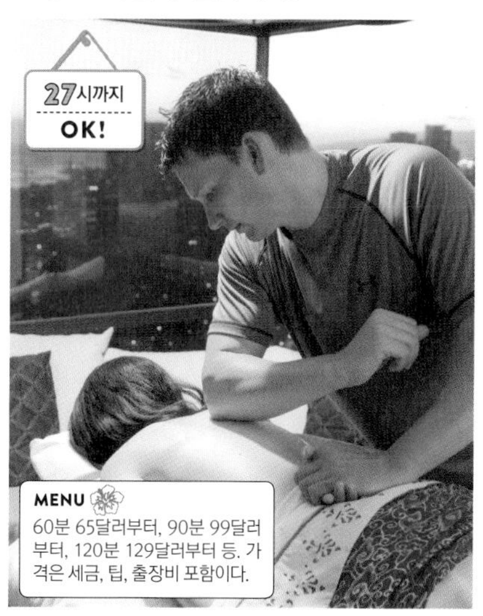

MENU

60분 65달러부터, 90분 99달러부터, 120분 129달러부터 등. 가격은 세금, 팁, 출장비 포함이다.

HOW TO

출장 스파 출장 스파도 기본적인 순서는 숍과 같다. 출장 전 전화로 목적과 희망사항을 확실하게 전달한다.

시술 전에 상담을 한다. 마사지 강도나 사용할 제품도 확인한다.

>>

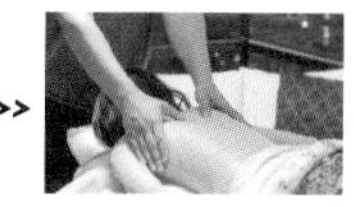

시술은 방 침대에서 받을 수 있으며, 요청하면 시술대를 가지고 오기도 한다. 시간도 연장할 수 있다.

>>

종료 후 몸 상태를 확인한다. 요금을 건네면 종료된다.

호텔 방에서 즐기는 세계적인 테라피

타이라 스파 Tyra Spa

숙련된 테라피스트 애런이 시술하며, 하와이, 타이, 발리 등 세계 마사지 기술을 융합한 출장 스파. 90분 이상 코스에는 등 스크럽이 포함되어 있다.

☎ 808-722-3929 ● 12:00~다음날 3:00 ● 연중무휴 ● www.tyraspa.com

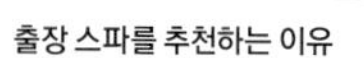

출장 스파를 추천하는 이유

한시도 눈을 뗄 수 없는 작은 아이가 있는 엄마에게는 최고의 선택. 시술 후에 그대로 잠들 수 있는 점도 GOOD.

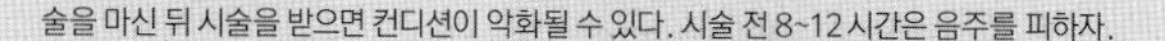

술을 마신 뒤 시술을 받으면 컨디션이 악화될 수 있다. 시술 전 8~12시간은 음주를 피하자.

손끝까지 기분 UP! 트로피컬 네일아트

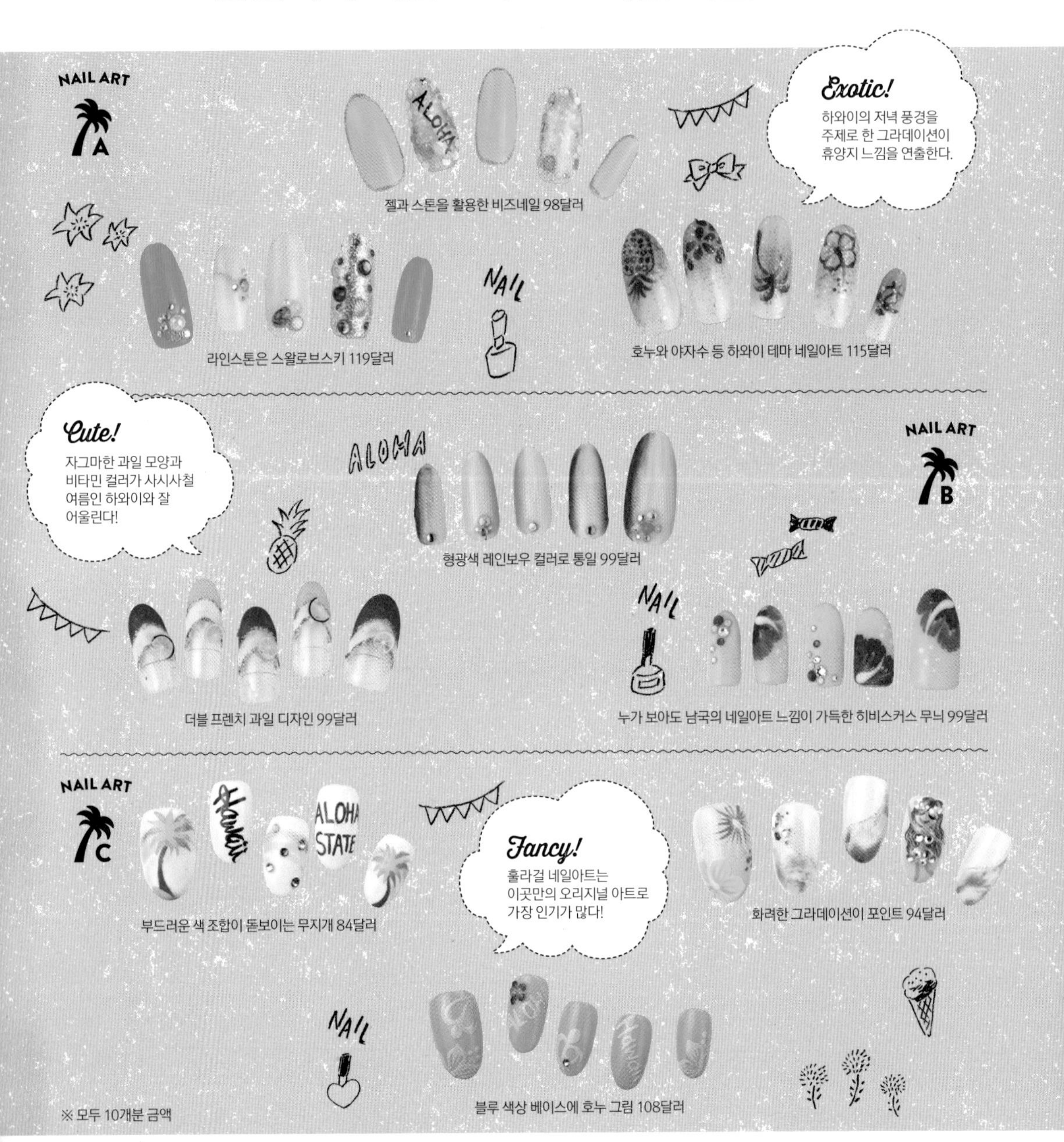

알로하~ 당신에게 딱 어울리는
네일아트를 찾아봅시다.

휴양지 여행 기분을 200% 만끽하기 위해 손톱까지 귀여운 하와이 분위기로 바꾸자.
화려하고 발랄한 컬러를 사용한 트로피컬 네일아트로 물들이는 건 어떨까?

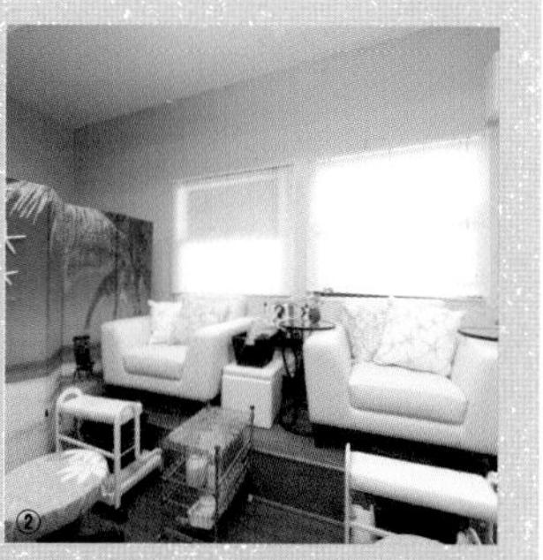

① 친절한 직원이 정성스럽게 시술한다. 네일아트 마니아를 위해 저렴하게 가격을 설정했다고 한다.
② 편안하게 앉아 있을 수 있는 소파도 있다. 아이들이 DVD를 감상할 수 있는 대기실도 있다.

정교하면서도 귀여운 디자인이 30달러부터

A 핀카 네일 살롱

Finca Nail Salon

알라모아나 센터에서 도보 3분 거리에 위치한 '빠르고, 저렴하고, 귀여운' 콘셉트의 살롱. 발뒤꿈치의 각질을 제거하는 풋 케어도 있다.

● 655 Keeaumoku St. ☎ 808-518-1239 ● 10:00~18:00 ● 부정기 휴무 ● 케에아우모쿠 스트리트 옆

알라모아나 >>> MAP P.9 F-2

OTHER MENU

◆ 젤 네일 클리어…35달러부터
◆ 패티큐어…25달러부터

① 집에 온 듯 편안함을 주면서 차분한 분위기가 매력 ② 오리지널 'KOKOIST 젤'을 사용한 시술로 현지인은 물론 외국에서 온 손님들에게도 호평을 받고 있다.

손톱 건강을 생각하는 젤 네일

B 네일 살롱 코코

Nail Salon KOKO

다수의 수상 경력을 지닌 네일 아티스트의 살롱. 자체 개발한 유기농 젤은 발색이 좋고 윤기가 오래간다.

● 441 Walina St. #102 ☎ 808-923-4044 ● 8:30~17:00 ● 토·일요일 휴무 ● 왈리나 스트리트 옆

와이키키 >>> MAP P.13 D-1

OTHER MENU

◆ 매니큐어…25달러
◆ 젤 네일 컬러…40달러부터

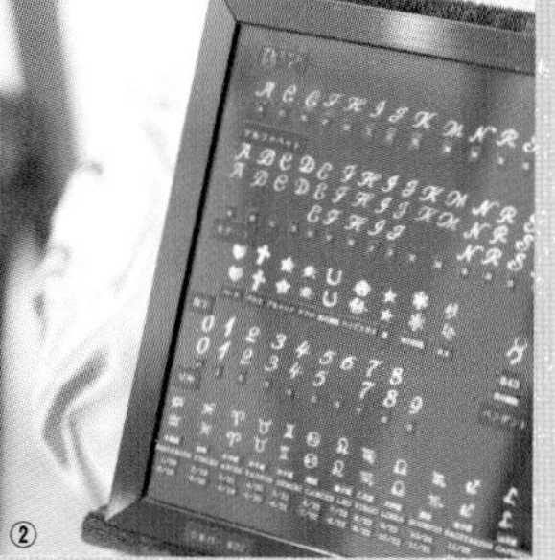

① 청결한 내부. 신나는 음악으로 즐거운 분위기. 의자는 2인용으로 친구와 함께 앉을 수도 있다.
② 로즈골드 네일파츠를 사용하면 보다 화려하게 연출할 수 있다! 재활용도 가능하다.

센스 넘치는 단 하나뿐인 네일아트

C 아쿠아 네일

Aqua Nails

여성은 물론 남성, 부모와 자식, 커플도 즐길 수 있는 살롱. 남성 마사지사가 해주는 지압은 60분에 69달러로, 뭉친 근육을 확실하게 풀 수 있어 인기가 많다.

● 334 Seaside Ave. #304 ☎ 808-923-9595 ● 10:00~19:00 ● 일요일 휴무 ● 시사이드 애비뉴 옆. 푸른색 빌딩 3층

와이키키 >>> MAP P.12 C-1

OTHER MENU

◆ 각질 제거 디럭스 플랜…35달러
◆ 젤 네일…35달러부터

Tamba
SurfCompany.Com

TOWN

카일루아 *Kailua*

오아후 섬의 동해안을 따라 형성된 마을. 개성 넘치는 의류 매장과 잡화점이 늘어서 있는 고급스러운 쇼핑 구역으로도 주목받고 있다. 또한 해변의 풍경이 아름답기로 유명한데, 푸른 바다와 새하얀 모래사장이 이루는 대비는 숨이 멎을 듯이 아름답다. 카일루아의 바다는 그늘이 적고 햇빛도 강하다! 음식이나 음료는 보냉제와 함께 보온가방에 넣어 두면 편리하다.

센터 바다 쪽에서 56, 57번 버스로 약 40분

72번 해안도로 약 50분 / 61번 도로 약 35분

쇼핑&바다로 GO

낮:◎ 밤:△

상점은 한곳에 모여 있지 않고 여기저기 흩어져 있기 때문에 위치는 사전에 조사해 두자. 바다에 갈 시간도 확보해 둘 것!

Kailua 01

자전거로 카일루아 돌아보기

중심가에서 카일루아 비치까지 도보로 약 15분, 라니카이 비치까지는 약 30분 걸린다. 바다와 마을을 구석구석 돌아보고 싶다면 무엇보다 자전거를 추천한다!

우선 자전거 대여점으로 가자!

자전거로 여행하기 좋은 카일루아는 자전거 대여점이 많다. 사전에 위치를 조사해 두자. 1~2시간부터 빌릴 수 있는 곳이 많다.

다양한 자전거를 빌릴 수 있는 곳

카일루아 바이시클

Kailua Bicycle Ⓐ

● 18 Kainehe St. ☎ 808-261-1200 ● 9:00~17:00 ● 연중무휴 ● 카이네헤 스트리트 옆 **카일루아 >>> MAP P.7 D-3**

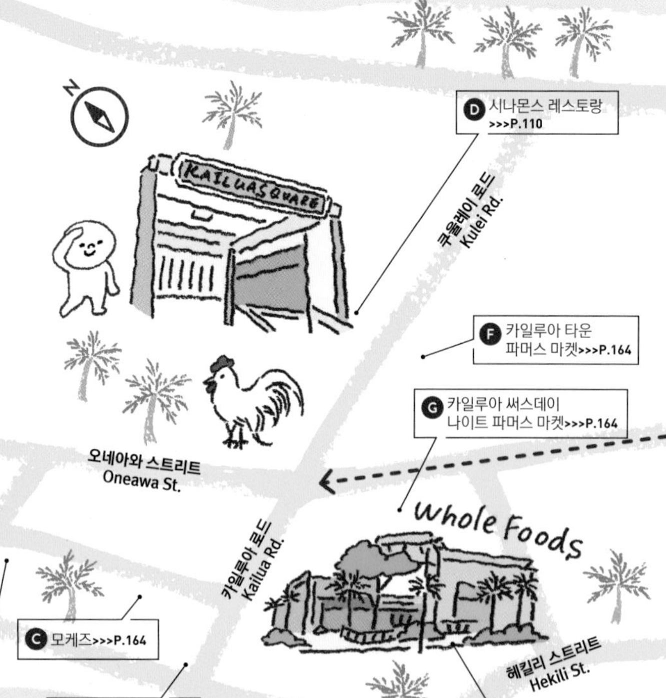

투명한 바다와 하얀 모래사장이 펼쳐진 카일루아 비치

한곳 한곳 순서대로 들러서 구경하고 싶어지는 컬러풀한 로드 숍

미국이 인정한 최고의 해변으로 가자!

카일루아 비치와 라니카이 비치는 미국에서 아름다운 해변 상위권에 모두 이름을 올릴 만큼 유명하다. 절대 놓쳐서는 안 될 장소다.

카일루아 비치 파크 H >>>P.30

라니카이 비치 I >>>P.28

I 라니카이 비치 >>>P.28

H 카일루아 비치 파크 >>>P.30

B 칼라파와이 마켓

칼라헤오 애비뉴 Kalaheo Ave.

E 부츠 앤 키모스 >>>P.109

하마쿠아 드라이브 Hamakua Dr.

해변에 가기 전 간식 준비하기

카일루아 비치와 라니카이 비치 근처에는 음식점이 없다. 음료나 가벼운 식사는 마을에서 준비해서 들고 가는 편이 좋다.

마을을 대표하는 오래된 마켓

칼라파와이 마켓

Kalapawai Market B

● 306 S Kalaheo Ave. ☎ 808-262-4359 ● 6:00~21:00(델리는 6:30~20:00) ● 연중무휴 ● 칼라헤오 애비뉴 옆 **카일루아** **>>> MAP P.7 F-3**

팬케이크의 천국 카일루아!

카일루아에는 줄 서서 먹는 인기 팬케이크 전문점이 모여 있다. 특히 부츠 앤 키모스에서는 대기시간 1시간은 각오해야 한다.

모케즈 C >>>P.164

시나몬스 레스토랑 D >>>P.110

부츠 앤 키모스 E >>>P.109

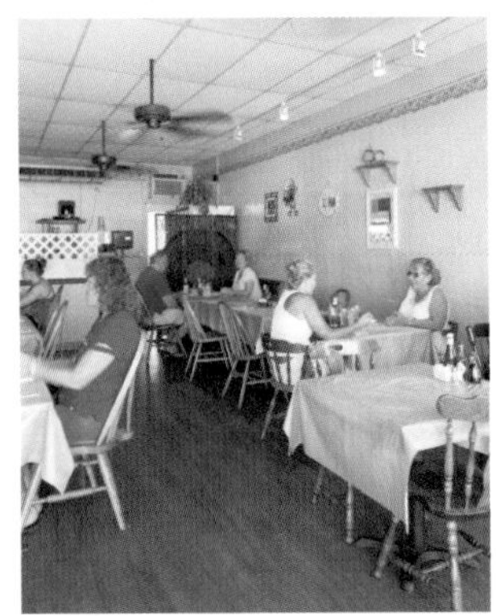
블루를 배경으로 꾸민 시골 분위기 식당

모두가 좋아하는 할머니의 맛을 재현하다

모케즈

Moke's Bread&Breakfast

밀가루까지 직접 만드는 부드럽고 쫄깃한 팬케이크가 인기다. 릴리코이 크림소스는 오너인 모케 씨의 할머니가 만든 레시피다.

● 27 Hoolai St. ☎ 808-261-5565 ● 6:30~14:00 ● 화요일 휴무 ● 호올라이 스트리트 옆 **카일루아 >>> MAP P.7 D-3**

Kailua **02**

멀어도 꼭 먹어야 할 팬케이크

릴리코이 소스에 마카다미아 소스 등 카일루아는 다양한 소스를 뿌린 팬케이크의 격전지다! 일부러 찾아가서 맛을 음미해볼 가치가 있는 환상적인 팬케이크를 맛보자.

릴리코이 팬케이크(7.5달러)는 상큼하고 새콤달콤한 맛

Kailua **03**

파머스 마켓에서 이것저것 집어먹기

현지 분위기가 가득한 파머스 마켓을 체크하자.
현지인과 대화하면서 음식과 쇼핑을 즐길 수 있다.

식감이 좋은 생강 칩 6.25달러

갓 구운 빵과 델리가 풍성하다

지역에서 인기 있는 음식 총집합

카일루아 타운 파머스 마켓

Kailua Town Farmers' Market

매주 일요일 오전에 열리는 지역 마켓. 유기농 채소와 과일은 물론 델리도 다양하다. 음악 라이브 공연이나 요가 교실도 운영한다.

● 315 Kuulei Rd. ● 8:30~12:00 ● 일요일만 개최 ● 쿠울레이 로드 옆, 카일루아 초등학교

카일루아 >>> MAP P.7 D-3

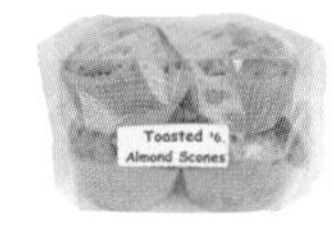

수제 아몬드 스콘 6달러

형형색색의 신선한 채소와 과일

오션 페스토 8달러

해질녘 열리는 마켓

카일루아 써스데이 나이트 파머스 마켓

The Kailua Thursday Night Farmers' Market

매주 목요일 해질녘에 열린다. 하굣길이나 퇴근길에 들르는 현지인들로 붐빈다. 가볍게 저녁 식사를 해결하기에도 좋다.

● 609 Kailua Rd. ☎ 808-848-2074 ● 17:00~19:30 ● 목요일만 개최 ● 롱스 드럭스 카일루아점 뒤편 주차장 **카일루아 >>> MAP P.7 D-3**

용량이 커서 편리한 가방
70달러

오리지널
토트백
10달러

J

하와이걸의 센스가 빛나는
올리브 부티크
Olive Boutique

카일루아에서 태어난 알리 씨가 고른 비치 캐주얼 편집숍. 카일루아 브랜드도 많다. 올리브 부티크와 가까운 곳에는 남성복을 판매하는 자매점 '올리바'가 있다. 각각 부부가 운영한다.

● 43 Kihapai St. ☎ 808-263-9919 ● 10:00~18:00(토·일요일 17:00까지) ● 연중무휴 ● 키하파이 스트리트 옆
카일루아 >>> MAP P.7 D-3

Kailua 04
고급스러운 편집숍 둘러보기

매장에 진열된 상품들은 모두 부드러운 색 조합에 자연을 느낄 수 있는 것들이다. 각 매장의 오너들이 사랑하는 물건을 골라보자.

오리지널 동전 지갑
12달러

산뜻하게 입을 수 있는 티셔츠
20달러

K

오너의 센스가 빛나는
블루 라니 하와이
Blue Lani Hawaii

오너가 직접 매입한 아이템은 대부분 한 개뿐인 것들이다. 비치&타운에서 유용하게 활용할 수 있는 상품들이 가득하다.

● 45 Hoolai St. Kailua ☎ 808-261-2622 ● 10:00~17:00 ● 연중무휴 ● 호올라니 스트리트 옆 **카일루아 >>> MAP P.7 D-3**

Kailua 05
음식과 쇼핑이 모두 있는 대형 슈퍼마켓 가기

최근 카일루아에 대형 슈퍼마켓이 늘어나고 있다.
갓 문을 연 새 마켓을 놓치지 말자!

아사이&중국차가 분말 형태로 들어 있는 상품
12.99달러

하와이에서 만들어진 식재료에는 'LOCAL' 마크가 붙어 있다.

헬시 푸드를 테이크아웃
홀 푸드 마켓 카일루아
Whole Foods Market Kailua

미국 본토의 유기농 슈퍼로 하와이에서는 3호점이다. 자신의 취향에 맞는 음식을 선택해서 포장해갈 수 있는 델리 런치가 인기다.

● 629 Kailua Rd. ☎ 808-263-6800 ● 7:00~22:00 ● 연중무휴 ● 카일루아 로드 옆 **카일루아 >>> MAP P.7 D-3**

수십 가지 요리 중에서 선택할 수 있는 델리
8.99달러(약 1파운드)

이런 대형 슈퍼마켓도 들러 보자!

고급스럽고 편리한 슈퍼마켓
타겟 카일루아
Target Kailua

하와이 음식&상품이 풍성하다. 식품은 물론 잡화, 생활용품, 화장품도 판매한다.

● 345 Hahani St. ☎ 808-489-9319 ● 8:00~22:00(일요일 21:00까지) ● 연중무휴 ● 하하니 스트리트 옆 **카일루아 >>> MAP P.7 D-3**

향수를 불러일으키는 시골 마을

할레이바 *Haleiwa*

하와이의 옛 모습이 남아 있는, 시간이 천천히 흐르는 것만 같은 마을. 과거에 파인애플과 사탕수수 산업이 번성했던 곳으로 현재에도 플랜테이션 시대의 창고 건물이 많이 늘어서 있다. 갤러리와 개성파 숍도 다양하다.

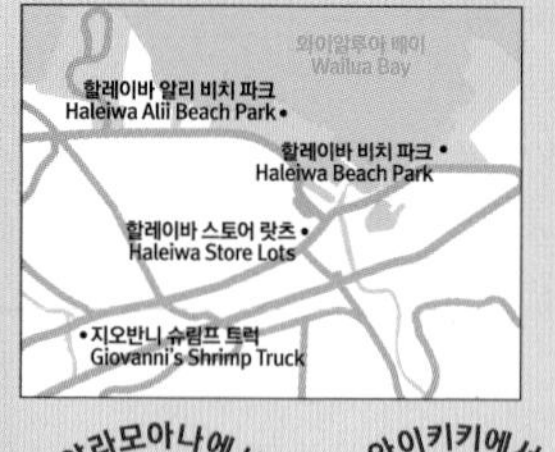

알라모아나에서
알라모아나 바다 쪽에서 52번 버스로 약 100분

와이키키에서
99번 도로 약 60분

대중음식의 천국

낮:◎ 밤:○

갈릭 슈림프나 후리후리 치킨 등 할레이바에서 탄생한 명물 음식을 먹어 보자.

Haleiwa 01

옛 정취의 할레이바에서 산책하다

할레이바는 카메하메하 하이웨이 한 길을 따라 상점이 늘어서 있으며, 마을 끝에서 끝까지 30분이면 걸어간다. 여유롭게 산책하면서 이동하자.

'스토어 랏츠'는 반드시 방문하자

플랜테이션 시대를 재현한 창고형 쇼핑몰이 탄생했다. 의류 매장과 음식점, 갤러리 등 볼거리가 풍성하다!

마츠모토 셰이브 아이스 Ⓐ >>>P.168
테디스 비거 버거 Ⓑ >>>P.168
구아바 숍 Ⓒ >>>P.169

바다와 모래사장의 아름다운 콘트라스트

박력 있는 예술 작품에 감동하다

많은 아티스트가 모여 있는 할레이바에는 갤러리를 심심찮게 발견한다. 하와이의 매력이 넘치는 청량감 넘치는 예술을 감상하자.

파도 속을 순간 포착한 사진이 유명

클락 리틀 갤러리 할레이바

Clark Little Gallery Haleiwa Ⓔ

● 66-111 Kamehameha Hwy. #102 ☎ 808-626-5319 ● 10:00~18:00(일요일 17:00까지) ● 연중무휴 ● 할레이바 스토어 랏츠 내
할레이바 >>> MAP P.6 B-3

오아후 섬에서 가장 귀여운 액세서리

30달러

88달러

노스 쇼어에 거주하는 노엘라니 러브 씨는 하와이에서 유명한 주얼리 디자이너 중 한 명이다. 분명 취향에 맞는 주얼리를 발견할 수 있을 것이다!

천연석과 조개껍데기를 활용한 주얼리

노엘라니 스튜디오

Noelani Studios Ⓓ

● 66-437 Kamehameha Hwy. ☎ 808-389-3709 ● 10:00~17:00(일요일 11:00부터) ● 연중무휴 ● 할레이바 타운 입구. 우체국 근처 **할레이바 >>> MAP P.6 B-3**

할레이바 알리 비치의 파도는 여름에는 낮고 겨울에는 높다.

할레이바 특유의 컬러풀한 창고형 가게

서퍼들이 사랑하는 비치

할레이바는 프로 서핑 대회를 개최하는 서핑의 성지다. 세계적인 서퍼들이 사랑하는 거센 파도를 두 눈으로 확인하자!

할레이바 알리 비치 파크 F >>>P.30

선셋 비치 G >>>P.29

푸드트럭 음식 맛보기

마음 편히 식사할 수 있는 푸드트럭이 많다. 그중에서도 슈림프 푸드트럭은 특히 유명하며 언제나 줄 서서 먹는다.

지오반니 슈림프 트럭 H >>>P.168

플랜테이션 시대의
창고 이미지

Haleiwa 02

할레이바 스토어 랏츠에서 현지인 선호 음식 맛보기

알록달록한 창고형 상점이 늘어선 할레이바 스토어 랏츠. 개성 넘치는 매장에서 쇼핑을 즐기거나 하와이 음식을 냠냠!

할레이바 산책의 중심

할레이바 스토어 랏츠

Hale'iwa Store Lots

올드 하와이 건물을 충실하게 복원한 할레이바 최대 규모 상점가. 약 20개의 매장이 늘어서 있다.

● 66-111 Kamehameha Hwy. ☎ 808-585-1770 ● 매장마다 영업시간 다름
● 연중무휴 ● 카메하메하 하이웨이 옆
● www.haleiwastorelots.com
할레이바 >>> MAP P.6 B-3

수십 가지의
오리지널 티셔츠
22달러

정성이 담긴 버거

테디스 비거 버거

Teddy's Bigger Burgers

오아후에 11개 점포가 있으며, 오랫동안 하와이 No.1 버거로 선정된 버거 전문점이다. 바 구역이 있어서 술을 마실 수 있는 곳은 할레이바점뿐이다!

● 66-111 Kamehameha Hwy. #801 ☎ 808-637-8454 ● 10:00~21:00 ● 연중무휴 ● 할레이바 스토어 랏츠 내 **할레이바 >>> MAP P.6 B-3**

비기스트
아보카도 버거
11.16달러

A

약 65년 동안 사랑받아온 빙수

마츠모토 셰이브 아이스

Matsumoto Shave Ice

하와이 원조 셰이브 아이스 전문점. 비장의 레시피로 만드는 총 40가지 시럽이 인기의 비결이다.

● 66-111 Kamehameha Hwy. #605 ☎ 808-637-4827 ● 9:00~18:00 ● 연중무휴 ● 할레이바 스토어 랏츠 내
할레이바 >>> MAP P.6 B-3

레인보우
셰이브 아이스
3달러

Haleiwa 03

역시 본고장에서 먹어야 제맛! 놓칠 수 없는 갈릭 슈림프

'할레이바 음식=갈릭 슈림프'라고 해도 과언이 아니다. 모처럼 할레이바까지 왔는데 먹지 않으면 손해!

카후쿠산 새우로 만든

지오반니 슈림프 트럭

Giovanni's Shrimp Truck

고소한 3가지 맛 슈림프를 맛볼 수 있다. 풍부한 갈릭 소스가 식욕을 자극한다.

● 66-472 Kamehameha Hwy. ☎ 808-293-1839(카후쿠점) ● 10:30~17:00 ● 연중무휴 ● 카메하메하 하이웨이 옆 **할레이바>>>MAP P.6 A-3**

가장 인기가 많은
'슈림프 스캠피'

Haleiwa 04

시크 또는 큐트, 2곳 의류 매장 분석

맛집뿐만 아니라 세련된 의류 매장도 다양한 할레이바. 서퍼 마을 특유의 시원한 아이템으로 기분만은 완벽한 하와이안 걸이 되어보자.

매장 내부에는 티셔츠나 수영복이 진열되어 있으며 활기찬 분위기

I

할레이바 서퍼들의 단골 매장!

서프 앤 씨

Surf N Sea

서핑 보드나 서핑 아이템을 다양하게 판매한다. '뛰어나가는 서퍼 주의' 로고로 유명한, 할레이바를 대표하는 매장 중 하나다.

● 62-595 Kamehameha Hwy ☎ 808-637-9887 ● 9:00~19:00 ● 연중무휴 ● 아나훌루 다리 근처, 바다 쪽 **할레이바>>>MAP P.6 C-3**

옷은 비슷한 색깔별로 구분해 놓아서 구경하기 편하다.

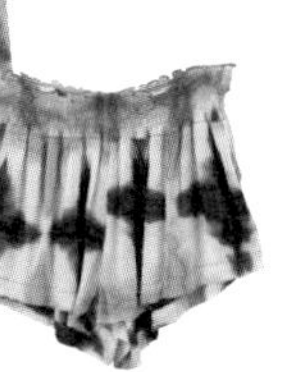

'퐁퐁'의 미니 원피스 108달러

쇼트팬츠는 착화감이 매우 좋다. 48달러

톡톡 튀는 색상의 후드집업 59달러

로고가 커다랗게 새겨진 티셔츠 19달러

C

편하고 예쁜 비치웨어

구아바 숍

Guava Shop

할레이바 출신의 여성 두 명이 운영한다. 그라데이션이 아름다운 오리지널 의류가 대표 상품이다. 하와이와 LA에서 사들인 잡화도 있다.

● 66-111 Kamehameha Hwy. #204 ☎ 808-637-9670 ● 10:00~18:00 ● 연중무휴 ● 할레이바 스토어 랏츠 내 **할레이바>>>MAP P.6 B-3**

알록달록한 비누가 매장에 가득 진열되어 있다.

Haleiwa 05

달콤한 유기농 수제 비누를 선물로

노스 쇼어에는 장인이 직접 만든 수제 비누 전문점이 곳곳에 있다. 열대지방의 달달한 향기를 담은 비누를 구입하자.

J

신체에 유해한 성분은 일절 사용하지 않은

버블 섀크 하와이

Bubble Shack Hawaii

유기농 바스&보디 상품 전문점. 모양이 귀여운 비누나 바스 솔트가 가득하다.

● 66-528B Kamehameha Hwy. ☎ 808-455-5900 ● 10:00~18:00 ● 연중무휴 ● 카메하메하 하이웨이 옆 **할레이바 >>> MAP P.6 A-3**

마카롱 비누 15달러

인기 목욕 솔트 6.50달러

차이나타운 *Chinatown*

중국 이민자들이 모여 형성된 활기 넘치는 구역. 발길 닿는 곳마다 중국어 간판이 보이며 이국적인 분위기로 가득하다. 시장과 오래된 중국음식점 등 차이나타운다운 정취가 가득한 한편, 최근에는 갤러리도 생겨나는 등 중국 문화와 현대 문화가 공존하는 매력적인 공간으로 거듭나고 있다.

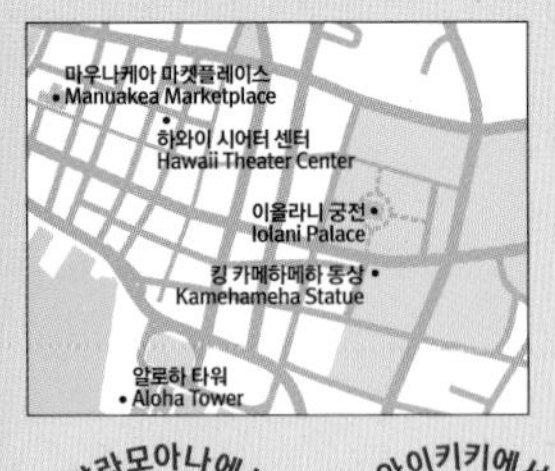

알라모아나에서
쿠히오 애비뉴 산쪽에서 2, 13번 등 버스로 약 35분

와이키키에서
92번 도로 약 20분

쇼핑 공간과 맛집이 최고

낮 : ◎ 밤 : ×

곳곳에 다양한 종류의 상점들이 공존한다. 이올라니 궁전이 있는 다운타운까지 가기도 쉽다.

중국 정서를 느낄 수 있는 거리

미국의 역사유산보호구역으로 지정된 거리는 반드시 가볼 것. 옛 정취를 간직한 건물들을 보노라면 마치 중국 여행을 온 듯한 기분을 느낄 수 있다.

레전드 시 푸드 레스토랑 A >>>P.172
로열 키친 B >>>P.127

풍부한 지역 중심 부티크

좋은 의미로 하와이와 다른 구역. 휴양지 계열의 의류 매장이나 잡화점보다 현지 여성들이 일상생활에서 사용하는 제품을 판매하는 지역 중심의 상점이 많다.

로베르타 옥스 C >>>P.173

옛 아시아 분위기로 장식되어 있다.

용이 그려져 있는 기둥에 중국어 간판이 이국적이다.

Chinatown 01

차이나타운에서 하와이 문화의 옛날과 오늘을 즐기다

중국 고유의 문화와 최신 유행 상점이 공존하는 차이나타운. 과거와 현재의 서로 다른 문화를 한번에 즐길 수 있는 재미있는 곳이다.

F 렛 뎀 잇 컵케이크 >>>P.131

저렴하고 예쁜 디저트

숨겨진 맛집이 많은 지역. 저렴한 아이스크림, 케이크 등 길거리 음식이 많고 포장할 수 있는 가게도 다양하다.

윙 셰이브 아이스 & 아이스크림 D >>>P.172
서머 프라페 E >>>P.172
렛 뎀 잇 컵케이크 F >>>P.131

전 세계에서 모인 상품이 총집합!

차이나타운에는 고급스러운 편집숍이 많다. 국내에서도 애용하고 싶어지는 아이템을 찾아보자.

최신 패션 아이템을 판매하는

에코&아틀라스 Echo&Atlas G

● 1 N. Hotel St. ☎ 808-536-7435
● 11:00~18:00(토요일 19:00까지)
● 일요일 휴무 ● 노스 호텔 스트리트 옆

차이나타운 >>> MAP P.3 A-1

한 달에 한 번 열리는 특별한 야간 이벤트!

'퍼스트 프라이데이'는 매달 첫 번째 금요일에 열리는 예술&음식 이벤트다. 야외에서 퍼포먼스도 감상할 수 있다.

거리 전체가 축제 분위기로!

퍼스트 프라이데이

First Friday G

● 베델 스트리트 옆. 메인은 하와이 시어터 센터 주변 ● 매달 첫 번째 금요일 17:00~21:00 ● www.firstfridayhawaii.com

차이나타운 >>> MAP P.4 B-1

밤에 거리를 걷는 것은 주의할 것!

해가 지고 나면 사람이 많고 가로등이 있는 밝은 길로 다니자!

Chinatown 02

현지인에게도, 여행객에게도 사랑받는 중국 얌차 맛보기

이곳에 왔다면 역시 꼭 먹어야 할 중국 요리! 현지인들 사이에 섞여서 저렴하고 맛있는 얌차를 먹어보자.

현지인도 여행객도 회전식 테이블에 앉아 즐기는 얌차 타임

탱탱한 새우시우마이 3.95달러

6~7cm 크기의 커다란 참깨경단 2.95달러

A

줄 서서 먹는 얌차 전문점

레전드 시 푸드 레스토랑

Legend Seafood Restaurant

따끈따끈한 얌차를 저렴하게 먹을 수 있다. 레스토랑 내부를 도는 얌차 수레에서 좋아하는 딤섬을 선택해서 먹자.

● 100 N. Beretnia St. ☎ 808-532-1868 ● 10:30~14:00(토·일요일 8:00부터), 17:30~21:00 ● 수요일 휴무 ● 노스 버테니아 스트리트 옆

차이나타운 >>> MAP P.4 A-1

비건을 위한 헬시 메뉴도 판매한다.

와플콘도 수제! 6.75달러부터

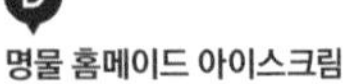

Chinatown 03

산책 중에 들러 간단한 디저트 즐기기

차이나타운에는 디저트 가게도 많다! 걷다가 지치면, 걸으면서 먹을 수 있는 시원한 디저트로 에너지를 충전하자.

D

명물 홈메이드 아이스크림

윙 셰이브 아이스&아이스크림

Wing Shave Ice&Ice Cream

자체 제작한 시럽을 뿌린 셰이브 아이스와 수제 아이스크림을 판매한다. 장미 등 개성 넘치는 맛도 판매한다.

● 1145 Maunakea St. #4 ☎ 808-536-4929 ● 일·월요일 12:00~18:00, 화~목요일 12:00~22:00, 금·토요일 12:00~23:00 ● 연중무휴 ● 마우나케아 스트리트 옆 **차이나타운 >>> MAP P.4 A-1**

\ Ice Cream ! /

E

다양한 종류의 신선한 스무디

서머 프라페

Summer Frappe

신선한 과일을 그 자리에서 갈아서 스무디로 만들어주는 곳. 흘러넘치도록 담아주는 커다란 컵이 눈길을 사로잡는다.

● 82 N. Pauahi St. ☎ 808-772-9291 ● 9:00~18:00(일요일 17:00까지) ● 연중무휴 ● 노스 파우아히 스트리트 옆

차이나타운 >>> MAP P.4 A-1

냉장 진열관에 과일이 가득하다!

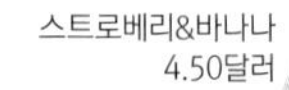

스트로베리&바나나 4.50달러

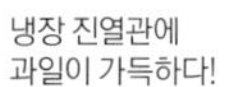

Chinatown **04**

지역 아티스트의 개성 넘치는 작품 차분하게 감상하기

차이나타운에는 하와이 현지인의 작품을 전시해 놓은 갤러리가 곳곳에 존재한다. 거리를 걷는 중에 들러서 차분한 시간을 보내는 것도 좋을 것이다.

대지나 화산 그림 외에도 딸기를 그린 루이스 폴의 작품도 있다.

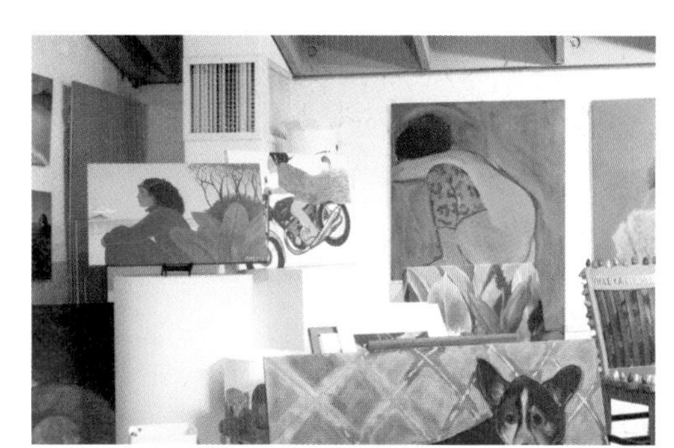

건물은 페기 씨가 직접 개조한 갤러리로 사용된다.

지역 아티스트의 작품을 한눈에

루이스 폴 갤러리

Louis Pohl Gallery

루이스 폴을 중심으로 하와이에 거주하는 아티스트의 작품을 메인으로 전시한다. 창의적이고 개성 있는 작품이 모여 있다.

● 1142 Bethel St. ☎ 808-521-1812 ● 11:00~17:00(토요일 15:00까지) ● 일·월요일 휴무 ● 베델 스트리트 옆

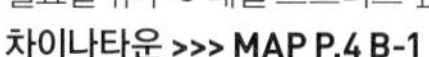

차이나타운 >>> MAP P.4 B-1

트로피컬한 세계관에 젖다

페기 호퍼 갤러리

Pegge Hopper Gallery

I'm Pegge Hopper

폴리네시안 여성을 그린 저명한 하와이 화가 페기 호퍼의 작품을 전시한 갤러리. 남국의 정취가 담긴 잡화도 판매한다.

● 1164 Nuuanu Ave. ☎ 808-524-1160 ● 11:00~16:00(토요일 15:00까지) ● 일·월요일 휴무 ● 누아누 애비뉴 옆 **차이나타운 >>> MAP P.4 A-1**

빈티지 느낌과 최첨단 유행을 모두 갖춘 브랜드

Chinatown **05**

유행에 민감한 하와이안 걸이 애용하는 부티크

현지의 여성들이 즐겨 찾는 세련된 매장들을 찾아가 보자. 귀국해서도 사용할 수 있는 아이템이 가득하다!

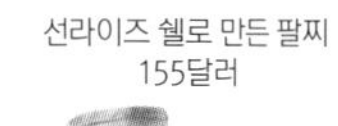

선라이즈 쉘로 만든 팔찌 155달러

남성 사이즈 셔츠 120달러

파우치 안쪽은 보라색 28달러

고급스러운 원피스가 인기

로베르타 옥스

Robesta Oaks

현지 디자이너의 오리지널 브랜드. 대표 상품은 날씬한 라인을 연출해주는 A라인 원피스.

● 19 N. Pauahi St. ☎ 808-526-1111 ● 10:00~18:00(토요일 16:00까지, 일요일 11:30~16:00) ● 연중무휴 ● 노스 파우아히 스트리트 옆

차이나타운 >>> MAP P.4 A-1

You look so cute♪

워드 & 카카아코
Ward&Kakaako

주말에 많은 현지인들이 방문하는 워드 빌리지를 중심으로 최신 의류 매장과 개성파 카페가 늘어서 있다. 과거 창고 마을이었던 카카아코 지구는 현재 벽화 예술로 유명하다. 또한 아트 이벤트도 열리는 예술의 거리로 이름을 알리고 있다.

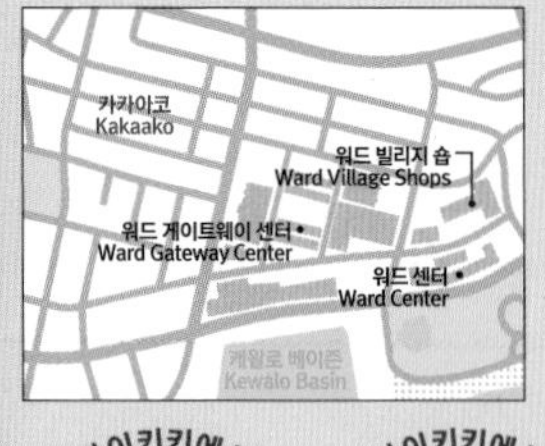

와이키키에서
19, 42번 등 버스로 약 15분

와이키키에서
92번 도로 약 15분

그래피티 벽화는 인증샷 성지!

낮:◎ 밤:○

액티비티는 적지만 음식점과 상점이 많아 즐기기 좋은 지역

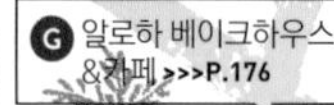

카피올라니 블러바드 Kapiolani Blvd.

G 알로하 베이크하우스 &카페 >>>P.176

F 미스터 티 카페 >>>P.131

퀸 스트리트 Queen St.

쿡 스트리트 Cooke St.

워드 애비뉴 Ward Ave.

E 워드 빌리지

H 피시케이크

I 파이코 >>>P.177

D 리얼 어 가스트로펍 >>>P.177

C 호놀룰루 비어웍스 >>>P.177

도보 9분

예술의 향기가 짙은 풍경이 매력

창고 구역에는 다이내믹한 그래피티 벽화의 천국! 이벤트가 열렸을 때 현지와 외국의 길거리 아티스트가 그린 작품들이다.

Ward&Kakaako 01

나날이 진화하는 워드&카카아코를 체험하다

예술 거리로 이름을 알리기 시작한 워드&카카아코.
대규모 도시개발이 진행되면서 발전하고 있는 구역에 대해 알아보자.

다양한 크래프트 맥주 시음

세계 각국이나 하와이의 희귀 크래프트 맥주를 마실 수 있는 곳. 양조장이 있어서 지역 특산 맥주 이벤트도 열린다.

호놀룰루 비어웍스 C >>>P.177
리얼 어 가스트로펍 D >>>P.177

16관까지 있는 영화관은 휴일이면 현지인들이 모여든다.

벽화에 그려져 있는 그림자와 같은 포즈로 기념 촬영을 하자.

현지인들도 즐겨 찾는 쇼핑몰

주목받는 상점, 레스토랑, 영화관이 모두 모여 있어 현지인들로 북적이는 핫 스폿. 여행객 대상의 상점보다 현지인의 생활 잡화를 판매하는 상점이 중심이다.

반드시 들러야 할 오프 프라이스 스토어 BEST 2

워드는 고급 브랜드나 백화점 상품을 저렴하게 구입할 수 있는 할인 스토어가 많다. 아래 소개하는 두 곳은 같은 건물 안에 있어 모두 둘러보기 좋다.

TJ 맥스 Ⓐ >>>P.176
노드스트롬 랙 Ⓑ >>>P.176

최신 유행 아이템이 모두 모였다

워드 빌리지 Ward Village Ⓔ

● 1240 Ala Moana Blvd. ☎ 808-591-8411(워드 빌리지) ● 매장마다 영업시간 다름 ● 매장마다 휴무일 다름 ● 알라모아나 블러바드 옆 ● www.wardvillageshops.com

워드 >>> MAP P.9 E-3

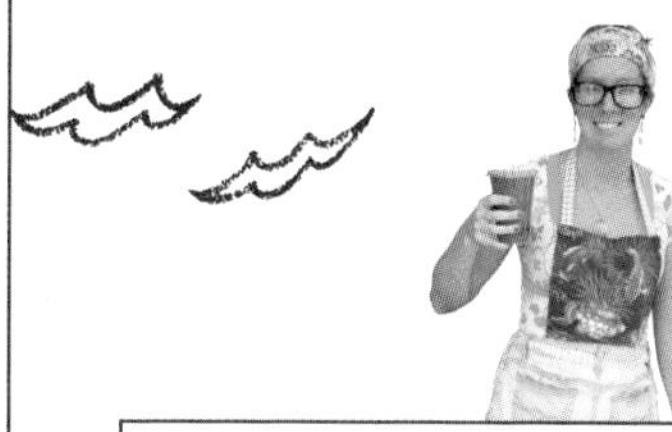

곳곳에 창고를 활용한 매력적인 매장이 있다!

과거 공장이 늘어서 있던 공업지구로, 당시의 창고를 그대로 매장으로 활용하는 곳도 있다. 예스러움과 독특한 분위기가 매력적인 공간이다.

모던하고 예술적인 가구점

피시케이크 Fishcake Ⓗ

● 307 C Kamani St. ☎ 808-593-1231 ● 9:00~17:00(토요일 10:00~16:00) ● 일요일 휴무 ● 카마니 스트리트 옆 카카아코 >>> MAP P.8 C-3

세련된 카페가 늘어난다

벽화 예술 카페나 주문 제작 음료점이 속속 늘어나고 있다. 쇼핑하는 김에 들러 보자.

미스터 티 카페 Ⓕ >>>P.1311
알로하 베이크하우스 & 카페 Ⓖ >>>P.176

Ward&Kakaako 02

엄선한 커피와 스콘을 함께 즐기는 카페 타임

카카아코 하면 빼놓을 수 없는, 현지 주민과 여행객 모두가 주목하는 곳. 틀림없이 몇 번이나 다시 찾고 싶어질 것이다!

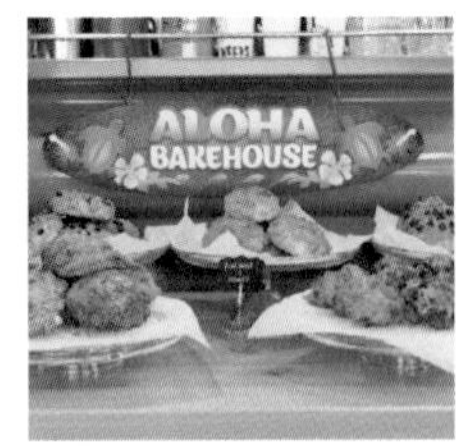

가장 인기 있는 스콘은 총 7가지. 3달러부터

현지인들이 주목하는 카페

알로하 베이크하우스&카페

Aloha Bakehouse&Café

직접 구워낸 스콘과 커피가 핫한 숨겨진 카페. 메뉴도 풍부하다.

● 1001 A Waimanu St. ☎ 808-600-7907 ● 7:00~19:00(토요일 8:00부터) ● 일요일 휴무 ● 와이마누 스트리트 옆 **카카아코 >>> MAP P.9 D-2**

Ward&Kakaako 03

오프 프라이스 스토어에서 신나는 득템 예감

워드 빌리지의 인기 있는 오프 프라이스 스토어에서는 귀여운 옷과 잡화 대부분을 반값 이하에 판매한다. 몇 시간을 봐도 부족하다!

글래디에이터 샌들 49.97달러

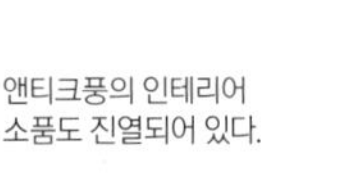

앤티크풍의 인테리어 소품도 진열되어 있다.

유명 브랜드의 구두가 양옆으로 빽빽하게 진열되어 있다.

옷부터 과자까지 무엇이든 저렴하다!

TJ맥스

T.J. Maxx

유명 브랜드의 가장 바쁜 시즌 상품을 최대 60% 할인가에 구매할 수 있다. 양복, 가방, 구두, 잡화, 침구 등 다양한 상품을 판매한다.

● 1170 Auahi St. ☎ 808-593-1820 ● 9:00~22:00(일요일 10:00~20:00) ● 연중무휴 ● 워드 빌리지 숍 3층

워드 >>> MAP P.9 E-3

개성만점 손잡이 달린 머그컵 3.99달러

커다란 스테이플러 5.99달러

인기 브랜드를 민감하고 빠르게 입고

노드스트롬 랙

Nordstrom Rack

커다란 가방 147.97달러

정가에서 30~70% 할인된 상품이 브랜드 이름과 아이템별로 정리되어 있어서 상품을 찾기 편하다. 특히 구두가 다양하다.

● 1170 Auahi St. ☎ 808-589-2060 ● 10:00~21:00(금·토요일 22:00까지, 일요일 19:30까지) ● 연중무휴 ● 워드 빌리지 숍 1·3층

워드 >>> MAP P.9 E-3

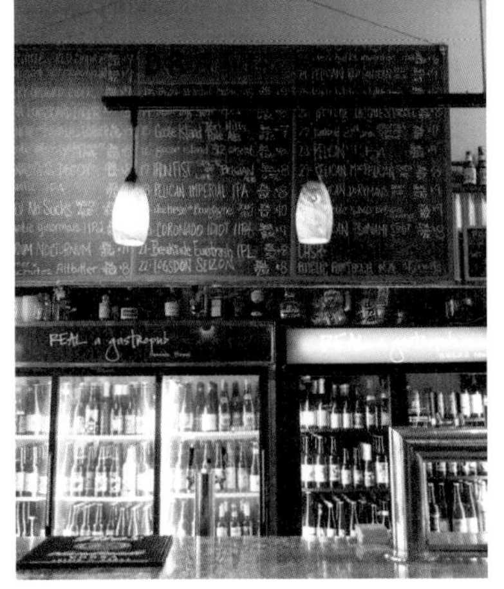

추천 크래프트 맥주를 적어 놓은 칠판

Ward&Kakaako **04**

하와이산 크래프트 맥주로 낮부터 건배!

맛있는 생맥주를 마시고 싶다면 카카아코에 가자!
추천 메뉴는 한번에 다양한 종류를 맛볼 수 있는 샘플러.

세계 각국의 맥주를 맛보다

리얼 어 가스트로펍

REAL a gastropub

하와이는 물론 벨기에나 독일 등 세계 각국의 크래프트 맥주가 모두 모여 있다. 하와이 식재료로 만든 창작요리도 주목하자.

30가지 맥주 중에서 4종류를 선택할 수 있다. 25달러부터

● 1020 Auahi St. ☎ 808-596-2526 ● 14:00~다음날 2:00 ● 일요일 휴무 ● 워드 게이트웨이 센터 내

워드 >>> MAP P.9 D-3

맛을 비교하며 마실 수 있는 샘플러 각 2달러

매장 내부에서 맥주를 양조

호놀룰루 비어웍스

Honolulu Beerworks

맥주공방을 함께 운영하는 레스토랑. 매장 안에서 양조하는 14종류의 지역 특산 맥주를 상시 판매하며 샌드위치 등 가벼운 식사를 즐길 수 있다.

● 328 Cooke St. ☎ 808-589-2337 ● 11:00~22:00(금·토요일 24:00까지) ● 일요일 휴무 ● 쿡 스트리트 옆

카카아코 >>> MAP P.8 C-3

Ward&Kakaako **05**

뛰어난 감각이 돋보이는 로드 숍에 들르다

워드 빌리지만이 워드&카카아코 쇼핑의 전부가 아니다!
개성 넘치고 세련된 로드 숍도 체크하자.

감각적인 잡화도 판매하는 화제의 꽃집

파이코

PAIKO

관엽식물, 원예용품, 아티스트의 화분 등을 판매하는 꽃집이다. 매장 내부에 카페도 운영하고 있다.

● 675 Auahi St. ☎ 808-988-2165 ● 10:00~18:00(일요일 16:00까지) ● 연중무휴 ● 아우아히 스트리트 옆

카카아코 >>> MAP P.8 C-3

핸드메이드 가방 49달러

조화는 비행기에 들고 탈 수 있다. 24달러

미식가들이 모여드는 유명 맛집 거리

카이무키 Kaimuki

와이키키에서 차로 약 10분 거리에 위치한다. 와이알라에 애비뉴와 카파훌루 애비뉴를 중심으로 인기 레스토랑과 카페가 늘어서 있는 맛집 타운으로 유명하다. 일류 레스토랑에서 군침 넘어가는 요리도, 골목에 숨겨진 맛집 찾기도 모두 즐길 수 있다. 이곳에서 저녁식사를 하고 싶다면 택시로 이동할 것. 거리가 있기 때문에 걸어가는 것은 추천하지 않는다.

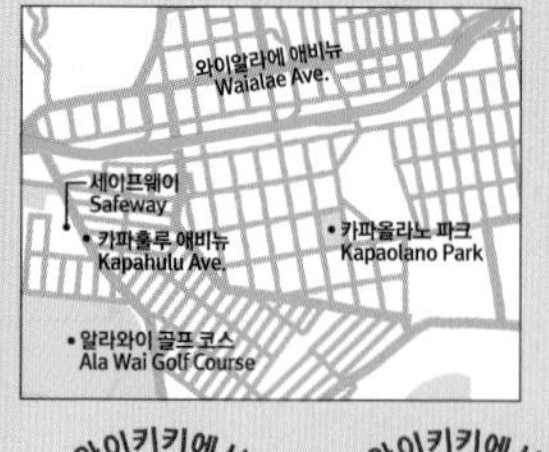

와이키키에서 (버스)
쿠히오 애비뉴 바다 쪽에서 13번 버스로 약 15분

와이키키에서 (자동차)
카피올라니 블러바드에서 약 10분

목표는 바로 '음식'!

낮:○ 밤:○

미식의 거리 카이무키를 방문하는 목적은 무엇보다도 음식. 런치와 디저트 등 두 군데 이상은 방문하자.

Kaimuki 01
독특한 상점 집합소 카파훌루와 미식의 거리 와이알라에

휴양지인 와이키키보다 내륙에 위치해서 현지 분위기를 느낄 수 있는 카이무키. 독특한 상점이 많은 카파훌루 애비뉴와 유명 맛집이 늘어서 있는 와이알라에 애비뉴, 두 곳의 대로를 샅샅이 파헤쳐 보자.

Ⓒ 레오나즈 베이커리 >>>P.117

Ⓗ 카이마나 팜 카페

카파훌루 애비뉴
Kapahulu Ave.

하와이다운 잡화점으로 Go!

소박한 분위기가 매력적인 카이무키에는 현지인이 운영하는 하와이다운 잡화점이 많다.

슈가케인 Ⓐ >>>P.97

베일리스 앤티크 & 알로하셔츠 Ⓑ >>>P.181

실패란 없다! To Go 디저트

아이스크림이나 케이크부터 하와이 스타일 도넛 '말라사다'까지 인기 디저트 가게가 대거 모여 있다. 미식의 거리이기 때문에 하나같이 모두 맛에 자신 있는 유명 맛집뿐이다.

레오나즈 베이커리 Ⓒ >>>P.117

오토 케이크 Ⓓ >>>P.130

Ⓑ 베일리스 앤티크& 알로하셔츠 >>>P.181

코코헤드 카페는 아침부터 매우 붐빈다.

해변까지 일직선으로 이어진 언덕길에 가슴이 뻥 뚫리는 기분이다.

기대를 한몸에 받는 신규 가게도 놓치지 말자

맛집 격전지답게 주목받는 가게가 꾸준히 생겨난다. 고급 식당이나 캐주얼 다이닝, 카페 등 종류도 무궁무진하다.

카이무키 슈퍼레트 G >>>P.180

미식 중의 미식을 즐기다

수많은 레스토랑 중에서도 특히 추천하는 곳은 할레아이나상을 수상한 레스토랑이다. 오아후 No.1의 맛은 이 지역에 집중되어 있다!

12번가 그릴 E >>>P.180

타운 F >>>P.180

지역 주민에게 사랑받는 카페

이왕이면 현지인들이 즐겨 찾는 인기 카페로 가보자. 좋아하는 메인 디시와 사이드 메뉴를 직접 선택할 수 있는 도시락이 인기다.

건강하고 담백한 맛

카이마나 팜 카페

Kaimana Farm Cafe H

● 845 Kapahulu Ave. ☎ 808-737-2840 ● 8:00~16:00 ● 화요일 휴무 ● 카파훌루 애비뉴 옆

카파훌루 >>> MAP P.11 F-1

WHAT IS

할레아이나상

하와이 최고의 레스토랑을 선정하는 하와이 주에서 가장 권위 있는 상으로, 지역 잡지 '호놀룰루 매거진'이 주최한다. 조식이나 디저트 등 부문도 다양하다.

Kaimuki **02**

할레아이나상을 수상한 하와이 최고의 맛

2015년 베스트 레스토랑 부문과 새 레스토랑 부문을 각각 수상한 유명 레스토랑 두 곳. 오아후에서 맛있기로 소문난 레스토랑들을 소개한다.

인기 로컬푸드 레스토랑

12번가 그릴 12th Ave Grill

할레아이나상을 비롯해서 다양한 수상 이력을 자랑한다. 현지 식재료를 고집하는 미국 창작요리를 맛볼 수 있다.

● 1120 12th Ave. ☎ 808-732-9469 ● 5:30~21:30(금·토요일 22:00까지, 일요일 5:00~21:00) ● 연중무휴 ● 12번가 옆 **와이알라에>>>MAP P.5 E-1**

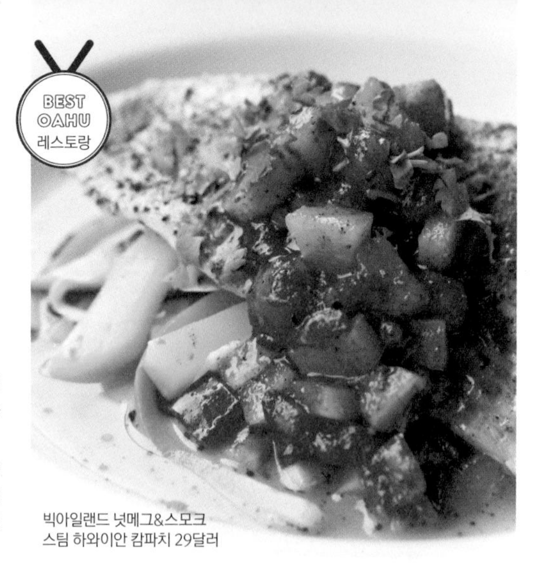

빅아일랜드 넛메그&스모크 스팀 하와이안 캄파치 29달러

키슈, 샐러드, 사이드 메뉴를 취향대로 선택할 수 있는 플레이트 메뉴도 있다.

신선한 샌드위치로 점심 식사

카이무키 슈퍼레트 Kaimuki Superette

재료 본연의 맛을 살린 샐러드와 샌드위치가 메인이다. 해산물과 육류로 만든 메뉴도 다양하다.

● 3458 Waialae Ave. ☎ 808-734-7800 ● 7:00~16:00 ● 일요일 휴무 ● 와이알라에 애비뉴 옆 **와이알라에 >>> MAP P.5 D-1**

유명한 자매점에도 주목!

로컬푸드를 고집하는 인기 레스토랑

타운 TOWN

● 3435 Waialae Ave. ☎ 808-735-5900 ● 11:00~14:30, 17:30~21:30(금·토요일 17:30~22:00만 영업) ● 일요일 휴무 ● 와이알라에 애비뉴 옆
와이알라에 >>> MAP P.5 D-1

날개다랑어에 아이올리 소스를 뿌린 메뉴

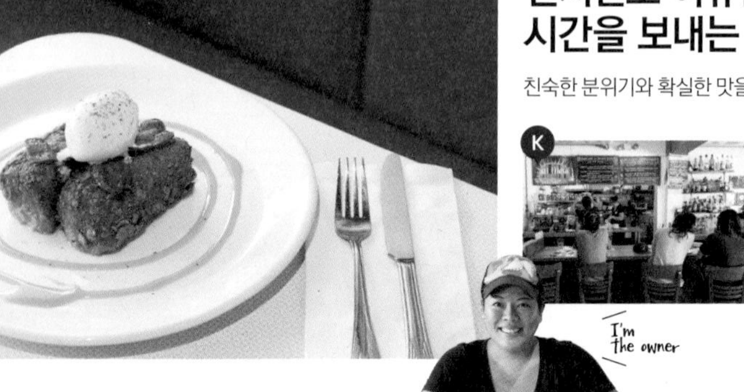

바삭바삭한 콘플레이크 프렌치토스트 14달러

Kaimuki **03**

현지인도 여유롭게 시간을 보내는 카페 레스토랑

친숙한 분위기와 확실한 맛을 보장하는 유명 인기 카페로 가자.

익숙한 음식을 과감하게 재해석

코코헤드 카페 Koko Head Café

뉴욕 출신 여성 셰프의 창작 브런치 전문점. 정성을 더한 메뉴들이 가득하다.

● 1145c 12th Ave. ☎ 808-732-8920 ● 7:00~14:30 ● 연중무휴 ● 12번가 옆 **와이알라에 >>> MAP P.5 F-1**

Kaimuki 04

유명 디저트 전문점에서 달달하고 상큼하게

미식의 거리에는 런치와 디너 맛집만 있는 것이 아니다! 모양부터 고급스러운 명품 디저트 등 누구나 인정하는 유명 레스토랑의 맛을 즐겨 보자.

딸기를 여기저기 얹은 벨기에 와플 8.95달러

J

예스러운 분위기가 감도는 오래된 카페

카페 라우퍼 Cafe Laufer

Tasty

케이크 약 18종류를 매일 주방에서 구워낸다. 머핀과 신선한 채소를 넣은 샌드위치도 있다.

● 3565 Waialae Ave. ☎ 808-735-7717 ● 10:00~21:00(금·토요일 22:00까지, 월·화요일 17:00부터) ● 연중무휴 ● 와이알라에 애비뉴 옆

와이알라에 >>> MAP P.5 E-1

BEST SWEETS 레스토랑

①

②

① 추천 메뉴는 피라미드 모양의 초코케이크 5.95달러 ② 눈길을 사로잡는 진열장의 케이크들

I

할레아이나상을 수상한 프랑스 디저트

JJ 비스트로&프렌치 페이스트리

JJ Bistro&French Pastry

케이크와 타르트 등 다양한 디저트와 퓨전 프랑스 요리를 즐길 수 있다.

● 3447 Waialae Ave. ☎ 808-739-0993 ● 10:00~21:00(일요일 11:30부터) ● 연중무휴 ● 와이알라에 애비뉴 옆

와이알라에 >>> MAP P.5 D-1

알로하셔츠는 새 상품, 중고품, 빈티지, 특별 상품 등 4종류로 나뉜다.

Kaimuki 05

소중한 사람에게 선물은 빈티지 알로하로

하와이 전통의상인 알로하셔츠를 여행 선물로 준비하면 어떨까? 이왕이면 올드 하와이를 느낄 수 있는 희귀한 빈티지 무늬가 GOOD!

여성도 예쁘게 코디할 수 있는 셔츠 31.99달러

B

빈티지 레플리카 89.99달러

다양한 알로하셔츠는 이곳에서

베일리스 앤티크&알로하셔츠

Bailey's Antiques&Aloha Shirts

1만 5,000벌 이상의 알로하셔츠가 모여 있는 세계 최대 규모 매장. 1,000벌의 빈티지 상품 외에도 중고품과 새 상품 등 다양하게 판매한다.

● 517 Kapahulu Ave. ☎ 808-734-7628 ● 10:00~18:00 ● 연중무휴 ● 카파훌루 애비뉴 옆 카파훌루 >>> MAP P.11 F-2

카할라 *Kahala*

오아후 섬 굴지의 고급 별장지로 잘 알려져 있다. 또한 인기 슈퍼마켓인 홀 푸드 마켓이 입점한 대형 쇼핑몰이 자리하고 있고, 카할라 호텔을 비롯한 고급 호텔이 늘어서 있다. 한적한 분위기 속에서 우아하고 느긋하게 쉬고 싶은 사람에게 추천한다.

와이키키에서 (버스)
칼라카우아 애비뉴 산쪽에서 22번 버스로 약 25분

와이키키에서 (자동차)
카피올라니 블러바드 약 15분

고급 '쇼핑&음식'을 원한다면

낮:◎ 밤:○

카할라몰과 카할라 호텔에서 조금은 호화로운 시간을 보내자.

Kahala **01**

고급 주택가 카할라의 쇼핑몰에서 셀러브리티의 기분으로

현지인들이 즐겨 찾는 카할라몰에는 홀 푸드 마켓, 유명 버거 전문점, 세련된 매장이 가득하다!

현지인의 단골 엔터테인먼트 공간

카할라몰 Kahala Mall

대형 슈퍼마켓을 비롯해서 잡화점, 음식점, 영화관 등이 90여 개 입점해 있다.

● 4211 Waialae Ave. ☎ 808-732-7736 ● 10:00~21:00(일요일 18:00까지) ● 연중무휴 ● 와이알라에 애비뉴 옆 ● www.kahalamallcenter.com

카할라 >>> MAP P.5 F-2

여행객이 비교적 적기 때문에 현지인의 기분을 맛볼 수 있다.

해변의 세계를 잡화로 표현

소하 리빙 SoHa Living

해변을 테마로 한 인테리어 생활 소품 판매 매장. 카일루아점도 있다.

● 카할라몰 1층 ☎ 808-591-9777 ● 10:00~21:00(일요일 18:00까지) ● 연중무휴

카할라 >>> MAP P.5 F-2

뉴욕 로프트 콘셉트

33 버터플라이 33 Butterflies

뉴욕과 LA의 명품 브랜드를 매주 입고하는 유명 편집숍.

● 카할라몰 1층 ☎ 808-380-8585 ● 10:00~21:00(일요일 18:00까지) ● 연중무휴

카할라 >>> MAP P.5 F-2

Kahala **02**

카할라 호텔에 묵지 않아도 호화로운 시간 즐기기

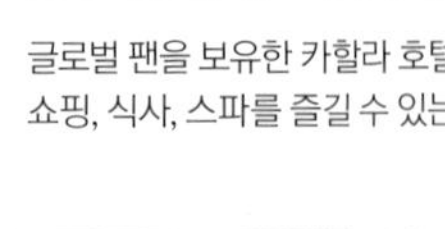

글로벌 팬을 보유한 카할라 호텔은 숙박하지 않아도 쇼핑, 식사, 스파를 즐길 수 있는 장소다.

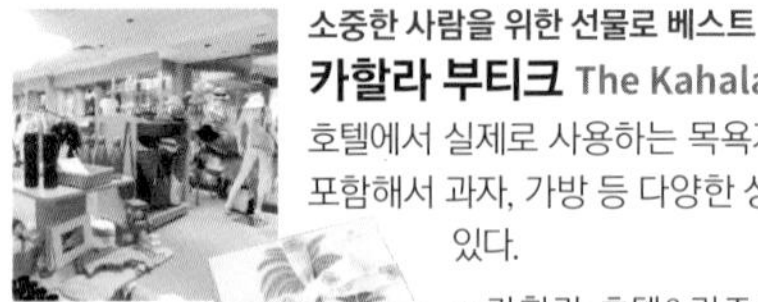

가장 인기 있는 초코 마카다미아 너츠 **25달러**

소중한 사람을 위한 선물로 베스트

카할라 부티크 The Kahala Boutique

호텔에서 실제로 사용하는 목욕가운이나 수건을 포함해서 과자, 가방 등 다양한 상품을 구매할 수 있다.

● 카할라 호텔&리조트 내 ☎ 808-739-8907 ● 8:00~19:00 ● 연중무휴

카할라 >>> MAP P.5 F-2

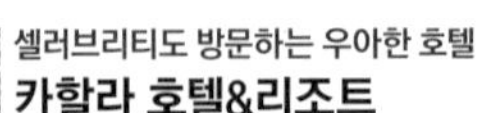

셀러브리티도 방문하는 우아한 호텔

카할라 호텔&리조트 The Kahala Hotel&Resort

기품 있는 고급 리조트호텔. 근처에 비치와 골프 코스가 있다. **>>> P.189**

와이키키 비치와는 달리 한적하다.

고급스럽게 즐기는 이탈리아 요리

아란치노 앳 더 카할라 Arancino at the Kahala

라이브 연주와 함께 하는 코스 요리. 각 요리마다 스믈리에가 추천한 와인을 즐길 수 있다.

>>> P.139

광활한 자연으로 둘러싸인 평화로운 땅

마노아 Manoa

마노아 폭포와 함께 녹음이 우거진 평온한 지역. 지역 분위기가 짙으며, 하와이 사람들의 느긋한 생활을 엿볼 수 있다. 하이킹이나 대학 캠퍼스를 산책하는 등 하와이에 머무는 동안 해변 외의 곳을 여행할 수 있다.

와이키키에서

칼라카우아 애비뉴 산쪽에서 4번 버스로 약 40분

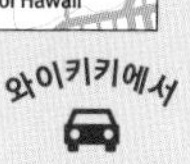

와이키키에서

유니버시티 애비뉴 약 20분

볼 만한 곳이 의외로 많다!?

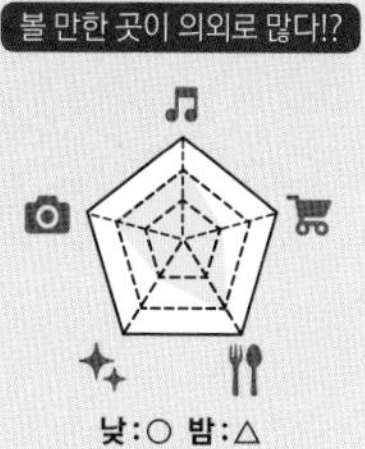

낮:○ 밤:△

마노아 폭포, 하와이대학교 등 마노아에서만 볼 수 있는 여행지를 즐기자.

Manoa 01

일찍 일어난 아침에는 마노아 카페에서 느긋하게

이른 아침부터 현지인들이 모여드는 최근 핫한 카페. 여유로운 기분으로 커피와 아침 식사를 즐겨보자.

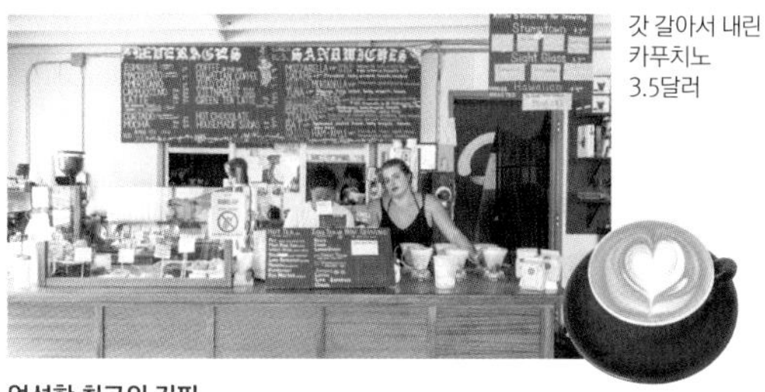

갓 갈아서 내린 카푸치노 3.5달러

엄선한 최고의 커피

모닝 글라스 커피 Morning Glass Coffee+Café

카페에서 직접 로스팅한 약간 진한 커피가 매력. 오믈렛 등 가벼운 식사 메뉴도 있다.

● 2955 E. Manoa Rd. ☎ 808-673-0065 ● 7:00~16:00(토요일 7:30부터, 일요일 7:30~13:00) ● 연중무휴 ● 이스트 마노아 로드 옆

카할라 >>> MAP P.5 D-2

와플 위에 모치코 치킨! 13.50달러

독특하고 참신한 메뉴

누크 네이버후드 비스트로 the nook neighborhood bistro

개성 있는 아침식사가 인기다. 하와이 유명 셰프 알란 웡에게 배운 셰프의 맛이 감동적이다.

● 1035 University Ave. ☎ 808-942-2222 ● 7:00~14:00, 18:00~22:00 ● 월요일 휴무, 화요일 디너 없음 ● 유니버시티 애비뉴 옆

카할라 >>> MAP P.10 C-1

Manoa 02

하와이대학교 학생이 된 것 같은 기분

학생들이 모여 있는 캠퍼스로 가자! 식당에서 점심을 먹고 캠퍼스 기념품을 구입하면 기분만은 완벽한 대학생. 이곳에는 학교식당뿐만 아니라 바도 있다. 수업 사이에 To Go해서 교정에서 파티를 즐기는 학생도 있다.

하와이에서 가장 넓은 캠퍼스

하와이대학교 마노아 캠퍼스
University of Hawaii at Manoa

미국 본토의 학생이 모인 주립대학의 본부. 아시아학과 해양학으로 유명하다.

● 2500 Campus Rd. ☎ 808-956-8111 ● 유니버시티 애비뉴 옆 마노아 >>> MAP P.5 D-2

벽화 예술을 즐길 수 있는 학교 건물

학교식당의 치즈버거

케이스에 담긴 4색 형광펜

화제의 와이키키 최신 호텔들

와이키키 중심부에 등장! 도심에서 우아하게 지내다

수많은 와이키키의 호텔 중에서도 높은 곳에 위치해서 도심을 내려다볼 수 있는 인피니티 풀

세계적으로 유명한 고급 호텔

리츠칼튼 레지던스 와이키키 비치

The Ritz-Carlton Residences, Waikiki Beach

와이키키 비치에서 도보 5분 거리에 위치한 레지던스 호텔. 전 객실 오션 뷰로 편안하게 쉴 수 있어 인기가 많다. 스파와 레스토랑도 인기를 모으고 있다.

● 383 Kalaimoku St. ☎ 808-922-8111 ● 669달러부터(2박부터) ● 칼라이모쿠 스트리트 옆 ● www.ritzcarlton.com **와이키키 >>> MAP P.12 A-1**

여행의 피로를 풀어줄 침실. 객실 어메니티도 충분히 갖추었다.

① 자쿠지가 설치된 인피니티 풀. 최고의 전망이다.
② 8층에 있는 고급 스파 '리츠칼튼 스파'에서는 스파 제품이나 호텔 한정 상품도 판매한다.

ORIGINAL GOODS

들고 다니기 편하고 보온 효과가 뛰어난 한정 보틀

로고가 새겨진 실용적인 오리지널 토트백

Restaurant

BLT 마켓

계절마다 제철 식재료를 활용하는 현지 아메리칸 레스토랑으로 호텔 로비와 바로 연결되어 있다. 신선한 식재료를 사용한 메뉴로 인기가 높다.

하와이 여행을 최고의 추억으로 만들고 싶다면 최고의 호텔 또한 빼놓을 수 없다.
우선 갓 오픈한 호텔을 확인하자. 한번쯤 묵고 싶은 주목 받는 호텔 두 군데를 소개한다.

전체 리노베이션 후 새롭게 탄생한 호텔

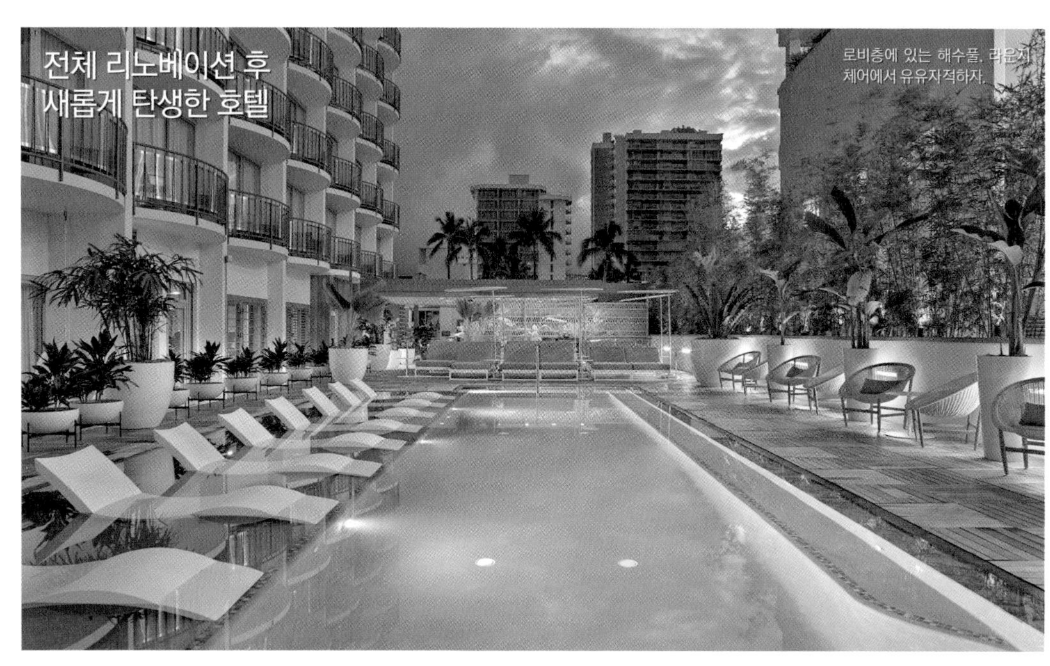

로비층에 있는 해수풀. 라운지 체어에서 유유자적하자.

고급스럽고 감각적인 호텔

레이로우 오토그래프 컬렉션

The Laylow, Autograph Collection

세계적으로 주목 받는 고급 호텔. 객실의 아름다운 인테리어와 벽지가 화제다. 레스토랑과 서서 차를 마실 수 있는 커피 스탠드도 인기다.

● 2299 Kuhio Ave. ☎ 808-922-6600 ● 199달러부터 ● 쿠히오 애비뉴 옆
● www.laylowwaikiki.com 와이키키 >>> MAP P.12 C-1

모든 객실이 몬스테라 잎 무늬 벽지로 꾸며져 있으며 발코니가 있다. 어메니티도 알차다.

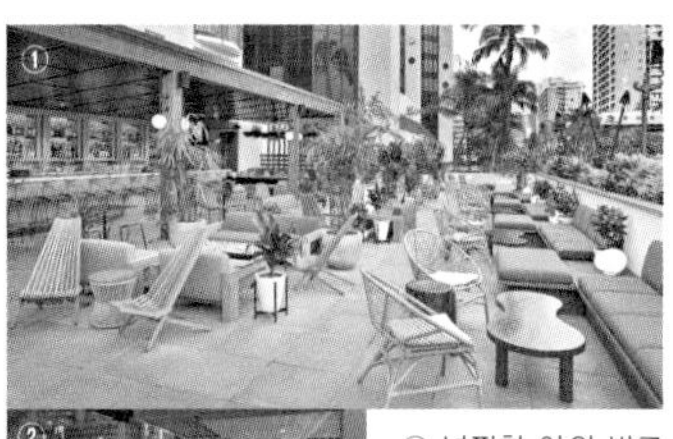

① 널찍한 야외 발코니 구역
② 안락함이 느껴지는 모닥불

GIFT SHOP

기프트 매장

풀장 옆에 위치한 부티크. 소품이나 의류 등이 하나같이 실용적이다. 오리지널 상품도 판매한다.

Restaurant

하이드아웃

2층에 위치한 메인 다이닝. 싱싱한 생선과 채소로 요리한 오리지널 메뉴가 다양하다. 룸서비스 주문도 받기 때문에 객실에서 요리를 즐길 수 있다.

모두가 꿈꾸는 와이키키 3대 최고급 호텔

핑크빛 궁전에서 왕족이 된 기분으로

로열 하와이안 럭셔리 컬렉션 리조트

The Royal Hawaiian, a Luxury Collection Resort

1927년에 문을 연 유서 깊은 고급 호텔. 궁전을 콘셉트로 지은 고전적인 구조로 떠들썩한 와이키키를 느낄 수 없는 우아한 분위기가 감돈다. 녹음이 우거진 아름다운 정원도 볼 만한다.

● 2259 Kalakaua Ave. ☎ 808-923-7311 ● 가든 뷰 룸 440달러부터 ● 칼라카우아 애비뉴 옆 ● kr.royal-hawaiian.com **와이키키 >>> MAP P.12 C-2**

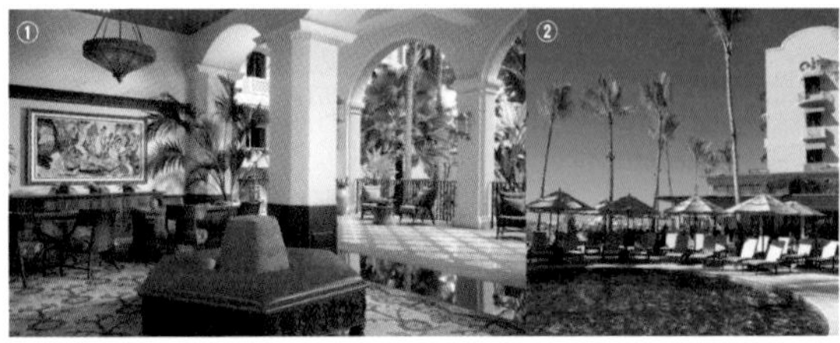

① 중후한 분위기가 감도는 공동공간은 숙박하지 않는 사람도 즐길 수 있다. 취향에 맞는 공간을 찾아보자.
② 푸른 하늘 아래에서 가벼운 음식과 음료를 즐길 수 있는 풀. 우아하게 쉴 수 있는 프라이빗 카바나도 있다.

마일라니 타워의 객실은 기본적으로 모던 클래식 콘셉트

ORIGINAL GOODS

19.50달러

패션티. 파인애플 모양 차 거름망 포함

36달러

호텔을 상징하는 분홍색 무늬 옷을 입은 테디베어

모처럼 여행 온 하와이, 숙박도 근사한 곳에서
하고 싶은 사람은 주목! 와이키키에서도 손꼽히는 훌륭한 호텔에서
제공하는 하와이 최고급 서비스에 틀림없이 감동받을 것이다.

HOW TO

팁

기본적으로 팁은 현찰로 건넨다. 벨보이의 팁은 짐 하나당 1달러 이상을 건네고, 객실 청소 직원의 팁은 매일 아침 침대 하나당 1~2달러를 베개 근처에 놓아둔다.

화이트를 바탕으로 꾸며진 차분한 인상의 오션프런트 객실

① 카틀레야가 커다랗게 그려진 풀
② 재즈가 흐르는 라운지

고급스럽게 장식된 공간

할레쿨라니 호텔 Halekuani

할레쿨라니는 하와이어로 '천국 같은 집'이라는 의미다. 객실에 놓인 웰컴프루트나 투숙객 전용 무료 서비스 등 자상한 배려에 감동할 수밖에 없는 곳이다.

● 2199 Kalia Rd. ☎ 808-923-2311 ● 가든 코트야드 룸 565달러부터 ● 칼리아 로드 옆 ● www.halekulani.com

와이키키 >>> MAP P.12 B-2

RESTAURANTS
하우스 위드아웃 어 키 >>> P.54

ORIGINAL GOODS

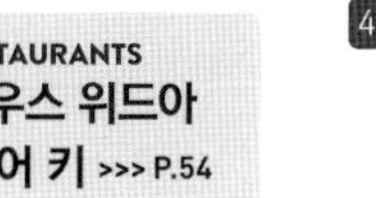

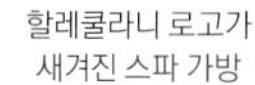

40달러
할레쿨라니 로고가 새겨진 스파 가방

15달러
인기 많은 팬케이크 믹스

꾸미지 않은 심플하고 세련된 분위기의 객실

최고의 숙박을 약속하는 완벽한 시설

모아나 서프라이더 웨스틴 리조트&스파

Moana Surfrider, A Westin Resort&Spa

와이키키에서 가장 오래된 격식 있는 호텔. 새하얀 벽이 연출하는 우아한 분위기 때문에 '와이키키의 퍼스트레이디'라는 애칭이 붙여졌다. 와이키키에서 유일한 오션프런트 스파와 현지인에게 인기 있는 미식 레스토랑이 호화로운 시간을 보장한다.

● 2365 Kalakaua Ave. ☎ 808-922-3111 ● 시티 뷰 룸 350달러부터 ● 칼라카우아 애비뉴 옆 ● kr.moana-surfrider.com

와이키키 >>> MAP P.13 D-2

콜로니얼 양식의 메인 로비는 클래식한 분위기다.

ORIGINAL GOODS

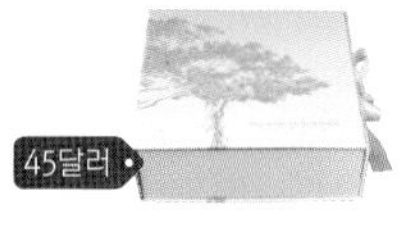

45달러
마카다미아 너츠 초코. 밀크&다크

15달러
쇼트브레드. 16개들이 초코도 있다.

RESTAURANTS
더 비치 바 >>> P.144

어느 곳에도 지지 않을 독창적인 럭셔리 호텔

오리지널 *Point*

뉴욕의 유명 건축가가 설계한 호텔

부티크 호텔의 창시자인 뉴욕의 유명한 호텔 건축가 이안 슈레거가 설계했다. 귀재의 아이디어가 곳곳에서 빛나고 있다.

어른을 위한 세련된 공간

더 모던 호놀룰루

The Modern Honolulu

와이키키와 알라모아나 어디든 걸어서 갈 수 있는 위치 좋은 디자인 호텔. 심플하고 모던한 객실 이곳저곳에는 마음을 들뜨게 하는 센스가 엿보인다. 호놀룰루에서 유일하게 힙한 클럽이 있으며, 고급 바와 모던 바 등 어른들이 즐길 수 있는 시설을 두루 갖추었다.

● 1775 Ala Moana Blvd. ☎ 808-450-3396 ● 시티 뷰 룸 349달러부터 ● 알라모아나 블러바드 옆 ● www.themodernhonolulu.kr

알라모아나 >>> MAP P.10 B-3

① 흰색을 바탕으로 한 심플한 객실은 세련되고 차분한 분위기
② 로비에 있는 책장을 회전하면 바가 나타나는 감각적인 구조

오리지널 *Point*

'전 객실 스위트룸'으로 넓은 공간

침실과 거실이 구분되어 있으며, 널찍한 객실에서 쾌적하게 묵을 수 있는 점이 매력적이다.

침실과 거실이 분리된 구조

엠버시 스위트 바이 힐튼 와이키키 비치 워크

Embassy Suites by Hilton Waikiki Beach Walk

전 객실 스위트룸으로 객실이 넓어서 인기가 많다. 조식 뷔페, 리셉션을 위한 음료와 요가 교실도 무료 서비스다. 와이키키 비치 워크 중심에 위치해서 접근성도 뛰어나다.

● 201 Beach Walk ☎ 808-921-2345 ● 원 베드 스위트 시티 뷰 룸 279달러부터 ● 비치 워크 옆 ● kr.embassysuiteswaikiki.com/

와이키키 >>> MAP P.12 B-2

① 초록색 배경으로 청량감을 연출한 프런트 데스크도 널찍하다.
② 4층에 있는 풀에는 자쿠지가 설치되어 있고 풀 사이드 바도 있다.

수많은 리조트호텔이 모인 와이키키에서 독창성을 자랑하는 호텔 4곳을 소개한다.
여느 호텔에 지지 않을 개성 넘치는 공간에서 자신만의 숙박을 즐겨 보자.

스위트룸은 거실도 널찍하다. 바다나 코올라우 산맥의 산등성이도 조망할 수 있다.

베네치아 유리 샹들리에는 카할라 호텔의 상징이다.

오리지널 *Point*

집에 머무는 듯한 편안함을 재현
주방까지 완비되어 있어 별장에서 휴일을 보내는 기분을 맛볼 수 있다. 35층 위로는 더욱 고급스러운 '트럼프 이그제큐티브'가 있다.

아름다움과 기능성의 절묘한 조화

트럼프 인터내셔널 호텔 와이키키

Trump International Hotel Waikiki

레지던스 호텔의 기능성과 고급 호텔의 서비스를 두루 갖추었다. 하와이다운 컨템퍼러리 인테리어 객실에서 마치 내 집에 머무는 것 같은 기분을 만끽할 수 있다.

● 223 Saratoga Rd. ☎ 808-683-7777 ● 디럭스 룸 오션 뷰 룸 444달러부터 ● 사라토가 로드 옆 ● www.trumphotelcollection.com/ko/waikiki **와이키키 >>> MAP P.12 A-2**

① 주방의 가전제품과 식기 등 요리에 필요한 물건들을 대부분 갖췄다.
② 와이올라 오션 뷰 라운지(>>>P.125)에서는 아름다운 야경을 감상할 수 있으며, 분위기도 최고다.

오리지널 *Point*

떠들썩한 도심에서 벗어난 최고의 위치를 독점
와이키키에서 차로 약 10분 거리인 고급 주택가 카할라에 위치. 시끌벅적한 번화가에서 벗어나 숨겨진 공간에서 차분한 휴가를 즐길 수 있다.

셀러브리티들이 즐겨 찾는

카할라 호텔&리조트

The Kahala Hotel&Resort

세계적인 셀러브리티들을 사로잡은 유명 리조트호텔. 로비에 설치된 호화스러운 샹들리에와 함께 호텔 전체에 우아한 분위기가 감돈다. 30년 이상 근무한 직원이 여러 명 있어 단골손님에게는 먼저 "잘 오셨습니다"라며 인사를 건넨다.

● 5000 Kahala Ave. ☎ 808-739-8888 ● 씨닉뷰 룸 420달러부터 ● 카할라 애비뉴 옆 ● kr.kahalaresort.com **카할라 >>> MAP P.5 F-2**

① '카할리 시크'라고 불리는 모던하고 차분한 배색의 객실
② 호텔 부지 내에 있는 라군. 돌고래와 만나는 유료 프로그램도 운영한다.

리조트 안이라도 수영복 차림으로 호텔을 활보하는 행위는 매너가 아니다. 겉옷이나 바지를 준비하자.

와이키키의 리조트호텔에서 우아하게

다채로운 엔터테인먼트 프로그램 총집합

힐튼 하와이안 빌리지 와이키키 비치 리조트

Hilton Hawaiian Village Waikiki Beach Resort

오아후 최대 규모 리조트호텔. 90,000㎡ 부지에는 5성급 객실 타워, 90개 이상의 매장과 음식점, 5성급 풀장이 모두 들어서 있다. 또한 리조트 내에서 동식물 110종 이상을 보호하고 있다.

- 2005 Kalia Rd. ☎ 808-949-4321 ● 리조트 뷰 룸 219달러부터
- 칼리아 로드 옆 ● www.hiltonhawaiianvillage.com

와이키키 >>> MAP P.10 B-3

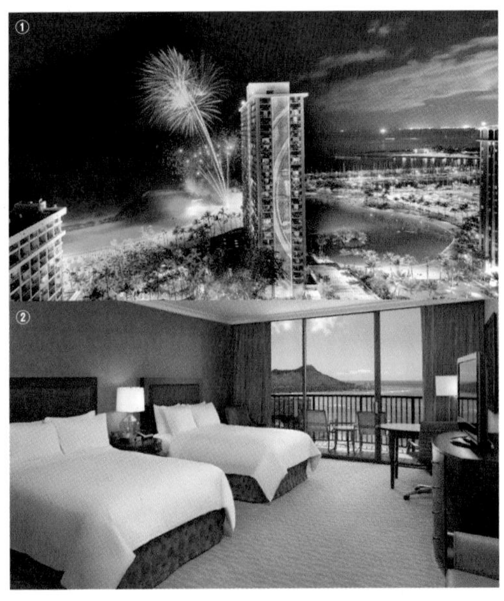

① 매주 금요일 밤마다 열리는 불꽃놀이 ② 숙면을 돕는 저탄성 매트리스

바다와 산을 모두 볼 수 있는 호화로운 전망

와이키키 비치 메리어트 리조트&스파

Waikiki Beach Marriott Resort&Spa

하와이 왕실의 별장이 있던 자리에 세워진 유서 깊은 리조트호텔. 2개의 온수풀과 아베다 공인 스파 등 시설도 다양하다. 고층 객실에서는 다이아몬드 헤드와 바다를 감상할 수 있다.

- 2552 Kalakaua Ave. ☎ 808-922-6611 ● 시티 뷰 룸 415달러부터 ● 칼라카우아 애비뉴 옆 ● www.marriott.co.kr/hnlmc

와이키키 >>> MAP P.13 F-2

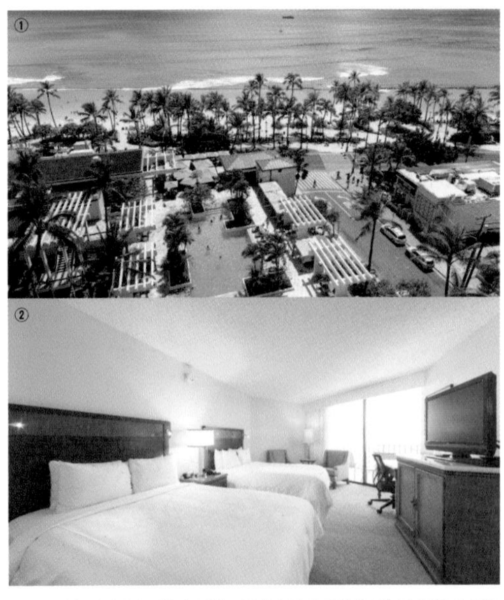

① 아름다운 와이키키 비치가 보이는 오션 뷰 룸 ② 메리어트가 독자적으로 사용하는 침대

환상적인 와이키키 비치가 보이면서 다채로운 시설과
엔터테인먼트 프로그램을 갖춘 리조트호텔. 와이키키의 호텔 중에서도
전망이 아름답기로 유명한 만족도 높은 호텔을 추천한다.

쇼핑족을 위한

하얏트 리젠시 와이키키 리조트&스파

Hyatt Regency Waikiki Resort and Spa

고층 타워 두 개로 구성된 호텔. 1~3층에 몰이 들어서 있으며 와이키키 번화가와도 매우 가깝다.

● 2424 Kalakaua Ave. ☎ 808-923-1234 ● 와이키키 뷰 룸 180달러부터(데일리 요금으로 날짜에 따라 변동됨) ● 칼라카우아 애비뉴 옆 ● waikiki.hyatt.com

와이키키 >>> MAP P.13 D-2

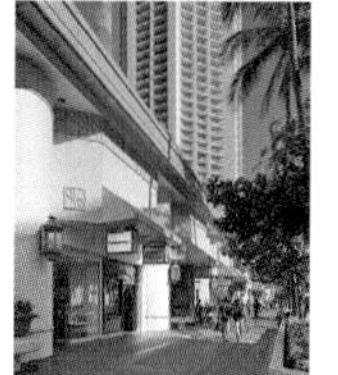

60개 이상의 매장이 입점한 푸알레이라니 아트리움 숍

하와이의 역사와 문화가 숨쉬는

아웃리거 리프 와이키키 비치 리조트

Outrigger Reef Waikiki Beach Resort

역사문화재 전시와 하와이 양식의 가구를 배치한 객실이 특징이다. 해변이 바로 앞에 펼쳐져 있다.

● 2169 Kalia Rd. ☎ 808-923-3111 ● 시티 뷰 룸 295달러부터 ● 칼리아 로드 옆 ● www.outrigger.com **와이키키 >>> MAP P.12 A-2**

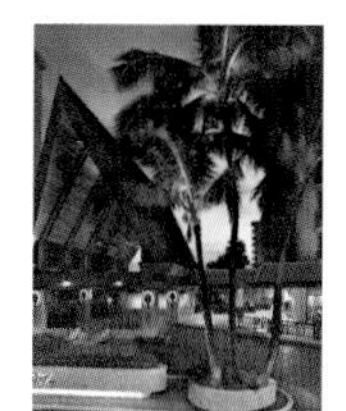

하와이의 옛 건축양식이 남아 있는 고풍스러운 외관

책을 펼친 것 같은 모양의 호텔 건물은 많은 객실에서 아름다운 전망을 즐길 수 있도록 설계되었다.

① 다이아몬드 헤드와 해변이 정면에 있다. ② 3D 라이트 쇼가 열리는 풀

뛰어난 접근성과 전망이 특징

쉐라톤 와이키키

Sheraton Waikiki

바다가 내려다보이는 객실과 워터 슬라이드가 설치된 풀이 매력적이다. 로열 하와이안 센터와 가깝다.

● 2255 Kalakaua Ave. ☎ 808-922-4422 ● 마운틴 뷰 룸 430달러부터 ● 칼라카우아 애비뉴 옆 ● sheraton-waikiki.com

와이키키 >>> MAP P.12 B-2

Recommend Point

풀에서 펼쳐지는 3D 라이트 쇼 '헬루모아'

세계 최초, 풀 프로젝션 매핑 쇼를 매일 밤 8시와 9시에 개최한다. 수면에 비추는 장대한 3D 영상이 웅장하다!

바다 쪽 객실은 전망에 따라 오션프런트(Oceanfront) 〉 오션 뷰(Ocean View) 〉 파셜 오션 뷰(Partial Ocean View)순으로 요금이 저렴해진다.

장기 체류자를 위한 캐주얼 호텔과 콘도

Casual Style 숙박비는 부담되지만 위치 좋고 멋있는 숙소를 원하는 장기 여행자를 위한 호텔 리스트업.

시티 뷰 룸
PRICE: 225달러부터

하와이 정신이 가득한

쉐라톤 프린세스 카이울라니

Sheraton Princess Kaiulani

하와이 왕실과 연관된 땅에 세워진 유서 깊은 호텔. 쾌적한 객실과 폴리네시안 전통 공연 등을 제공한다.

- 120 Kaiulani Ave. ☎ 808-922-5811
- 160달러부터 ● 카이울라니 애비뉴 옆
- princess-kaiulani.com

와이키키 >>> MAP P.13 D-1

카이울라니 공주의 모습을 볼 수 있는 로비

스타일리시하고 조용한 호텔

코트야드 바이 메리어트 와이키키 비치

Courtyard by Marriott Waikiki Beach

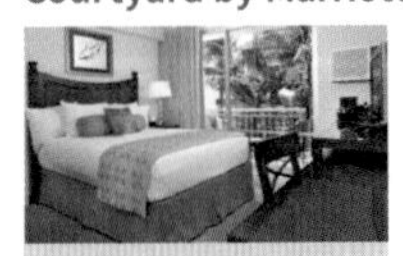

스탠더드 룸
PRICE: 185달러부터

떠들썩한 도심을 벗어난 한적한 분위기의 디자인 호텔. 휴식 공간도 인기가 많다.

● 400 Royal Hawaiian Ave. ☎ 808-954-4000 ● 로열 하와이안 애비뉴 옆 ● www.marriotthawaii.com

와이키키 >>> MAP P.12 B-1

열대어가 헤엄치는 거대한 수조가 압권

퍼시픽 비치 호텔

Pacific Beach Hotel

스탠더드 룸
PRICE: 300달러부터

해변 바로 앞에 위치해서 대부분의 객실에서 바다를 볼 수 있다.

● 2490 Kalakaua Ave. ☎ 808-922-1233 ● 칼라카우아 애비뉴 옆 ● pacificbeachhotel.co.jp

와이키키 >>> MAP P.13 E-1

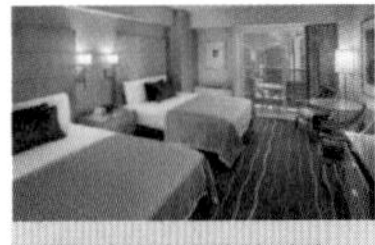

와이키키 타워 시티 마운틴 뷰 룸
PRICE: 179달러부터

쇼핑과 해변을 모두 즐길 수 있는

알라모아나 호텔

Ala Moana Hotel by Mantra

알라모아나 센터와 비치 파크까지 걸어서 갈 수 있는 편리하고 호화스러운 호텔.

● 410 Atkinson Dr. ☎ 808-955-4811 ● 앳킨슨 드라이브 옆 ● kr.alamoanahotel.com **알라모아나 >>> MAP P.10 A-2**

코스모 퀸 룸
PRICE: 179달러부터

무료 서비스가 다양한 모던 호텔

바이브 호텔 와이키키

Vive Hotel Waikiki

모던하고 세련된 객실. 해변 용품을 무료로 빌려주며 로비에서 티 서비스를 제공한다.

● 2426 Kuhio Ave. ☎ 808-687-2000 ● 쿠히오 애비뉴 옆 ● www.vivehotelwaikiki.com **와이키키 >>> MAP P.13 D-1**

와이키키 어디를 가든 편한 위치

호텔 리뉴

Hotel Renew

어반 뷰 더블 룸
PRICE: 399달러부터 (통상 요금)

디자인이 훌륭하고 와이키키 중심에 위치한 시티 호텔. 도착했을 때 웰컴드링크와 조식을 제공한다.

● 129 Paoakalani Ave. ☎ 808-687-7700 ● 파오아칼라니 애비뉴 옆 ● www.hotelrenew.com

와이키키 >>> MAP P.13 F-2

공원과 해변을 모두 즐길 수 있는 위치

뉴 오타니 카이마나 비치 호텔

The New Otani Kaimana Beach Hotel

모더레이트 룸
PRICE: 220달러부터

와이키키 비치와 카피올라니 공원 사이의 한적한 지역에 위치한 호텔. 상쾌한 자연을 만끽할 수 있다.

● 2863 Kalakaua Ave. ☎ 808-923-1555 ● 칼라카우아 애비뉴 옆 ● www.kaimana.com

와이키키 >>> MAP P.5 E-3

해변, 쇼핑, 식당까지 접근성이 좋고 원하는 시설도 전부 갖추었으면 좋겠다.
하지만 가격은 저렴했으면 좋겠다. 이런 욕심쟁이를 위한 와이키키 최고의 캐주얼 호텔과 콘도를 추천한다.

Condominium Style

주방이 있는 넓은 객실에서 요리하거나 거실에서 편안하게 쉴 수 있다.
현지인처럼 음식을 즐기고 생활 잡화를 쇼핑하면서 하와이 생활을 체험해 보자.

공원이 펼쳐지고 자연으로 둘러싸인 풍경은 보고만 있어도 치유받는 기분이다.

푸르른 자연 풍경을 즐기다

루아나 와이키키 호텔&스위트

Luana Waikiki Hotel&Suites

공원과 접해 있어서 푸르른 자연에 둘러싸인 점이 특징이다. 리조트 분위기를 풍기는 아일랜드풍 가구가 사랑스럽다.

풀 사이드에는 카바나가 있다. 낮에는 이곳에서 여유롭게 쉬는 것도 좋다.

- 2045 Kalakaua Ave. ☎ 808-955-6000 ● 시티 뷰 룸 300달러부터(통상 요금) ● 칼라카우아 애비뉴 옆 ● www.aquaaston.com/hotels/luana-waikiki-hotel-and-suite

와이키키 >>> MAP P.10 C-2

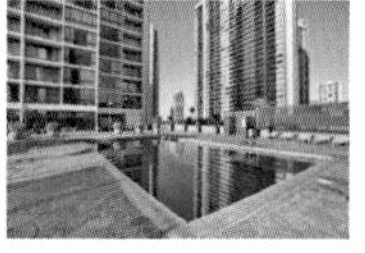
다이아몬드 헤드를 바라볼 수 있는 객실도 있다!

호텔 안에서 액티브하게

애스톤 와이키키 선셋 Aston Waikiki Sunset

카피올라니 공원 근처에 위치했다. 풀, 사우나, BBQ 공간, 테니스코트 등 다양한 시설을 갖추고 있다.

- 229 Paoakalani Ave. ☎ 808-922-0511 ● 원 베드 룸 스탠더드 314달러부터(통상 요금) ● 파오아칼라니 애비뉴 옆 ● www.astonwaikikisunset.com **와이키키 >>> MAP P.13 F-1**

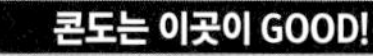

일행이나 가족 수가 많아도 여유롭게 지낼 수 있다
여러 명이 같이 묵을 수 있을 정도로 넓다. 대가족이 한 방에서 묵을 수 있다.

널찍한 주방에서 음식을 만들어 먹을 수 있다
오븐, 냉장고, 렌지, 식기, 조리기구 등 주방용품을 갖춘 주방이 있다. 식재료만 사면 된다.

세탁할 수 있는 코인 세탁기 완비
기본적으로 코인 세탁기가 설치되어 있다. 일부러 세탁소까지 갈 필요가 없다.

※ 사진은 일리카이 콘도

장기 체류자라면

베케이션 렌탈을 추천!

유럽과 미국에서 인기 있는 여행 스타일이다.
일주일 이상 머무는 사람에게 추천한다.

WHAT IS

베케이션 렌탈
콘도나 일반 가정집 등을 가족이나 친구끼리 빌려서 일주일에서 수개월 동안 숙박하는 시스템. 주 단위 지급인지 월 단위 지급인지 등 대여 조건을 확인하자. 인원수가 많을수록 이득이다.

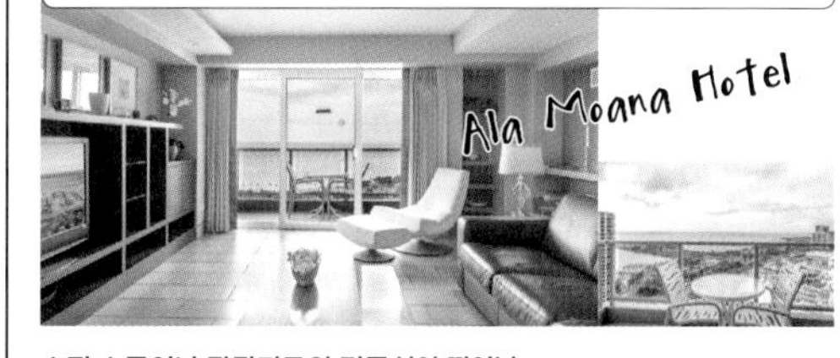

쇼핑 스폿이나 관광지로의 접근성이 뛰어난

알라모아나 호텔 바이 가이아 하와이

Ala Moana Hotel by GAIA Hawaii

숙박 요금이 합리적이다. 일리카이나 트럼프 호텔도 추천한다. 자세한 내용은 가이아 하와이 베케이션 렌탈에서 확인할 것.

- 1777 Ala Moana Blvd. ☎ 808-784-3411 ● T 갤러리아 하와이 by DFS 10층 ● www.gaiahawaii.com **와이키키 >>> MAP P.12 B-1**

디즈니와 하와이의 만남, 꿈의 리조트

중후한 로비. 고대와 현대 하와이 사람들의 역사를 아름다운 벽화로 표현했다.

Aulani Special 1
월트 디즈니의 세계에 빠지다

아울라니의 매력은 무엇보다도 하와이에서 디즈니 세계로 갈 수 있다는 점. 세상에서 하나뿐인 꿈의 나라로 떠나 보자.

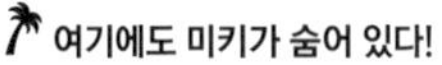

여기에도 미키가 숨어 있다!

객실을 포함해서 호텔 시설 곳곳에 많은 미키가 숨어 있다. 얼마나 찾을 수 있을지 도전해 보자.

정수기 안에서도 미키 발견!

디즈니 친구들과 기념 촬영을 할 수 있다!

좋아하는 디즈니 캐릭터와 만날 수 있다

알로하셔츠나 레이처럼 하와이답게 코디한 디즈니 친구들과 만날 기회도 얻자.

조식에서도 캐릭터와 만나다!

레스토랑 '마카히키'에서는 아침 식사 시간(7:00~11:00)에 캐릭터 브렉퍼스트를 개최한다. 사진 촬영도 할 수 있다.

오아후 섬 서쪽 해안의 고급 리조트 지역에 위치한 '아울라니 디즈니 리조트&스파'.
휴가를 즐기는 디즈니 캐릭터들과 만날 수 있으며, 다양한 액티비티와 쇼로 하와이 문화와 자연을 느낄 수 있다.
리조트 내에는 13~17세를 대상으로 운영하는 10대 전용 스파가 있으며, 네일이나 패티큐어 서비스도 제공한다.

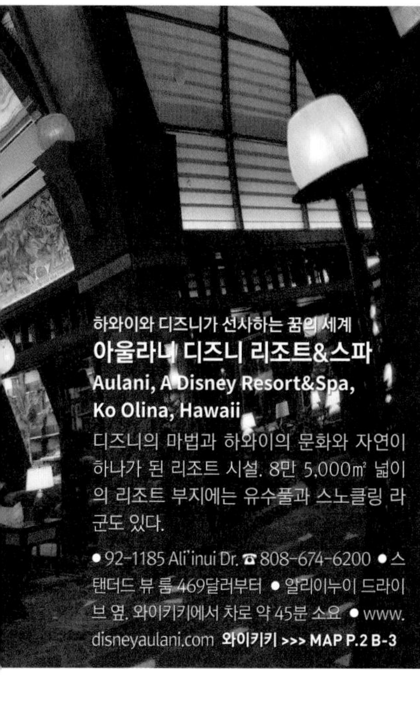

하와이와 디즈니가 선사하는 꿈의 세계

아울라니 디즈니 리조트&스파

Aulani, A Disney Resort&Spa, Ko Olina, Hawaii

디즈니의 마법과 하와이의 문화와 자연이 하나가 된 리조트 시설. 8만 5,000㎡ 넓이의 리조트 부지에는 유수풀과 스노클링 라군도 있다.

● 92-1185 Ali'inui Dr. ☎ 808-674-6200 ● 스탠더드 뷰 룸 469달러부터 ● 알리이누이 드라이브 옆. 와이키키에서 차로 약 45분 소요 ● www.disneyaulani.com 와이키키 >>> MAP P.2 B-3

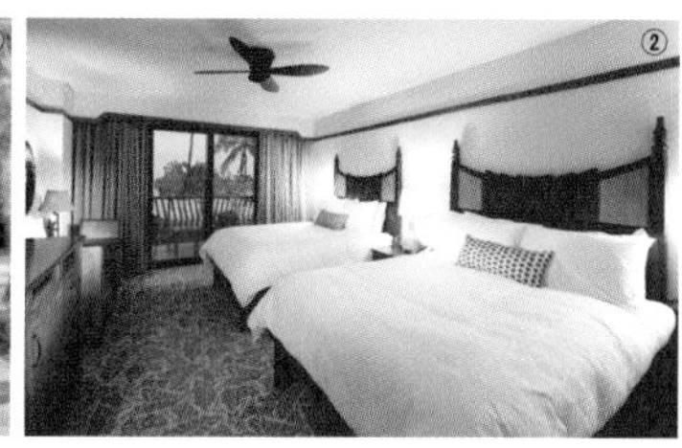

① 하와이 전통 문양을 넣은 침대 시트 등 하와이를 느낄 수 있는 장식으로 통일했다. ② '라니와이 디즈니 스파(Laniwai-A Disney Spa)'에는 약 150가지 메뉴가 있다.

ORIGINAL GOODS

이곳에서만 구입할 수 있는 한정 기념품

25달러

미키 모양 쇼트브레드를 살 수 있는 곳은 이곳뿐!

35달러

약 30cm 크기의 디즈니 더피 인형도 역시 하와이 버전

Aulani Special 2 하와이 전통 문화와 만나다

쇼나 체험활동, 예술품 전시 등을 통해 하와이의 전통문화와 만나는 아울라니에서의 특별한 시간.

하와이 문화 체험

훌라나 레이 만들기 등 문화를 체험할 수 있는 프로그램이 다양하다. 인터랙티브 보물찾기인 '메네후네 어드벤처 트레일'도 인기다.

이국적인 예술을 만끽

하와이 역사를 표현한 예술 작품이 곳곳에 있다. 하와이의 전통과 문화를 표현한 건축 디자인은 리조트 전체를 주목해야 하는 이유다.

매혹적인 엔터테인먼트 쇼

현지 아티스트의 라이브 연주와 하와이 전통춤을 맛있는 요리와 함께 감상할 수 있는 축제 공연. (주 4회, 유료, 예약 필요)

오아후 섬에서 떠나는 당일치기 여행

이웃 섬으로 가자!

GO!!

하와이안항공

하와이 여행을 호놀룰루에서만 끝내기에는 아쉽다! 오아후 섬을 벗어나 다른 섬으로 떠나자.
손대지 않은 웅대한 자연과 향수어린 거리를 만날 수 있다.

이웃 섬 가는 법

대니얼 K 이노우에 국제공항에서 하와이안항공, 아일랜드에어, 모쿨렐레항공이 운항 중이다. 하와이 제도 간 이동은 요금이 저렴한데다 편수도 많다.

신들의 정원

카우아이

Kauai Island

오아후 섬에서 약 40분

>>> P.201

섬 전체가 수풀로 둘러싸여 '가든 아일랜드'라고 불린다. 영화 '쥬라기 공원'에 등장하는 절벽 '나 팔리 코스트'와 태평양의 그랜드 캐니언인 '와이메아 캐니언' 등 다이내믹한 대자연이 가득하다. 카우아이의 서쪽에 있는 '니이하우 섬'은 개인 소유 섬으로 수도, 가스, 전기가 없는 금단의 땅이다.

면적	1,430km²
인구	약 6만 7,000명
상징 꽃	모키하나
공항	대니얼 K 이노우에 국제공항~리후에 공항(하와이안항공, 아일랜드에어). 약 40분 소요

나 팔리 코스트

와이메아 캐니언

때 묻지 않은 자연

몰로카이

Molokai Island

오아후 섬에서 약 30분

섬 북부의 시 클리프

파포하쿠 비치

단 한 개의 신호등이 없으며, 태고부터 존재한 모습을 있는 그대로 간직한 하와이의 정신적인 섬. 남쪽 앞바다에는 45㎞로 하와이에서 가장 긴 산호초가 펼쳐져 있다. 훌라가 탄생한 섬으로도 유명하다. 복잡한 도심에서 벗어나 알로하 정신을 느낄 수 있는 온화한 시간을 보내자.

면적	673.4km²
인구	약 8,000명
상징 꽃	쿠쿠이
공항	대니얼 K 이노우에 국제공항~몰로카이 공항(하와이안항공, 모쿨렐레항공). 약 30분 소요

자연과 도시가 한곳에

마우이

Maui Island

오아후 섬에서 ✈ 약 35분

>>> P.200

웅대한 자연이 펼쳐졌으며 레스토랑과 상점도 풍부한 휴양지 섬. 과거 하와이 제도의 중심지로 번성했으며 당시 수도였던 라하이나는 역사보호구역으로 지정되었다. 고래 관광이나 스노클링 등 해양 액티비티도 다양하다.

면적	약 1,884km²
인구	약 15만 5,000명
상징 꽃	로케라니
공항	대니얼 K 이노우에 국제공항~카훌루이 공항·카팔루아 웨스트 마우이 공항(하와이안항공, 모쿨렐레항공, 아일랜드 에어). 약 40분 소요

몰로키니 섬 라하이나

하와이 제도에서 가장 큰 섬

빅아일랜드

Hawaii Island

오아후 섬에서 ✈ 약 45분

>>> P.198

하와이의 섬 가운데 가장 큰 빅아일랜드. 관광지로 개발되지 않은 자연이 풍부하다. 지금도 활발하게 활동하고 있는 세계자연유산인 킬라우에아 화산, 미국에서 가장 아름다운 비치로 꼽히기도 한 하푸나 비치, 해발 4,205m의 마우나케아 등 볼 곳이 가득하다.

면적	1만 433km²
인구	약 19만 4,000명
상징 꽃	오히아 레후아
공항	대니얼 K 이노우에 국제공항~코나공항(하와이안항공, 모쿨렐레항공), 힐로 공항(하와이안항공). 약 60분 소요

킬라우에아 화산

카일루아 코나

신비롭고 고요한 섬

라나이

Lanai Island

오아후 섬에서 ✈ 약 35분

난파선 해안

신들의 정원

사람이 손길이 닿지 않은 자연이 남아 있으며, 여행객이 적어 프라이빗한 기분을 만끽할 수 있다. 거대한 바위가 여기저기 놓여 있는 신들의 정원 '케아히아카웰로', 앞바다에 좌초된 배를 볼 수 있는 난파선 해안 등 곳곳에서 발견할 수 있는 신비로운 풍경이 매력적이다. 골프나 다이빙 등 액티비티도 있다.

면적	364km²
인구	약 3,100명
상징 꽃	카우나오아
공항	대니얼 K 이노우에 국제공항~라나이 공항(하와이안항공). 약 35분 소요

이름처럼 큰, 하와이 최대 크기의 섬

빅아일랜드 Hawaii Island

지구상에 존재하는 13개의 기후대 중 11개가 있는 중요한 섬. 활동 중인 화산과 열대우림 등 섬 하나 안에서 다양한 자연과 만날 수 있다.

빅아일랜드 여행 법 BEST 5

빅아일랜드의 상징 킬라우에아 화산과 세계 각국의 천체관측기관이 모여 있는 마우나 케아는 놓쳐서는 안 될 대표적인 장소다. 한적한 마을 산책도 즐겨 보자.

차로 여행할 수 있지만 분화구 주변 하이킹 코스는 직접 걸으며 그 에너지를 체험하는 편이 가장 좋다.
체인 오브 크레이터 로드(Chain of Craters Road)의 끝에서는 용암을 볼 수 있다.

7,000만 년 전부터 활동 중!

하와이 화산 국립공원

Hawaii Volcanos National Parks

거대한 화구가 곳곳에 남아 있으며 아직 활발하게 분화하는 킬라우에아 화산. 세계자연유산에 등재되었다.

☎ 808-985-6000(하와이 태평양 국립공원협회) ●보통 차 1대당 10달러, 자전거·보행자 1인 5달러 ●힐로에서 차로 약 45분, 카일루아 코나에서 차로 약 150분

화산지대에 피어 있는 오히아 레후아는 섬을 대표하는 꽃이다.

■ 추천 투어

코나 공항에서 출발하는 섬 일주 투어

TIME 약 2시간

하늘에서 내려다보는 장엄한 화산구와 광대한 용암대지가 압권! 힐로와 파커 목장 위로 돈다.

파라다이스 헬리콥터

●코나·힐로국제공항 내 ☎ 808-969-7392 ●연중무휴 ●425달러부터(6인승)
●paradisecopters.com

HAWAII BEST 2

마우나 케아에서 하늘을 가득 채운 별에 흠뻑 빠지다!

하와이어로 '흰 산'을 뜻하는 마우나 케아는 겨울에는 정상에 눈이 쌓일 정도로 춥다.

습도가 낮고 기후가 안정적이어서 천체관측에 최적의 환경이다. 유성도 선명하게 관측할 수 있다!

발 아래 구름바다가 펼쳐지다

마우나 케아 Mauna Kea

하와이 최고봉, 해발 4,205m 높이의 산. 정상 근처에는 각국의 천문대가 설치되어 있다.

☎ 808-935-6268(국제 천문학 방문객 센터인 오니주카 센터) ●힐로에서 차로 약 2시간 반, 카일루아 코나에서 차로 약 3시간 반~4시간 반

추천 투어

마우나 케아 정상에서 즐기는 일출과 천체관측 투어

TIME 약 7시간

지구상에서 가장 많은 별과 환상적인 일출을 동시에 감상할 수 있는 호화 투어

마사시의 네이처 스쿨

☎ 808-937-5555 ●연중무휴 ●1인 170달러 ●빅아일랜드 내 호텔에서의 왕복 교통 포함 ●www.minshuku.us

HAWAII BEST 3

코나 커피 벨트의 농원에서 본고장의 맛을 알다

토지에 영양이 풍부하고 배수가 좋아 커피를 재배하기에 최적의 조건이다. 온화한 기후와 멋진 풍경도 매력적이다.

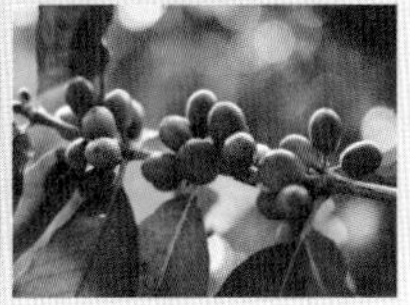

WHAT IS

코나 커피 벨트

코나 지방의 후아랄라이산부터 마우나 로아산까지 해발 500~800m 지대에 형성된 구역을 가리킨다. 32km에 걸쳐 커피 농장이 펼쳐져 있다.

커피의 매력을 알다

마운틴 선더 커피 플랜테이션 Mountain Thunder Coffee Plantation

해발 975m에 위치한 농장으로 유기농 커피가 인기다. 신맛이 다소 강한 점이 특징이다.

●73-1944 Hao St. ☎ 808-443-7590 ●10:00~16:00 ●연중무휴 ●하오 스트리트 옆

추천 투어

커피 정제·로스팅장 안내 투어

●10:00~16:00
●무료

HAWAII BEST 4

카일루아 코나에서 역사를 산책하다

하와이 주에서 가장 오래된 교회로 알려진 모쿠아이카우아 교회

번화한 거리가 500m 정도 이어진 작은 항구 마을. 킹 카메하메하가 여생을 보낸 곳으로 알려져 왕가의 신전 등 유적이 남아 있다.

킹 카메하메하가 노년을 보낸 땅

카일루아 코나 Kailua Kona

레스토랑과 상점이 이곳저곳에 자리 잡아 여행 거점 역할을 하는 마을. 많은 유적을 볼 수 있다.

HAWAII BEST 5

왕의 동상이 자리한 힐로를 걷다

하와이 제도 내 존재하는 세 개의 대왕 동상 중에서도 키가 가장 크다.

일본계 주민이 다수 거주하고 있다. 과거 일본의 모습을 엿볼 수 있는 곳이다.

빅아일랜드 최대 마을

힐로 Hilo

호놀룰루 다음으로 큰 하와이 제2의 도시. 과거 사탕수수 재배에 종사한 수많은 이민자들이 이주해온 곳이다.

자연과 도시가 공존하는 곳
마우이 Maui Island

휴양지가 곳곳에 흩어져 있고 온화한 분위기를 품었다. 과거 수도로서 번영했던 항구 마을 라하이나와 자연이 풍부한 할레아칼라 등 둘러볼 곳이 많다.

[마우이를 여행하는 방법 BEST 3]

다채로운 해양 관광지와 개성 넘치는 거리가 매력적인 마우이. 대자연에 감동받고 싶다면 할레아칼라로 가자. 평생의 추억이 될 것이다!

MAUI BEST 1 *대자연 속에서 절경을 감상하다*

웅장하고 아름다운 대자연

할레아칼라 국립공원
Haleakala National Park

'태양의 집'이라는 별명으로 통하며, 일출과 일몰을 구름 위에서 감상할 수 있다. 시간대에 따라 무지개와 별로 가득한 밤하늘을 볼 수 있으며 각양각색의 표정을 감상할 수 있다.

추천 투어

할레아칼라 일출 투어

2017년 2월부터 일출을 보러 간다면 렌터카를 이용하더라도 사전예약을 해야 한다. 차량 1대당 1.50달러(입장료 별도)로 공식 웹사이트(www.recreation.gov)에서 예약을 하면 된다. 예약은 방문하기 2개월 전에 해야 한다. 그리고 오전 3시부터 7시 사이 방문객에 한해 예약 가능하다. 입장할 때는 일출 예약 확인서와 본인 확인이 가능한 여권이나 신분증을 지참하도록 한다.

MAUI BEST 2 *파이아에서 기분좋은 쇼핑*

벽화가 그려진 컬러풀한 상점을 발견!

20분 정도면 한 번 둘러볼 수 있는 구역으로 세련된 상점이 이곳저곳에 늘어서 있다. 최근 파이아에서는 귀여운 잡화점이나 유기농 레스토랑이 계속해서 문을 열고 있다.

고급스러운 상점이 속속 등장하는

파이아 Paia

서퍼가 모여드는 거리로 알려졌다. 시골 마을 분위기와 현대적인 감각이 공존하는 장소다.

MAUI BEST 3 *라하이나에서 시골 기분으로*

해안 풍경도 운치 있다. 여유로운 시간을 보내자.

1km 정도로 형성된 라하이나의 메인 거리에는 부티크와 레스토랑이 늘어서 있다. 개성 있는 갤러리도 많아 쇼핑과 미식을 함께 즐길 수 있다.

올드 하와이를 느끼다

라하이나 Lahaina

역사보호구역으로 지정된 해안선을 따라 형성된 로컬 타운. 19세기 초에 왕조의 수도였던 곳이다.

수풀이 우거진 가든 아일랜드
카우아이 Kauai Island

화산활동으로 형성된 하와이에서 가장 오래된 섬. 쿡 선장이 처음 발견한 섬이기도 하다. 다이내믹한 경관으로 영화의 배경이 되기도 한다.

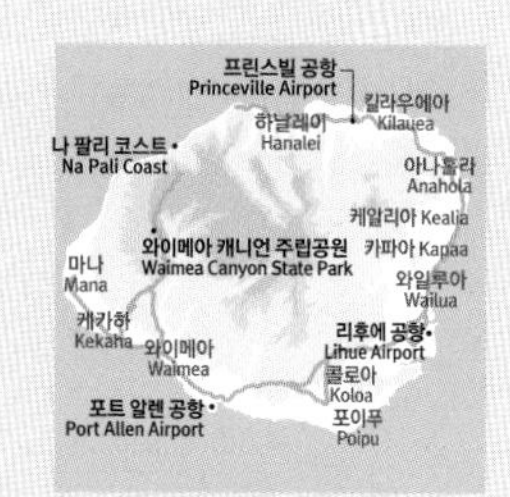

[카우아이를 여행하는 방법 BEST 3]

계곡, 동굴, 절벽 등 때 묻지 않은 대자연이 그대로 남아 있는 카우아이는 절경을 즐길 수 있는 여행지로 손색이 없다. 와일드한 지형미를 놓치지 말 것!

KAUAI BEST 1

나 팔리 코스트에서 깎아지른 절벽의 스케일을 실감하다

커피의 매력을 알다

나 팔리 코스트 Na Pali Coast

'팔리'는 하와이어로 절벽을 뜻한다. 지각이 융기하고 풍화되며 침식해서 만들어진 약 27km, 표고차 약 1,000m의 절벽 해안선이다. 보는 각도나 시간에 따라 변하는 절벽의 표정을 감상할 수 있는 점이 묘미다. 차로 접근할 수 없다.

- 북서부에 21km 정도 이어진 해안선, 바다와 하늘에서만 접근할 수 있다.

차로 접근할 수 없다. 헬리콥터로 하늘에서 감상하거나 카약이나 크루즈를 추천한다.

TIME 약 1시간

추천 투어

헬리콥터 투어 디럭스

나 팔리 코스트를 비롯해서 카우아이의 절경을 하늘에서 감상할 수 있다. 인기가 많은 투어라서 서둘러 예약하자.

스플래시 오브 카우아이
- 4489 Papalina Rd. ☎ 808-332-7020(예약 접수)
- 1인 199달러부터
- www.splashofkauai.com

KAUAI BEST 2

한적한 하날레이 타운을 구경하다

쇼핑센터가 두 개 있으며, 기념품 상점과 음식점도 늘어서 있다. 산책 후에는 하날레이 베이까지 일몰을 보러 가는 것을 추천한다.

스테인드글라스가 아름다운 와이올리 후이이아 교회

개성만점 상점이 늘어서 있는

하날레이 Hanalei

유적과 아트 갤러리가 있는 시골 마을. 교외에는 녹음이 우거진 산기슭에 타로 밭이 펼쳐져 있다.

KAUAI BEST 3

와이메아 캐니언에서 절경과 만나다

와이메아 캐니언에는 전망대가 모두 5개 있다. 운이 좋으면 협곡에 무지개가 뜬 모습을 감상할 수 있다.

와이메아 기슭에는 푸른 초원이 있어서 여유롭게 쉴 수 있다.

거친 바위산이 선사하는 절경

와이메아 캐니언 Waimea Canyon

태평양의 그랜드 캐니언이라는 별명이 있다. 길이 22km, 폭 2km로 가장 깊은 곳은 1,000m 이상도 된다.

헤매지 않고 출·입국하기

출국과 입국 절차를 알아두자! 만약의 상황에 대비해서
출발 약 2시간 전까지는 공항에 도착하도록 계획을 세우자.

한국 ⇒ 하와이

STEP1

기내

볼펜을 준비해 두자.

승무원이 여행자 세관신고서를 나눠준다. 기내에서 미리 작성해 두도록 한다. 미국 입국 경험이 있거나 ESTA로 재입국 하는 사람은 기입할 필요가 없다.

STEP2

도착

직원의 지시에 따라 연결 통로를 지나 입국심사대로 향한다. 입국심사는 혼잡하기 때문에 서두르도록 하자.

STEP3

입국심사

관광 목적은 "Sightseeing"이라고 말한다.

2015년 6월부터 키오스크 자동입국심사대에 여권 정보를 스캔하면 입국할 수 있게 되었다. 기계에서 한국어를 선택할 수 있다.

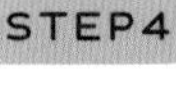

STEP4

수하물 찾기

다른 사람의 짐과 바뀌지 않도록 금방 알아볼 수 있는 표시를 해두자.

탑승편명이 표시된 컨베이어 벨트로 가서 자신의 짐을 찾는다. 수하물 분실 등 문제가 발생했을 때는 담당 직원에게 문의한다.

STEP5

세관검사

신고서 제출하기!

세관신고서와 여권을 제시한다. 세관에 신고할 것이 있다면 적색 램프가 켜진 카운터에서 수하물 검사를 하고, 없다면 녹색 램프로 간다.

하와이 입국 필수 체크 POINT

여권 : 3개월

체재일수 + 90일 이상

비자 : 불필요

ESTA 발급 출력물을 수하물에 넣어 두자.

수하물 제한

기내에는 기내용 캐리어 1개 + 간단한 짐가방을 들고 탈 수 있다. ※ 일부 항공사는 규정에 따라 다를 수 있음

하와이 입국 면세 한도

술과 담배 반입은 21세부터. 식품도 반입 불가인 품목이 있으므로 주의하자.

술	약 1L 까지
향수	2온스(약 25mL)
담배	종이담배 200개비(1카톤), 연초 50개비까지
통화	1만 달러 이상은 신고 필수

하와이 ⇒ 한국

STEP1

체크인

탑승할 항공사 카운터에서 여권과 항공권 e-티켓을 제시한다. 위탁수하물도 체크한다.

STEP2

수하물 검사

기내 반입 수하물은 모두 X선 보안 검색대를 통과시킨다. 기내용 캐리어 1개와 간단한 짐 가방까지 들고 탈 수 있다.

STEP3

보안검색대 통과

신발을 벗고 수하물 검색과 몸수색을 받는다. 금속제 액세서리나 벨트도 잊지 말고 벗어놓는다.

STEP4

면세품 인도

T 갤러리아 3층에서 구입한 상품은 국제선 탑승 게이트에서 받을 수 있다. 인도에 필요한 영수증을 준비한다.

STEP5

탑승

탑승권에 적힌 게이트에 탑승 30분전까지 도착한다. 게이트를 지날 때 다시 한 번 여권을 확인한다.

한국 입국 필수 체크 POINT

한국 통화로 재환전

공항 내 환전소를 이용할 수 있다. 달러 환전은 계획적으로 하자.

기념품 반입

육류와 식물 등 반입이 금지된 품목이 있다. 사전에 확인한다.

귀국 면세 한도

면세범위를 초과하면 귀국할 때 세관에 신고해야 한다.

면세한도	600달러
술	1병(1L이내, 400달러 이하)
향수	60mL 이하
담배	종이담배 한 보루(200개비 이하)

- ✖ 무게 10kg 이상 수하물 (크기는 항공사마다 다름)
- ✖ 화장품 등 액체류(젤, 에어졸 포함)
- ✖ 칼이나 뾰족한 물건
- ✖ 골프클럽, 서핑 보드등 긴 물건
- ✖ 스포츠용 스프레이

여권만 가지고는 입국할 수 없다!?
[입국에 필요한 절차와 서류]

ESTA

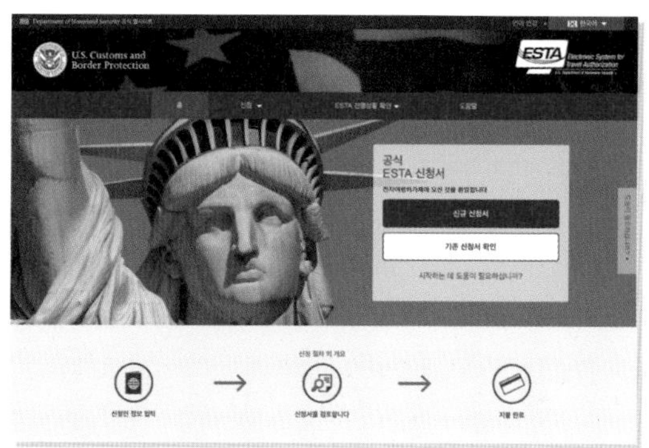

홈페이지 https://esta.cbp.dhs.gov/esta/
요금 14달러(신용카드 결제만 가능)

하와이(미국)는 90일 이내 체류 시 왕복 항공권이 있으면 비자 면제다. 단 비자가 없는 사람은 ESTA(이스타·전자여행허가제) 인증이 필요하다. 온라인 홈페이지에서 신청할 수 있으며 반드시 출발 72시간 전까지 신청하도록 한다.

STEP1 전용 홈페이지에 접속해서 언어를 한국어로 선택한다. 그리고 신청을 클릭한다.

STEP2 면책 사항을 확인하고 이름, 생년월일, 여권번호 등을 입력한다. 정보 입력은 반드시 영어로 한다.

STEP3 입력을 마치면 제출을 클릭한다. 등록 완료 화면을 출력해 두면 안심할 수 있다.

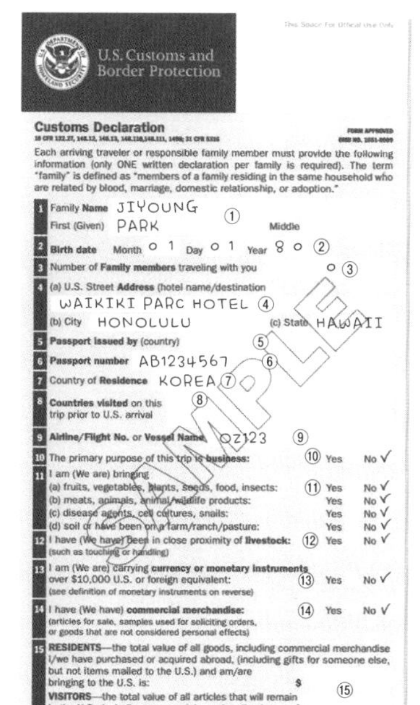

U.S. Customs and Border Protection

Customs Declaration

Each arriving traveler or responsible family member must provide the following information (only ONE written declaration per family is required). The term "family" is defined as "members of a family residing in the same household who are related by blood, marriage, domestic relationship, or adoption."

1 Family Name JIYOUNG ①
First (Given) PARK Middle
2 Birth date Month 0 1 Day 0 1 Year 8 0 ②
3 Number of Family members traveling with you 0 ③
4 (a) U.S. Street Address (hotel name/destination) WAIKIKI PARC HOTEL ④
(b) City HONOLULU (c) State HAWAII
5 Passport issued by (country) ⑤
6 Passport number AB1234567 ⑥
7 Country of Residence KOREA ⑦
8 Countries visited on this trip prior to U.S. arrival ⑧
9 Airline/Flight No. or Vessel Name OZ123 ⑨
10 The primary purpose of this trip is business: ⑩ Yes No ✓
11 I am (We are) bringing ⑪
(a) fruits, vegetables, plants, seeds, food, insects: Yes No ✓
(b) meats, animals, animal/wildlife products: Yes No ✓
(c) disease agents, cell cultures, snails: Yes No ✓
(d) soil or have been on a farm/ranch/pasture: Yes No ✓
12 I have (We have) been in close proximity of livestock: ⑫ Yes No ✓
(such as touching or handling)
13 I am (We are) carrying currency or monetary instruments over $10,000 U.S. or foreign equivalent: ⑬ Yes No ✓
(see definition of monetary instruments on reverse)
14 I have (We have) commercial merchandise: ⑭ Yes No ✓
(articles for sale, samples used for soliciting orders, or goods that are not considered personal effects)
15 RESIDENTS—the total value of all goods, including commercial merchandise I/we have purchased or acquired abroad, (including gifts for someone else, but not items mailed to the U.S.) and am/are bringing to the U.S. is: $ ⑮
VISITORS—the total value of all articles that will remain in the U.S., including commercial merchandise is: $

Read the instructions on the back of this form. Space is provided to list all the items you must declare.

I HAVE READ THE IMPORTANT INFORMATION ON THE REVERSE SIDE OF THIS FORM AND HAVE MADE A TRUTHFUL DECLARATION.

X 박지영 ⑯ 09/04/2018 ⑰
Signature Date (month/day/year) CBP Form 6059B (04/14)

SAMPLE

여행자 세관신고서

탑승 직후나 도착 직전에 승무원이 나누어준다. 전부 알파벳 대문자로 기입한다. 입국 시 세관 수속 때 제출해야 하므로 기내에서 모두 작성해 두자. 호텔명 등을 기입하는 란이 있기 때문에 여행 관련 서류를 챙겨두면 편리하다.

① 위 = 성, 아래 = 이름
② 생년월일(월, 일, 년도 두 자리 순)
③ 동행하는 가족 수
④ (a) 체류지 주소 (b) 체류지 시(市) (c) 체류지 주(州)
⑤ 여권 발행국
⑥ 여권 번호
⑦ 거주 국가
⑧ 경유 국가명(없으면 공란)
⑨ 이용 항공 편명
⑩ 여행 목적(관광은 No를 선택)
⑪ (a)~(d) 물품의 소지 여부
⑫ 가축 근처에 있었는지 여부
⑬ 10,000달러 이상, 또는 그와 동등한 외화의 소지 여부
⑭ 시판용 상품(샘플) 반입 여부
⑮ 위 = 미국 거주자용 질문 / 아래 = 방문자용 질문(공란 가능)
⑯ 서명(여권과 동일한 사인)
⑰ 작성일(월, 일, 년 순)

테러 방지를 위해 위탁 수하물에 자물쇠나 비밀번호를 걸지 않도록 한다.
단 TSA 공인 자물쇠는 사용해도 된다.

하와이의 관문, 대니얼 K 이노우에 국제공항 완벽 마스터

오아후를 포함해서 하와이의 여러 섬으로 가는 항공편이 출도착하는 대니얼 K 이노우에 국제공항. 공항 안에서 헤매지 않도록 공항 지도를 확인하자.

대니얼 K 이노우에 국제공항

와이키키에서 약 12km 떨어져 있는 하와이 주 최대 국제공항. 미국과 아시아를 연결하는 태평양 지역의 허브(거점)공항의 역할을 한다. 이웃 섬으로 가는 항공편도 이용할 수 있다.

☎ 808-836-6413
●hawaii.gov/hnl
마마라 >>> MAP P.3 D-3

공항 내 서비스 목록

인포메이션
●개인 여행자용 출구 근처
☎ 808-836-6413
●4:30~ 23:45

환전소
●국제선 로비, 단체여행자 출구 근처 등 공항 내 10군데 있음

의료시설
●수하물 수취대 근처
☎ 808- 836-6643
●24시간

비즈니스 센터
●메인 터미널
☎ 808-834-0058
●7:30~ 19:30

공항 한눈에 보기

규모는 크지 않지만 이용하는 게이트 위치 등은 미리 파악해 두자.

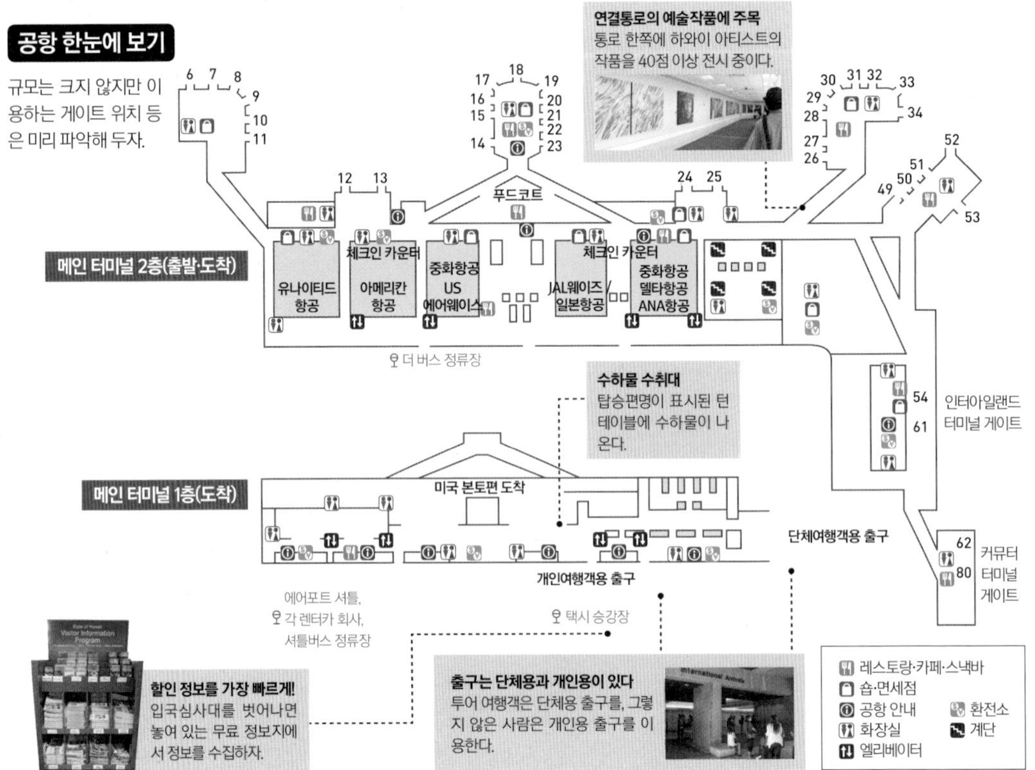

대니얼 K 이노우에 국제공항 가는 법

한국과 하와이 간 직항을 운항하는 항공사는 대한항공, 아시아나항공, 진에어, 하와이안항공 등 4개사다. 대부분의 직항편은 기본적으로 밤에 출발해서, 아침에 도착한다.

한국에서 출발

기본적으로 가는 편보다 오는 편의 비행시간이 더 길다. 아래 표는 인천공항에서 출발하는 것을 기준으로 하였다.

항공사	가는 편	오는 편	운항일
대한항공	직항, 8시간 30분 소요	직항, 10시간 10분 소요	주 7회
아시아나항공	직항, 9시간 10분 소요	직항, 10시간 소요	수요일 없음
진에어	직항, 9시간 5분 소요	직항, 10시간 소요	주 7회
하와이안항공	직항, 9시간 10분 소요	직항, 10시간 10분 소요	주 5회
델타항공	직항, 8시간 30분 소요	직항, 10시간 25분 소요	-

하와이 여행을 위한 알뜰 TIP

가격적인 면에서 하와이안항공이 직항임에도 불구하고 '착한 가격'으로 뜰 때가 많다. 진에어의 경우 유효기간이 비교적 짧은 '땡처리 티켓'이 많이 나온다. 하와이 공항은 호놀룰루 외에도 리후에, 몰로카이, 카팔루아, 카훌루이, 라나이시티, 코나, 힐로 등에 자리하고 있다.
굳이 경유할 이유가 없다면 직항편을 이용하는 것이 시간적인 면이나, 가격적인 면에서 유리하다. 할인율이 많은 땡처리 티켓의 경우 직항편이 경유하는 것보다 훨씬 저렴하게 나오는 경우가 수시로 발생한다. 하지만 유효기간을 잘 살펴보면 대부분 일주일 내외로 써야 하는 티켓들이 많아서 유의한다.

【공항에서 시내 들어가기】

공항에서 와이키키로 들어가는 주요 방법은 아래와 같다. 예산, 일정, 도착 시간, 짐 등 여러 상황을 고려해서 선택하자.

저렴한 교통수단

더 버스

와이키키까지 2.5달러. 단 캐리어 등 큰 짐은 들고 탈 수 없다. >>> P.208

소요시간이 짧은 교통수단

택시

도착 로비에서 밖으로 나오면 'TAXI' 표시가 보인다. 택시 요금의 약 15%를 팁으로 지불한다.
>>> P.211

렌터카 여행자

렌터카

공항 렌터카 카운터에서 절차를 밟는다. 출국 전 미리 예약해 놓는다.
>>> P.210

호텔로 바로 가는 교통수단

에어포트 셔틀

사전에 예약하지 않아도 이용할 수 있다. 직원에게 호텔명을 말하고 짐을 맡긴 뒤 승차한다. 와이키키의 주요 호텔에 정차한다. 짐은 1인당 2개까지 무료.

☎ 808-342-3708 ● 7:00~20:00(하와이 시간)
● www.speedishuttle.com/kr

시간&운임 비교표

교통수단	시간	요금
더 버스	약 50분	2.5달러
택시	약 20~30분	40달러 + 팁
렌터카	약 20~30분	회사마다 다름
어포트 셔틀	약 40분	14.55달러 + 팁

보안검색대를 통과하면 바로 음식점과 매장이 있다. 귀국할 때 비행기 탑승 전까지 이곳에서 시간을 보내자.

버스, 트롤리, 자동차를 자유자재로 오아후 교통 가이드

철도가 없는 오아후. 섬 내를 이동하는 교통수단은 시내의 주요 장소 사이를 운행하는 와이키키 트롤리나 유일한 대중교통수단인 더 버스, 그 외에는 렌터카나 택시 등이 있다.

사면이 뚫려 있는 트롤리 버스. 호놀룰루 시내 주요 관광지를 두루 들리기 때문에 여행자들에게 매우 편리한 수단이다. 운행 노선은 모두 5개다. 차체에 걸린 깃발로 노선을 구분할 수 있다.

이용 방법과 순서

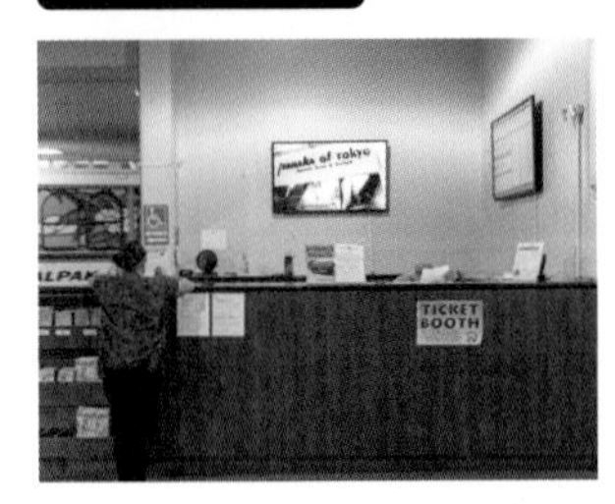

① 티켓 구입

T 갤러리아의 티켓 창구 외 웹사이트에서도 구입할 수 있다. 홈페이지에서 사전에 구입하면 할인받을 수 있다!

▼

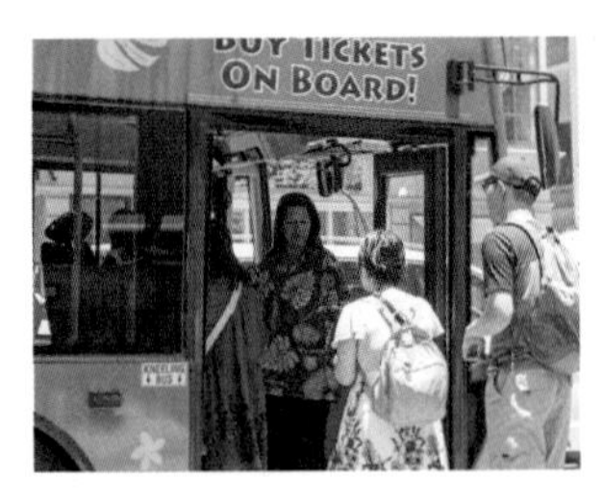

② 승차 시 티켓 제시

티켓을 기사에게 보여준다. 핑크라인에 탑승할 때는 선불로 현금을 지불해야하며, 돈은 운전석 옆에 있는 요금통에 넣는다.

▼

③ 목적지에서 하차

목적지 근처 정류장에서 하차한다. 핑크라인 외에는 무제한 탑승 티켓이므로 도중에 하차해도 된다.

와이키키 트롤리 노선도는 부록 P.24 참고

티켓 요금

※ 2세 이하 어린이는 무료, 시니어 요금은 62세 이상

유효기간	라인	성인	어린이
1회	핑크라인	2달러	2달러
1일	라인 5개	45달러	45달러
	핑크라인 + 라인 1개	25달러	25달러
4일	라인 5개	65달러	65달러
7일	라인 5개	70달러	70달러

이곳에서 구입!

T 갤러리아 하와이 by DFS
와이키키 트롤리 커스터머 서비스

● 8:00~21:00(일요일 20:00까지)
☎ 808-926-7604 ● waikikitrolley.com

알아두면 편리한 정보!

JCB 카드를 제시하면 무료

승차할 때 JCB 카드를 보여주면 핑크라인을 무료로 탑승할 수 있다. 기간은 2019년 3월 31일까지다. 그 외 상점 등에서 사용할 수 있는 쿠폰도 있으므로 확인하자.

무료 지도 꼭 챙기기

T 갤러리아나 로열 하와이안 센터의 티켓 판매처에서 구할 수 있다. 모든 노선이 총망라된 노선도와 유용한 정보가 가득하다.

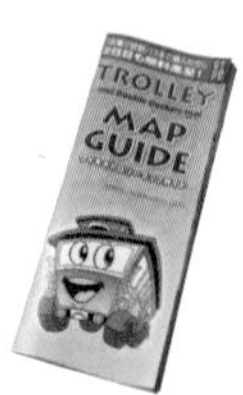

아웃렛에도 갈 수 있다!

주요 호텔부터 와이켈레 프리미엄 아웃렛까지 직통 트롤리를 매일 1회 왕복 운행한다. 요금은 왕복 29달러며 전석 예약제다.

목적별로 활용하는 5개 노선

코스별 노선

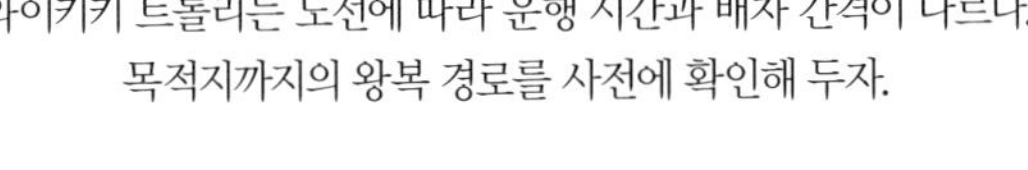

와이키키 트롤리는 노선에 따라 운행 시간과 배차 간격이 다르다.
목적지까지의 왕복 경로를 사전에 확인해 두자.

와이키키·알라모아나 쇼핑 코스

PINK LINE
핑크라인

와이키키와 알라모아나 센터를 연결하는 노선. 도중에 기타 쇼핑몰을 경유하므로 쇼핑을 위한 최적의 노선이다. 단 교통 체증이 자주 발생하는 구간이기 때문에 시간에 맞춰 운행하지 못하는 경우도 있으므로 주의하자. 와이키키 주요 호텔에도 정차한다.

배차 간격: 약 10분
운행 시간: 한 바퀴 주행 약 60분

눈여겨 볼 곳
로열 하와이안 센터, 푸알레이라니 아트리움 숍, 알라모아나 센터

다운타운·호놀룰루 관광 코스

RED LINE
레드라인

호놀룰루의 역사적 명소와 다운타운을 순환하는 역사관광 코스. 이올라니 궁전과 킹 카메하메하 동상 등을 경유한다. 보통 트롤리와 2층 버스를 번갈아 운행한다.

배차 간격: 약 50분
운행 시간: 한 바퀴 주행 약 100분

눈여겨 볼 곳
호놀룰루 미술관, 이올라니 궁전, 킹 카메하메하 동상, 차이나타운 워드 빌리지

다이아몬드 헤드 관광 코스

GREEN LINE
그린라인

풍부한 자연을 품은 다이아몬드 헤드 주변의 관광지를 순환한다. 호놀룰루 동물원과 와이키키 수족관 등으로 가기 편리하다. 토요일에는 현지인들에게 인기가 많은 KCC 파머스 마켓에도 정차한다. 토요일 아침에는 붐비기 때문에 서둘러서 출발하자.

배차 간격: 약 35분
운행 시간: 한 바퀴 주행 약 70분

눈여겨 볼 곳
호놀룰루 동물원, 카피올라니 공원, 와이키키 수족관, 카할라몰, 다이아몬드 헤드

파노라마 코스트 라인 투어

BLUE LINE
블루라인

와이키키를 벗어나 오아후 동쪽 해안선을 따라 달리는 투어 코스. 2층 버스로 운행하며 높은 곳에서 파노라마 뷰를 즐길 수 있다. 하나우마 베이, 할로나 블로우 홀, 하와이 카이 룩 아웃에서는 5분 동안 사진촬영 할 수 있는 시간을 준다.

배차 간격: 하루 4편
운행 시간: 한 바퀴 주행 약 150분

눈여겨 볼 곳
하나우마 베이, 할로나 블로우 홀, 샌디 비치, 시 라이프 파크, 하와이 카이 룩 아웃

진주만 관광 코스

PURPLE LINE
퍼플라인

하와이 역사와 만날 수 있다. 알로하 타워 외에 진주만 애리조나 기념관, 전함 미주리호 등을 볼 수 있는 진주만을 순환한다. 배차 간격이 길기 때문에 주의할 것. 정류장은 장소에 따라 간판이 없는 경우도 있으니 주의한다.

배차 간격: 약 80분
운행 시간: 한 바퀴 주행 약 130분

눈여겨 볼 곳
알로하 스타디움, 워드 센터, 알로하 타워, 진주만

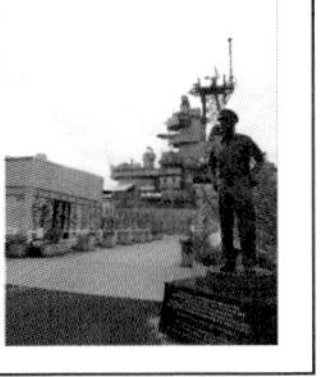

와이키키 트롤리를 탈 때 유모차는 접어서 들고 탈 수 있다.

더 버스 THE BUS

더 버스는 오아후 섬 내를 거의 총망라하는 대중교통수단이다. 전부 80개의 노선과 4,000개가 넘는 버스정류장이 있다. 요금은 2.5달러로 2시간 이내는 2회까지 환승할 수 있다. 거리에 따라 붙는 추가 요금이 없기 때문에 현명하게 활용하면 교통비를 상당히 절약할 수 있다.

더 버스 노선도는 부록 P.23을 참고

이용 방법과 순서

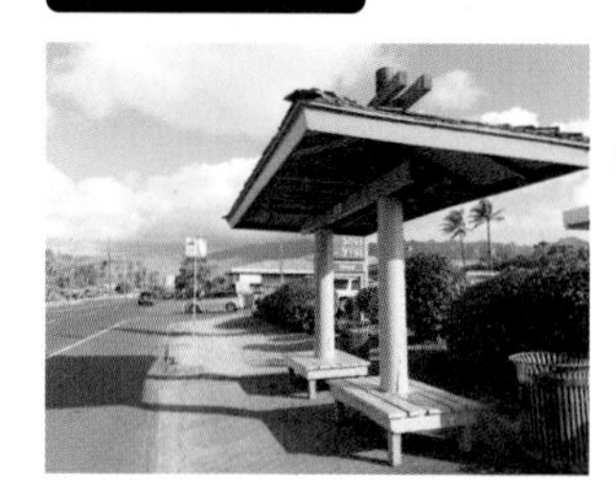

① 버스정류장을 찾는다

와이키키에서는 쿠히오 애비뉴가 버스 노선화 되어 있다. 노란색 'The Bus' 간판이 있으면 그곳이 정류장이다.

▼

② 승차 시 운임 지불

차량 앞문으로 탑승하며, 탑승할 때 운임을 지불한다. 환승을 할 예정이라면 환승권(트랜스퍼 티켓)을 받아두자.

▼

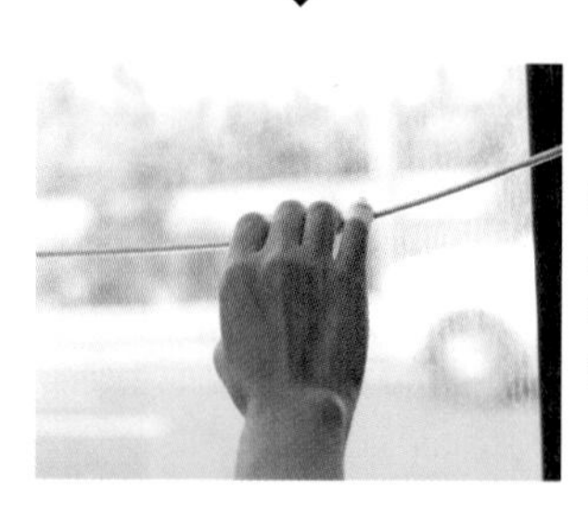

③ 하차 시 줄 잡아당기기

하차 버튼을 누르거나 줄을 잡아당긴다. 하차는 앞문과 뒷문 어느 쪽이든 상관없다.

- 잔돈은 거슬러주지 않는다. 동전을 준비한다.
- 차량 앞쪽에 마련된 'Courtesy Seating'은 노약자 우선석이다.
- 차내 방송이 없으므로 정류장을 지나치지 않도록 주의한다.
- 차내에서 음식을 먹거나 담배를 피우는 행위는 엄격하게 금지하고 있다.
- 치안이 좋지 않은 구역도 운행하므로 야간 이용은 피한다.

요금

이용 기간	성인
1회	2.5달러

지폐와 동전 모두 지불할 수 있다. 거스름돈은 받을 수 없으니 유의한다.

환승 티켓

환승하고 싶을 때는 기사에게 말한 뒤 환승권(트랜스퍼 티켓)을 받는다. 2시간 동안 유효하며, 시간은 티켓에 적혀 있으니 확인하자.

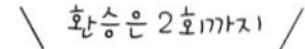

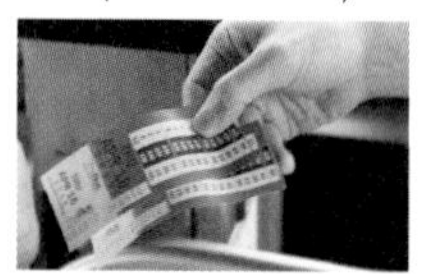

알아두면 편리한 정보!

노선도 반드시 챙기기

더 버스는 노선과 정류장이 많아서 조금 복잡하다. 목적지까지 루트나 운행 시간을 사전에 확실히 알아두자. 이를 위해 버스 노선도는 반드시 챙겨야 한다.

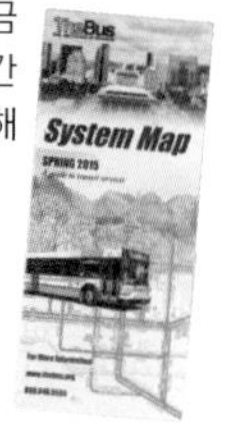

무료 지도

알라모아나 센터 1층 등에서 받거나 더 버스 웹사이트에서 다운로드 받을 수 있다.(영어 지도만 있음)

추천 홈페이지&앱

더 버스는 저렴하고 편리한 반면 종종 늦거나 시간대로 운행되지 않는 경우가 있다. 시간을 효과적으로 사용할 수 있도록 편리한 기능을 적극 활용하자.

【 더 버스 무료 앱 】

DaBus
현재 자신의 위치 근처에 있는 버스정류장을 검색할 수 있으며, 버스 도착 시간을 보기 쉽게 표시해준다. 버스 노선도 검색할 수 있다.

【 버스 현재 위치를 바로 알 수 있다 】

Real-Time Bus Arrival
버스가 정류장에 도착하는 시간을 실시간으로 확인할 수 있다. 더 버스 공식 홈페이지에서 접속한다. hea.thebus.org

조금 더 쉬운 대중 교통 활용을 위해

트롤리&더 버스 활용표

특정 장소에 갈 때 트롤리와 더 버스 중 어느 쪽이 편리할까?
어떤 노선을 이용해야 좋을지 아래 표에 일목요연하게 정리했다.

행선지	트롤리	더 버스		택시 소요시간
알라모아나 센터 >>> P.80	퍼플 핑크 레드	와이키키에서	8, 23, E 익스프레스	약 10분
워드 센터 >>> P.175	퍼플 레드	와이키키에서	19, 20, 42	약 15분
		알라모아나에서	6, 19, 20, 40, 42, 55, 56, 57	
카이무키 >>> P.178		알라모아나에서	13 ※ 카이무키 애비뉴까지 14 ※ Waikiki / CambellAve	약 10~20분
하와이대학교 >>> P.183		와이키키에서	13	약 20~30분
		알라모아나에서	6, 18	
다이아몬드 헤드 크레이터 >>> P.182	그린	와이키키에서	23	약 20~30분
		알라모아나에서	23	
카할라몰 >>> P.182	그린 블루	와이키키에서	22, 23	약 20~30분
		알라모아나에서	23	
하나우마 베이 >>> P.33	블루	와이키키에서	22 ※ 화요일 휴무	약 40분
시 라이프 파크 하와이 >>> P.44	블루	와이키키에서	22, 23	약 40분
		알라모아나에서	23	
다운타운·차이나타운 >>> P.170	퍼플 레드	와이키키에서	2, 2L, 13, 19, 20, 42, E	약 20분
		알라모아나에서	A, 3, 13 외	
비숍 박물관 >>> P.48		와이키키에서	2	약 30분
알로하 스타디움 >>> P.102	퍼플	와이키키에서	20, 42, A	약 30~40분
		알라모아나에서	20, 40, 42, A(이른 아침, 심야)	
대니얼 K 이노우에 국제공항 >>> P.204		와이키키에서	19, 20	약 30~40분
		알라모아나에서	19, 20	
할레이바 >>> P.166		알라모아나에서	52	약 60분
카일루아 >>> P.162		알라모아나에서	56(카일루아 S.C까지), 57	약 35분
와이켈레 프리미엄 아웃렛 >>> P.102	와이켈레(예약 필요)	와이키키에서	E 익스프레스	약 40~60분
		알라모아나에서	62 → 와이파후 T.C에서 433	

더 버스는 냉방이 강한 경우도 있다. 장시간 탑승할 때는 뒷좌석이 추위를 피하기 좋다.

자유롭게 여행을 즐기고 싶다면 렌터카가 제일이다! 더 버스나 트롤리로는 가기 어려운 곳까지 갈 수 있으며 그룹이라면 여행비도 절약된다. 풍경이 아름다운 해안도로를 달리며 상쾌한 기분을 맛볼 수 있는 점도 렌터카만의 장점이다.

요금표

차종	정원	1일	5일
이코노미 (2도어, 4도어)	4인	약 55달러부터	약 220달러부터
미니밴	7인	약 98달러부터	약 380달러

추천 렌터카 회사!

달러 렌터카
하와이뿐만 아니라 미국 본토와 괌까지 뻗어나가 있는 렌터카 회사

☎ 0120-117-801(예약 접수)
● www.dollar.com

이용 방법과 순서

① 예약하기

현지에서도 예약할 수 있지만 출발 전에 미리 예약하는 편이 좋다. 저렴한 상품을 찾을 수 있다. 입금 후에 발행되는 예약확인서 등을 잊지 말고 챙기자.

▼

② 셔틀 버스 타기

우선 전용 셔틀 버스 탑승장으로 간다. 공항 로비에서 렌터카 회사 영업소까지 셔틀 버스를 운행한다.

▼

③ 카운터에서 수속하기

사전에 한국에서 예약했다면 원활하게 계약할 수 있다. 보험과 옵션 등을 확인할 것.

예약 시 확인할 것들

한국과 교통법규가 다른 하와이. 보험에 가입해 두고, 차를 운전할 때 주의하자. 만에 하나 발생할 수 있는 상황에 대비해 렌터카를 이용할 때의 기본 사항도 사전에 확실하게 들어둘 것.

국제운전면허증은?
운전면허증이 있다면 외국에서도 운전을 할 수 있다. 하와이에서는 한국 면허증을 소지하면 국제면허증은 필요 없지만, 만약의 상황에 대비해 국제면허증을 갖고 있다면 안심할 수 있다.

보험 가입
계약하는 시점에 대인, 대물 보험에 자동으로 가입하게 된다. 그러나 보상 내용이 충분하지 않기 때문에 임의보험에도 가입하자.

8세 미만은 베이비시트
8세 미만 어린이는 베이비시트 착용이 의무화 되어 있다. 필요하다면 예약할 때 함께 신청해 두자.

25세 미만은 추가 요금 부과
하와이에서는 21세 이상부터 차를 운전할 수 있지만, 25세 미만 운전자에게는 추가 요금이 발생하므로 기억해 두자.

반납하기

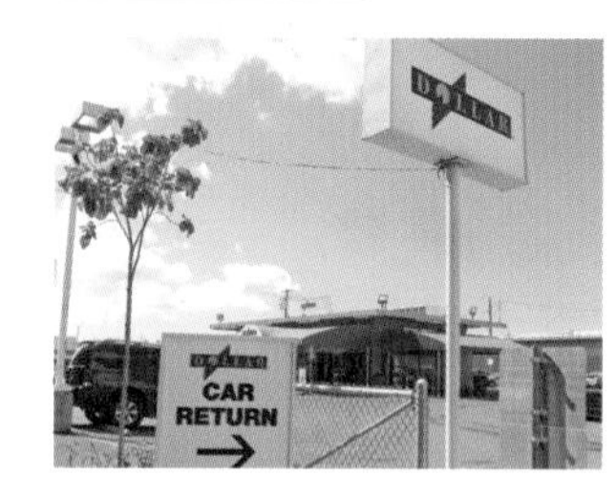

① 주차장에 주차하기

영업소까지 운전해서 차를 반납한다. 기름은 가득 채워서 반납하는 방법과 반납할 때 정산하는 방법이 있다.

▼

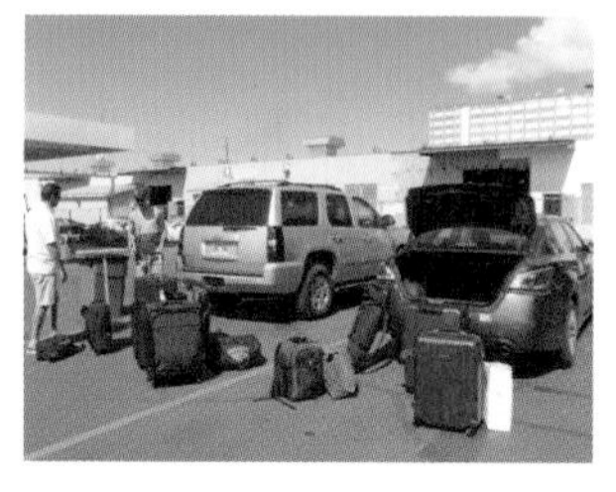

② 짐을 밖으로 빼기

잃어버린 물건이 없도록 확인하고 점검을 받는다. 열쇠를 반납한 뒤 마지막으로 명세서를 받으면 반납 완료.

※ 사진은 모두 달러 렌터카

택시
TAXI

더 버스와 트롤리로 갈 수 없는 곳이나 야간에 이동할 때 편리한 교통수단. 다소 비싸기는 하지만 목적지까지 확실하게 데려다 주기 때문에 안심할 수 있다. 택시를 이용하려면 호텔 프런트에 부탁하거나 택시 승강장의 전용전화기를 사용한다.

타는 방법

자동문이 아니기 때문에 타고 내릴 때 스스로 문을 열면 된다. 운전사에게 반드시 요금의 약 15%를 팁으로 건네자.

요금

기본거리 3.50달러
1/8마일(약 200m)마다 45센트

요금은 회사마다 다소 차이가 있다.

리무진도 추천!

호화로운 리무진도 인원수가 많은 경우 비교적 저렴해진다. 보통 2시간에 250달러정도다.

사쿠라 리무진
☎ 808-927-5955 • www.sakura-limo.com

조금 업그레이드해서

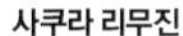

안전하고 즐거운 운전을 위한

하와이 드라이브 가이드

안전한 드라이브를 즐기기 위해서 평소보다 더 신중하게 운전하자.

RULE

주의해야만 하는 법규

한국과는 다른 점이 많은 하와이의 교통 법규. 위험한 상황이 발생하지 않도록 유의한다.

❶ 빨간불은 우회전 가능
빨간 신호에서도 우회전할 수 있지만 'NO TURN ON RED' 표식이 있는 곳에서는 금지다.

❷ 일시정지
신호가 없는 교차로에서 'STOP' 표식 아래 '4WAY' 간판이 있다면 가장 먼저 정지한 차에게 우선권이 있다.

❸ 스쿨버스 추월 불가
빨간색 정지 사인이 있는 버스를 추월하는 행위는 금지다. 중앙분리대가 없는 도로에서는 맞은편에서 오던 차도 정지해야 한다.

❹ 히치하이킹은 법규 위반
히치하이킹에 응했다가 강도를 만난 사례도 있다. 히치하이커도 차에 태워준 사람도 벌금 대상이다.

❺ 속도표시는 '마일'
한국에서는 익숙하지 않은 마일로 표기되어 있다. 자동차 계기판이 50을 가리킨다면 시속 약 80km 속도다.

PARKING

주차

하와이의 주차 위반 단속은 상당히 엄격하다. 잠깐 주차하더라도 반드시 주차장을 찾도록 하자.

코인 주차
주차 시간만큼 동전을 넣는다. 5센트, 10센트, 25센트만 사용할 수 있다.

발레파킹
주차 대행 서비스. 리조트호텔 등에서 이용할 수 있다.

GAS STATION

급유 방법

주유소는 대부분 셀프 서비스다. 렌터카를 반납할 때 급유가 필요한 경우도 있으므로 확인해 둘 것.

1 급유 펌프 앞에 정차해 놓고 캐셔에게 선결제 한다.
2 'Unleaded(무연)' 주유기를 빼고 레버를 켠다.
3 수유기를 주유구에 꽂는다. 레버를 당겨 주입을 시작한다.
4 급유가 끝나면 주유량에 따라 다시 한 번 캐셔와 정산한다.

코인 세탁기나 코인 주차장 등에서 25센트 동전만 사용할 수 있는 곳도 있기 때문에 넉넉하게 준비해 두자.

하와이 화폐 예습하기

익숙하지 않은 달러, 신용 카드 사용 방법도 한국과는 조금 다른 하와이.
결제할 때 당황하지 않도록 하와이의 '화폐'를 공부해 두자.

RULE 1 환전은 이곳에서!

환전소마다 환율과 수수료에 차이가 있다. 하와이에 있는 4군데 환전소를 비교한다. 환전 후에는 반드시 그 자리에서 액수와 환전영수증을 비교해 보고 액수가 맞는지 확인한다.

공항 대니얼 K 이노우에 국제공항 안에 있지만 환율이 좋지 않다. 수수료도 비교적 비싼 편. 입국 후 시내에 들어갈 때까지 필요한 달러를 최소한만 환전하는 편이 좋다.

은행 환율은 적절하지만 영업시간에만 환전할 수 있어 불편하다. 또한 한번에 많이 환전할 때 여권을 요구하는 경우도 있다.

환전소 거리 곳곳에 있으며 환율과 수수료는 환전소마다 제각각이다. 은행보다 환율이 좋으며 수수료가 저렴한 곳도 있다. 밤늦게까지 영업하기 때문에 편리하다.

호텔 환율은 좋지 않지만 24시간 프런트에서 환전할 수 있기 때문에 급할 때 고마운 존재다. 환율과 수수료는 호텔마다 다르다.

RULE 2 하와이는 팁 필수!

우리에게 익숙하지 않는 팁 문화. 기본적으로 택시나 음식점은 15~20%가 적당하다. 발레파킹이나 객실 청소 등은 1달러 정도면 된다.

달러($)	15%	17%	20%
$10	$1.5	$1.7	$2
$20	$3	$3.4	$4
$30	$4.5	$5.1	$6
$40	$6	$6.8	$8
$50	$7.5	$8.5	$10
$60	$9	$10.2	$12
$70	$10.5	$11.9	$14
$80	$12	$13.6	$16
$90	$13.5	$15.3	$18
$100	$15	$17	$20
$200	$30	$34	$40

POINT

포장마차나 파머스 마켓에서도 카드 결제 가능

카드를 활발하게 사용하는 하와이에서는 작은 노점상에서도 카드를 사용할 수 있는 경우도 있다. 이용 가능한 상점에는 카드회사의 마크가 붙어있으므로 확인하자.

RULE 3 ATM 사용방법 확인

VISA 등 국제적인 대기업의 카드(신용카드, 직불카드)가 있으면 현지 ATM에서 달러를 인출할 수 있다. 사용방법은 한번 알아두면 간단하다. 단 PIN 암호가 필요하므로 모르는 경우에는 카드회사에 확인한다.

PIN 암호 입력
'PIN 암호'는 한국에서 카드를 결제할 때 입력하는 4자리 숫자와 같다.

'Withdrawal' 선택
희망 거래 내용의 항목에서 'Withdrawal(인출)'을 선택한다.

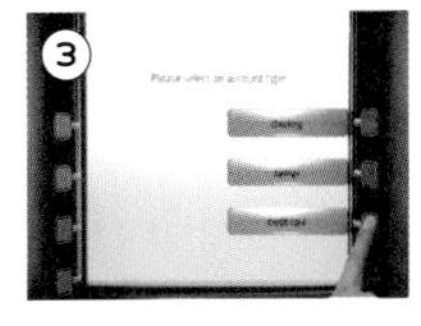

'Credit Card' 선택
카드 종류 항목에서 신용카드인 'Credit Card'를 선택한다. 직불카드는 'Saving'을 선택한다.

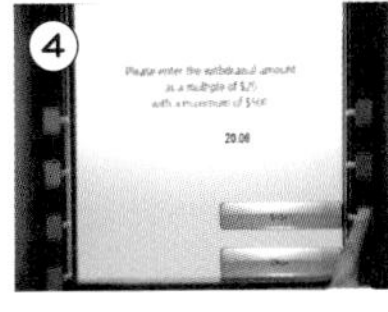

금액 입력
화면에서 희망 금액을 선택하거나 직접 금액을 입력한다. 그리고 현금을 인출한다.

협력: H.I.S. '레아레아 라운지'(로열 하와이안 센터 B관 3층)

● 해외 ATM 단어장

계좌	ACCOUNT	저금	SAVINGS
금액	AMOUNT	거래	TRANSACTION
정정	CLEAR	계좌이체	TRANSFER
지급	DISPENSE	인출	WITHDRAWAL

RULE 4 카드가 안전하고 편리하다

외국에서 다량의 현금을 가지고 돌아다니는 행동은 위험하다. 되도록 카드를 사용하도록 한다. 만에 하나 카드를 분실하거나 도난 또는 부정사용 당해도 카드를 발급받은 금융기관이 정한 조건에 해당되지 않으면 부정 이용 청구분에 대해 카드 명의자가 책임을 지지 않는다. 부정사용 의혹이 발생하면 서둘러 카드사에 연락하자.

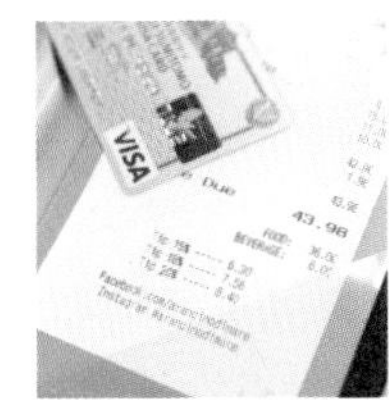

팁 결제나 더치페이도 가능!
영수증의 'Tip'이나 'Gratuity'란에 금액을 기입하면 팁도 함께 결제된다. "Split the bill please"라고 인원수만큼 카드를 건네면 부분 결제도 해준다.

RULE 5 달러는 모두 사용하자

원을 달러로 환전할 때와 마찬가지로 환전소에 가면 달러를 원으로 환전하는 것은 간단하다. 그러나 수수료를 지불해야 하므로 결과적으로는 손해다. 계획적으로 달러를 환전해서 알뜰하게 사용하는 편이 현명하다.

하와이 세금은 4.712%
쇼핑과 음식 등을 이용할 때 4.712%의 주(州)세가 붙는다. 또 호텔에 숙박할 때는 호텔세가 추가로 부과된다.

곤란한 당신을 위한 FAQ

전화를 걸 수 없는 상황에 처하거나 우편물을 보내야 할 때 등, 우리와는 다른 외국의 시스템에 불편하다고 느낄 때가 많다. 그러나 조금만 알아 두면 문제는 금세 해결된다. 여행자들이 궁금해 하는 것들을 Q&A 방식으로 정리했다.

○○하고 싶어

인터넷이나 전화 등 '통신 환경'과 관련된 질문과 물이나 화장실 등 하와이의 '생활환경'과 관련된 질문을 소개한다. 알아 두면 더욱 즐겁게 여행할 수 있는 정보가 한가득!

전화를 걸고 싶어!

국제전화와 시내전화 번호 확인하기!

하와이에서 국내로 전화를 걸 때 국제전화 식별 번호와 한국의 국가번호를 눌러야 한다. 하와이 내로 전화를 걸 때는 시내국번과 상대의 번호만 알면 OK.

☎ 하와이 → 한국

002 + 82 + 상대방 번호에서 가장 앞자리를 뺀 나머지 번호

(002: 통신사별 국제전화 번호 / 82: 한국 국가번호)

☎ 한국 → 하와이

통신사별 국제전화 번호 + 1 + 808 + 상대방 번호

(1: 미국 국가 번호 / 808: 하와이 지역번호)

☎ 하와이 → 하와이

하와이 지역번호 '808' 다음에 상대 번호를 누른다. 이웃 섬으로의 전화는 장거리 대상이며 '1'을 추가하여 '1-808'로 시작한다. 공중전화는 섬 안에서는 50센트에 무제한으로 이용할 수 있다.

애플리케이션을 이용하면 무료로 통화할 수 있다

휴대전화끼리 통화한다면 '스카이프'나 '라인' 등 무료 전화 애플리케이션을 이용하는 방법도 있다! 인터넷 접속이 될 때 우선적으로 활용하면 상당히 저렴하다.

인터넷에 접속하고 싶어!

사용 빈도에 따라 방법이 여러 가지

와이파이를 사용하려면 인터넷에 접속할 수 있는 구역을 찾아가거나 포켓 와이파이를 대여하는 방법 등이 있다. 사용 빈도에 맞춰 선택하자.

방법 1 거리 속 무료 와이파이

쇼핑센터나 카페 등은 무료 와이파이를 제공하는 곳도 있다. 해당 구역 내라면 무제한으로 이용할 수 있으므로 필요할 때 찾아가자.

무료 와이파이를 사용할 수 있는 주요 공공장소

T 갤러리아 하와이 by DFS, 알라모아나 센터, 로열 하와이안 센터, 스타벅스, 맥도날드, 애플 스토어 등

방법 2 호텔 무료 LAN

로비나 객실에서 사용할 수 있는 리조트호텔이 많다. 단 유료인 경우도 있으니 확인할 것.

방법 3 포켓 와이파이 대여

하루종일 인터넷을 사용하고 싶다면 포켓 와이파이를 빌리는 편이 좋다. 대여 요금은 하루 단위로 계산한다.

글로벌 와이파이

전 세계 200개 이상 국가와 지역에서 사용할 수 있는 포켓 와이파이 대여 서비스를 제공한다. 데이터는 정액제로 하와이는 하루에 약 1만 원 정도다.

우편물을 보내고 싶어!

우표 구입은 우체국이나 호텔 프런트에서

편지를 보내고 싶을 때 우표는 우체국이나 호텔 프런트에서 구입할 수 있다. 우체국을 방문하거나 거리에 설치된 파란 우체통에 우편물을 넣으면 된다. 한국에 배송되기까지는 일주일 정도 걸린다.

봉투 쓰는 방법

SOUTH KOREA와 AIR MAIL이라고 적으면 이후는 한국어로 기입해도 된다. 급할 때는 EMS를 이용하자.

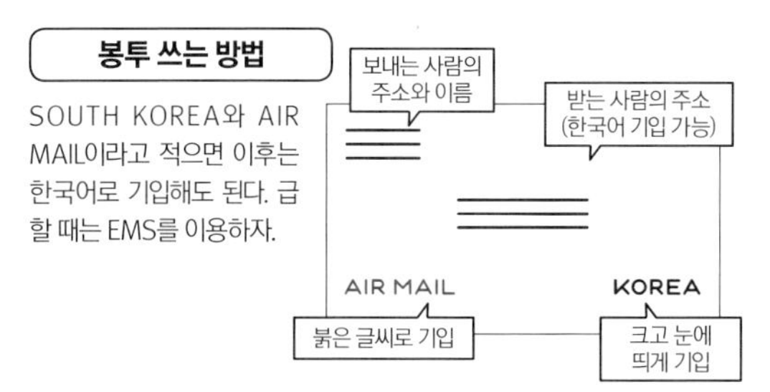

요금과 소요 일수

요금은 무게와 희망 발송일수에 따라 다르다. 단위가 온스(1oz = 28g)나 파운드(1lb = 454g)인 점이 한국과 다르다.

내용	무게	요금	소요 일수
정규 크기 엽서	–	$1.15	4~5일
정규 크기 편지	~28g	$1.15	4~7일
소포	~2kg	$31.95~	6~10일
EMS	~9kg	$79.95	3~5일

택배 보내기

와이키키 근교 호텔이라면 객실까지 방문해서 택배를 가져가는 경우가 많다. 또한 포장용 박스가 준비되어 있는 곳도 있다. 한국 도착까지 약 10일이 걸린다.

화장실에 가고 싶어!

교외로 나가면 화장실 이용이 불편한 곳도 있다

와이키키 주변은 상점이 많아서 공중화장실도 많다. 그러나 교외로 나가면 화장실이 상당히 적다. 음식점이나 주유소의 화장실을 이용하자.

물을 마시고 싶어!

수돗물을 마셔도 되지만 구입해서 마시는 편이 좋다

수돗물을 마셔도 괜찮지만, 신경 쓰인다면 시중에서 판매하는 물을 구입해서 마시자.

다양한 종류!

ABC 스토어 외에 슈퍼마켓이나 음식점에서 구입할 수 있는 미네랄워터. 외관도 사랑스럽고 종류도 다양하다.

한국에서 가져온 전자제품을 사용할 수 없어!

변압기를 준비하자

전압은 110~120V. 변압기를 준비하는 편이 좋다.

콘센트

콘센트는 구멍이 세 개 있는 A 타입.

한국 TV나 라디오를 이용하고 싶어!

호텔이나 렌터카에서 주파수 맞추기!

현지 미디어와 만나는 것도 여행의 묘미! 아래에 소개한 곳에서 한국 방송을 접할 수 있다. 호텔 TV나 렌터카의 라디오에서 활용하자.

추천 TV

KBFD TV(32&4)

미국 현지와 한국뉴스, 드라마 등을 방송한다.(KBS World, 아리랑TV, KLIFE, KTN 등 방영)

추천 라디오

KREA(AM1540KHz)

하와이 라디오 서울. 각종 교양, 음악, 오락 프로그램 등

RK(FM90.7Mhz)

라디오 코리아. 뉴스, ryddid, 오락, 스포츠중계, 시사대담 등

문제 상황 발생

여행에는 예상치 못한 상황이 발생하기도 한다. 물론 이런 일이 발생하지 않는 편이 좋지만 만약의 상황에 대비해서 대처법을 알아 두자.

부상을 당했다!

여행자보험에 가입했다면 즉시 보험회사에 연락한다

병원을 이용해야 하는 상황이라면 우선 가입한 보험회사에 연락한다. 지정 병원에서 진찰을 받은 후 필요한 서류를 반드시 챙기도록 한다.

방법 *보험에 가입한 경우

만약의 상황에 발생할 질병이나 부상에 대비해서 여행자보험에 가입하는 것을 추천한다. 보험회사에 따라 절차가 다르기 때문에 사전에 홈페이지나 안내서를 확인하자.

1. **보험회사에 연락하기** 가입한 보험회사에 연락한다. 그 후 보험회사에서 지정한 병원에서 진찰 예약을 받는다. 먼저 병원에 갔을 경우에도 보험회사에 서둘러 연락해 놓자.
2. **병원에서 치료받기** 병원 창구에 보험계약서를 제시하고 보험회사에 청구해달라고 의사를 전달한다. 보험회사에 제출할 서류에 필요한 사항을 기입해달라고 반드시 병원 측에 요청한다.
3. **결제하기** 진찰료 자체가 보험회사에 청구되기 때문에 결제할 필요가 없다. 병원에서 처방받은 약을 구입할 경우에는 자비로 부담한 뒤 수일 안에 보험회사에 청구한다.
4. **보험회사에 다시 연락하기** 영수증, 진찰서류 등 필요한 서류를 정리해서 보험회사에 제출한다. 서류를 제대로 갖추지 않으면 보험금을 받을 수 없을 수도 있기 때문에 주의하자.

보험 미가입자

보험에 가입하지 않은 사람은 병원에 직접 연락해서 동일하게 진찰받는다. 단 병원비는 모두 본인이 부담하게 된다.

여행자가 걸리기 쉬운 질병

한국인이 걸리기 쉬운 질병으로는 한국과의 온도차로 인한 열사병이나 탈수증, 과도한 에어컨 사용으로 인한 냉방병 등이 있다. 예방을 위해 수분을 충분하게 보충하고 방한 준비를 철저하게 하자.

하와이의 약국

약은 의사의 처방전이 없으면 구입할 수 없다. 그러나 거리에 있는 약국(Drug store)에서 해열제, 진정제, 진통제 등 처방전 없이 구입할 수 있는 일반의약품을 판매한다.

분실물 발생!

잃어버린 물건에 대한 적절한 연락처 정보

분실물은 내용에 따라 행동 요령이 다르지만, 원칙은 경찰서에 피해 신고를 한 뒤 '도난·분실증명서'를 발급받는다. 도난을 당했을 때도 동일하다.

여권

여권을 분실했다면 먼저 경찰관에게 여권을 분실했다는 일종의 확인서 '폴리스 리포트(Police Report)'를 받는다. 이 문서가 있어야 대한민국 영사관에서 임시 여권을 만들 수 있다. 영사관에서 여권을 재발급 받을 때 여권사진 1장과 수수료(1인당 20달러)를 챙겨간다.

만약의 상황에 대비

이름과 사진이 기재된 여권 사본을 준비해 두자. 여권용 사진 2장과 주민등록 등본을 한 통 준비해 주면 안심할 수 있다.

카드(신용카드, 직불카드)

카드사에 바로 연락해서 카드를 정지시킨다. 만약 부정이용 당해도 발행 금융기관이 정한 조건을 충족하지 않으면 부정이용에 대한 청구분은 카드 명의자가 부담하지 않아도 된다. 조건 등은 카드사에 문의하자.

만약의 상황에 대비

카드사의 연락처, 카드 번호와 유효기간 등을 적어 안전한 곳에 보관한다. 분실·도난에 대비해서 여러 카드를 각각 나눠서 서로 다른 곳에 소지하는 편이 좋다.

항공권

최근 항공사에서는 대부분 항공권이 아닌 e-티켓을 발급한다. 이 덕분에 만약 분실하더라도 항공사에 문의하지 않고 무료로 재발행 받을 수 있다.

현금·귀중품

경찰과 대한민국 총영사관에서 도난·분실증명서를 발급한다. 귀국한 뒤 보험회사에 보험을 청구한다. 단 현금은 바로 찾지 못하면 안타깝지만 포기하는 편이 현명하다.

만약의 상황에 대비

현금은 나눠서 각기 다른 곳에 소지한다.

도난을 당했다!

절차는 분실물이 발생했을 때와 같다

소매치기나 절도사건 등 경범죄가 많이 발생하는 하와이. 이런 상황에 닥치면 신속하게 대처하는 것은 물론 범죄의 대상이 되지 않도록 사전에 준비를 철저히 하도록 하자.

도난은 아니지만 거리의 이런 사람을 주의할 것!

- **어깨에 앵무새를 올려놓는 사람** 칼라카우아 애비뉴 쪽에서 출몰한다. 멋대로 어깨나 팔에 앵무새를 올려놓고 사진을 찍은 후 거액을 요구한다. 돈을 주지 않으면 앵무새가 떨어지지 않는다.
- **거리에서 레이를 선물하는 사람** 와이키키 비치나 칼라카우아 애비뉴에서 생화 레이를 목에 걸어주는 여자. 몇 십 달러를 요구한다.
- **모금활동을 하는 사람** 와이키키 골목 등에서 "모금을 하고 있으니까 서명해 주세요"라며 접근한다. 실제로는 사기꾼에 불과하다.

CASE 1

호텔에 보관한 귀중품이 없어진 경우

리조트호텔이라도 투숙객들 사이에 섞여 범죄를 일으키는 사람도 있다. 객실이 잠겨있어도 귀중품은 금고에 넣어 보관하거나 최소한 사람 눈에 띄지 않는 곳에 보관하도록 하자.

CASE 2

차 안에 놓아둔 짐을 도난당한 경우

차창을 깨고 물건을 훔쳐가는 절도범이 많다. 쇼핑센터나 해변 주차장에 장시간 주차할 때 귀중품은 차 안에 놓지 않도록 주의하자.

CASE 3

밤, 호텔 근처 슈퍼마켓에 가는 중에 강도를 만난 경우

설령 가까운 거리라도 밤중에 호텔 밖으로 나가 걸어 다니지 않도록 한다. 또한 대로변에서 한 블록 떨어진 골목길로 들어가는 것만으로도 순식간에 위험에 노출된다. 되도록 밝은 길로 다니자.

CASE 4

ATM을 이용하자마자 날치기를 당하는 경우

ATM 근처에서 호시탐탐 기회를 노리는 날치기범들도 있다. 차량이나 오토바이를 타고 순식간에 낚아채기도 한다. 현금은 되도록 서둘러서 눈에 안 보이는 곳에 넣도록 하자.

알아두면 유용한 ☎ 목록

여행지에서 곤란한 상황에 처했을 때 사용할 수 있는 전화번호부. 긴급 시에도 당황하지 말고 차분하게 연락하자.

긴급 상황

- 경찰·소방·구급 ☎ 911
- 주 호놀룰루 대한민국 총영사관 ☎ 808-595-6109 (휴일 긴급연락처 ☎ 808-265-9349)
- 호놀룰루 경찰 ☎ 808-529-3111
- 와이키키 비치 파출소 ☎ 808-529-3801

*하와이 구급차 이용료: 400달러 이상

병원

- 닥터 온 콜(Doctors on Call, 오아후)
  - → 로열 하와이안 럭셔리 컬렉션 리조트 지하 아케이드 ☎ 808-923-4499
  - → 힐튼 하와이안 빌리지 내 ☎ 808-973-5252

교통

- 대니얼 K 이노우에 국제공항 ☎ 808-836-6413
- 와이키키 트롤리 ☎ 808-593-2822
- 더 버스 ☎ 808-848-5555

INDEX

PLAY

SHOPPING

EAT

INDEX

BEAUTY

P.M.A.Tryangle,Inc Hirohide Tanimoto, Miho Hasegawa, Saki Nakamura, Hiroki Kawaguchi, Aya Takada
Hawaii Tourism Japan Marusankaku, Mariko Sugaya, Akari Takahashi
s-map Tomoyuki Okamoto

옮긴이 문지원
인하대학교에서 지적재산권과 일어일본학을 전공하고, 책을 좋아해서 일본어 번역 공부를 시작했다.
글밥아카데미 수료 후 바른번역 소속 번역가로 활동 중이며 일본 서적을 기획·소개하고 있다.
독자들에게 감동을 선물할 수 있는 번역과 맛깔나는 번역을 목표로 매진하고 있다.

렛츠고
하와이

1판 1쇄 발행 2018년 12월 30일

지은이 아사히신문출판
옮긴이 문지원
펴낸이 김선숙, 이돈희
펴낸곳 그리고책

주소 03720 서울시 서대문구 연희로 192 이밥차빌딩 2층(연희동)
대표전화 02-717-5486~7
팩스 02-717-5427
이메일 editor@andbooks.co.kr
홈페이지 www.2bob.co.kr
출판등록 2003년 4월 4일 제 10-2621호

본부장 이정순
편집책임 박은식
편집진행 박지영, 심형희, 양승은
마케팅 남유진, 장지선
경영지원 문석현
디자인 김동규

ISBN 979-11-964644-4-8 13980